全国印刷行业职业技能培训教材

PINGBAN
YINSHUAYUAN
ZHIYE
JINENG
PEIXUN
JIAOCHENG

平版印刷员职业技能培训教程

（初级工、中级工、高级工）

组织编写 中国印刷技术协会
　　　　 上海新闻出版职业教育集团
主　编 郭　明
编　著 范瑞琪　葛　巍
　　　 王东东　姜婷婷
　　　 沈国荣　钱志伟

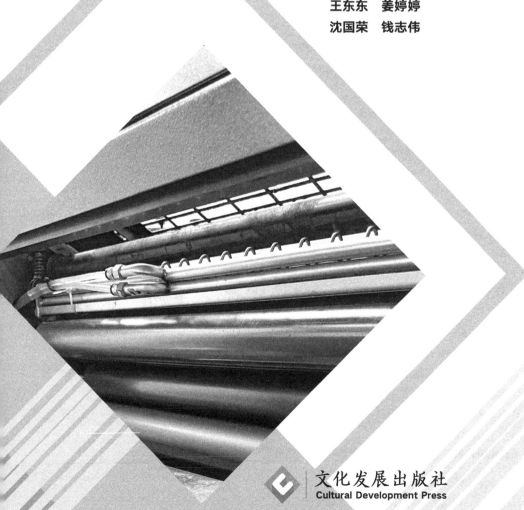

文化发展出版社
Cultural Development Press

图书在版编目（CIP）数据

平版印刷员职业技能培训教程：初级工、中级工、高级工 / 中国印刷技术协会，上海新闻出版职业教育集团组织编写 ；郭明主编 . — 北京：文化发展出版社，2022.6
ISBN 978-7-5142-3717-7

Ⅰ . ①平… Ⅱ . ①中… ②上… ③郭… Ⅲ . ①平版印刷－技术培训－教材 Ⅳ . ① TS82

中国版本图书馆 CIP 数据核字（2022）第 046772 号

平版印刷员职业技能培训教程（初级工、中级工、高级工）

组织编写　中国印刷技术协会　上海新闻出版职业教育集团

主　　编　郭　明

编　　著　范瑞琪　葛　巍　王东东　姜婷婷　沈国荣　钱志伟

责任编辑：李　毅　朱　言　　　责任校对：岳智勇
责任印制：邓辉明　　　　　　　责任设计：郭　阳
出版发行：文化发展出版社（北京市翠微路 2 号　邮编：100036）
网　　址：www.wenhuafazhan.com
经　　销：各地新华书店
印　　刷：北京捷迅佳彩印刷有限公司

开　　本：787mm×1092mm 1/16
字　　数：563 千字
印　　张：25.5
版　　次：2022 年 6 月第 1 版
印　　次：2022 年 6 月第 1 次印刷
定　　价：89.00 元
ISBN：978-7-5142-3717-7

◆ 如发现印装质量问题请与我社发行部联系　直销电话：010-88275710

→ 前言

　　跨入新时代，高质量发展成为文化产业发展的主旋律，也是人才培养的主旋律。2020年12月，习近平总书记在致首届全国职业技能大赛的贺信中强调："技术工人队伍是支撑中国制造、中国创造的重要力量。职业技能竞赛为广大技能人才提供了展示精湛技能、相互切磋技艺的平台，对壮大技术工人队伍、推动经济社会发展具有积极作用。"习近平总书记的贺信，站在新时代党和国家事业发展全局的高度，充分肯定了技术工人队伍的重要地位和作用，深刻阐明了职业技能竞赛的功能定位和发展方向，对大力弘扬劳模精神、劳动精神、工匠精神，加强技能人才工作作出了重要部署，为做好人才相关工作进一步指明了前进方向，提供了根本遵循。

　　为进一步完善2015年颁布的《中华人民共和国职业分类大典》中印刷类职业——印刷操作员标准体系，为职业教育、职业培训和职业技能等级认定提供科学、规范的依据，2016年人力资源和社会保障部、原国家新闻出版广电总局、中国印刷技术协会组织有关专家，制定了《印刷操作员国家职业技能标准》，2019年由人力资源和社会保障部正式颁布实施。

　　为提高印刷操作员所属工种平版印刷员从业人员的职业技能水平，并给职业技能鉴定工作提供统一的规范和依据，中国印刷技术协会会同上海新闻出版职业教育集团组织相关院校老师和一线技术专家共同编写了《平版印刷员职业技能培训教程》。

　　本书以贯彻《印刷操作员国家职业技能标准》要求为出发点，注重层次区分，全面涵盖国家标准中的各个知识点；以能力导向为原则，更加突出技能实际操作要求；文字通俗易懂，以阐述结论性的内容为主，体现了整体性、等级性、规范性、实用性、可操作性等特点。

　　根据《印刷操作员国家职业技能标准》（2019版）相关内容和要求对本书统一了格式，修订了一级目录、二级目录、三级目录，对照国家绿色环保的相关政策和要求，对原教程中涉及的原辅材料中不符合环保要求的进行了修订，原教程中符合新的印刷操作员国家职业技能标准要求的工作内容、技能要求、相关知识等，还是引用原教程的内容，近年来在数字化、智能化、大数据等信息技术的推动下，印刷材料、印刷技术、印刷品检测有了很大的发展，在修订过程中根据新的印刷操作员国家职业技能标准增加了相关内容。本书不仅适合作为平版印刷职业技能培训和鉴定的教材，而且是平版印刷从业人员进行自学的合适读物，希望本书的出版能够促进平版印刷从业人员专业技能水平的提高。

本书的编写和审定工作凝结了院校老师和业内专家的智慧和辛勤工作，具体的编写分工如下：初级工由上海出版印刷高等专科学校王东东老师修订；中级工由上海新闻出版职业技术学校范瑞琪老师修订；高级工由上海烟草包装印刷有限公司葛巍老师修订，本教材由上海出版印刷高等专科学校姜婷婷老师编审和统稿。

印刷技术日新月异，本书难免存在诸多不足之处，希望大家批评指正。我们也将通过培训和鉴定实践，广泛听取广大平版印刷技术人员和技能水平评价工作人员的意见，并在今后的修订中加以改进。

平版印刷员职业技能培训教程编写组

2021 年 10 月

➔ 目录

第一部分 平版印刷员（初级工）

第二部分 平版印刷员（中级工）

第三部分 平版印刷员（高级工）

第一部分

平版印刷员（初级工）

第1章　印前准备

本章提示

本章介绍初级平版印刷员在印前准备工作中所要承担的纸张、油墨、喷粉等印刷材料的准备，以及印版的准备和印版质量检查等方面的工作，讲述承担这些工作所需要的相关知识、基本操作技能和工作中的注意事项。要求能够按照生产通知单领取和准备纸张等印刷材料、清洗剂等辅助材料并能够妥善保管；准备印版及检查印版规格和规矩线。

1.1　印刷材料准备

1.1.1　纸张准备和保管

学习目标

了解纸张准备的项目、目的和要求，掌握领纸、搬纸、验数、晾纸等操作技能，学习纸张保管的方法。

操作步骤

①阅读生产通知单。

②按要求准确领取相应数量、种类的纸张，并进行调湿处理。

搬纸方法：常用的搬纸方法有翻卷法、翻角法、提角法、弯边法、拿两边法等。

验数又叫过数，用于计数白纸、半成品和成品数量的手工操作。其具体的方法有：刮擦法和提角擦法，分别用于整沓纸和少量纸的计数。

相关知识

纸张是平版印刷重要的承印材料之一，纸张的性能，特别是印刷适性直接决定印刷过程是否能够顺利进行。印刷工作开始之前，必须要领取相应种类的纸张，并对即将用于印刷的纸张进行一定的处理。

纸张的分类方式有很多：依据定量（250g/m²）或厚度（0.1mm）可以分为纸张和纸板；依据成品形态可以分为平板纸和卷筒纸；依据用途可以分为工业用纸、包装用纸、生活用纸、书写用纸、印刷用纸等。

印刷用纸一般分为新闻纸、凸版纸、胶版纸、铜版纸和特种纸5种。

印刷用平板纸尺寸规格一般有两个系统：传统全张幅面有787mm×1092mm、850mm×1168mm、880mm×1230mm等；现代A、B系列中A系列一般为890mm×1240mm、900mm×1280mm，B系列一般为1000mm×1400mm。印刷用卷筒纸尺寸规格一般长度为6000m，宽度尺寸有787mm、880mm、890mm、1562mm等。

定量是单位面积纸张的重量，单位为g/m²。常用纸张定量有50g/m²、60g/m²、70g/m²、80g/m²、100g/m²、120g/m²、150g/m²等。

生产通知单：它是生产环节的实施流程单，是生产工艺部门制作的包含印刷产品全部工艺过程的材料、工艺、质量和时间要求的综合性单据。各工序操作人员必须仔细阅读生产通知单，认真准备，组织实施。

加放：印刷厂在接受出版社委托进行印制加工时，除要按书籍的印张数和印制册数计算出所需纸张的理论数量外，还必须给出用以补偿损耗的余量，用来补偿印刷装订过程中由于碎纸、套印不准、墨色深淡及污损等原因所造成损耗的纸张，叫作加放数。加放数一般用理论用纸量的百分率表示，通常加放数在3‰左右。

晾纸：含水量是纸张的重要印刷适性之一，纸张的含水量不合理，可能导致纸张破损、套印不准、背面粘脏等印刷故障。印刷前调节待印纸张含水量，使之均匀且与印刷车间的温湿度一致的工艺过程称为晾纸。

晾纸的方法有：

①在印刷车间或与印刷车间温湿度相近的晾纸房进行；

②在比印刷车间相对湿度高6%～8%的晾纸房进行；

③先在高湿度地方加湿，再到印刷车间或与印刷车间温湿度相近的晾纸房进行水分平衡，均匀纸张的含水量。

后两种方法较好，但也比较复杂，现代印刷常用第一种方法，这就需要至少在印刷前24小时将待印纸张送入印刷车间放置，以适应印刷车间的温湿度。

注意事项

验数应注意力集中，手划和口记要同步、记清，纸叠齐整，双手清洁，刮擦力度适中，不要将工具遗漏在纸内。

📂 1.1.2　油墨准备和保管

🗄 学习目标

了解常用油墨的种类，掌握领墨、油墨调配的知识和技能，学习油墨保管的相关知识。

🗄 操作步骤

①对照印刷施工单领取适当种类、重量的油墨。

②调配油墨有手工操作和机械操作两种：数量不多的油墨调配一般用手工搅拌，将一定比例的不同种类的油墨置于调墨盘内，将边沿油墨铲向中央，手握墨刀不断用力按"∞"字形左右来回搅动油墨，同时还要灵活多变地将油墨调配均匀。大量油墨的调配一般用机械搅拌，先调配少量样品，合格后按照已经确定的比例使用调墨机进行大量调配。

③油墨印刷适性调整，操作熟练者有时可以在胶印机墨斗内直接调配，在注入油墨的墨斗内加入适量的黏度／干燥调节剂，手握墨刀不断用力按"∞"字形左右来回搅动油墨，同时配合手动旋转墨斗辊，调匀油墨。

🗄 相关知识

油墨是平版印刷的主要材料之一，印刷者应根据不同的纸张、产品要求选择不同的油墨，并根据具体情况对油墨的颜色和印刷适性进行适当的调配。

单张纸胶印机常用油墨有胶印树脂型油墨、胶印树脂亮光油墨和胶印树脂快固亮光油墨。卷筒纸胶印机常用油墨有胶印树脂型热固轮转油墨。此外，胶印 UV 油墨（紫外光固化油墨）目前有着越来越广泛的应用。

不同的印刷情况油墨的应用也不相同：铜版纸表面光洁、吸墨性差，应选用快固亮光油墨；胶版纸、书写纸、凸版纸等吸墨性好的纸张可用普通的胶印树脂型油墨；招贴画应选用耐光型油墨；食品、玩具应使用无毒油墨等。

油墨的调配有两类：油墨颜色的调配和印刷适性的调配。

一般黑色印刷和通常四色印刷使用标准色相油墨（原色墨：黄、品红、青、黑）即可，只有使用专色印刷时需调配油墨的颜色。油墨颜色调配分为深色墨调配和浅色墨调配两种。使用不同比例的色料三原色油墨减色混合得到不同颜色的间色、复色墨的工艺过程，就是深色墨颜色调配。以冲淡剂或白墨为主、深色墨为辅进行的油墨调配叫作浅色墨调配。

成品油墨一般出厂前在印刷适性方面都会做相应的调整，但是针对千变万化的具体印刷情况，有时候印刷操作者还要做出一定的调整：加入黏度调整剂增加或降低油墨黏度；加入干燥剂调整油墨的干燥速度等。

油墨的保管要求不高，整桶油墨本身密封性很好，无须特殊处理，如果桶内有剩余油墨则须密封保存，如果下次使用间隔时间较长，可以倒入净水至没过油墨为止，然后密封保存。

注意事项

①墨刀、调墨盘、墨斗等工具要保持清洁。

②取用油墨时要注意挑出干结的墨皮，以免硌伤墨辊、橡皮布等。

1.1.3 整纸

学习目标

了解纸张准备的项目、目的和要求，掌握闯纸、堆纸、验数、晾纸等操作技能。

操作步骤

透纸（抖纸）就是把纸叠理松，以减轻分纸吹嘴、送纸吸嘴分送纸张的工作负担，确保输纸顺畅。透纸时每沓厚度掌握在 3cm 左右，两手分别捏住纸的两角，大拇指压在纸叠上面，食指和中指放在纸叠下面，并使纸叠往里挤挪，与大拇指往外捻的力相反，使纸叠上紧下松，纸张之间产生一定的间隙，以透过空气。通过双手有节奏地搓挪两边纸角，达到透松纸张的目的。

纸张经过透松之后，理齐才能装入纸台，以确保印刷定位准确，这个过程叫闯纸。闯纸时，用双手将纸叠两边角竖直提起，使纸中间呈弯弧状以利空气进入纸与纸之间，随即将纸叠往上提，离开桌面少许，然后松开双手，让纸叠下落，撞齐纸边。经过若干次的上提、松开、下落，直至将纸叠的叼口边和侧规边撞齐。

相关知识

闯纸是将不整齐的白纸或半成品手工抖松（纸张之间进入少量空气）、闯齐的工艺过程。

注意事项

①透松纸张，消除纸张之间的粘连现象。

②整纸动作要轻巧、灵活，不要生拉硬扯，损坏纸张。

③闯纸时避免撞击纸张的前规和侧规的定位边。

④整纸过程中要检查、剔除质量有缺陷（像折角、破碎、皱纸、脏纸等）的纸张；还要及时发现和清除纸堆中的异物（纸浆块、纸屑等杂物）。

1.1.4 铺垫输纸台、堆纸

学习目标

掌握铺垫输纸升降台、堆纸的工艺。

操作步骤

铺垫输纸台：取一沓用于铺垫的废页闯齐压紧，用一张大纸包封住，光面向上，以免

垫纸随堆积的白纸一同被输入机内印刷。

堆纸步骤如下：

①量力搬动一沓纸张，叼口朝外，拖梢靠向自己身体，置于纸台正上方，轻轻放下，同时用两手背抵住下面纸堆最上方的纸张，把纸叠摊开；

②双手将纸堆推向叼口挡纸板，微调、靠紧使之横向齐整；

③将纸叠依据侧挡纸板反向捻开，然后右手将纸叠推向侧挡纸板，左手挡住纸张拖梢，微调、靠紧使之纵向齐整；

④双手压住纸堆表面，从纸张中部向两边压纸滑动，排除纸叠内的空气。

🗇 **相关知识**

胶印机的升降输纸台在堆纸前需要铺垫 3 ～ 5cm 厚度的废页垫底。

堆纸又叫装纸，是指将待印的纸张或半成品整齐地堆放在输纸台上的过程。

🗇 **注意事项**

①铺垫的废页应与待印的纸张大小一致。

②堆纸前应将纸张松透理齐，半成品注意不要装反，破碎、残缺的纸张应注意剔除，整个纸堆要注意堆放整齐，这是印好产品的前提条件。

🗀 1.1.5　清洗剂等辅助材料的准备和保管

🗇 **学习目标**

了解清洗剂准备和保管的相关知识。

🗇 **操作步骤**

PS 版洁版液、修版膏、护版液应密封、低温、避光保存。

使用油墨清洗剂时，可用原液或根据清洗要求加数倍清水摇匀或搅拌成白色乳状液即可使用。

🗇 **相关知识**

晒制好的印版在生产中经常需要清理、修护，常用产品包括：洁版液、修版膏、护版液和专用清洗剂。

PS 版洁版液是一种乳白色的膏状液体，在印刷过程中能够处理 PS 版非图文部分的油腻过重造成的版面脏污，还可以补充非图文部分的无机盐层，增强其亲水性。能提高网点的清晰度，对图文部分氧化膜有一定的清洗、消除作用，增强图文部分的亲油性。

PS 版修版膏主要用于修正 PS 版非图文部分的脏污点及修正图文部分不需要的图案及线条。

PS 版护版液的作用是保护 PS 版不与空气产生氧化，涂抹时要均匀地、全面地将 PS 版封盖，局部结块和漏涂都会直接影响 PS 版在印刷中的质量。

印刷油墨清洗剂又叫洗车水，是由表面活性剂、乳化剂、渗透剂、橡胶防老化剂和其他助剂等精制而成。可广泛用于印刷行业清洗墨辊、印版的墨迹，脱墨清洗性能优良，同时可去除积于墨辊上的纸毛和无机盐。

🗀 **注意事项**

大多数印版上遇光变硬的涂布层和涂漆层都对印刷油墨或印版清洗剂具有极强的抵抗性。未经烤版处理的阳图预涂感光印版绝对不要使用印版清洗剂。

🗁 1.1.6　喷粉材料和保管

🗀 **学习目标**

了解喷粉材料的相关知识，掌握喷粉材料的保管要点。

🗀 **操作步骤**

使用干燥粉剂时只要打开外包装，倒入粉盒（粉筒）内，安装到胶印机的相应位置即可。剩下的粉剂要密封好放到避光、干燥处存储。

🗀 **相关知识**

喷粉是目前现代高速多色胶印工艺中必不可少的工序。其主要作用是防止印刷品背面粘脏，提高印刷质量和效率。

喷粉材料可以改善油墨的 4 项主要技术指标：干燥性能、转移性能、干燥速度、印后适性，以达到提高印刷品质量、确保印后工艺顺利进行的目的。常用喷粉材料由精制淀粉（一般为玉米粉）和碳酸钙粉末混合而成。

🗀 **注意事项**

①喷粉材料的保管只要注意密封防潮即可。

②要根据胶印机的使用情况，定期添加干燥粉剂，避免因为缺粉导致印品背面粘脏或粘连。

🗁 1.1.7　胶辊、橡皮布的保管

🗀 **学习目标**

了解胶辊、橡皮布相关知识，掌握胶辊、橡皮布的保管要点。

🗀 **操作步骤**

保管橡皮布，切忌接触油类、酸、碱、盐及化学药品而破坏它的弹性，橡皮布还怕光、热及潮湿空气，这会使橡皮布表面产生发黏、结皮、干裂、硬化、使布层腐烂等弊病。所以最好放在密闭的容器内，或者通风较好的地方，室内温度最好在 20℃，相对湿度最好在 65% 左右。如果是已剪切好的橡皮布，最好是胶面对胶面平放，中间涂一层滑

石粉，切忌加硫黄粉，否则会使其表面过分硬化和光滑。

从机器上拆下的橡皮布，为了确保日后能继续使用，存放时必须先用洗车水擦洗干净，用5%碱溶液洗涤，使橡皮布表面油脂皂化，并用清水洗去皂化物，擦干后涂上一层滑石粉。当继续上机使用时必须和新橡皮布一样，用洗车水擦洗，使其表面重新呈现原来状态。

相关知识

胶印油墨是经橡皮布转印到纸张上的。橡皮布的质量好坏，直接影响胶印质量，而质量好的橡皮布使用不当或者保管不好，也会影响使用寿命。因此，如何正确使用和妥善保管好橡皮布颇为重要。

胶辊是胶印机输墨系统的主要构件，其品质好坏将直接影响印品的质量。保管好胶辊的目的就是要使其保持稳定的机械性能、化学性能和印刷适性，延长使用寿命。

注意事项

胶辊的保管要注意做到以下几点。

①入库前要对每根胶辊进行检测，如表面的凹坑点、圆度偏差、直径偏差、变形，为以后安装调试提供保证；同时还须标注日期，以便实行质量跟踪和出库时"推陈储新"。

②胶辊储藏室要避免强光和辐射，避免与酸、碱、油类和尖硬物质等一起存放。

③胶辊应存放在阴凉、干燥、通风场所，并呈垂直或水平状态（温度20℃～25℃，相对湿度60%～70%）。

④水平存放胶辊时，胶头应架在架身上，支撑两边的轴肩，并使胶辊保持与地面平行，严禁胶面相互堆叠、挤压，以防胶面受压变形、粘连。

⑤胶辊储存过久会自然老化、皲裂、轴头锈蚀，所以应根据生产实际情况，合理制定各种胶辊的库存（如靠版胶辊更换较多且频繁，而匀墨辊、传墨辊则更换相对较少）。

⑥长期保存的胶辊在使用前应研磨或用浮石粉擦拭胶辊表面。

1.2　印版准备

📁 1.2.1　印版的领取和保管

学习目标

掌握印版准备的知识和技能。

操作步骤

根据生产通知单的要求，将经过检查的印版放入木板制的夹版盒内从晒版车间取回，准备上机印刷。

晒制好的印版比较脆弱，在运送过程中很容易磕碰、弯折和脏污，使用两块木板制作的版盒能够在运送印版过程中，很好地保护印版。

🗀 **相关知识**

为了避免在印版上机后才发现差错，印刷前需对印版进行检查，其内容主要是对照生产通知单上工序传来的印样，印版的规格、色别，印版的叼口距离做常规检查，同时还须检查印版有无划痕、不应有的点子等。

🗀 **注意事项**

不要徒手取、送印版，以免将印版窝出"马蹄印"。

🗁 1.2.2 印版和衬垫的测量

🗀 **学习目标**

了解千分尺的使用方法和注意事项，掌握印版和衬垫的测量技能。

🗀 **操作步骤**

将印版平放在一个平整台面上，至少测量三处的厚度并计算平均值。如果使用电子千分尺或机械千分尺，则在测量时应尽力放平压紧印版以保证测量效果。垫衬的厚度，可以根据印版的厚度按以下方法计算：印版或胶印机说明书给出了滚筒减滚枕的尺寸（滚筒与其滚枕的半径之差，也称缩径量）及高度差（印版垫衬以后，印版滚筒上的印版与滚枕最高点之间的高度差）。通常印版比滚枕略高出一点，缩径量及滚枕高度差之和与印版厚度及垫衬厚度之和相等。缩径量加上滚枕高度差再减去印版厚度，其结果即为垫衬厚度。

🗀 **相关知识**

千分尺即螺旋测微器，它是比游标卡尺更精密的测量长度的工具，用它测长度可以准确到 0.01mm，测量范围为几个厘米。

机械式千分尺的构造如图 1-1 所示。螺旋测微器的小砧的固定刻度固定在框架上，旋钮、微调旋钮和可动刻度、测微螺杆连在一起，通过精密螺纹套在固定刻度上。

机械千分尺依据螺旋放大的原理制成，即螺杆在螺母中旋转一周，螺杆便沿着旋转轴线方向前进或后退一个螺距的距离。因此，沿轴线方向移动的微小

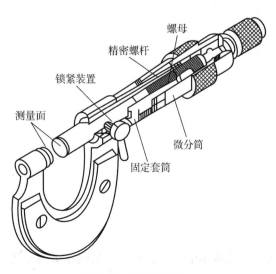

螺母
精密螺杆
锁紧装置
测量面
微分筒
固定套筒

图 1-1 千分尺结构

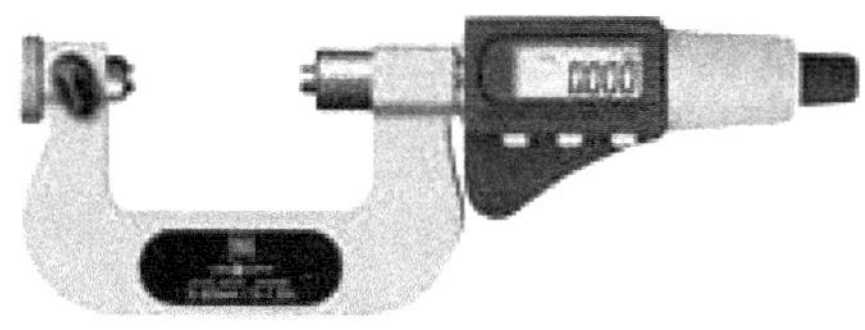

距离，就能用圆周上的读数表示出来。

电子千分尺如图 1-2 所示，当操作者将被测物体卡入小砧和测微螺杆之间时，被测物体的尺寸就会显示在液晶屏幕上。

图 1-2 电子千分尺

🗇 **注意事项**

使用千分尺测量时应注意以下几点：

①测量时，在测微螺杆快靠近被测物体时应停止使用旋钮，而改用微调旋钮，避免产生过大的压力，既可使测量结果精确，又能保护螺旋测微器；

②在读数时，要注意固定刻度尺上表示半毫米的刻线是否已经露出；

③读数时，千分位有一位估计读数，不能随便舍去，即使固定刻度的零点正好与可动刻度的某一刻度线对齐，千分位上也应读取为"0"；

④当小砧和测微螺杆并拢时，可动刻度的零点与固定刻度的零点不相重合，将出现零误差，应加以修正，即在最后测长度的读数上去掉零误差的数值。

📁 1.2.3 印版图文尺寸检查

🗇 **学习目标**

掌握印版规格和规矩线检查的相关知识和技能。

🗇 **操作步骤**

用 T 字尺测量印版的各项规格参数，对照生产通知单和样张检查是否符合。逐项检查各规矩线和版面内容，防止缺失和错误。

🗇 **相关知识**

印刷者应对印版版面尺寸、图文尺寸、叼口尺寸、折页尺寸、折页关系等进行检查。做到版面尺寸误差小于 0.3mm，套色版一定要做到图文端正，不歪斜。

①印版在上机印刷前要对版上的文字、线条、图案的尺寸进行仔细测量，检查规格尺寸是否达到用户的要求；版面尺寸在承印物上是否留有余地；叼口位置能否达到上机要求，如果使用再生 PS 版，还要用 T 字尺检查 PS 版的尺寸，看能否上机，印版滚筒是否装得上、夹得住。

②根据打样图文的位置检查印版是否晒反（颠倒）。阳图型 PS 版晒版出来应该是阳图正向。

③对图文套印规矩线的检查。拿到印版后，一定要对规矩线、角线、裁切线仔细检查，保证各线齐全、清晰。

🗇 **注意事项**

检查时注意各色版叼口位置不能颠倒；图文应在印版居中的位置，不能歪斜，否则不利于印版规矩地校正。检查印版规矩线时还要注意规矩线、角线的位置，避免裁切不掉，附在印刷品上。

📂 1.2.4 打孔和弯版

🗂 学习目标

学习使用印版打孔机操作，掌握打孔（见图1-3）和弯版的要领。

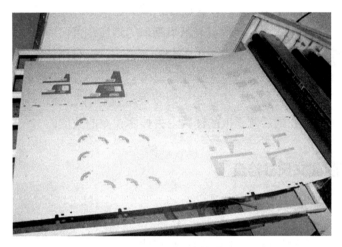

图1-3　印版定位孔

🗂 操作步骤

图1-4　气动光电定位印版打孔机

采用印版打孔机（见图1-4）可以对印版进行打孔和弯版操作。

印版打孔机有机械式和光电式两种，机械式印版打孔机有手动式和脚踏式两种。

胶印机滚筒上定位销的位置是一定的，我们只要在印版打孔机上设定好打孔的尺寸，手动/脚踏/按键就可以完成打孔操作。

弯版可以利用印版打孔机边缘专门开设的弯版槽，设定好深度，插入印版，轻轻弯折即可。

🗂 相关知识

目前许多胶印机固定印版都采用印版定位孔与胶印机滚筒上的定位销配合的方法，能使印版上机套准时间大大缩短，套准精度大大提高，并能节省大量过版纸。

弯版是将印版叼口和拖梢边弯折一定的角度，方便上版。

⊡ **注意事项**

①印版打孔机如果需要为不同的机器打孔弯版，要注意调节尺寸数据。

②弯版要轻，角度不要过大，控制在 30°～45°，避免折断印版。

📂 1.2.5 印版色别识别

⊡ **学习目标**

能够根据色标识别印版的色别。

⊡ **操作步骤**

识别印版色别只要仔细观察印版裁切线外的色标，并且加以判断即可。

印版色标可能包括不同形状的色块以及相应的英文字母或中文文字，操作者要细心观察。

⊡ **相关知识**

胶印版晒版显影以后，要根据打样的色样来核对印版的色别，看是否符合套印的需要。有文字、线条、图文的印版根据彩稿比较容易区别出各印版的具体颜色；对于那些四色的套印印版，鉴别色别有一定的困难，这就要求我们在制版、拼版时一定要在版的边缘标上色别，如黄（Y）、品红（M）、青（C）、黑（K），这样上机印刷的时候只要看一下色别中英文字样就可以把色别区分开来。另外在印版上经常会有一些其他的代用符号来表示颜色，操作者也应当有一定的了解，如 Y、M、C、K 等，严格避免将版上错。

⊡ **注意事项**

色标是检查印刷质量时的依据，各色色标注意不能重叠，两边的色标应在非图像的留边边缘处，纸边的色标一定要完整齐全。

本章复习题

1.什么是印刷生产通知单？印刷生产过程中晾纸的方法有哪些？

2.油墨的调配有哪几类？

3.如何闯纸？

4.印刷油墨清洗剂的组成和用途有哪些？

5.如何进行墨辊、橡皮布的保管？

6.印版规格和规矩线的检查包括哪些内容？

7.如何识别印版色别？

第2章 设备维护和保养

本章提示

本章介绍初级平版印刷员所需要承担的设备维护和保养以及消防器材使用等方面的工作，讲述承担这些工作所需要的相关知识、基本操作技能和工作中的注意事项。要求能够维护、保养、清洗胶印机及辅助设备；整理和保管专用工具；清洁设备及周边环境；正确使用消防器材。

2.1 胶印机维护

2.1.1 胶印机润滑

学习目标

了解胶印机润滑的相关知识，掌握润滑的操作技能。

操作步骤

①定期换油。新机器使用 2 ~ 3 周后应彻底换油一次，以后每 3 个月到半年左右换油一次。每次换油时应彻底清洗油箱、油泵、过滤器、墙板上的零件。例如，ZYB 油润滑气泵工作 300h 后应换油，以后每 3000h 应换油一次。

②油路中的各种过滤器都应定期清洗，超精细过滤器一般应每次都换新的，油管、压

力油嘴应用高压气枪吹洗，这样才能保证油路畅通。

③对于加机油的油眼，可用专用加油壶，一般加 50 号以上的机油。

④加注黄油（油脂）时，应以能见到新油并把陈旧脏油全部挤出摩擦面为宜，以免旧油中有细小摩擦碎屑及脏物。

⑤加油前应仔细检查油的牌号、品质，不能把不同牌号的油混合加油。千万不能把洗车水等溶剂掺入机油中使用，更应防止将调墨油等当作机油使用。

⑥一些进口机器上所有手动润滑点都有特殊标志。例如，海德堡机上红、黄、蓝、绿色标志表示每日、每周、每月、每年润滑一次。

⑦国产机器也采用了手动加油标志，如 J2108 等机器。实心圆、空心圆各表示每日、每周加一次 50 号机油，实心三角、空心三角各表示每周、每半年加一次黄油。

⑧机器上有些利用摩擦传动或制动的部件不能加油并要保持清洁干净。例如，离合器需加油，但刹车片、刹车盘千万不能加油；链条链轮需加油，但传动皮带、带轮和摩擦轮千万不能加油。

⑨按习惯线路加油，不漏加。同时检查油管、油眼堵塞状况并及时疏通。

⑩常见的加油部位有：齿轮、凸轮、链轮、链条、导轨、离合器、万向轴节、开闭牙球、开闭牙板、摆杆、摆架、连杆、轴承等。递纸牙、压印滚筒叼牙、收纸滚筒叼牙、收纸牙排应每月清洁一次并喷油润滑。

◧ **相关知识**

将具有润滑性的物质——润滑油加到摩擦面之间，形成润滑膜，使摩擦面脱离直接摩擦以达到降低摩擦和减少磨损的目的，这就叫润滑。

（1）润滑的作用

①用润滑油在两个相对运动表面形成油膜，减少零件的磨损。

②润滑油脂的流动可以起到吸热、传热、散热作用，减少摩擦面间的摩擦温度，使零件不会因过度发热膨胀而相互间咬死。

③润滑油黏附于零件表面，可起到保护零件表面和防锈作用。

④润滑油脂形成的油膜大大降低摩擦系数，可以减少摩擦阻力和动力消耗。

⑤润滑油可起到消振作用。

⑥润滑油可以对零件表面起到冲洗清洁作用。

⑦润滑油形成的油膜可分散零件表面的接触应力。

⑧润滑油还可密封空气，阻止灰尘进入，对零件起到保护作用。

（2）润滑油的选择

①润滑油的要求：较低的表面摩擦系数、良好的吸附及楔入能力、合适的内聚力（黏度）、较高的纯度与抗氧化稳定性。

②润滑油的选择：油号的选用一般根据机器的速度和负载两个因素决定。速度高、负载小的相对运动接触面用黏度低的油；反之则用黏度高的油。国产设备属于轻、中负载，选用的油号可以小一些，通常使用 30～40 号机油。进口设备属于中、重负载（走肩

铁），选用的油号应大一些，通常使用 60 ～ 70 号机油。

油号的选择也不是固定不变的，需根据不同工作环境做相应变化。间隙大的摩擦面应选用黏度大的油，以便润滑油黏附形成油膜；而间隙小的摩擦面和经过细小油管注油的部件应选用黏度小的油，以便油的楔入和流动。

🗍 **注意事项**

①需要润滑的部件加油时关掉电源，不要开机运转时加注，避免油壶嘴卷入机器而发生机器或者人身事故。

②按照输纸、规矩、输水、输墨、压印、收纸，一定的顺序加油，不要遗漏任何一个应当加油的油孔。

③不要加错了润滑油，避免把调墨油当机油使用，因弄错了油液而发生机器咬死的事故。

④应当注意油液的清洁程度，油液不干净，存在杂质，应当进行过滤处理，防止油中铁屑、尘埃等杂质加速机械的磨损。

📂 2.1.2 胶印机及周边环境清洁

🗍 **学习目标**

了解胶印机零部件和整体的清洁工作及相关要求，学会做好印刷环境的保洁工作。

🗍 **操作步骤**

胶印机保养及保洁应该参照厂家要求及机器说明书严格执行。

一般情况下各项保养清洁工作如下：

①每日开机前要用蘸有洗车水的抹布擦洗滚筒肩铁和滚筒表面、每天要清洁前规电眼。每日工作完成后要洗车并清洗墨斗刀片、铲墨器及橡胶刀条背后的油墨、墨斗辊和水辊上的脏污；清洁机器表面的纸粉灰尘脏污。每次使用上光单元后都要清洁橡皮布及压印滚筒、上光循环系统和光油液面检测传感器，每天下班前要放掉压缩空气。时刻注意印刷环境卫生情况，发现问题，马上解决；每日工作完成后要对印刷车间的环境卫生进行全面清理。

②每周有计划地对胶印机的部分零部件进行清洁保养：要清洁侧规电眼及传纸检测电眼，用蘸有洗车水的毛刷清洁收纸链条表面的纸粉灰尘，给各水辊传动机构、收纸牙排开牙滚子注黄油，还要检查收纸链条上是否需要加油，用抹布擦拭检测器表面的纸粉灰尘；用洗车水清洗气泵过滤器；清洗飞达汽缸、疏通飞达风道，清洁收纸吸风轮及传动轴，清洁平纸器的空气滤芯，给印版滚筒拉版机构加油。

③每月有计划地对胶印机的部分零部件进行清洁保养：清洁分纸吸嘴和递纸吸嘴并检查其上下移动的灵活性；清洁酒精润湿装置各部件及散热部分；给输纸滚轮、接纸轮及传动轴、连杆轴承、拉规座加机油；清洗所有胶辊表面、轴头、轴承；清洗油箱过滤网；清洁各轴头开牙球并给各滚筒开牙轴、墨斗辊超越离合器、墨辊支架、各传动机构注黄油。

④每半年或一年拆开清洗一次墨斗和墨斗调节螺丝；清洗油箱及所有滤油器；清洗空气过滤器，并按照说明要求给胶印机各主要部件加机油、黄油。

📖 **相关知识**

胶印机及环境保洁可以维护胶印机正常高效的工作状态，避免故障多发，印刷环境的保洁是印刷管理不可或缺的部分，可以体现出企业的管理效率和工作状态。

📖 **注意事项**

清洁设备时应切断电源，停机进行。不应用零星碎布当作抹布，胶辊重装后要重新调节压力。

📂 2.1.3　专用工具整理及保管

📖 **学习目标**

学会清点整理胶印专用工具。

📖 **操作步骤**

要养成良好的操作习惯，所有的工具、器械、材料都要有固定的存放位置，使用过后马上归原位。方便以后取用，避免引发危险。

📖 **相关知识**

每个胶印机组必备印刷工具一套，包括各种规格扳手、卡规、钳子、千分尺/螺旋测微计等，现代胶印机出厂时大都自带，有专用工具箱统一保存，要求操作者使用过后马上放归原位，以备下次取用，切忌随手丢置，引发危险。

有条件的企业应给胶印机组配备放大镜和密度计，用于观察网点和测量墨层厚度。放大镜和密度计应放置到看样台上。

📖 **注意事项**

①所有工具、器械使用后要进行相应的清洁保养，放归原位。
②不要遗漏物品在操作机台，包括抹布、楔子等小件器具。
③印刷作业完成后，要有次序地清点、整理各种工具，如有缺失要登记寻找。

2.2　胶印机保养

📂 2.2.1　气泵过滤网的清洗

📖 **学习目标**

学习掌握气泵过滤网清洗的相关知识技能。

⊟ **操作步骤**

①气泵散热管清洗要用抹布蘸少量清洗剂擦拭，然后用清洁的抹布拭净。

②气泵过滤网清洗应卸下后用清洗剂和毛刷清洗，擦拭晾干后装上。

⊟ **相关知识**

①定期更换润滑油。气泵工作一定的时间后，润滑油里会混有微量的铁屑、纸粉、灰尘、纤维等杂物，易磨损汽缸，要及时更换。

②确保气泵冷却部位清洁。气泵散热管容易黏附一层油灰，降低冷却效果，并导致烧坏轴承和叶片，要及时清洗。

③气泵过滤网的作用是过滤空气，避免纸屑、灰尘吸入气泵；还可以滤去油雾，防止吹出油雾污染纸张。

⊟ **注意事项**

①气泵润滑油应采用专用的气泵润滑油，不能用普通机油代替；检修气泵时要确保气泵密封圈密封状况良好。

②清洗气泵过滤网时要检查其是否完好，发现问题及时处理。

📂 2.2.2 水箱过滤网的清洗

⊟ **学习目标**

了解、掌握水箱过滤网清洗的要求和操作。

⊟ **操作步骤**

清洗过滤网要停机拆下过滤器的过滤头和过滤网（过滤棉），用清水冲洗掉杂质和颗粒，顽固水垢也可以用硬质毛刷刷洗，去掉杂质以保持用水清洁，清洗完成后安装回原位即可。

⊟ **相关知识**

有润湿液水箱的胶印机每周要清洁水箱、过滤网。检查润湿液水箱中的过滤网、吸管过滤器和循环过滤器，如有脏污要及时清理或更换；检查水箱中的水质，如有必要，要及时更换。清理水箱中的沉淀物，清洁圆球检测浮子上的油污，清洁水位探测器上的油污。

⊟ **注意事项**

①清洗过程中不要动作过大或者用力过大，避免损伤过滤网（过滤棉）。

②如果在用水前进行过滤或者硬水软化处理，甚至直接使用工业软水，会彻底解决水质问题。

2.2.3 压印滚筒的清洗

学习目标

掌握压印滚筒清洗的原理和方法。

操作步骤

手工清洗要在停机点动的状态下进行，清洗时需用抹布蘸洗车水或洗车水和水的混合液，从叼口到拖梢逐行分段来回用力擦拭，碰到滚筒两端和拖梢部位有顽固墨渍的地方，还须用薄钢片刮除。也可用清洁球蘸洗车水擦洗滚筒体，效果良好。

装有自动清洗装置的胶印机只要启动自动清洗装置，就可自动进行清洗。

相关知识

压印滚筒如果粘有脏污要及时清洗，否则影响压印效果和印张背面的质量。另外每天要例行清洗压印滚筒。压印滚筒清洗有手动清洗和自动清洗两种。

注意事项

①严禁在"低速"运转状态下清洗。

②用钢片刮除顽固墨迹时要注意刮力轻柔，避免损伤滚筒体。

③双面印刷产品印反面时，每隔3000～5000张时，清洗压印滚筒，避免污迹堆积过厚。

2.2.4 滚枕的清洗

学习目标

了解滚枕清洗的重要性，掌握滚枕清洗的要点。

操作步骤

①经常用干抹布或蘸洗车水抹布擦拭滚枕表面，保证表面清洁。

②如果滚枕上有干结的胶膜或墨膜，可用钢片轻轻刮去，再用水抹布或洗车水抹布擦净。

相关知识

滚枕又叫肩铁，它表面的光洁与否直接影响胶印印刷压力，操作者要注意保持滚枕表面的清洁，经常用润滑油保护滚枕。在擦胶水、加水时，不要让胶液、水接触到滚枕，随时清除落入滚枕上的油墨、纸屑等。

注意事项

严禁用力刮擦滚枕和用砂纸打磨滚枕。

🗁 2.2.5　输纸、收纸装置的清洗

🗇 学习目标

掌握输纸、收纸装置清洗的方法步骤。

🗇 操作步骤

输纸部件飞达上的回转式导阀要求每月清洗一次，使用洗车水、酒精等挥发性液体清洗，干燥后装回。

输纸装置除尘只要用洗车水抹布擦拭即可，收纸链条的清洁需用钢丝板刷刷洗除净，然后手工加注润滑油润滑。

🗇 相关知识

胶印机输纸装置处在胶印机前端，一般情况下不需要清洁处理，如果这部分表面纸粉灰尘较多可用湿润的抹布擦拭，如果输纸台板上的纸张有脏污，可以考虑擦拭飞达与纸张接触的部件：压纸脚、分纸吸嘴、送纸吸嘴等。

胶印机收纸装置处在胶印机后端，纸粉、墨丝、喷粉装置喷出的粉尘比较多，是整个胶印机最脏且最容易被忽视的地方，往往大量的粉尘堆积在收纸压风装置和支撑杆上，堆积到一定程度时必将脱落，造成印品报废，所以要定期除尘。收纸链条上的油垢每季度也应清洗一次，否则影响链条的正常润滑，严重时可能诱发重大事故。

🗇 注意事项

所有清洗工作应在停机情况下进行，收纸链条加油不可太多，防止收纸运动中滴下或甩出，污染印品。

🗁 2.2.6　墨辊轴颈的清洗

🗇 学习目标

掌握墨辊轴颈积垢的清洗方法。

🗇 操作步骤

墨辊轴颈积垢存在时间可能较长，固化严重，难以清洗。可以采用洗车水或其他强力清洗剂浸泡一定时间后洗净；也可以先用钢片刮去顽固积垢，再用洗车水清洗。

🗇 相关知识

胶印机众多墨辊在传墨过程中相互挤压，可以导致部分油墨流动至墨辊轴颈处，一般胶印机操作者往往在清洗墨辊时会忽略轴颈，日久天长就会造成墨辊轴颈积垢，这需要有目的地专门清洗。

注意事项

①强力清洗剂一般具有较强的腐蚀性，注意不要溅到胶印机其他位置，清洁完成后要抹净，避免残留。

②清洁工作完成后要注意上油保护。

2.2.7　墨斗、水斗的清洗

学习目标

掌握墨斗、水斗的清洗方法。

操作步骤

水斗清洗时要将水斗辊拆下，将水倒入水斗中，并用毛刷将水斗底部的脏物搅起，然后用导管（连通器的原理）将水中的浊液吸出。边浇水，边刷洗，边导水，直到水斗基本清洁为止，最后用抹布将水斗彻底擦洗干净后将水斗辊安装上。

墨斗清洗要用墨刀将墨斗内的余墨铲出，拆卸开墨斗，用抹布蘸取洗车水，擦洗墨斗辊和墨斗上的油墨，并使之完全溶解，然后用一块干净的抹布，把墨斗擦拭干净，使之呈现光泽，最后将墨斗恢复原工作位置。

相关知识

水斗一般采用铜合金材料制成。长期使用的水斗，不可避免地会落入灰尘等杂物，同时水斗辊也会将纸粉、纸毛、墨污等带入水斗中，这样不仅会降低润湿液的润湿性能，而且会直接影响印刷产品的印刷质量。

墨斗是由墨斗刀片和墨斗辊共同组成的，在换墨或结束印刷时要清洗墨路和墨斗，避免混色和油墨凝固，影响后续印刷。

注意事项

①长期停机或更换精细产品时，开机前应该彻底清洗水辊和水斗；正常印刷过程中，若版面图文墨层较厚，应每天清洗水辊。

②拆卸水辊时应注意安全，拆卸下来的水辊如果不需要马上使用或是安装，应该把它放在水辊支架上。

③清洗墨斗要注意墨斗辊端面和墨斗两侧挡板凹槽必须清洗干净，否则会使后印墨色改变，影响印刷质量。

2.2.8　橡皮布的清洗

学习目标

掌握清洗橡皮布的相关知识和操作。

☐ 操作步骤

①将清洗所用的材料：水抹布、洗车水抹布、干净的干燥抹布各一块准备妥当。

②点动机器或使机器低速运转，从橡皮布的叼口部位开始至拖梢部位擦一遍水。

③点动机器从橡皮布的拖梢至叼口用洗车水擦洗橡皮布，使橡皮布上的油墨溶解。

④点动机器或当机器再次运转到叼口时，用干净抹布将橡皮布表面的油污及杂质除去。

☐ 相关知识

在日常印刷过程中，橡皮布不断地与油墨和纸张接触，将印版图文上的油墨转移到纸张上，因而橡皮布上不可避免地会黏附一定的油墨、纸毛和纸粉（纸张中的填料）等物质。这种黏附现象，在橡皮布发黏、使用低劣纸张印刷，或是使用的油墨中颜料颗粒较粗、比重大而黏度又太低时更为严重，所以，在印刷过程中，应视橡皮布表面的堆积情况以及不同的工作要求，经常清洗橡皮布，以保证和提高图文的清晰度，延长橡皮布的使用寿命。

☐ 注意事项

①日常清洗橡皮布的间隔时间，应视橡皮布堆积情况和不同的工作要求而定，一般规律是：换版换色时必须清洗一次；正式的印刷中每隔 3000～5000 张应该清洗一次；每天下班前（停机后）应清洗一次；试印过程至少要清洗一次。

②点动机器时手指应该轻捷，此时拿抹布的手应该离开滚筒表面；点动完成后开始擦洗，在擦洗过程中手指应该离开点动按钮。

③清洗时切忌橡皮布两侧边口接触洗车水等溶剂。

④包衬在橡皮布内的衬垫应该比橡皮布窄，需防止洗车水等溶剂渗入。

⑤备用或是长期不用的橡皮布，应该清洗干净，扑上滑石粉，包上防护纸，存放在密闭容器内或是通风良好、阴凉、干燥的地方，切忌与油、酸、碱、盐以及其他的化学药品接触并避免受到挤压。当上机印刷时，必须和新橡皮布一样进行清洗。

⑥日常清洗橡皮布时，洗车水清洗完后，用干抹布擦干。

⑦使用自动清洗橡皮布装置时，要严格控制好清洗剂的用量。

⑧在日常印刷中，清洗橡皮布一定要认真，不要让油墨残留在橡皮布表面孔隙内，否则日久会氧化干固结膜，降低吸墨能力。橡皮布表面结膜，可先用清水清洗，然后用洗车水清洗擦净。

2.3　消防器材的使用方法及注意事项

☐ 学习目标

了解消防器材的使用方法及基本常识，能够正确地使用消防器材灭火。

▣ 操作步骤

灭火器是一种可由人力移动的轻便灭火器具，它能在其内部压力作用下，将所充装的灭火剂喷出，用来扑救火灾，主要用来扑救初期火灾。目前企业内一般配备的灭火器包括干粉灭火器、二氧化碳灭火器、泡沫灭火器以及室内消火栓系统。

①干粉灭火器：干粉灭火器最常用的开启方法为压把法。将灭火器提到距火源适当位置后，先上下颠倒几次，使筒内的干粉松动，然后让喷嘴对准燃烧最猛烈处，拔去保险销，压下压把，灭火剂便会喷出灭火。干粉灭火器扑救可燃、易燃液体火灾时，应对准火焰腰部扫射，如果被扑救的液体火灾呈流淌燃烧时，应对准火焰根部由近向远、左右扫射，直至把火焰全部扑灭；使用干粉灭火器扑救固体可燃物火灾时，应对准燃烧最猛烈处喷射，并上下、左右扫射。

干粉灭火器内充装的是磷酸铵盐干粉灭火剂。干粉灭火剂是用于灭火的干燥且易于流动的微细粉末，由具有灭火效能的无机盐和少量的添加剂经干燥、粉碎、混合而成微细固体粉末组成。可以扑救可燃气体、有机溶剂、电气、油类、木材、棉絮等类型火灾。

②二氧化碳灭火器：使用时拔出保险插销，握住喇叭喷嘴前握把，扳动开关，二氧化碳即可以气流状态喷射到着火物上，隔绝空气，使火焰熄灭。

二氧化碳是一种不导电的气体，密度较空气大，在钢瓶内的高压下为液态。适用于扑救精密仪器、贵重设备、档案资料、仪器仪表、600伏以下电气设备及油类的初期火灾。

③泡沫灭火器：使用时上下颠倒，左右摇摆，使药剂混合，能喷射出大量二氧化碳及泡沫，它们能黏附在可燃物上，使可燃物与空气隔绝，同时降低温度，破坏燃烧条件，达到灭火的目的。

泡沫灭火器的灭火液由硫酸铝、碳酸氢钠和甘草精组成。可用来扑灭A类火灾，如木材、棉布等固体物质燃烧引起的失火；最适宜扑救B类火灾，如汽油、柴油等液体火灾；不能扑救水溶性可燃、易燃液体的火灾（如醇、酯、醚、酮等物质）和E类（带电）火灾。

④室内消火栓：一种固定消防工具，一般设置在建筑物公共部位的墙壁上，有明显标志、内有水龙头和水枪。室内消火栓使用方法：a.打开消火栓门，按下内部火警按钮（按钮是报警和启动消防泵的）；b.一人接好枪头和水带奔向起火点；c.另一人接好水带和阀门口；d.逆时针打开阀门水喷出即可。

主要作用是控制可燃物、隔绝助燃物、消除着火源。一般要在确认火灾现场供电已断开的情况下，才能用水进行扑救。

▣ 相关知识

消防器材是指用于灭火、防火及火灾事故的器材，消防器材主要包括灭火器、消火栓系统、消防破拆工具。

①灭火器包括泡沫灭火器、干粉灭火器、二氧化碳灭火器、1211灭火器、水型灭火器、其他灭火器具等；

②消火栓系统包括室内消火栓系统和室外消火栓系统，室内消火栓系统包括室内消火栓、水带、水枪；

③破拆工具包括消防斧、切割工具等。

企业应注重消防器材管理，消防器材要做到：①定点摆放，不能随意移动；②定期巡查消防器材，保证处于完好状态；③专人管理，若发现丢失、损坏立即上报并及时补充。

同时企业要具备：①坚持消除火灾隐患的能力；②组织扑救初期火灾的能力；③组织人员疏散逃生的能力；④消防宣传教育的能力。

注意事项

①注意自身安全，避免伤亡。

②用水扑救带电火灾时，必须先将电源断开，严禁带电扑救。

③使用消防器材时人要站在上风口或侧风口。

④消灭液体火灾时，不能直接喷射液面，要由近向远，在液面上 10 厘米左右扫射，覆盖燃烧面切割火焰。

⑤二氧化碳钢瓶不能接触人体，以防冻伤。

本章复习题

1. 胶印机润滑的要点和注意事项有哪些？

2. 胶印机及环境保洁的意义及保洁内容有哪些？

3. 如何清洗压印滚筒、滚枕、输纸装置、收纸装置、墨辊轴颈、墨斗、水斗、橡皮布？

4. 为什么要有良好的整理工具的习惯？

5. 消防器材包括哪些？使用时有哪些注意事项？

第 3 章　设备调节

本章提示

本章介绍初级平版印刷员需要承担单张纸平版胶印机和卷筒纸平版胶印机的输纸装置的调节、印刷单元调节、收纸装置调节等设备调节方面的工作，讲述承担这些工作所需要的相关知识、基本操作技能和工作中的注意事项。要求能够按照需要调节胶印机的输纸、收纸装置；能够对胶印机进行简单的基础操作。

3.1　输纸装置调节

3.1.1　单张纸胶印机输纸分离头调节

学习目标

学习单张纸胶印机输纸装置的分离头调节，要求能够按照纸张规格调节输纸装置的分离头。

操作步骤

输纸分离头分纸吸嘴的调节要求：分离厚纸时，距离纸堆表面 2 ~ 3mm；分离薄纸时，距离纸堆表面 6 ~ 8mm。前后位置的要求是：分离厚纸时，吸嘴橡皮圈的外圈距纸堆后边缘约 4mm；分离薄纸时约 7mm。分纸吸嘴的调节通常采用纸堆中插楔子或拧动调节螺丝整体上下移动分纸器的办法来实现。

输纸分离头送纸吸嘴的调节要求：前后位置以所送纸张叼口通过接纸辊和导纸轮为宜；左右位置应分别距纸张两侧 1/4 为宜；高低位置以返回时不触及纸张为宜。

输纸分离头压纸吹嘴的调节要求：左右居中，前后位置要求能有效地压住纸堆上面的纸张，一般压纸量约为 10mm，可以通过调节分纸器的前后位置或连杆上的偏心销来达到目的。其下压最低位置即纸堆高度，压纸吹嘴杆的长度由调节螺母调节。

输纸分离头松纸吹嘴的调节要求：一般要求能将纸堆表层 5 ～ 10 张纸吹松为宜，高度调节到吹嘴中线与纸堆上表面平齐，距离纸堆 5 ～ 7mm。

输纸分离头挡纸毛刷的调节要求：挡纸毛刷有两种形式，一种是斜挡纸毛刷，当松纸吹嘴吹风时，被吹松的纸张由毛刷支撑，使之保持吹松状态，调节时该毛刷伸进纸堆 3 ～ 5mm，高出纸堆表面 5mm；另一种是平挡纸毛刷，主要作用是刷掉被分纸吹嘴吸起的多余纸张，避免多张或双张出现。该毛刷调节位置伸进纸堆 6 ～ 10mm，高出纸堆表面 2 ～ 5mm。

输纸分离头侧、后挡纸板的调节要求：距离纸堆侧、后边缘 1mm 左右。

输纸分离头前挡纸牙的调节要求：纸堆前沿低于前挡纸牙顶部 4 ～ 6mm。

相关知识

单张纸胶印机输纸装置的功能是使纸张自动、准确、平稳、与主机同步地逐张分离，并输送到纸张定位装置处定位，然后送入胶印机实施印刷作业。

输纸分离头将纸张从纸堆上逐张分离出来，并且向前送到送纸辊，不能出现双张、多张、空张或歪斜现象。

注意事项

不同种类纸张，输纸的调节方法是不同的。例如，铜版纸与胶版纸，铜版纸的表面光滑，松纸吹嘴与纸张表面的摩擦力小，输纸时可将纸张吹起，缩小递纸吸嘴与纸张之间的距离，甚至递纸吸嘴可与纸张一直保持接触状态，也不会产生歪张、双张现象。胶版纸的表面粗糙，递纸吸嘴与纸张在未吸之前，如果距离太小就会产生较大的摩擦力进而导致歪张，甚至影响下面的纸张而产生双张，因此要加大递纸吸嘴与纸张在未吸之前的距离，并要求吸气量大而且均匀。

3.1.2 单张纸胶印机输纸装置风量调节

学习目标

学习单张纸胶印机输纸装置风量的调节要求，掌握单张纸胶印机输纸装置的风量调节方法。

操作步骤

输纸风量调节要求：松纸吹嘴的风量一般要求能将纸堆表层 5 ～ 10 张纸吹松为宜；

压纸吹嘴的风量一般要求能将第一张纸托起为宜；分纸吸嘴和送纸吸嘴的风量以仅能吸起第一张纸为宜。它们的调节由各自的气量调节阀进行调节。

气泵吸气、吹气分配比例调节由气体分配阀完成，目前常用的是旋转式气体分配阀。

相关知识

单张纸胶印机输纸装置上纸张与纸堆的分离和传送是由气泵所产生的吸气和吹气协助完成的。为使输纸过程平稳正常进行，需要对气泵的风量和吸气、吹气分配比例进行调节。

注意事项

不同种类的纸张，风量调节程度应该是不同的。一般规律是：纸张轻、薄、定量小、幅面小，风量相对要减小；反之，风量要相应增大。

3.1.3　单张纸胶印机输纸装置输纸堆调节

学习目标

学习单张纸胶印机输纸装置输纸堆高低和左右位置的调节，要求掌握单张纸胶印机输纸装置输纸堆高低和左右位置的调节方法。

操作步骤

输纸堆位置即纸堆高度，它的调节有两点要求：一是根据前挡纸舌的位置，调节纸堆前面（叼口）低于挡纸舌 4～6mm；二是根据分纸吸嘴下落吸纸时，纸堆上面被吹松的纸和分纸吸嘴刚刚接触，不发生双张或吸不起纸的现象。这两种调节，虽然都要求对纸堆面高度进行调节，但调节方法不同，按前挡纸舌位置调节纸堆高度是用楔子或用垫纸的方法解决；按后一种方法，假如前面也低，则可用调节压纸（吹嘴）杆的长度来解决。反之则反向调节。总之，调节纸堆高低，应前后考虑以采取相应措施。

纸堆的左右位置以侧挡纸板为依据确定位置。

相关知识

纸张堆放到输纸台上时要有确定的位置（前、后、左、右），高低位置也要确定，上表面要求平整，避免影响输纸进程。

注意事项

楔子一方面用来调节纸堆的平整度，另一方面可用来调节纸堆的高度、控制纸堆上升量，所以操作者一定要用好楔子。此外要注意随着输纸过程的进行，要随时调节楔子的位置，既要保证纸张表面平整，又要确保楔子不被卷进胶印机引发故障。

🗁 3.1.4　单张纸胶印机输纸装置双张控制器调节

🗇 学习目标

学习单张纸胶印机输纸装置双张控制器的调节，要求掌握单张纸胶印机输纸装置双张控制器的调节方法。

🗇 操作步骤

机械双张控制器具体调节方法：在胶印机走纸时，慢慢拧动双张控制器纸张厚度控制螺母，直至输纸脱开，然后将螺母向回转动半圈，继续走纸，此时位置基本正确。为确保安全可以在走纸情况下将一张纸条从控制器的辊子下经过，如果调节正确，输纸会停下来，否则需要微量调节。

光电式双张控制器一般有纸张厚度选择开关，可根据纸张的厚度不同进行选择。被测纸张在 $80g/m^2$ 以上的，可将开关拨向厚纸位置；若纸张低于 $80g/m^2$，可将开关拨向薄纸位置；拨在中间位置为无控制。

超声波双张控制器必须和机械双张控制器同时使用。它的调节需要进行单张纸采样，利用延时电路使标记脉冲与第一张纸的底波重合，记住单张纸的底波位置，胶印机就能正常印刷，直到出现双张或多张，才会停车或做出相应的动作。由于这种设备可靠性较高，目前已被广泛采用。

🗇 相关知识

胶印机输纸装置为避免双张、多张、空张现象的发生，都装有双张控制器，我们在正式印刷前需要将双张控制器调节到正常工作状态。

双张控制器调节：双张控制器一般有机械式、光电式和超声波式三种。

如果几张纸同时进入机器内，控制器会发出信号。输纸停止，机器离压并以最低速度空转。

🗇 注意事项

双张控制器的灵敏度要根据不同纸张的厚度、透明度进行相应调节；还要注意双张控制器清洁，避免因灰尘、纸毛等杂物干扰其灵敏度。

🗁 3.1.5　单张纸胶印机输纸过程中常见输纸故障的排除

🗇 学习目标

了解单张纸胶印机常见输纸故障产生的原因，掌握单张纸胶印机常见输纸故障的排除方法。

🗇 操作步骤

（1）双张、多张故障

产生原因及解决方法如下：①分纸头调节不当，如分纸吸嘴吸气量太大、松纸吹嘴吹风量太大、压纸吹嘴吹风量太小、压纸吹嘴压纸量太少、递纸吸嘴吸气量太大、挡纸毛刷位置太高等，需要做出相应的调节。②纸张的原因，如纸张有静电、纸张上的油墨未干、纸张未装齐、纸张裁切误差太大等。

（2）空张故障

引起空张的原因有：分纸吸嘴吸气量太小、松纸吹嘴吹风量过小、压纸毛刷或压纸吹嘴伸入纸堆过多等。

（3）歪张故障

引起歪张的原因有：分纸吸嘴左右吸气量不一致，左右压纸毛刷高低位置不一致，左右松纸吹嘴高低位置不一致，递纸吸嘴运动不灵活，挡纸舌不在同一平面或工作时间不对，两个摆动压纸轮压纸时间不一致，输纸线带松紧不一，给纸机本身歪斜，压纸轮放置位置不当或转动不灵活等。

（4）输纸不稳定故障

产生原因及解决方法如下：①送纸吸嘴送纸到位后仍有余吸，解决方法可以调整送纸吸嘴前后运动凸轮，使在手动检查时，吸嘴送纸距极限位置尚有 10mm 左右就应放纸，就不会产生余吸，堵塞吸气活塞的风槽。②线带造成的输纸不稳定，如线带太松、线带张紧轮运转不良、输纸板对线带产生阻力、线带厚度不均、输纸压轮径跳（不圆）、输纸部件的各运转机件间隙太大、离合器积存纸毛或油污过多、输纸带被动辊里面的轴承损坏，出现时转时不转，需要相应做出调节。

（5）纸张早到或晚到故障

产生原因和解决方法如下：给纸机的输纸时间和前规的下落时间配合不当，可以先松开链轮上的三个紧固螺丝，然后转动输纸手轮，将纸张调到合适的位置，然后再上紧三个螺丝即可；纸堆高度低于前齐纸块允许高度，送出的纸张被挡住，造成纸张晚到，出现这种情况可以适当地升高纸堆；若纸堆过高，甚至高过了前挡纸块的顶端，造成纸张早到，这时可以降低纸堆整体高度或是插楔子来降低纸堆上表面高度；摆动压纸轮下落时间晚或磨损严重，应使摆动压纸轮在送纸吸嘴送出纸张，将要停止吸气尚未停止吸气时刚好下落压纸，压力以停机时能够感受到一定的拉力即可，磨损严重时应当及时更换；输纸装置的送纸时间过晚（相对于摆动压纸轮而言），可以在摆动压纸轮下摆时间正确的前提下，依据其下摆时间调节飞达的传动时间；线带张紧力小或输纸压轮压力过轻，造成纸张晚到，反之，则造成纸张早到，解决方法为将线带张紧到合适程度，或适当调节输纸压轮的压力。

🗐 **相关知识**

针对输纸故障，我们应该耐心排查原因，找到相应解决办法。

对于目前广泛采用的气动式连续重叠式给纸，发生双张或多张故障时，轻则损失工时或轧坏橡皮布，重则损坏机器部件，造成滚筒跳动，应尽量防止此类故障的发生。

发生空张故障时，若机器未能检测出，则本该转移到纸张上的油墨转移到压印滚筒上，将导致接下来的十几张纸出现背面有印迹的现象，造成废品。

歪张是指输纸歪斜，纸张歪斜将导致规矩不能对纸张进行正常定位而停机，浪费工时。输纸歪斜时，可以从输纸板上观察到运行的纸张边缘之间呈锯齿状。

输纸不稳定是指输纸速度不均匀，时快时慢。输纸快了，纸张会串入前规挡板下；输纸慢了，纸张又走不到位，两种情况都会产生套印不准，使产品报废。

纸张在侧规开始定位时仍未到达前规定位线称为纸张晚到，而纸张早到则指输纸机的输纸时间和前规下落时间配合不当，使纸张超前于前规定位时间到达前规定位线。不管纸张是早到还是晚到，都将使规矩无法实现对纸张的正常定位，从而引起套印不准。

注意事项

输纸故障产生的原因很多，影响很大，我们要注意熟悉机器、积累经验、耐心排查，争取尽快找到原因，解决问题。

3.1.6 卷筒纸胶印机输纸装置纸卷的整理

学习目标

掌握卷筒纸纸卷整理的相关知识和操作技能。

操作步骤

整理纸卷：安装卷筒纸之前先撕掉外包装，检查纸卷外层有无破损，有破损要剥离撕去。

目前大多数的轮转机都采用自动接纸。不论是高速自动接纸还是零速自动接纸，都必须在备用纸卷上做好与在印纸卷相互粘贴的接头以及其他识别标志（如检测打纸刀动作的黑色标记）。接头的制作质量直接关系到接纸的成功率，可以最大限度地减少停机次数，真正体现出轮转机的快速、高效的优势。

相关知识

卷筒纸的存储与平板纸不同，在堆放时应当将其端面放在木板上，堆放的高度应有限制，圆形的卷筒平放时间过久会变形，影响轮转胶印机的正常运转。运输及堆放纸张及纸板时，绝不允许野蛮装卸，不许将卷筒纸或木夹板包装的纸件从高处扔下，更不允许使用铁钩等会损伤纸张的工具，推送卷筒纸应按箭头指示的方向，防止松卷。

注意事项

卷筒纸在储存和运输过程中容易造成损伤和破损。一旦不能正确处理，不但会影响接纸的成功率，而且还会在印刷过程中出现断纸等情况，影响正常生产甚至会因为断纸造成设备损伤。

📂 3.1.7　卷筒纸胶印机输纸装置装卸纸卷

🗂 学习目标

掌握卷筒纸胶印机输纸过程中装卸纸卷和调节纸卷位置的相关知识和操作技能。

🗂 操作步骤

装卸纸卷：卷筒纸装卸有手动和自动两种，手动换纸卷要在前一卷将要印完时停下胶印机，在输纸部分留下前卷纸的尾部，卸下旧纸卷，装好新纸卷，再将留下的纸尾与新纸卷纸头边口用胶黏剂或胶带粘平、粘牢即可。

自动换纸卷将新纸卷安装到纸卷回转支架（可旋转）的空端，前一个纸卷将要印完时，在新纸卷纸头边口涂上胶黏剂，当旧纸卷小到一定直径时，检测装置会发出信号，纸卷回转支架开始回转，转到自动接纸的位置。新纸卷到达预定位置后开始加速转动，到新纸卷的线速度与正在印刷纸带的线速度相等时，将其速度进行锁定并开始黏结，黏结完成后前纸卷转过一圈，裁纸刀切断纸带，旧纸卷制动，新纸卷开始供纸，自动接纸完毕。

调节纸卷位置：卷筒纸装上后还可以进行轴向微调，这是通过转动轴向调节手轮完成的。

🗂 相关知识

卷筒纸胶印机使用连续带状卷筒纸进行印刷，其输纸机构与单张纸胶印机大不相同。卷筒纸胶印机供纸机构主要包括卷筒纸支撑装置、上纸装置、接纸装置等。

现代卷筒纸胶印机一般采用无芯轴支撑装置，它是以两个锥形头或内张力（弹簧）张紧装置插入卷筒纸中轴空腔，顶紧后自锁来固定整卷纸，其上纸装置一般是通过上纸臂的回转与摆动将卷筒纸提升到工作位置，而其接纸装置一般是由自动上纸架、预备皮带（加速新纸卷）、接纸器、自动制动装置等组成的。

印刷过程中，高速运转的纸带有时会发生偏移，为保证纸带和印版位置相对稳定，有时要对纸带横向位置进行调节，即在机器运行过程中，轴向调节纸卷位置，这就是纸架调节。

卷筒纸打开后进入胶印机直至印完后加工，整个过程中绝不能在自由状态下自动松卷，否则根本无法正常工作。纸卷制动装置及纸带张力控制装置的作用是为了保证纸卷能平稳展开，纸带能在机器高速运行条件下保持一定的张力，平稳向前输送，并且确保印刷过程图文转移清晰以及折页精度达到要求。

🗂 注意事项

卷筒纸输纸装置是轮转机重要的组成部分，主要用于报纸和书刊印刷。目前卷筒纸输纸装置大都可以自动接纸以提高设备的使用效率。因此，设备运转中接纸的成功率至关重要。在实际的工作中应该注意合理设置张力。轮转机在印刷中纸带必须保持一定的张力。这是保证整个设备正常运转、套印准确的必要条件。张力的大小设置必须综合考虑纸张和印刷速度等因素。张力过大会导致纸张起褶皱甚至断纸，影响印刷效率；张力过小会导致印刷过程中出现纸带跑偏、套印不准、折页错位等问题。

3.2 印刷单元调节

3.2.1 添加油墨

学习目标

掌握添加油墨的操作方法，注意保持墨斗内的油墨水平面高度。

操作步骤

①根据生产通知单的要求，领取所需油墨，打开墨桶盖，揭开覆盖物，如有干结的墨皮，要用墨铲挑出。

②抬起墨斗，拧紧墨斗两端的锁紧螺丝。

③用墨铲铲取适量的油墨，旋转墨铲几圈，让墨丝缠绕到墨铲上，将油墨送入墨斗。

④反复操作，直至墨斗内墨量充足为止。

⑤用墨铲按"∞"字轨迹搅动墨斗内的油墨，同时摇动墨斗辊手动手柄，搅匀油墨，以增加油墨的流动性。

⑥最后将墨铲上的余墨在墨斗边缘或墨斗辊上刮入墨斗，完成上墨。

相关知识

将油墨桶内的油墨根据印刷需要量取出一部分，加入胶印机的墨斗内，在印刷过程中随时注意墨斗内剩余墨量，一旦消耗到墨斗内墨量较少，将要不能满足正常印刷时，要及时添加。

注意事项

①加墨前应根据印件的印量和墨色的深浅，大致估计所需墨量，最好不要加墨超量很多，以免造成浪费。

②墨斗上的墨量调节螺丝不要调节得过紧，以免损伤墨斗辊。

3.2.2 印版拆装

学习目标

掌握装、拆印版的操作技能。

⊡ 操作步骤

1. 拆卸印版

（1）固定式版夹印版的拆卸

①点动机器至印版滚筒缺口的印版装夹机构朝向操作者，按下停车键。

②用套筒扳手依次拧松叼口和拖梢边的夹板螺丝。

③抽出印版拖梢边，用手捏紧拖梢和衬垫，向上扯动，同时反点机器，滚筒旋转至可拉出印版为止。

（2）定位挂钉式印版的拆卸

定位挂钉式印版拆卸简单，只要用专用的"紧版小弯"工具打开拖梢版夹，点动至叼口边，从定位销上取下即可。

2. 安装印版

（1）固定式版夹印版的安装

①调节叼口版夹左右居中平行，拖梢版夹放松并且居中平行。将预先弯边的印版叼口边插入叼口版夹，先中间后两边紧固夹板螺丝。

②在印版内放入预先备好的衬垫，用手捏紧拖梢部位。

③正点机器，绷紧后使其慢慢包覆在滚筒上。

④用楔子或手顶住印版，防止下滑，将印版拖梢边插入版夹，先中间后两边紧固夹板螺丝。

⑤收紧拖梢边拉版螺丝，再带紧叼口边拉版螺丝，装版完成。

（2）定位挂钉式印版的安装

定位挂钉式印版安装也比较简单，先将印版叼口定位孔挂到定位销上，装上衬垫，点动机器，包覆滚筒至拖梢，将印版拖梢边插入版夹，用"紧版小弯"工具旋转版夹轴一个角度，最后将紧版螺丝轻轻拉紧，完成装版操作。

⊡ 相关知识

装、拆印版是胶印机操作者基本的操作之一，也是日常工作之一，换色、换印刷活件或损耗换版时都要装、拆印版，其熟练程度和准确程度对生产质量和效率影响很大，这就要求操作者动作敏捷、干净利索、判断准确、心中有数。

许多现代胶印机配有自动拆、装印版机构，只要按动按钮，拆、装过程自动进行，准确方便，效果良好。

⊡ 注意事项

①装版前认真检查版别和色别，如果出错，后果严重。

②拆装过程注意不要擦伤印版，更不能弯出折痕或"马蹄印"。

③印版插入版夹要到位，紧版螺丝要逐个拧紧，不得遗漏；拉版时要用力均匀，避免印版变形断裂。

④衬垫要清洁、平整、垫正。

🗁 3.2.3 橡皮布拆装

🗇 **学习目标**

掌握装、拆橡皮布的操作技能。

🗇 **操作步骤**

（1）拆卸橡皮布

①拆卸橡皮布前先用铅笔在橡皮布叼口位置画线做好记号（方便安装），点动机器至橡皮布滚筒拖梢朝向操作者。

②用专用套筒工具拧动橡皮布拖梢张紧轴，松开橡皮布拖梢部位，把橡皮布拖梢夹板从张紧轴卡槽内抽出，用手抓紧橡皮布和衬垫，反点机器至叼口，同时扯动橡皮布和衬垫。

③取出衬垫，用专用套筒拧动橡皮布叼口张紧轴，松开橡皮布叼口，双手将橡皮布夹板从张紧轴卡槽内取出，完成操作。

（2）安装橡皮布

①点动胶印机至橡皮布滚筒叼口朝向操作者，将橡皮布叼口夹板装入滚筒叼口张紧轴卡槽，用专用套筒拧动橡皮布叼口张紧轴，卷入橡皮布至上面所述的画线记号处。

②把衬垫平整垫入橡皮布与滚筒之间，扯紧橡皮布和衬垫，正点机器至拖梢部位。

③将橡皮布拖梢夹板装入滚筒拖梢张紧轴卡槽，用专用套筒拧动橡皮布拖梢张紧轴，使橡皮布和衬垫均匀、紧密地包覆在橡皮布滚筒外表面。

④点动胶印机至叼口，拧紧叼口张紧轴，完成操作。

🗇 **相关知识**

在印刷作业中，如果遇到橡皮布损坏、长时间停机，需要拆卸、安装橡皮布。装、拆橡皮布也是胶印操作者的基本技能之一，如果不能正确、平实、快速地操作，也会影响到印刷的质量和效率。

🗇 **注意事项**

①橡皮布的衬垫必须比橡皮布窄一些，这样当橡皮布绷紧后，橡皮布的两边才能紧紧地包在滚筒表面，防止杂质、油类、洗涤液、水等异物进入，造成滚筒表面氧化生锈和橡皮布脱层起包的不正常现象。

②绷紧橡皮布时，要注意消除背面摩擦阻力影响，不能只将拖梢一端拉紧，而应两端都要加拉力，拖梢和叼口应一致，橡皮布才能均衡地紧包在滚筒上。

③新的橡皮布装好后，橡皮布表面有一层光滑的抗氧化膜，使用时必须用浮石粉蘸洗车水擦掉，才能保持橡皮布良好的吸墨性。

📂 3.2.4 装卸水辊

🗂 学习目标

掌握装卸水辊的操作技能。

🗂 操作步骤

拆卸水辊：拆卸顺序按照先外（靠近水斗）后内（靠近印版）、先上后下的原则进行，一般按水斗辊、传水辊、串水辊、上着水辊、下着水辊的顺序进行。

水辊两端轴架有缺口的平端而出即可；有套壳的先松下套壳，露处缺口，可以平端而出；下着水辊松开套壳，缺口向下的，下面两侧会有水辊导轨，水辊取出缺口，顺势外滑，平端而出即可；缺口向上的，可以用长柄钢钩钩住两端，同时提拉而出。

安装水辊的顺序与拆卸顺序正好相反，方法与拆卸相同。

🗂 相关知识

水辊是胶印机传递润湿液的载体，水辊包括水斗辊、传水辊、串水辊和着水辊几种。

水斗辊将水斗中的润湿液传出，它一般都包覆一层布套。

硬质水辊一般镀铬，增加其亲水性；软质水辊由弹性橡胶辊包覆一层水辊绒布组成。

水辊使用一段时间后需要拆下清洗、换水辊绒布或彻底更换，即水辊的卸、装。

🗂 注意事项

①拆卸、安装时水辊两端要平衡用力、同步进行。

②水辊较重，要有心理准备，避免失手坠落。

③拆下的水辊和准备好的新水辊要放到辊子架上，不可随手放置。

3.3 收纸装置调节

📂 3.3.1 单张纸胶印机收纸装置位置调节

🗂 学习目标

了解单张纸胶印机收纸装置结构和调节要求，掌握调节收纸装置位置的操作方法。

🗂 操作步骤

收纸装置位置的调节要依据印刷纸张的规格，收纸台高度调节可以自动升降，也可以通过转动升降手柄手动微调。收纸装置纵向位置通过后齐纸板前后调节改变（前齐纸板位置固定），收纸装置横向位置通过左、右齐纸板内外调节改变。后齐纸板调节通过胶印机靠身墙板上的手柄来旋转调节，左、右齐纸板调节只需松、紧调节螺丝即可。

相关知识

单张纸收纸装置一般由传纸机构、收纸滚筒、理纸机构、收纸台升降机构、喷粉器及红／紫外线干燥系统等组成。

传纸机构由收纸链条及其叼牙排和导轨组成。收纸链条叼牙排在收纸滚筒上接取纸张，随收纸链条输出。

收纸滚筒与压印滚筒相邻并同步旋转，起传递交接印张的作用。

理纸机构由吸纸辊、齐纸板、收纸台共同组成，其作用是将印好的纸张理齐并收置到收纸台上。

喷粉器在收纸过程中为防止印张背面粘脏和粘页向印张表面喷撒粉状防粘剂；红／紫外线干燥系统利用红／紫外线光源照射印张，加快印张表面油墨的干燥速度。

注意事项

①收纸喷粉装置是可调的，生产中可以根据纸张的幅面调节喷粉量和喷粉位置。

②收纸牙排放纸时间可以通过调节靠身墙板内控制手柄改变。

📁 3.3.2 单张纸胶印机不停机收纸装置调节

学习目标

了解单张纸胶印机收纸装置结构和调节要求，掌握副收纸装置操作方法。

操作步骤

当收纸台工作时，副收纸板退至非工作位置，当需要更换收纸台或主收纸台加放晾晒架时，按"副板出"键，收纸台自动下降 120 ～ 150mm，副收纸板移出至收纸台位置，接收下落的纸张；换好收纸台时可按"主板升"键，收纸板上升，副收纸板退回原位，完成收纸台更换。

相关知识

收纸台升降机构可以手动升降收纸台，也可以随印刷作业的进行，收纸台上印张的增加而自动缓步下降，维持收纸堆纸面的高度。

现代胶印机一般都配有副收纸装置，其作用：一为不停机更换收纸台，节约时间，提高效率；二为便于安放晾纸架，当印刷墨层厚度较厚的精细产品时，收纸台纸堆每达到一定高度需安放一晾晒架，以免纸堆高度连续堆放过高、压力过大而造成印张背面粘脏，在安放晾晒纸架时为了做到不停机也须由副收纸板来临时替代主收纸台。

副收纸台的技术要求：

①副收纸板推出的时间和速度必须严格与主机输出印张速度互相协调一致。副收纸板推出时不应碰到正要落放的印张。为此，副收纸板伸出的速度应该大于输出收纸链条速度，在 J2108、J2205 胶印机上副收纸板推出的速度较收纸链条速度大约快一倍，另外副收纸板伸出的时间必须在两张印张落放的空隙之间。

②副收纸板的伸出、退回必须与主收纸台严格协调一致，保证收纸堆放整齐，动作连续，互不干涉。

🗂 **注意事项**

在主收纸台下降期间应将副收纸的前齐纸挡板扳到向下垂直位置，以便接替主收纸齐纸挡，挡齐落放中的印张。

自动更换收纸台作业中，当副收纸板完成工作退出时，应顺势收取副收纸台上已收取的纸张，避免碰乱印张。

🗂 3.3.3　卷筒纸胶印机收纸装置输送带调节

🗂 **学习目标**

了解卷筒纸胶印机收纸装置的结构，掌握其调节方法。

🗂 **操作步骤**

轮转机输送带松紧失常容易造成印品输出时卷折，甚至导致印品堵塞。同时，由于钢丝带运行平稳性差，使印品输送时出现歪斜及位置变化，影响后续印品的计数、堆积。

轮转机输送带松紧调节通过拧动螺丝，调节输送带张紧轮的位置来改变松紧，现代胶印机也有采用专用调节手柄或按钮进行调节的。

🗂 **相关知识**

卷筒纸胶印机收纸装置一般会配套相应的印后加工组件，如折页、裁切、配页、自动分拣、堆积、插页、打包等。

为配合轮转机远距离输送印件的功能，卷筒纸胶印机常配有输送装置即输送带。

输送带可以分为钢丝带式和轮毂式两大类型。钢丝带式输送带是利用缠绕在钢辊上的弹簧间的摩擦力，使印件在钢丝带上被夹持前行来完成印件的输送。轮毂式输送带目前最常见的有单叼轮毂式输送带、双叼轮毂式输送带和中叼轮毂式输送带三种形式。与钢丝带式输送带相比，轮毂式输送带具有夹纸稳定性好，传送位置准确，不易蹭脏印件，不易掉帖、漏帖，较少印件歪斜等优点，是目前较为理想的一种印件传输形式。

🗂 **注意事项**

卷筒纸胶印机收纸装置最为关键的部分是折页机，折页机是整个轮转机中结构最为复杂、动作最多、调整最烦琐的装置，是整个轮转机的核心部分。折页机工作性能调整的好坏直接影响到轮转机的工作效率，同时也对输送和堆积具有很大的影响。

在实际工作中折页机决定了印帖的折叠精度，这对印帖的后工序加工有决定性的影响。同时折页机将卷筒纸裁切折叠完毕形成的印帖，需要通过输送带送至堆积机计数打包，折页机出帖的整齐度也是影响堆积机能否正常计数和运转的一个关键因素，一旦折页机出帖不整齐就会造成堆积机计数不准、堆积不整齐甚至将整摞的印帖卡在堆积机里面。频繁的挤帖不但会增加人员的劳动强度，还会对设备造成一定的损伤。因此一定要掌握好折页机的调整。

📁 3.3.4 卷筒纸胶印机收纸装置堆积量调节

📄 学习目标

了解卷筒纸胶印机收纸装置堆积部件的结构，掌握其调节方法。

📄 操作步骤

轮转机收纸堆积装置的堆积量是可调的，其调节往往需要根据印品的版数进行。例如，一份报纸有 16 版，其堆积量为 100 份，当我们改印同样幅面 32 版的印件时，因为单份印件厚度的变化，相同的堆积量只有 50 份报纸，这时根据打包的需要，我们要改变堆积量的设置。

堆积量的调节是通过键盘设置的，具体数值在键盘输入，有小显示屏显示，确认即可。

📄 相关知识

轮转机堆积设备是卷筒纸印后输送设备的联机后续设备。它主要具有印件的齐平、计数、区分、填料、缓冲、旋转及堆积等功能，称为堆积机。

收纸堆积装置的使用可以大大节省输出报纸或书帖的占地面积，具有准确计数、快速堆码、平稳输出、与主机（胶印机）速度相匹配等优点。它的使用代替了人工对印件的点数及分发，为邮局发行报纸的简单、快捷、准确打下了良好的基础。

一般堆积机由机械、气动、电控三大部分组成。报纸的传输、堆码、推报等机械动作，主要依赖于机械传动系统来实现；紧急出口拉杆运动、报框旋转、缓冲机构控制等均由气动控制系统操作；报纸的计数、报框旋转位置的确定、旋转动力、缓冲机构工作位置等则受电控（包括光电控制）系统的控制。

📄 注意事项

卷筒纸胶印机操作者更换印件时一定要注意重新计算、设置堆积量，避免造成不应有的损失。

本章复习题

1. 单张纸输纸装置的功能和调节要求有哪些？

2. 双张控制器有哪几种？如何调节机械双张控制器？

3. 现代卷筒纸胶印机输纸装置的具体构成和运行过程是怎样的？

4. 单张纸胶印机收纸装置结构和调节要求有哪些？

5. 如何装、拆印版和橡皮布？

6. 如何添加油墨？

7. 如何装卸水辊？注意事项有哪些？

第4章　印刷作业

本章提示

　　本章介绍初级平版印刷员在胶印机试运行、正式运行以及印刷质量检测等方面所要承担的工作，讲述承担这些工作所需要的相关知识、基本操作技能和工作中的注意事项。要求操作者能够分析印刷过程中常见的输纸故障及原因；识别印刷图文质量、套印准确等方面常见的印刷故障，分析原因并提出解决问题的建议；学会使用放大镜等初级工具。

4.1　试运行

4.1.1　胶印机控制面板按钮操作

学习目标

认识胶印机控制面板上的各种按钮，掌握各按钮的操作规程。

操作步骤

一般胶印机开机操作：

①打开电源开关，设备通电；

②按"电铃"通知操作人员机器即将启动；

③"正点""反点"几次，观察机器有无异常；

④按"运转"使机器低速空转；

⑤手动传墨，使油墨传出墨斗，串墨、匀墨；

⑥手动落下着水辊，对印版上水；

⑦手动落下着墨辊，对印版上墨；

⑧按"进纸"或"输纸器开"键，使飞达各部件开动，纸堆自动上升；

⑨按"气泵开"打开气路，开始走纸；

⑩当纸张走至规矩位置时，按"合压"键，滚筒合压低速印刷；

⑪确认印刷正常时按"定速"键使机器以指定的速度印刷作业。

一般胶印机正常关机操作：

①正常停机先按"气泵关"，飞达不再继续输纸，最后一张压印完成后机器自动离压，同时转为低速运转；

②最后一张纸到达收纸台时按"停车"键，机器停止转动；

③手动抬起水辊，如不再工作，可清洗机器，断开电源，结束印刷。

遇到紧急情况，需要停机时，必须立刻按下"停车"键。

相关知识

胶印机种类繁多，控制面板也各自不同。一般胶印机都有几个控制面板：位于收纸台侧面的主控面板；输纸装置正面、每色组侧面或正面墙板、收纸台正面或侧面墙板上的副控制面板。

主控面板一般有：停车、电铃、正点、反点、运转、定速、进纸、合压、给纸开、给纸停、气泵开关等按钮。不同胶印机也有选用压印、喷粉、油泵、调速、急上水、空张控制、大小纸选择、多个机器状态指示灯、电压表、计数器、速度显示等按钮或灯表。

输纸装置操作面板的按钮主要有：停车、电铃、纸台升、纸台降、正点、反点、给纸停等。

每色组操作面板的按钮主要有：停车、电铃、正点、反点、低速、水开、墨开、水停、墨停、输纸停等。

收纸操作面板的按钮主要有：停车、电铃、纸堆升、纸堆降、正点、反点、副板出、喷粉开关、计数等。

注意事项

①开机前要认真检查是否有零件、工具、杂物等遗漏在机内，防护罩是否关闭，以避免重大事故发生。

②开机前先按"电铃"。

③调节机器时一定要按下"停车"键，锁定机器。

④不宜在机器高速运转中合压。

⑤情况紧急，立即"停车"。

📁 4.1.2　纸张安装

🗂 学习目标

掌握堆纸的要求和技能。

🗂 操作步骤

①将透松、闯齐的纸叠搬运到输纸台的正上方，用手背抵住下面纸堆上的纸，不使其移动，缓慢、水平、对正放下纸张。

②用手背压住下面的纸张，靠两手腕的摆动和手指的捻动，使纸叠呈梯状微微散开，将手中纸叠最下面一张纸与纸堆最上面一张纸对齐。

③两手小指、无名指抵住纸堆，其余三指将纸叠捻松，用手腕推动，将纸张在前挡纸板上闯齐2～3次。

④将纸叠向侧挡纸板靠齐。

⑤将两手掌按在纸堆中间，下压，然后匀速用力，向纸张周围滑动，排出纸堆内的空气。

🗂 相关知识

堆纸又叫"装纸""上纸"，是将待印纸张整齐、平整堆放到输纸台上的工艺操作。现代高速胶印机走纸速度非常快，因而对输纸堆的质量要求很高，稍有差错，将影响输纸的顺利进行，进而影响印刷的效率和质量。

停机堆纸是指在胶印机不工作的情况下，将待印纸张整齐地堆放到输纸台上。

不停机堆纸是指在正常印刷时间里，将纸张堆好在另一个输纸台上，前一台纸用完后可以立刻更换纸堆，节约时间，提高效率。

🗂 注意事项

①推动已经堆好的纸堆时要小心，避免碰到其他物体，撞坏纸边或碰乱纸堆。

②纸堆推上输纸机时一定要推足位置，让纸张叼口边紧贴前挡纸板，左右以侧挡纸板为依据定位，然后用链条挂住，准备上升纸台。

③将纸张堆在机器外的输纸台上时，左右应居中，纸张叼口应靠近墙壁或竖直的平板，以保证平齐。

📁 4.1.3　垫平纸堆

🗂 学习目标

掌握垫平纸堆技能。

🗂 操作步骤

纸张经过透松以后，可能会出现局部凹陷现象，影响正常的输纸。对这种情况以及因纸质厚薄不匀或先印上的图案墨层分布不匀（指单色或双色机）而造成的纸堆凸凹不平现象，应进行垫平处理。垫物可根据需要用废页卷成条状纸带，对纸堆凹陷部位进行垫高，使纸面与吸嘴平行，且间距适当，确保吸纸、输纸的顺畅。

相关知识

堆装完成的纸堆，叼口与侧规的定位边应平整，手摸无明显的凹凸感，纸堆表面平整，无波浪起伏。如达不到要求要进行垫平操作。

注意事项

为防止发生安全事故，应随着输纸过程的进行调整纸带或楔子的位置，或者将垫物用绳子绑在输纸台支架上，避免垫物随纸张输入机器中，造成重大机器事故。

4.1.4 升、降纸台

学习目标

掌握升、降纸台的要求、方法和注意事项。

操作步骤

①按住输纸控制面板上的"纸堆升"键，纸堆快速上升，到达一定高度时，纸堆上缘叼口边挤压推动前挡纸板中间的限位开关，纸堆停止上升。

②此时纸堆还未到达工作高度，按"给纸开"键，输纸装置开始动作，随着压纸吹嘴的一次次探纸落空，纸堆自动缓步上升，达到工作高度后压纸吹嘴碰到纸堆，纸堆停止上升。

③需要降下纸堆时要按下"给纸气泵关"停止输纸，按住"纸堆降"，纸堆快速下降，松开按键或者纸堆降到底后纸堆停止下降。

相关知识

胶印机纸堆的高度对印刷的顺利进行有很大的影响，纸堆过高易产生双张、多张现象；过低又会发生空张、歪张现象。一般情况纸堆上表面距前挡纸牙顶部 4～6mm 为宜，薄纸稍低、厚纸稍高。

注意事项

需要调节纸堆高度时只要调节压纸吹嘴杆的长度即可，压纸吹嘴杆伸长纸堆下降，压纸吹嘴杆缩短纸堆上升。

4.1.5 印版背面及印版滚筒的清洁

学习目标

掌握检查清除印版滚筒表面脏污，清除印版背面积垢的操作。

◻ 操作步骤

清洗印版滚筒时要先将滚筒上黏附的纸片揭掉，用钢片或墨刀将滚筒两端干结的残墨和纸片刮掉，再用清洁的水抹布润湿一遍，溶解胶水和纸毛，最后用洗车水抹布将滚筒两边清洗干净，用干抹布擦净即可。

印版背面的积垢一般为干结的胶道等硬结物，清理时可以用刮刀轻轻刮去，再用抹布擦拭一遍。

◻ 相关知识

在印刷作业过程中，印版滚筒两端会有油墨、润湿液、护版胶渗入印版下面，污染印版滚筒，还会使衬垫纸黏附到滚筒表面，这些污迹和纸迹如不及时清理去除，会造成滚筒生锈、印版起脏等弊病，严重时还会引起印刷压力的变化，影响生产。

印版背面如有积垢，会影响到印版的平整，进而影响印刷压力甚至压伤橡皮布。

◻ 注意事项

①用钢片或墨刀刮除滚筒两端干结的残墨和纸片时用力不要过重，钢片或墨刀与滚筒的夹角要尽可能的小，避免损伤滚筒表面。

②安装印版衬垫纸时可以将衬垫纸两端略浸些油，以抵抗水的侵蚀，防止黏结到滚筒表面。

4.2　正式运行

▢ 4.2.1　不停机给纸装置的使用

◻ 学习目标

了解不停机给纸装置的使用方法。

◻ 操作步骤

不停机给纸装置操作简单，只要按动按钮就可完成。

◻ 相关知识

不停机给纸是在输纸台上面沿走纸方向开一定数量的槽，在纸堆用到还剩 300 ～ 500 张时，一个像手指一样的托纸叉自动叉入纸堆台板的槽内，托起剩余纸堆，继续正常供纸。这时原纸堆台板即可下降至地面并被从侧面撤出移走。新纸堆事先已经堆好，由专用车放在给纸机另一侧。当原纸堆台板下降至地面并被从侧面撤出移走后，新纸堆从另一侧推入，自动定位，并开始上升，当新纸堆上升到与托纸叉的下方接触时，托纸叉迅速退出，新纸堆托住剩余纸张继续工作。

注意事项

不停机给纸时新纸堆事先必须堆好，由于没有输纸装置的挡纸板限定，新纸堆不易平整、对齐，要注意堆纸齐整。堆完纸后还要根据纸堆的外观，预先垫平纸堆。

4.2.2　印版除脏

学习目标

掌握印版除脏的知识和技能。

操作步骤

①准备好干净的湿抹布，四边卷好，握在掌心，点动机器至叼口朝向操作者，由叼口至拖梢横向顺序擦动，重点脏污处可多擦几下。

②暴露处擦完后点动机器，继续擦洗剩下的部分，直至拖梢。

③将抹布换到干净的一面，重复上面的动作。

相关知识

开机印刷过程中印版表面有被污染的可能：油墨堆积、纸毛、纸粉的堆积、润湿液中杂质的黏附、异物等都可以造成脏版。出现这些问题后除了调节机器、工艺、材料外，还要对印版擦洗除脏，才能继续印刷操作。

注意事项

①选用柔软的抹布，避免擦伤印版。

②遇到顽固污渍，可以用洁版液擦拭，最后用净水抹布擦拭。

③不可边点动机器边擦印版，应在点动完成机器静止状态下，才可擦拭，避免损伤机器和伤害操作者。

④不可用坚硬的物体（钢片、刮刀等）刮擦印版，以免损伤印版。

4.2.3　清洗墨斗、墨辊、橡皮布和润版循环水箱

学习目标

掌握清洗墨斗、墨辊、橡皮布和润版循环水箱的操作技能。

操作步骤

清洗墨斗：墨斗清洗要用墨刀将墨斗内的余墨铲出，松开墨斗，用抹布蘸取洗车水，擦洗墨斗辊和墨斗上的油墨，并使之完全溶解，然后用一块干净的抹布，把墨斗擦拭干净。

清洗墨辊：有自动清洗和人工清洗两种。

自动清洗墨辊：先铲干净墨斗，然后将洗车水均匀淋洒在墨斗和墨辊上，再将刮墨刀

装上，先不要上紧刮墨刀；开动机器（较高车速），然后将适量的清洗剂或洗车水淋洒在墨辊上，每间隔半分钟淋一次，淋 2 ～ 3 次；待胶印机运转 1 ～ 2min 后再上紧刮墨刀，若机器墨辊等良好，约 1min 墨辊油墨会被刮干净；最后再浇注 2 ～ 3 次洗车水，待洗车水挥发后取下刮墨刀即可。对部分墨辊接触不良或刮刀不良者，应在没清洗干净的部位喷洒适量清洗剂，直至干净为止。

人工清洗墨辊：卸下墨辊，架到墨辊架上，先用洗车水清洗一遍，再用抹布蘸洗车水和浮石粉用力擦洗，直至表面墨膜去净，最后用洗车水清洗一遍即可。

橡皮布清洗保养：卸下橡皮布平铺于台上，先用洗车水润湿一遍，再用抹布蘸洗车水和浮石粉用力反复逐行擦洗，直至表面黏膜擦洗干净，最后用洗车水清洗，干抹布抹净即可。

润版循环水箱的清洗：有条件的可以打开水箱，用清洗剂和刷子清洗，然后用净水冲洗 2 ～ 3 遍；水箱难以打开的可在循环水中加入专用清洗剂，开启水路，多循环几次，放掉污水，然后用净水冲洗 2 ～ 3 遍，完成清洗任务。

相关知识

印刷过程中如果需要换色、换墨、长时间停机，都需要清洗墨路，包括墨斗和墨辊。

橡皮布的日常清洗我们前面已经讲过，如果橡皮布使用日久或保养不当，表面会生成一层光滑的氧化膜，降低橡皮布对油墨的吸附，影响印刷质量。因此有必要对橡皮布进行特殊清洗和保养。

胶印机水箱及润版循环系统长期使用润版添加液，由于各地水质的不同及生产过程中纸毛和油污的产生，使水箱润版系统中易产生大量的杂质，继而生成难以清洗的霉菌、藻类和碱垢等难溶物质，影响胶印机的正常供水，这就需要加以清洗。

注意事项

①墨辊洗刮干净后，若需换浅色，需要在墨辊上打少量浅色墨，再洗净即可。

②每次浇注洗车水不宜多，两端尤其要少浇，否则易飞溅。

③擦洗橡皮布也可以在机器上小心操作点动擦洗，但严禁低速运转机器擦洗。

4.2.4　润湿液的补充

学习目标

掌握添加润湿液的操作技能。

操作步骤

（1）水箱供水操作

①初次供水：将配制好的润湿液装入水箱，盖紧水箱盖打开下方的水阀，润湿液会自动流入水斗。

②续水：要待水箱内润湿液用完后，打开水箱，将残液清洗干净，再装入新配好的润湿液。

（2）手工供水

手工供水是将配好的润湿液直接倒入水斗。

🗐 相关知识

胶印离不开润湿液，润湿液又是胶印的消耗材料，胶印作业中，润湿液不断地从水斗通过水路传递出去，水斗内液面不断下降，如果操作者没有及时补充润湿液，水斗水位降低到一定程度，就会造成供水量下降或不供水，胶印无法进行。所以我们要及时添加润版液。

一般胶印机供水方式有两种：水箱供水和手工供水。

🗐 注意事项

①水箱续水不要只加新液，不清洗水箱。

②加水前要注意保持水斗清洁。

③手动续水注意动作缓慢，避免激起水花或溅出水斗外。

④胶印机工作时要经常观察水斗内的水位。

📂 4.2.5　清洗印版、擦护版胶

🗐 学习目标

了解印版保护的知识，掌握清洗印版、擦护版胶的操作技能。

🗐 操作步骤

清洗印版操作前面讲过，对于印版上的残余油墨，可以使用洗车水或洁版液擦洗，然后用润湿液或净水抹净。

擦护版胶操作：

①停机抬起水辊，点动机器至叼口朝向操作者。

②右手抓紧抹布，抹布边角抓在手心，呈"馒头"状，蘸取胶液后反手，避免胶液流下，从叼口开始横向涂布，涂布轨迹略呈"∞"字形。

③露出部分涂布完成后点动机器，重复操作，直至拖梢。

④抹布蘸胶液，重复擦胶 1～2 遍，使胶液均匀，达到要求。

🗐 相关知识

长时间停机时需要清洗印版表面的残墨，并涂布保护胶，避免残墨结膜影响下次印刷。

印刷作业完成后，如果印版还要保留再用，也要卸下后清洗干净，包括图文部分的墨迹、正反面的脏污，擦好保护胶，晾干后放置到版架上，以备再用。

PS 版护版胶为阿拉伯树胶的水溶液。

擦胶要求：薄、平、均匀、完整。

注意事项

①清洗、擦胶不得与机器点动同步进行，避免危险。

②抹布上不得有硬物和油污，以免损伤和污染印版。

③抹布蘸胶不宜过多，避免溅出。

4.2.6 成品、半成品的保管

学习目标

了解成品、半成品保管的相关知识。

操作步骤

印刷完成后，要在印品表面覆盖若干张吸墨纸，用标签注明印品名称及"完成"字样，不同版别、同时印刷的产品尤其要注明，防止混淆。

成品、半成品要堆放到安全、干燥、整洁的地方，避免碰撞，防止沾水、脏污。

相关知识

完成印刷的产品，要在生产通知单上签好日期和生产班次，妥善保管，直至移交到下一工序为止。

半成品还须继续印刷或上光、覆膜等，要采取更好的保管措施：防潮、避光、防脏污、防粘连、防伸缩变形，墨量大的产品要及时抖松透风，半成品纸堆上不能放置重物。

注意事项

成品保管的注意事项包括：

①看样台上的印张放入成品堆时，要注意方向，不要反放、倒放；

②成品纸堆上不要放置重物，防止粘连，影响干燥；

③看管好成品，不能让人随便取用，防止短缺。

4.2.7 输纸装置运行监控

学习目标

能够监控输纸装置运行是否正常，能够发现问题并及时找到原因。

操作步骤

解决输纸故障的方法就是针对产生故障的原因，调节机器，排除故障，达到顺利输纸的目的。

双张或多张：如果是压纸吹嘴压得太少或防双张毛刷工作位置不当就要调节压纸吹嘴的压纸量为10mm，并将防双张毛刷调至标准位置。如果是吸嘴吸力过大就要调节风量，更换小号橡皮圈，使吸嘴升高一些。如果是松纸吹嘴风力过大就要减小风量，使其离纸堆远一些。如果是纸张带有静电就要提高车间的湿度或安装除静电装置等。

输纸歪斜：如果是由纸张分离机件引起的输纸歪斜，可能是分纸吸嘴或两个递纸吸嘴工作状态不一致，就要检查吸嘴表面有无脏污，有脏污用洗车水或干布擦去；检查其气路是否通畅，不通畅用吹气管吹气或用洗车水清洗；检查其橡皮垫的大小是否一致，不一致则更换；还可能是压片、毛刷或吹嘴的高低不一致，两个挡纸毛刷或弹簧片的工作位置不一致，这就要重新调节其位置。如果是接纸轮不对称工作或者压纸框上的压纸部位不对称，这就要重新调节接纸轮或者调其上面的紧固螺丝；如果是压力不一致，可调节其压簧螺丝；如果是线带运行速度不一致就要检查线带的松紧程度、厚度是否一致，检查张紧轮转动是否灵活。线带松紧不一致，可调节输纸板下面的张紧轮；厚度不一致，要更换；张紧轮转动不灵活，可用洗车水擦洗，然后加机油润滑。

空张：需要调节部件工作位置；调节风量；检查气路，尤其检查吸风系统是否被纸毛、粉尘堵塞，清洁气路；橡皮圈破损的要及时更换。

相关知识

胶印过程中输纸机工作稳定，平稳、准确地输纸是保证印刷品质量的重要条件。由于承印物经常变化，输纸部分的结构动作较复杂，有许多故障的原因不容易立即做出正确判断，我们要在掌握理论的前提下，不断地在工作中积累经验，监控输纸装置运行情况，保证印刷的顺利进行。

输纸故障通常包括：空张、双张、多张，输纸歪斜，走纸忽快忽慢等。故障的产生，除了纸张之外，大多数故障都与纸张的分离机构调节有关。

现将常见输纸故障及原因总结如下。

①双张、多张故障常见原因有：分纸吸嘴吸气量太大、松纸吹嘴吹风量太大、压纸吹嘴吹风量太小、递纸吸嘴吸气量太大、挡纸毛刷位置太高等。

②空张故障常见原因有：分纸吸嘴吸气量太小、松纸吹嘴吹风量过小、压纸毛刷或压纸片伸入纸堆过多、压纸吹嘴压纸过多等。

③歪张故障常见原因有：分纸吸嘴左右吸气量不一致、左右压纸毛刷高低位置不一致、左右松纸吹嘴高低位置不一致、递纸吸嘴运动不灵活、挡纸舌不在同一平面或工作时间不对、两个摆动压纸轮压纸时间不一致、输纸线带松紧不一、给纸机本身歪斜、压纸轮放置位置不当或转动不灵活等。

④输纸不稳定常见原因有：送纸吸嘴送纸到位后仍有余吸、线带太松、线带张紧轮运转不良、输纸板对线带产生阻力、输纸压轮不圆、输纸部件的各运转机件间隙太大等。

⑤纸张早到或晚到常见原因有：给纸机的输纸时间和前规的下落时间配合不当、纸堆高度太高/太低、摆动压纸轮下落时间晚或磨损严重、飞达的送纸时间过晚、线带张紧力不合适、输纸压轮压力不合适等。

🗀 **注意事项**

①实施印刷时要根据不同纸张的幅面、厚度、平滑度、含水量的不同，相应调节输纸机构。

②印刷过程中要随时监控输纸机的运行，如纸面高度、纸面平度、气嘴风量、纸张交接、纸张运行平稳等，发现问题，及时解决。

4.3 印刷质量检测

📂 4.3.1 印刷品图文质量检验

🗀 **学习目标**

了解胶印印刷品的质量要求，掌握检验印品图文质量的方法。

🗀 **操作步骤**

（1）检查印张残缺、漏色、折角、褶皱和破口

①搬取一沓印张放在身前桌上，左手半提一沓印张右下角，捻松呈扇形，快速、均匀、逐张放下，集中精力观察印张右、下两边及印张两边之间的部分，发现问题及时停下，右手取出问题印张，然后继续进行，直至该沓印张全部放下。

②旋转纸堆180°，重复上述动作。

③将正常的印张闯齐、堆好。

（2）检查糊脏、图文残缺、墨斑、纸毛、油渍、水渍和脏点

这项检查有抽样检查和逐张检查两种方法，前者速度较快，但可靠性不如后者。

抽样检查一般每堆印张抽取 2～3 沓检查质量。

逐张检查方法与上述三条相同，但要放慢速度，仔细认真检查。

🗀 **相关知识**

胶印印刷品的质量要求分为印刷技术质量和原稿再现艺术质量两种。胶印印刷技术质量标准有两种：经验定性质量标准和科学定量质量标准。

胶印经验定性的质量要求有：

①墨色鲜艳，画面深浅程度均匀一致；

②墨色厚实，具有光泽；

③网点光洁、完整、圆实、无毛刺；

④符合原稿，色调层次均匀清晰；

⑤套印准确；

⑥文字字体有笔锋，线条正直；

⑦印张外观无褶皱、无油迹、无脏污和指印，产品整洁；

⑧背面清洁，无脏迹；

⑨裁切尺寸符合规格要求。

评定印刷品的质量一般分为：优质品、合格品和废品三类。

凡套印准确，前后墨色基本一致，色调符合原稿，按平均质量基本达到上述要求的，称为合格品。

凡符合上述要求，墨色鲜艳，网点清晰圆实，整幅印张的印刷效果超出原稿的艺术水平，废品数量没有超过被损量的，称为优质品。

胶印科学定量质量标准是在各种检测仪器测量的情况下，用定量的数据来反映质量，本节不予探讨。

印刷企业的印刷质量检测一般由专门的人员完成，胶印工作者也要掌握常用的检测手段，严格控制印刷质量。

▢ 注意事项

印品图文质量的检验应在类似日光光源下进行，避免光源色光干扰检验结果。

检验印刷品图文质量一般要"自检"与"互检"相结合，配合专门的质检人员巡回检查，尽量将质量问题降低到要求允许的范围内。此外我们还要加大质检数字化、规范化、标准化管理，适应印刷业的不断发展。

📂 4.3.2 印刷品套印质量检测

▢ 学习目标

了解印刷品套印的相关知识，掌握放大镜的使用方法，以及用 iRegister 套准软件检验套印准确的技能。

▢ 操作步骤

（1）用放大镜检查规矩线是否套准

将放大镜放置在规矩线上，仔细观察，同时可以用手移动放大镜，将规矩线准确移动到视野中。如果规矩线完全重合，说明印品套印准确，如果两色规矩线的距离超过误差允许范围，说明该印品套印不准。

（2）用放大镜检查图像是否套准

用放大镜检查图像所在印张的规矩线，各色别规矩线重合，则套印准确，否则就是套印不准。

为防止整体套印准确而局部不准，还要在图像中选择有代表性、方便观察的位置（如锐利的线条、色块锐利的边缘等），用放大镜进一步观察，通过各色印刷的重合情况来确定图像是否套印准确。

（3）用 iRegister 套准软件检测是否套印准确

iRegister 软件主要用来客观评价印刷品是否套印准确，目前主要使用在各类印刷大赛中，如图 4-1 所示，印刷前制版时在印刷图文两端中十字线位置附近插入套准检测标（由 KCMY 四个小圆点组成），印刷时使用 iPad 测量套准检测标，其数值大小表示套准的偏差。

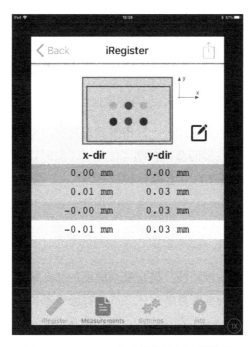

图 4-1 iRegister 套准软件检测结果界面

🗇 **相关知识**

套印准确是所有印刷产品共同的质量要求，套印准确的概念是指每张、每面图文所在位置均在套印误差允许的范围之内。

对同一印张来说，套印不准有三种情况：整体套印不准、局部套印不准和正反面套印不准。

规矩线是各色印版图文套准的依据，也是裁切印品的标准。常用的规矩线有角线、十字线、T 字线。角线又叫裁切线，是印刷品成品的尺寸线；十字线、T 字线是印刷品套准的依据。根据版面尺寸和印刷要求，在版面各边设置 3 ～ 7 个，套准检查时常以此为依据。

规矩线的线条要求细、直、清晰，各色版规矩线位置一致，印到印品上要求完全重合。

一般胶印机台都会配有放大镜，用来观察印张上的网点和规矩线等细微部分。常用的放大镜有两种：圆筒放大镜和折式放大镜。一般放大 10 ～ 15 倍就可以满足要求。如图 4-2 所示。

图 4-2　印刷用放大镜

操作也比较简单，正向放置在印张上，眼睛靠近观察即可。

在高速印刷过程中，往往借助套印自动监控装置，实时监控、即时调整，极大地提高了印刷品套印精度，如海德堡 CPC4 套准控制装置等。

🗇 **注意事项**

①完全套印准确很难达到，我们监控的目的是将套印误差控制在可以接受的范围之内。

②认真检查版面内的所有规矩线，确定整个版面的套准精度。

③使用放大镜检查图像内部套准情况应细心选择检查部位，比照样张确定套准精度。

④ iRegister 套准软件检测的是整体套准，版面内局部套准检测不到。

本章复习题

1. 简述一般胶印机开机操作步骤。

2. 如何堆纸、垫平纸堆、升降纸台？

3. 印版滚筒表面脏污是怎样形成的？如何处理？

4. 如何添加润湿液？

5. 清洗印版、擦胶时有哪些注意事项？

6. 分析常见的输纸故障，原因有哪些？

7. 胶印的质量有哪几项定性要求？

8. 胶印印品套印不准有哪几种情况？如何检查？

第二部分

平版印刷员（中级工）

第1章 印前准备

本章提示

本章介绍中级平版印刷员在印刷前应做的纸张、油墨、润湿液、橡皮布、印版的准备工作要求和相关知识，以及需要掌握的各项准备工作的基本操作技能。

1.1 印刷材料准备

📂 1.1.1 常用纸张的性质及特点

📄 学习目标

了解常用纸张的基本性质和特点，掌握纸张的质量检查方法，并能判断印刷过程中因纸张引起的印刷故障。

📄 操作步骤

①放纸。在灯光下将纸张平放在工作台上，或将纸张倾斜与灯光成一定的角度。

②检查。观察纸张是否存在尘埃、透明点、疙瘩、孔眼等纸病。

📄 相关知识

1. 纸张的性质

评价纸张质量的指标主要有以下几方面：外观质量、基本物理性质、力学性质、光学性质、化学性质、纸张的外观纸病。

（1）纸张的物理性质

物理性质包括纸张的尺寸、定量、厚度、紧度、外观性质、纵横向、正反面、伸缩率等最为普遍的性能。

1）纸张的尺寸

指纸张幅面的大小。卷筒纸的尺寸主要是指其宽度，平板纸主要是指其宽度和长度。

2）纸张的偏斜度

指平板纸的长边与短边构成矩形时，其直角的偏斜度。也是指平板纸的长边（或短边）与其相对应的长边（或短边）的尺寸偏差的最大值，允许误差 3～5mm。如果纸张偏斜度较大，印刷时就会出现套印不准的故障。

3）定量、厚度与紧度

定量是纸张的基本质量指标之一，它是指纸张单位面积内的质量（g/m²）。

厚度是表示纸张厚薄的程度。它是指纸张的两个表面在标准压力下的垂直距离（mm）。纸张的厚度与印刷的关系非常密切。厚度对纸张的不透明度和可压缩性影响很大，印刷时纸张太薄，必然会产生透印，也难以使印刷网点完整饱满地转移到纸张表面。印刷时，如果纸张的厚度不均匀，就会影响到印刷压力大小的调节，同时也会使印刷质量不稳定。

紧度是表示纸张中纤维组织间的紧密程度，指单位体积的质量，是用来衡量纸张结构疏密程度的物理量（g/cm³）。紧度是定量与厚度的比值。纸张紧度影响到纸张的机械强度、不透明度。它与纸张的抗张强度、表面强度、撕裂度等成正比，与纸张吸墨性成反比，纸张紧度越大，吸收油墨量越少，吸收油墨的速度也越慢。

根据纸张紧度值的大小，纸张可分为三个级别：低紧度的纸，紧度值低于 0.55g/cm³；中紧度的纸，紧度值在 0.55～0.75g/cm³；高紧度的纸，紧度值高于 0.75g/cm³。

4）外观性质

主要是指用眼睛可以看到的一些纸病，如尘埃、斑点、透明点、孔眼、疙瘩、折痕、皱纹、裂口、裂缝、荷叶边、切边不齐等。

纸张的外观纸病也可以通过比较简易的方法进行检查，检查纸病的简易办法有 5 种：①迎光检查；②平视检查；③斜看检查；④手感检查；⑤听声检查。

具体操作如图 1-1 所示。

5）纸张的纵、横向

在造纸时，植物纤维的排列是带有方向性的。植物纤维与造纸机平行的方向就是纸张的纵向，即纸张丝缕的长度方向称为纸张的纵向，又称直纹或直丝缕。造纸时纸张与造纸机垂直方向，即与纸张丝缕的长度方向相垂直的方向，就是纸张的横向，也叫横纹或横丝缕。

纸张中植物纤维的排列方向及其伸缩性与印刷有着非常密切的关系。根据纸张中植物纤维的排列方向与纸边之间的关系，我们将纸张分成两种不同的类型。如图 1-2 所示。

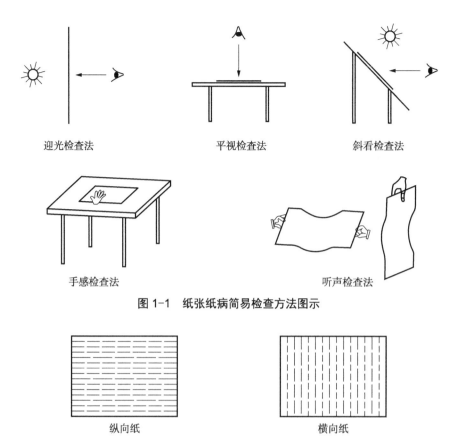

图 1-1　纸张纸病简易检查方法图示

图 1-2　纵向纸和横向纸

纵向纸，又称为纵丝绺纸、直丝绺纸、长丝绺纸，是指纸张中植物纤维的排列方向与纸张的长边方向相平行的纸。

横向纸，又称为横丝绺纸、短丝绺纸，是指纸张中植物纤维的排列方向与纸张的长边方向相垂直的纸。

纸张中的植物纤维具有吸水膨胀的特点，一般说来植物纤维的横向膨胀要比纵向膨胀大得多，一般是 2～8 倍。因此，纸张吸水后的横向伸长通常要比纵向伸长大得多。在印刷过程中，由于纵向纸在压力作用下会产生不同的变形，所以纵向纸和横向纸在印刷时尺寸的变化具有不同的表现形式。

纸张吸水伸长的情况如图 1-3 所示。

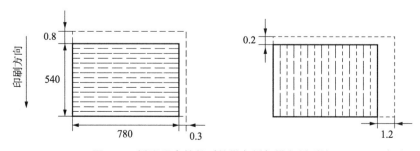

图 1-3　纸张吸水伸长时的纵向纸与横向纸对比

由图1-3可知，无论是何种印刷方式，都以选用纵向纸印刷为宜。特别是印刷过程中使用润湿液的胶印，更应选择纵向纸印刷。因为：第一，假如相对湿度从50%变化到65%时，纸张在横向上的伸长率为0.15%，纵向上的伸长率为0.05%，横向上的伸长率比纵向上的伸长率要大得多，因此，其伸长量也要大很多。第二，使用单张纸印刷时，纵向的短边稍有伸长，其伸长方向是在滚筒圆周方向上，当这种伸长量不大时，可以通过调整底部衬垫来适当地改变滚筒、印版或橡皮布的表面直径，以进行弥补。但对于横向纸在滚筒轴向上的伸长，则很难补救。

6）纸张的正反面

纸张的正面是指纸张含有较多的填料、胶料以及细小的植物纤维的一面。

纸张的反面是指纸张含有较多比较粗大的植物纤维的一面。

一般来说，纸张正面质地比较致密，平滑度较高，光泽较好，吸墨较均匀，印刷适应性好；纸张的反面则比较粗糙，平滑度低，光泽差，吸墨性较强。因此，正反面差异较大的纸张，对印刷效果的影响较大。

纸张的正反面，一般可以直接看出或用手触摸分辨，光滑的一面为正面，粗糙的一面为反面。

7）纸张的伸缩率

伸缩率指纸张浸于一定温度的水中或浸水并风干后，尺寸的变化与原试样尺寸的比值，用百分比表示。表示纸张伸缩率时以"＋"表示伸长率，以"－"表示收缩率。纸张受外界因素影响后尺寸变化越大，其表面伸缩率越大，尺寸稳定性越差；反之，伸缩率越小，尺寸稳定性越好。纸张的伸缩率与印刷之间存在着密切的关系。

①纸张的伸缩率关系到纸张的变形。纸张产生紧边、荷叶边等不正常纸相，实际上是由于纸张的含水量不均匀而导致纸张在一定范围内的伸缩率不等所形成的，因此，伸缩率不均匀是造成纸张外形变化的根本原因。

②纸张的伸缩率影响到彩色印刷中套印的准确程度。印刷过程中，颜色套印中途若纸张产生伸缩，印刷品上的印迹也随之发生变化，使其他颜色无法准确套印，影响产品质量。

（2）纸张的力学性质

力学性质又称为机械性质或强度性质，它又分为静态强度和动态强度。主要包括下面几个质量指标：抗张强度、表面强度、耐折度、撕裂度等。

1）抗张强度

抗张强度指纸张到断裂时所能承受的最大张力。以纸张单位横截面积所承受的张力表示。

不同厚度或不同定量的纸张，抗张强度不同，厚度大、定量高的纸张，抗张强度也高。为了消除纸张的定量或厚度的影响，便于对各类不同的纸张进行抗张强度的比较，所以纸张的抗张强度用另一种方式——断裂长表示，单位为m。断裂长的值越高，表明纸张的抗张强度越大。一般情况下，断裂长在3500m以上的纸张为高强度的纸；断裂长在2500m以上的纸为中强度的纸；断裂在2000～2500m的纸为低强度的纸。平版印刷中应用的卷筒纸断裂长不能低于 2500m，新闻纸的断裂长为 3000m。

2）表面强度

表面强度指纸张抵抗黏力对纸张表面剥离、分层作用的能力。

表面强度表明了纸张表面纤维、填料和胶料三者之间结合的牢固程度。如果其结合力强，则表面强度高。纸张的表面强度在印刷中是指纸张表面在油墨的黏力作用下，抵抗掉粉、抗拉毛的能力。

表面强度用在一定黏度的油墨作用下，纸张表面产生拉毛现象时的印刷速度来表示。

3）耐折度

耐折度指纸张耐搓揉、耐折叠的程度。

将一张纸沿同一折缝往复做 180° 折叠，直到折成断裂时的折叠次数，就是这种纸张的耐折度。纸张的坚固程度不同，其耐折度也不同。

坚固纸张，耐折度在 180 次以上；欠坚固纸张，耐折度在 20 ～ 100 次；不坚固纸张，耐折度在 20 次以下。

4）撕裂度

撕裂度指纸张抵抗剪力的能力。将纸张预先切一小口，然后再撕裂，撕裂至一定长度所需加的力，用克表示。

在印刷作业中，纸张受到一定的剪力作用。如在卷筒纸印刷和书刊装订折页，以及平板纸传递过程中受到的叼牙叼力作用，都要求纸张具有一定的撕裂度。

（3）纸张的光学性质

光学性质指纸张的白度（亮度）、光泽度等。

1）白度

白度指纸张受日光照射后全反射日光的能力。

白度表明了纸张对入射白光中的红、绿、蓝三原色光吸收或反射的程度。其全反射能力越强，纸张的白度越高。纸张的颜色是纸张对入射光线吸收和反射的程度。若纸张没有对三原色光进行全反射，而有一定比例的吸收，则纸张的白度下降，同时表现出一定的颜色。纸张对三原色光吸收和反射的情况不同、比例不同，则表现出不同的颜色。

大多数纸张是白色的，但实际上纸张不会产生全反射现象。一般情况下，纸张能反射各种波长的色光的 95%，便称为白纸。所以，纸张或多或少会带有一定的颜色。

白度与印刷之间的关系十分密切。无论是哪一种印刷方式，总是要求同一种产品所用的纸张其前后白度均匀一致，否则就会影响到产品外观质量的一致性，这是印刷品对白度的最基本的要求。此外，以文字为主的报纸、书刊等印刷品，为了保护人的视力，避免强光对眼睛的刺激，对白度要求不高。而对于彩色印刷品，特别是网线类印刷品，对色彩的还原要求很严格，应用的油墨透明度又高，为了准确地再现颜色的色相，达到色彩鲜艳、层次准确、丰富的印刷效果，要求纸张具有较高的白度。

2）光泽度

纸张的光泽度是指纸张表面受入射光照射后，按一定角度反射光线的程度。当纸张表面受入射光照射后，形成镜面反射，则纸张表面具有较高的光泽；如果纸张表面受到入射光照射后，形成漫反射，则纸张表面无光泽。由此可知，纸张光泽度取决于光从物体表面沿与入射角相同的角度镜面反射的光量。

从纸张的印刷和使用来看，一般都比较喜欢光泽度高的纸张。常用印刷纸张光泽度从低到高的排列顺序为：非涂料纸、轻量涂布纸、美术用纸、铸涂纸。通常情况下，印刷时纸张的光泽度越高，用其印刷出的产品光泽度也越高。对于彩色印刷品而言，高光泽度的纸张可以提高印刷品颜色的鲜艳度，使印刷品色彩艳丽夺目，具有很强的立体感。但并不是所有的印刷品都需要纸张具有很高的光泽度，如以文字为主的报纸、书刊，则要求纸张的光泽度不宜过高，避免强光刺激眼睛，使眼睛产生疲劳，并且可以降低生产成本。

（4）纸张的其他性质

1）含水量

含水量指纸张中所含的水分的重量与该纸张总重量之比，用百分比表示。

纸张的含水量与印刷的关系非常密切，它直接影响到印刷的过程和印刷品的质量。

①纸张的含水量过高，使纸张的表面强度、抗张强度等机械性能均有所下降。降低了纸张的吸墨性能，影响印刷品的干燥速度。机械强度过低时，纸张的弹性下降，塑性增强，会导致印刷过程中出现相应的弊病。

②纸张的含水量过低，使纸张变得硬而脆、无弹性，印刷适性不良，撕裂度、耐折度等机械性能下降，纸张在印刷和使用过程中易产生破损现象。

③纸张的含水量不均匀，影响纸张的平整度，使纸张产生各种不正常纸相。如图1-4所示。

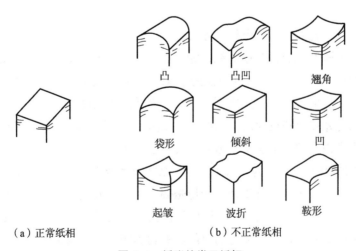

凸　　凸凹　　翘角

袋形　　倾斜　　凹

起皱　　波折　　鞍形

（a）正常纸相　　　　　　　　（b）不正常纸相

图1-4　纸张的常见纸相

纸张的含水量随着空气的相对湿度的变化而变化，直到纸张的含水量与一定温度下的相对湿度的水分平衡时止。不同的纸张在不同的相对湿度下，所含的平衡水分量各不相同。在一定温湿度下，纸张的含水量低于相应平衡水分量时，纸张的这种现象叫吸湿；当纸张的含水量高于相应的平衡水分量时，纸张向空气中释放出水分，直到平衡时为止，这种现象叫解湿。

印刷对纸张含水量的要求：一般情况下，平版胶印用纸的含水量以 9% 左右为宜。印刷过程中，要求纸张的含水量的变化不超过 ±0.1%，否则，会影响彩色套印的准确性。因此，印刷车间的温湿度必须严格控制，一般温度保持在 18 ～ 24℃，相对湿度保持在 60% ～ 65%。

在印刷前，为了使纸张的含水量能适应印刷车间的温湿度，要对纸张的含水量进行调整，即调湿。

2）平滑度

纸张的平滑度指纸张表面均匀平整、光滑的程度。它表明了纸张表面凸凹不平、粗糙的程度，又称为粗糙度。

纸张表面是高低不平的，一般的印刷纸张表面的高度差可达 25μm 以上，高级涂料纸的高度差在 3 ～ 5μm。

纸张的平滑度与印刷的关系非常密切，它关系到油墨向纸张转移后的效果。

3）不透明度

纸张的不透明度是指纸张阻止入射光线透过的能力。

不透明度是印刷用纸的主要质量指标，特别是双面印刷用纸更为重要。纸张不透明度的大小与造纸工艺及所选用的造纸原料有关。此外纸张的不透明度的大小还与纸张的定量、紧度及厚度有关。一般来说，纸张的定量越高、越厚，纸张的不透明度越高；而纸张的紧度增加，则会使纸张的不透明度下降。

在印刷时，我们主要关心的是透过印刷品的背面是否看到印刷面的图文，即产生了透印现象。纸张的不透明度和印刷油墨渗透性的大小决定纸张的透印问题。

4）吸墨性

纸张的吸墨性指印刷过程中，在一定印刷条件下纸张对油墨的吸收程度。

吸墨性主要表现为对油墨成分中流体部分的吸收，它与纸张的空隙率有着密切的关系。纸张的吸墨性取决于纸张内部的疏松程度。纸张吸墨性的强弱是由纸张中空隙的多少和毛细管孔径的大小所决定的，纸张的空隙多，毛细管孔径大，则吸墨性强，吸墨的速度也快。

纸张的吸墨性对印刷品质量和印迹的干燥速度影响很大，它甚至关系到印刷过程的进行。

①如果纸张的吸墨性过大，连结料被过量地吸入纸张中，保留在纸面的油墨层中因连结料成分的缺少，在彩色印刷中会引起多种弊病。

a. 印刷品干燥后，印迹无光泽。

b. 印刷品产生透印现象。

c. 墨层结膜不牢固，印迹粉化脱落。

d. 网点面积扩大，影响颜色的再现。

e. 颜色密度下降。

②如果纸张的吸墨性过小，连结料渗透少，可以得到色彩鲜艳、光泽度高的印刷品，但同时也会产生一定的其他方面的影响。

a. 降低印刷品的干燥速度。

b. 易造成印刷品脏污或粘连。

c. 在叠墨印刷中易引起晶化现象。

d. 书刊、报纸一类的文字印刷，印刷速度快，以油墨渗透干燥为主要形式。但容易出现产品表面蹭脏、堆放后背面粘脏的现象。

一些高速印刷的彩色产品，需要纸张具有很强的吸墨性，如彩色报纸等；吸墨速度低的纸张由于干燥速度慢，影响多色套印的速度，所以不适用于高速印刷中。

影响纸张吸墨性的因素主要有：油墨的黏度、流动性和渗透性的大小；彩色印刷中油墨的叠印次数；印刷压力的大小。

5）酸碱性

纸张的酸碱性是指纸张所具有的酸性或碱性的程度。用浸泡过纸张后的水溶液的 pH 值表示，又称为纸张的 pH 值。

纸张的酸碱性主要来源于纸张的生产过程——酸法、碱法造纸以及所使用的填料、色料等。

一般印刷中使用的纸张以中性为宜。一般情况下，涂料纸 pH 值为 8.0～9.0，呈弱碱性；其他印刷用纸 pH 值均在 5.5～7.0，呈弱酸性或中性。其中平版胶印用纸以中性或略带碱性时，比较适合印刷的需要，因为胶印中使用的润湿液略带酸性。

2. 纸张的特点

目前，印刷用纸的品种很多，不同类型的纸张，具有不同的特点。在生产中，应根据印件的质量要求和胶印机的条件，来选择不同类型的纸张进行印刷，以达到最佳的质量要求。

（1）新闻纸

新闻纸俗称白报纸。主要供印报纸使用，也用于一些报纸、杂志的印刷。印刷性能优良的新闻纸应具有良好的抗张强度、不透明度、一定的平滑度和较好的油墨吸收性。新闻纸按质量标准分为优等品、一等品和合格品三个等级，定量为 45～51g/m²。

（2）凸版印刷纸

凸版印刷纸适用于印刷书籍、杂志等。凸版纸应具有良好的吸墨性能、适当的平滑度，具有一定的表面强度和较好的松软性、弹性以及良好的不透明度。另外，凸版纸还对纸面的白度、尘埃、施胶度等都有一定要求。凸版纸按其质量标准分为 B 级、C 级、D 级三个等级，定量为 52～70g/m²。

（3）胶印书刊纸

胶印书刊纸适用于印刷书籍、报纸等。胶印书刊纸应具有较小的伸缩变形、较好的表面强度、适当的施胶度和吸墨性能，纸张应平整，纤维及纤维组织应均匀，色泽应一致，每批纸张均不允许有显著差异。胶印书刊纸按其质量标准分为 A 等、B 等、C 等三个等级，定量为 52 ～ 70g/m²。

（4）印刷涂布纸

印刷涂布纸，俗称铜版纸。铜版纸分单面铜版纸和双面铜版纸。此外还有光面铜版纸、无光铜版纸、粒面铜版纸、布纹铜版纸等。

单面铜版纸，单面涂布，用于质量要求不是太高的单面印刷。双面铜版纸，双面均有涂布，多用于印制各种高档的印刷品，如挂历、彩色画报、画册、插图、书刊封面、精美的商品广告、产品说明书等。低定量铜版纸，厚度较薄，多用于质量要求不太高或要求成册后质量较轻的印刷品，也可以用于彩色印刷。无光铜版纸的纸面虽然很光滑，但光泽度却不高，适宜印刷淡雅、深沉风格的印刷品。布纹铜版纸是一种加工纸，利用压纹机在铜版纸上压出各种花纹而制成。用这种纸印出的印刷品画面富有立体感，花纹起到了一定的装饰作用。

铜版纸要有较高的平滑度，纸张幅面定量差要小，伸缩性小，抗水性好。另外铜版纸对纸张表面强度和纸张的尺寸稳定性亦有较高的要求。铜版纸按其质量标准分为 A 等、B－Ⅰ等、B－Ⅱ等、C 等四个等级，定量为 70 ～ 150g/m²。进口铜版纸最为常见的定量为 105g/m²、128g/m²、157g/m² 等。

（5）双面胶版印刷纸

双面胶版印刷纸适用于高级的经典著作、较为重要的书籍、学术刊物的正文和封面以及高级彩色胶版印刷，也适用于重点书刊的正文和普通彩色胶版印刷。

双面胶版纸应达到纸面洁白平滑、平整细腻、厚薄均匀的要求，纸张的伸缩变形应尽量小。另外，双面胶版纸对耐折度、印刷表面强度及白度等亦有较高的要求。双面胶版纸按其质量标准分为 A 等、B 等、C 等三个等级，定量为 60 ～ 180g/m²。

（6）单面胶版印刷纸

单面胶版印刷纸也称为单胶纸。这种纸适用于单面印刷，主要用来印刷彩色宣传画、年画、纸烟盒、商标、瓶贴等，技术要求与双面胶版纸相似，定量为 40 ～ 90g/m²。

（7）铸涂纸

铸涂纸俗称玻璃卡纸，也称为高光泽铜版纸或镜面铜版纸。铸涂纸有良好的印刷适性，采用这种纸印出的印刷品，画面清晰、色泽艳丽，具有立体感和真实感。主要用来印制美术卡片、贺卡、不干胶商标和高档礼品包装盒等。铸涂纸实际是一种高档涂布纸，其特点、性能类似印刷涂布纸。

（8）涂布白纸板

涂布白纸板属于包装纸板的范畴，主要用于单面彩色印刷后做包装盒。涂布白纸板应具有良好的加工性能，有优良的印刷适性，有适当的缓冲性和质量轻的特点。另外，涂布白纸板的涂布面白度较高。涂布白纸板按其质量标准分为 A 等、B 等、C 等三个等级，定量为 200 ～ 450g/m²。

（9）压纹书皮纸

压纹书皮纸是专门生产的一种用作书籍、簿册等封面装饰用纸。纸的表面有一种不十分明显的花纹，颜色有白、灰、绿、米黄、粉红、紫红、蓝等色。

压纹书皮纸应具有较高的机械强度，能够禁得起摩擦和折叠而不容易破损，并且具有良好的尺寸稳定性和耐久性，色纸要鲜艳，纸面要平整，能适应印刷的各种要求，印出的封面美观漂亮。压纹书皮纸按其质量标准分为 A 等、B 等、C 等三个等级，定量为 $120 \sim 200g/m^2$。

（10）白卡纸

白卡纸主要用于印刷名片、证书、请柬、封皮、台历以及邮政明信片等。

白卡纸要求白度比较高，还要求有较高的挺度、耐磨度和平滑度（压有花纹的白卡纸除外），纸面平整，不许有条痕、斑点等纸病，也不许有翘曲变形的现象产生。按其质量标准，白卡纸分为 A 等、B 等、C 等三个等级，定量为 $200 \sim 400g/m^2$。

（11）书写纸

书写纸是供墨水书写的纸张。主要用于印刷练习本、日记本及表格账册、教科书内文、练习册等书写印刷品。

书写纸纸张纤维组织均匀，质地紧密，抗水性强，白度、平滑度高。按其质量标准分为 A 等、B 等、C 等、D 等四个等级，定量为 $45 \sim 80g/m^2$。

（12）书皮纸

书皮纸又称书面纸。主要用于各类书籍、账册、笔记本等文教纸品的封面印刷。

书皮纸具有机械强度高、耐折度好、纤维组织均匀、施胶度较高、抗水性能好、纸面平滑度较高、吸墨性适中的特性。书皮纸按其质量标准分为 A 等、B 等、C 等三个等级，定量为 $80 \sim 120g/m^2$。

（13）有光纸

有光纸又称办公纸。主要用于各种办公便笺、稿纸、日历及票证等印刷。

有光纸属于薄型纸，正面光滑，反面粗糙，白度较高，具有一定的透明度和吸墨性，但机械强度和抗水性比较差。定量为 $18 \sim 40g/m^2$。

（14）字典纸

字典纸主要用于印刷字典、袖珍手册、工具书、科技刊物等书籍，是高级薄型纸张。

字典纸具有纸页较薄、定量低、纤维组织均匀、机械强度大、韧性好、白度较高、吸墨性适中的特性。字典纸按其质量标准分为 A 等、B 等、C 等三个等级，定量为 $25 \sim 40g/m^2$。

（15）轻量涂布纸

轻量涂布纸是一种涂布量较低（$7 \sim 12g/m^2$）的涂布纸，简称轻涂纸。主要用于印刷期刊、杂志、产品广告、宣传小册子等。适合高速轮转胶印机使用。轻涂纸的技术要求与涂布纸相似，只是等级档次低。其纸张定量通常为 $50 \sim 120g/m^2$。

3. 纸张引起的印刷故障

在印刷过程中，纸张质量有问题，会直接造成各种印刷故障，因纸张引起的印刷故障大体归结为以下几方面。

（1）纸张卷曲

纸张卷曲会造成输纸器分纸和输纸困难，输纸不稳定，影响印刷工作的正常进行。

（2）白纸粘连

白纸粘连多发生在印刷铜版纸的时候，白纸粘连容易造成双张、多张的输纸故障，影响生产的正常进行。

（3）纸张带静电

纸张带静电容易互相紧贴或漂移，会造成纸张输送困难，严重时，无法正常印刷。

（4）纸张破损

纸张破损容易造成印刷品的质量故障。

（5）纸张受潮或淋水

纸张受潮或淋水后会引起纸张表面变形，纸质变异而不能进行印刷。

（6）纸张伸缩变形

纸张伸缩变形容易引起套印不准。

（7）纸张甩角

纸张甩角又称纸尾扇形（主要出现在一些较松软的纸张），会造成印刷品拖梢某些地方出现套印不准的现象。

（8）纸张起皱

纸张起皱是纸张本身的原因，这种纸如果不经处理而直接用于印刷就会造成印刷品拱皱。

（9）纸张折角

纸张折角指印刷纸的一角反折回来。印刷时，该纸张所印的印刷品有一块印不上印迹，有一块在背面印上图文。另外在折角的地方，油墨也会转印到压印滚筒上，造成压印滚筒连续污染印刷品背面，影响产品质量。如果是印刷厚纸或纸板时，折角则容易损坏橡皮布。

（10）纸张掉毛、掉粉

纸张掉毛、掉粉现象出现时，容易在印刷时造成堆墨现象，并且纸张掉毛、掉粉也直接影响到印刷品的印刷效果。

注意事项

①除了用眼睛直接观察外，还可采用手触方式检查纸张。

②检查时应认真细致，以免不合格纸张流入印刷环节，造成废品率上升。

1.1.2 常用油墨的性质及特点

学习目标

了解常用油墨的基本性质和特点，掌握上机印刷前油墨的准备方法，并能根据印件要求选用油墨。

🗂 **操作步骤**

①看清付印样用墨。

②取墨。从墨罐中取出所需的油墨，并用墨刀铲剔表面墨皮。

③调配油墨。按需要添加适量的辅助剂，调节油墨的印刷适性。

🗂 **相关知识**

1. 油墨的性质

油墨是一种重要的印刷材料。它的性能直接影响到印刷过程和印刷品质量。

（1）油墨的物理性质

1）比重

油墨的比重是指 20℃时，单位体积油墨的重量，用 g/cm^3 表示。

油墨的比重决定于油墨中应用的原料的种类及其比例，并受外界温度的影响。比重与印刷有着直接的关系。

①油墨的比重关系到印刷过程中油墨的用量。相同的印刷条件下，比重大的油墨用量大于比重小的油墨。

②油墨的比重过大，主要是因为油墨中颜料的比重大所致。在印刷过程中，由于连结料无法带动比重过大的颜料颗粒一起转移，使颜料等固体颗粒堆积在墨辊、印版或橡皮布表面，形成堆版现象。特别是在高速印刷或油墨稀度较大时，使用比重大的油墨更容易出现这种现象。

③比重大的油墨与比重小的油墨混合使用时，若两者差距过大，容易产生墨色分层现象。比重小的油墨上浮，比重大的油墨下沉，使油墨表面的颜色偏向于比重小的油墨，底部油墨的颜色则偏向于比重大的油墨。

一般情况下，油墨的比重在 1 ～ 2.5g/cm³。

2）细度

细度指油墨中颜料、填充料等固体粉末在连结料中分散的程度，又称分散度。

它表明了油墨中固体颗粒的大小及颗粒在连结料中分布的均匀程度。单位：微米。油墨的细度好，表面固体粒子细微，油墨中固体粒子的分布均匀。

油墨的细度与印刷的关系：油墨的细度差，颗粒粗，印刷中会引起堆版现象。在平版胶印和凹版印刷中会引起损坏印版和刮墨刀的现象。而且由于颜料的分散不均匀，油墨颜色的强度不能得到充分发挥，影响油墨的着色力及干燥后墨膜的光亮程度。

油墨的细度与网线版印刷关系非常密切。网线版印刷要求油墨的细度与网线线数成正比的关系。油墨的颗粒与网点的面积比例过于接近时，容易造成印刷中网点的扩展或空虚现象，影响网线层次的表现及色彩的组合，进而影响到印刷品表现颜色的准确性。

印刷油墨的细度一般为 15 ～ 20μm，多数在 15μm 左右。各种油墨辅助剂的细度一般为 20 ～ 35μm。

（2）油墨的光学性质

1）颜色

颜色是指油墨对入射的白光反射（透射）和吸收的能力。因油墨对入射的白光中红、绿、蓝三原色光进行了选择性的、不同比例的反射（透射）和吸收，便产生了不同的颜色。

油墨的颜色在印刷中是指油墨在承印物表面形成膜状后所表现的颜色。油墨的颜色用不同的色相名称来表示。

油墨的颜色还可以用颜色的三属性——色相、亮度、纯度或光谱反射曲线来表示。

2）着色力

着色力是指油墨颜色的强度，或称油墨的色浓度。着色力表明了油墨显示颜色能力的强弱，通常用白墨对油墨进行冲淡的方法来测定，所以又称作冲淡强度或冲淡浓度。着色力强的油墨被白墨冲淡后仍然表现出一定的颜色。

着色力用油墨被冲淡到一定程度后所用的白墨量的百分比来表示。

着色力决定于油墨中颜料对光线吸收与反射的能力，颜料在油墨中应用的比例以及颜料在连结料中的分散程度。颜料表现颜色的能力强以及油墨中颜料应用的比例大，分散度好时，油墨的着色力强。

印刷品应具有鲜艳的色彩，但印刷品上印迹墨层的厚度很薄（胶印油墨的墨层低于5μm），所以墨膜要表现很强的颜色，就要求油墨必须具有很高的着色力。故印刷中总是以油墨的着色力高为好。

网线版印刷品及字线版印刷品要求油墨着色力较高，而用于浅色实地版印刷品的油墨对着色力的要求则不很严格。

着色力在油墨进行颜色拼配时具有较大的意义，它可以决定各色油墨的使用比例。着色力强的油墨在拼配中用量少，在印刷中油墨的耗用量也低，不但可以降低成本，而且印刷品颜色鲜艳。着色力低的油墨印刷中相对来说用量较大，印刷品墨层厚，干燥速度相对减慢，而且易引起网点面积扩大、字迹线条变粗等现象。

3）透明度

透明度指油墨对入射光线产生折射（透射）的程度。印刷透明度指油墨均匀涂布成膜状时，能使承印物的底色显现的程度。油墨的透明度低，不能使底色完全显现时，便会一定程度地将底色遮盖，所以油墨的这种性能又称为遮盖力。油墨的透明度和遮盖力成反比的关系。透明度用油墨完全遮盖底色时油墨层的厚度来表示，厚度越大，表明油墨的透明度越好、遮盖力越低。

透明度取决于油墨中颜料与连结料折射率的差值，并与颜料的分散度有关。颜料与连结料的折射率差值小，颜料在连结料中的分散度越好，则油墨的透明度越高。

油墨的透明度或遮盖力不符合印刷要求时，影响印刷品的色相，所以必须经过调整后，才能应用。油墨的透明度不足时可用有关的辅助剂进行调整，如冲淡剂、透明油等。油墨的遮盖力不足时，应选用遮盖力强的油墨或通过调整油墨颜色的方法，来弥补遮盖力差的缺欠，使印刷品的色相达到标准。

4）光泽度

光泽度指印刷品表面的油墨干燥后，在光线照射下，向同一方向上集中反射光线的能力。光泽度表明了油墨在承印物表面干燥后的光亮程度，光泽度高的油墨在印刷品上表现的亮度大。油墨的光泽用镜面光泽度表示。光泽度的百分率越高，表明镜面效应越好，其光亮度也越大。

油墨的光泽度受到多种因素的影响：油墨组成中颜料的性质，粒子的大小、形状及分散度；油墨的渗透性、流平性、干燥性等性能；纸张的吸墨性、平滑度、光泽度等性能；印刷墨层的厚度及叠墨印刷次数。

印刷对油墨光泽度的要求不同。书刊、报纸类的文字印刷对油墨的光泽度不作要求，因为光泽度高对人的视觉有刺激作用。各种类型的彩色印刷对光泽度均有一定的要求，以保证印刷品能够达到质量标准或印制高质量的印刷品。

印刷品上的墨膜的光泽度，对彩色印刷的复制效果有很重要的意义。光泽度高的印刷品，色彩的表现鲜艳、艺术效果好，提高了印刷品的美观程度，所以彩色印刷，将光泽度作为产品的质量标准之一。特别是精细、高级彩色印刷，要求必须具有较高的光泽度。

（3）油墨的化学性质

1）耐光性

耐光性指油墨在日光照射下，颜色不发生变化的能力。油墨的耐光性表明了印刷品在光线照射下产生褪色或变色的能力。耐光性强的油墨印刷后虽经日光长期照射，但印刷品褪色、变色程度较小；耐光性差的油墨其印刷品则容易产生褪色、变色，甚至颜色会完全褪掉。

油墨的耐光性用不同的等级表示，分为 $1 \sim 8$ 级。1 级表示油墨褪色、变色最严重，耐光性最差；8 级表示油墨最不易褪变色，耐光性最佳。

油墨的耐光性主要取决于颜料。颜料在光的作用下，会发生化学变化或物理变化，从而使颜料的分子结构改变或颜料粒子的晶态改变，这些都会造成油墨颜色的改变，以致完全褪掉。一般说来，有机颜料的油墨耐光性高于无机颜料的油墨。油墨单位体积内颜料的含量不同，其耐光性也不同，油墨中颜料含量比例越大，则油墨耐光性越好。另外连结料的种类及性能对油墨的耐光性也有一定的影响。

耐光性对印刷过程无影响，主要是关系到印刷品的使用过程，所以印刷本身对油墨的耐光性没有严格要求，只是以耐光性较高为好。对于某些用于室外的印刷品，如宣传画、标语、广告等，则应选用耐光性强的油墨印刷。

2）耐热性

耐热性是指油墨受热时颜色不发生变化的能力。

耐热性强表明了印刷品被加热到较高的温度时，油墨不会产生褪色、变色现象。耐热性用油墨被加热后，颜色不发生变化时的最高温度表示。

油墨的耐热性主要取决于颜料和连结料的种类和性能。有些颜料在加热时不但产生变色，甚至发生变化。连结料受热后易由浅白色变为黄色。

油墨在压印时不会受到高温的作用，但有时印刷品在压印后要进行加热干燥。这些印刷形式对油墨的耐热性则有一定的要求（印铁墨耐热温度为1600℃），耐热性低的油墨在加热干燥过程中会产生褪色、变色现象，影响印刷品颜色的准确性。

3）耐酸、碱、水、醇、溶剂性

耐酸、碱、水、醇、溶剂性指油墨在酸、碱、水、醇或其他溶剂的作用下，颜色及性能不发生变化的能力，又称为油墨的耐化学性或耐抗性。油墨的耐化学性强，在酸、碱等物质的作用下，颜色和油墨的性质不会产生变化。油墨的耐化学性按照规定的标准来评定等级，分为1～5级。1级为耐化学性最差的，5级为最佳，其他依次排列。

油墨的耐化学性是由颜料和连结料的种类及其性能所决定的，并与颜料和连结料结合的状态有关，与油墨的稳定性无关。

不同印刷形式和印刷品对油墨耐化学性能的要求不同，主要是由以下各种因素所致。

①胶印油墨在印刷中与酸性润湿液接触，所以这一类型的油墨必须具有一定的耐酸性和耐水性。耐酸性或耐水性差的油墨在印刷过程中黏度、流动度、传导性等会逐渐变坏，容易出现油墨乳化现象或润湿液被染色而产生油墨化水现象，从而导致有关的印刷故障。

②印刷用纸都具有一定的酸碱性，这就要求印刷油墨与其相适应，具有一定的耐酸、碱性，才能保证油墨印刷后不会出现褪色、变色现象。

③印刷品在后序工艺处理中，如压膜、上亮光油等，要接触醇、酯等类的溶剂，耐溶剂性差的油墨会出现印刷品褪色、变色的现象，影响印刷品质量。所以应用于这类印刷品中的油墨必须具有较强的耐溶剂性。

④许多印刷品在使用中要接触酸碱物质，如药品等的包装，书刊装订中接触糨糊等。耐化学性差的油墨在使用中会出现印刷品的褪色、变色现象，严重时影响印刷品的使用。

⑤应用于彩色印刷中的油墨往往要进行拼配使用，耐化学性差的油墨与其他油墨混合后，会使整体油墨的耐化学性下降。所以彩色印刷要求油墨具有一定的耐化学性。

2. 油墨的特点

（1）油墨的型号

油墨生产企业用来表示用于各种不同类型印刷形式和不同颜色的油墨的一组数字被称为油墨的型号。

油墨的型号通常用一个汉语拼音和五个阿拉伯数字组成。其中汉语拼音字母表示印刷版型，位于型号的前面；五个阿拉伯数字中，第一、第二位数字表示油墨的品种、性能、用途等，第三位数字表示油墨颜色，第三、第四位数字连在一起表示该油墨颜色色相，第五位数字表示花色序号。

例如，P01421的意义是平版胶印亮光天蓝墨；

　　　　P02301的意义是平版胶印树脂绿墨。

油墨通用的辅助剂型号由一个汉语拼音字母和三位阿拉伯数字组成，字母代号用"F"表示。第一、第二位阿拉伯数字连在一起表示辅助剂的特性、用途、组成等。第三位阿拉伯数字表示辅助剂花色，用来区分同一类型的不同花色，如F9000号调墨油，F950

止干剂。

（2）常用的平版胶印油墨类型

平版胶印油墨是指用于平版印刷方式的各种胶印机使用的各种油墨的总称。

1）单张纸胶印油墨

单张纸胶印油墨是适用于单张纸胶印机印刷用的油墨。常用的单张纸胶印油墨主要有胶印树脂油墨、胶印亮光油墨、胶印快干亮光油墨。

①胶印树脂油墨。适用于单色、双色或多色胶印机。该油墨适用于胶版纸、中低档铜版纸等各种印刷纸张上印刷图片及商标等。

其干燥形式有渗透干燥、凝聚干燥、氧化结膜干燥三种干燥形式。

树脂型油墨具有固着快的特点，但完全干燥仍然需要一定时间。颜色表现力好，印刷品光泽度较高，有一定的抗水性，附着力强。

②胶印亮光油墨。适用于单色、双色单张纸胶印机在涂料纸、白板纸等基质上印刷彩色图文。可适应于高速印刷的要求，适应性广。

亮光型油墨属于树脂型油墨，具有渗透干燥、凝聚干燥和氧化结膜干燥三种干燥形式。亮光型油墨具有树脂型油墨的一切性能和特点。

亮光型油墨在使用时配用高档印刷用纸，使用平滑度高的纸张印刷后才能获得较高的亮度、鲜艳的色彩。

③胶印快干亮光油墨。是常用的高档胶印油墨，与印刷涂料纸、玻璃卡纸、压纹涂料纸等高级印刷纸配合使用，主要用于印刷精美的画册、艺术图片、商标等彩色印件。

胶印快干亮光型油墨的干燥以渗透干燥为主，兼有氧化结膜干燥。快干亮光油墨颜色表现力好、色彩艳丽、纯正，浓度高，光泽好，印刷网点清晰度好；固着干燥迅速，适用于快速多色的印刷要求；油墨转印性好，适应性优良，机上稳定性好，有较好的印刷适性。

2）非热固型卷筒纸胶印轮转油墨

非热固型卷筒纸胶印轮转油墨主要用于印刷报纸和书籍等出版物。

它以渗透固着干燥为主，具有一定的颜色表现力。其印刷适性和网点再现性较好，与胶印新闻纸、书刊纸等非涂料纸匹配使用。在正常工艺技术条件下，一般原墨直接上机用，不需要添加辅料。

3）热固型卷筒纸胶印轮转油墨

热固型卷筒纸胶印轮转油墨主要用于印刷彩色报纸、杂志、广告、商品广告等。

它以溶剂挥发干燥为主，并兼有渗透干燥。适用于装有加热器、冷却滚筒的双色、四色双面卷筒纸胶印机等高速机。

热固型卷筒纸胶印轮转油墨，含有25％～30％的挥发性溶剂。在印刷后油墨经过200～250℃的烘烤，90％以上的溶剂挥发或渗透，使油墨迅速干燥。

🔲 **注意事项**

①根据季节变化调节油墨性质，油墨辅助剂用量要严格控制。

②取墨后油墨罐应盖严，以免干燥结皮。

📂 1.1.3　润湿液的性质及特点

🗋 学习目标

了解常用润湿液的性质及特点，掌握润湿液的使用方法，并能根据印刷条件选用相应的润湿液。

🗋 操作步骤

①选择与油墨、承印物相匹配的润湿液。

②稀释。根据使用说明按比例稀释润湿液原液。对于容易起脏的色墨，润湿液浓度应相应提高。

🗋 相关知识

1. 润湿液的性质

润湿液应具有下列性质，以适应印刷的要求。

（1）能充分润湿版面

要充分润湿印版，印版表面要先进行处理，使其表面带有微孔。润湿液能附着在印版表面，同时降低润湿液的表面张力，可使润湿液充分润湿印版，进入细微的非图文部分。但表面张力过分降低，润湿液就会附着到油性的油墨上，影响油墨传递。

（2）控制油墨乳化

一般而言，降低润湿液的表面张力，会同时降低油墨和润湿液的界面张力，使油墨乳化的可能性增大，所以，对于易乳化的油墨，所对应的润湿液表面张力不能过低。

（3）具有不感脂的能力和洗净力

由于油墨的乳化或飞墨，都会有少量沾在非图文部分，如果非图文部分的亲水层遭到破坏，而润湿液不能及时补救亲水层和洗净版面，非图文部分就会糊版，但是洗净力过强会把图文部分的油墨也擦掉，导致花版。

（4）不使油墨干燥过缓

润湿液 pH 值的变化会影响印刷品干燥速度的快慢，因此合适的 pH 值是润湿液的主要性质。

2. 润湿液的特点

胶印中使用的润湿液，一般都是预先配好的原液或粉剂经稀释后再使用的。原液的配方很多，总结起来可以分为三类。

（1）电解质润湿液

电解质润湿液是以电解质为主要成分的润湿液。现常用的电解质润湿液含有磷酸、磷酸二氢铵、硝酸铵等成分。

这种润湿液中的磷酸属于中强酸，能够清洗空白部分的油脏，使图文清晰。也能通过与版基反应而补充被磨损的空白部分，使空白部分保持良好的亲水能力。

（2）酒精润湿液

酒精润湿液即以乙醇为主要成分的润湿液。乙醇属极性分子，能与水以任何比例混合。酒精降低了水的表面张力，使润湿液具有极好的延展性能，能增强对印版空白部分的润版和保护作用，减少用水量。酒精挥发较快，可降低油墨的乳化值，并有效地降低印版的温度，防止印版起脏。

但酒精润湿液的成本高，易挥发性造成表面张力的升高。因此，必须和恒温及自动补加醇类功能的循环润版设备匹配，而且在工作环境中挥发的醇类，对工作人员健康与安全不利，甚至在室内浓度达到某一限度后有易燃易爆危险。

（3）非离子表面活性剂润湿液

非离子表面活性剂润湿液即以非离子表面活性剂来降低水的表面张力的润湿液，具有良好的作业适性、质量适性及绿色适性，而且成本低，是一种较好的润湿液。但因表面活性剂同时又是乳化剂，极易引起油墨乳化，故在使用时要严格控制表面活性剂的浓度。

3. 选择润湿液的依据

现在的润湿液已大量商品化和专利化，而且种类、品牌相当多，应当选择什么样的润湿液才能符合印刷的要求呢？一般要从以下几个角度来考虑决定。

①润湿液的 pH 值和所用油墨的油性相匹配。

②润湿液要和所用印版的特点相适应。

③润湿液最好无色透明，有利于彩色的逼真还原。

④润湿液要和润版装置的结构特点相适应：无沉淀、无气泡、不堵塞进水管和回水管。

⑤对环境无污染，对工作人员无毒害，对设备无损害。

⑥使用简便、成本低廉，货源充足。

☐ **注意事项**

①制润湿液时应考虑到与润湿液相关的多种因素，根据实际使用效果适当调整。

②在调整印件或调换墨色时，应提前冲淡或加浓润湿液。

📂 1.1.4 橡皮布的结构、质量要求及裁切方法

☐ **学习目标**

了解橡皮布的结构、质量要求及使用方法，掌握橡皮布的裁切方法。

☐ **操作步骤**

①看清橡皮布上的标记线。为避免橡皮布因裁剪偏斜而导致使用期限缩短、印刷质量下降，应注意使橡皮布上的标记线与滚筒轴线呈垂直方向。

②裁剪。裁剪后橡皮布必须呈直角状态，可以用直角三角形或对角线相等来测量，不是矩形的橡皮布在印刷时会产生扭转变形。

◻ **相关知识**

1. 橡皮布的结构特征

印刷用的橡皮布按功能大致可以分为转印用橡皮布和压印用橡皮布。转印橡皮布的作用是把印版表面的图文或实地色块的油墨均匀、完整、清晰地吸附在其表面上，然后通过压印滚筒的压印，再完整、清晰地把油墨墨膜层转印到承印物的表面，并保证图像文字的墨色鲜艳，墨层均匀，网点光洁、完整，层次丰富等，能真实地反映原稿的质量要求。压印橡皮布的作用是提高压印面的平整度，具有良好的压缩复原性及缓冲性能，减少对印版的摩擦，增加印版的耐印力。胶印橡皮布属于转印用橡皮布。

胶印橡皮布按结构可分为普通型橡皮布和气垫型橡皮布两种。

（1）普通型橡皮布

普通型橡皮布主要由表面胶层、弹性胶层和棉布骨架层构成。其结构见图1-5。

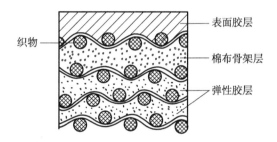

图1-5　普通型橡皮布结构

表面胶层在印刷过程中承担着传递油墨的作用。在印刷过程中它既要不断地与油墨接触，还要与润湿液接触，承受必要的动态挤压。清洗橡皮布时，它又要与汽油、煤油及其他油墨清洗剂接触，所以表面胶层不但要具备很好的耐油性、耐溶剂性、耐酸碱性，还要具备优良的油墨传递性、一定的强度、较高的弹性、适当的硬度和较小的变形性等性能，如此才能满足印刷生产的需要。

弹性胶层，又称布层胶，一般采用天然橡胶作为弹性胶层的原料。弹性胶一方面要黏结棉布层；另一方面还要适应表面胶层的可压缩性、回弹性和柔软性。

棉布骨架层是橡皮布的基础。印刷时橡皮布的径向受力达到1000kg左右，还要受到很大的挤压作用，因此，橡皮布要选择强度较高的长绒棉棉布做骨架材料，使其在印刷过程中具有较高的抗张强度和最小的伸长率。

橡皮布的总厚度取决于胶印机的特性和包衬厚度。橡皮布的主要特性包括：

①表面平整光滑，传墨性好，易于清洗；

②抗拉伸强，无须多次调节；

③弹性好，适应性强；

④耐油性好，不易变形、产生气泡；

⑤网点清晰均匀，实地结实；

⑥适用普通单张纸胶印机印刷。

普通橡皮布的压缩特性：印刷时橡皮布滚筒和压印滚筒的滚压作用，使橡皮布与纸张的表面紧密接触，提高了橡皮布对油墨的转移能力。当橡皮布滚筒受到印版滚筒或压印滚筒的挤压作用时，由于橡皮布受到径向变形的限制，从而使变形向接触弧的两端发展，这种变形的周向发展受到阻碍便形成了凸包，如图1-6所示。这种凸包一般出现在压印区域的两侧，并随压印区域的变化而变化。包衬越软、挤压变形值越大，产生的凸包也越大。当相邻的两滚筒半径相差比较大时，还会使

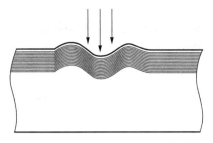

图1-6　普通型橡皮布受压变形

压印区域两侧的凸包大小不一。而凸包越大，橡皮布表面变形越大，越容易引起图文印迹或网点的位移与变形，致使图文转移失真。

普通橡皮布可用于一般书刊、彩色印刷品。

（2）气垫型橡皮布

气垫型橡皮布是由表面耐油层、气垫层、弹性胶层和织布骨架层组成。其结构见图1-7。

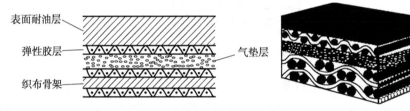

图1-7　气垫型橡皮布结构

气垫型橡皮布的外形与普通型橡皮布没有明显的区别。在结构上，气垫型橡皮布与普通型橡皮布相比较，在其中间多了一层气垫层，厚度为0.4～0.6mm。气垫层中具有闭孔的微孔结构，气垫层可以做成气槽状的，也可做成微气泡状。这层气垫构成了气垫型橡皮布所特有的性能。

气垫型橡皮布的压缩变形性：气垫型橡皮布在压印过程中，由于它体内的气垫层类似于海绵，具有吸收变形和快速复原的性能。因此，在压印过程中，气垫型橡皮布受压而使体积缩小，体积缩小是靠气槽或微气泡被压缩来实现的。变形不再向压印区域的两侧发展，不再有凸包产生，如图1-8所示。当外部压力消失后压力状态下的气槽或气泡迅速膨胀，使橡皮布表面迅速恢复到原来的状态。

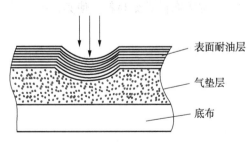

图1-8　气垫型橡皮布的受压变形

气垫型橡皮布是一种可压缩体，与普通型橡皮布相比较，受到压力作用后橡皮布的变形量小，又无凸包隆起。这样，气垫型橡皮布

在压印区域内的受力得到均匀分布，在传递网点过程中不易出现网点变形和双印现象。气垫型橡皮布还具有很好的缓冲性和变形复原性，因而有利于消除纸张的位移和褶皱，延长印版的使用寿命。在印刷过程中，如遇纸张折角或打折时，气垫型橡皮布不会受到损伤，但普通型橡皮布则会受到影响，甚至会被压坏。

气垫型橡皮布可用于精美画册、艺术图片、美术画报、高级包装商标以及彩色报纸、期刊的印刷。气垫型橡皮布适用于中高速多色胶印机的使用。

2. 橡皮布的质量要求

印刷过程中，橡皮布周而复始地与印版滚筒、压印滚筒相对滚压，橡皮布的表面与润湿液、油墨和纸张相接触。因此，橡皮布的性能必须满足转印过程的工艺技术要求。印刷对橡皮布的质量要求包括 4 个方面。

（1）外观质量

外观质量是指橡皮布表面胶层和织布表面平整、光洁的程度。橡皮布的胶层表面不允许有凹陷、气泡、印痕、微孔、摩擦痕、杂质等。织布表面也不允许有凹坑、凸块、褶皱、撕裂、伤痕、纱结等影响印刷图文质量的弊病。特别是在橡皮布的有效使用面积内，要求外观质量较高。

（2）机械性能

橡皮布在印刷过程中产生压缩→变形→弹性恢复这样周期性的变化。所以橡皮布必须具备一定的机械性能，主要包括强度、硬度、弹性、伸长率等，才能满足印刷要求，顺利完成图文的转移。

（3）化学性能

化学性能是指印刷橡皮布既要具备吸附油墨和润湿液的功能，又应具备不与它们发生化学反应及耐酸、耐碱、耐溶剂等性能。

（4）织布的性能

织布的性能是指织布层决定了橡皮布的强度、伸长率等机械性能。用于橡皮布中的织布必须平整、光洁、无折印、无线结，并具有一定强度，布层与布层间要有足够的黏附力，织布组织要有一定的疏密度。

3. 橡皮布的使用方法

正确使用和维护橡皮布是保证印刷质量、延长橡皮布使用寿命的前提。

（1）新橡皮布的使用

新橡皮布的使用，要根据胶印机类型、纸张及印刷品质量的要求进行。包括裁切、打孔、安装和检测等几个方面。

1）裁切

更换橡皮布时，必须正确地裁切印刷橡皮布。裁切合乎规格对于方便使用和延长使用期限具有重要作用。裁切时注意橡皮布上的标记线（色线或箭头）应与滚筒轴线呈垂直方向。如果橡皮布裁切偏斜，会因受力不匀而加大橡皮布的伸长率，产生扭曲，厚度发生变化，严重时出现脱层、起包等现象，降低橡皮布的使用期限，影响印刷质量。裁切后的橡皮布必须成直角状态，即橡皮布的叼口与拖梢的裁切线必须平行。

2）打孔

在裁切好的橡皮布上，按铁夹板孔眼的位置，在橡皮布两边冲出两排相互平行的孔，孔的大小应略小于铁夹板孔眼的直径。孔的连线与橡皮布的标志线成直角。铁夹板的一边应与橡皮布的边线重合。橡皮布两边冲出的孔也可略带弓形，这对其受力效果更好些。打孔用的冲头要锋利，冲出的孔眼边缘要光洁。

3）安装和检测

橡皮布固定在夹板上后，用橡皮布的反面润版，置于胶印机上，橡皮布的下面放置衬垫层，用扳手将橡皮布张紧。张紧时应从中间开始，再向两端拧紧，每个螺丝的拧紧力应一致，以保证橡皮布张紧力的均衡和表面平整。

（2）橡皮布的日常使用

橡皮布在日常使用时要注意以下几个方面。

①胶印机三滚筒之间的印刷压力大小要适中。

②印版滚筒和橡皮布滚筒的包衬厚度要符合要求，避免两滚筒的半径相差太大。

③清洗橡皮布要认真，特别是在下班前或节假日休息前更应如此，不要让油墨干燥在橡皮布上。

④印刷中途如果停机时间较长时应及时清洗橡皮布。

⑤遇到比较长的节假日时，需要把橡皮布松开并平铺于桌面上。

⑥在印刷过程中，可采用两块橡皮布轮换使用，以使橡皮布的弹性能够得到恢复。

⑦清洗橡皮布最好双手同时操作。右手用抹布蘸取清洗剂清洗橡皮，左手用干抹布立刻把它抹干，以防溶剂渗透到橡皮布中。

⑧自行配制的清洗剂要现配现用，否则超过一周后其清洗效果会有所下降。

⑨不要让有折角、不平整的纸张或纸块输入胶印机中，以防轧坏橡皮布。

🗐 注意事项

①为避免橡皮布因裁剪偏斜而导致使用期限缩短、印刷质量下降，应注意使橡皮布上的标记线与滚筒轴线呈垂直方向。

②裁剪后橡皮布必须呈直角状态，可以用直角三角形或对角线相等来测量，不是矩形的橡皮布在印刷时会产生扭转变形。

📁 1.1.5 双色油墨的调配及注意事项

🗐 学习目标

了解常用油墨辅助剂的特点及调配油墨时的注意事项，掌握专色油墨的调配方法。

🗐 操作步骤

①看样本。

②基本油墨的选定。了解油墨的各种性能，如色相、透明性、遮盖性、浓度、耐热性等。如需调浅色墨时，根据透明度、黏度选择降低色浓度的白墨、冲淡剂、稀释剂等混合使用。

③确定大概的调墨量，并把油墨混合，搅拌均匀。

④刮样。

⑤比较样本，进行调整、修正。

🗂 相关知识

1. 油墨的调配方法

印刷中应用的各种油墨，在某些性能上仍不能满足印刷的要求。或者由于印刷条件的变化、印刷工艺及技术条件的限制等原因，油墨的物理、化学性质或印刷适性不能与印刷作业相匹配时，需要通过辅助剂进行适当的调整。

（1）常用的油墨辅助剂

油墨辅助剂是指在制造或使用油墨时，加入少量可以调整油墨使其具有某种性质的材料，以适用于不同印刷条件。油墨的辅助剂种类很多，常用的有干燥剂、反干燥剂、撤黏剂、防脏剂、调墨油、撤淡剂、稀释剂、耐摩擦剂、罩光油等。

1）干燥性调节剂

干燥性调节剂是油墨常用的且非常重要的辅助剂之一。印刷条件及印刷纸张不同，干燥剂的用量、种类及使用方法也不同。

干燥剂是铅、钴、锰等变价金属的有机或无机盐及其制品，加入油墨中能加速油墨的氧化聚合干燥，也称为催干剂。常用的干燥剂有红燥油、白燥油两种。

红燥油：以钴盐及油料制成的红紫色浆状体，催干作用较白燥油强，调入油墨中可以提高油墨的氧化聚合干燥性。红燥油的干燥是由外到内干燥，以墨层表面先干为主，适合于加在深色墨中。

白燥油：以铅盐为主，钴盐、锰盐为辅所制成的白色浆状体，调入油墨中以提高油墨的氧化聚合干燥性。白燥油内外同时干燥，其干燥性没有红燥油强烈，但催干效果较好，加入浅色墨后对色相无影响。印刷时依照印刷品干燥的要求及墨色来选择燥油的种类。一般用量为2%～3%。

反干燥剂也叫抗氧化剂、抗干燥剂或止干剂，抗氧化剂是与干燥剂相对的一种油墨辅助剂，具有抑制或延缓油墨氧化聚合干燥的特性。

在印刷中如果油墨的干燥速度过快，则油墨在胶辊表面会出现干燥结皮现象，可使用喷雾器将反干燥剂喷在胶辊表面，并运转一下机器，便可防止油墨干燥。

2）黏度调节剂

黏度调节剂具有很小黏性，一般用于减少油墨的黏性。当纸张出现拉毛、堆版、糊版等故障，影响产品质量时，可适当加入撤黏剂，以减弱和消除以上故障。

树脂调墨油：含有合成树脂的调整油墨黏度或稠度的油墨辅助剂。

6号调墨油：用来增加油墨的流动度，改善油墨的传递性，降低油墨的浓度、黏度、干燥性。

0号调墨油：具有较大的黏度，在油墨黏度不足造成墨色发花甚至着墨不良时，加入适量的0号调墨油，可增加油墨的黏度和附着力。

去黏剂：加入油墨中能降低黏度或黏性的材料。可减少纸张拉毛、掉粉，提高纸张着墨的均匀度。

防结皮剂：加入油墨中能防止油墨储藏或使用时表面结皮的材料。

3）稀释剂

在印刷中因油墨黏性过大或纸张质量较差等，往往会产生纸张拉毛、掉版等故障，影响印刷的正常进行，除了加入适量的撤黏剂降低油墨的黏性外，也可以加入少量稀释剂降低油墨的黏性，使印刷顺利进行。

稀释剂：用以降低油墨黏度或稠度的材料。稀释剂种类很多，一般为低黏度的6号调墨油。

增稠剂：用以增加油墨稠度的材料。

4）冲淡剂（撤淡剂）

冲淡剂是胶印中使用量较大的助剂。常见的撤淡剂有两种：一种是透明油，用于亮光型油墨；另一种是树脂型撤淡剂，用于树脂油墨。若在印刷中发现油墨颜色太深无法还原时，即可加入适量的冲淡剂，使之达到理想的效果。

维利油：以氢氧化铝体质颜料制成的冲淡剂。

白油：一种含大量水分的乳化型冲淡剂。

5）防黏剂

防黏剂是一种膏状助剂，适用于合成纸油墨，可以防止粘脏，使印刷过程中少喷粉或不喷粉。加入油墨中不会改变油墨的物化性能。

6）其他辅助剂

罩光油：在印刷品上罩印后能增加表面平滑度和光泽度的辅助剂。它可以达到高亮光的效果。罩光油可在印刷前将其混加于油墨中，也可在印刷品印好后加印一道罩光油。

耐摩擦剂（光滑剂）：在印刷油墨颗粒较粗时，加入适量的耐摩擦剂，增加印刷品的耐摩擦性和光滑性，并能降低油墨的黏性，减少发生粘脏的机会。

防潮油：具有一定的防止潮气渗透的印刷用辅助剂。

（2）油墨的调配方法

1）黏度的调节

当油墨的黏度过大，将使油墨传墨、匀墨困难，导致印版墨量不足，由于墨层中间断裂困难，易花版、掉版，也容易使纸张掉粉、掉毛。在出现这些问题时，可在油墨中加入适量的6号调墨油，或者加入5%左右的由石蜡、凡士林和干性植物油等调配的撤黏剂，搅拌均匀，即可有效地解决这些问题。

如果油墨黏度不足，易乳化、起浮脏、糊版、网点扩大等，都会影响印刷品质量，这时可加入 3% 左右的 0 号调墨油来提高油墨黏度。

2）干燥性的调节

油墨的适时干燥，能使印刷品墨色鲜艳，光泽度高。如果干燥太快，墨层容易玻璃化结晶，影响下一色油墨的附着；如果干燥太慢，油墨表面未干而堆积，这样半成品或成品的背面容易蹭脏，印迹表面也容易刮毛而不清晰，如果采用喷粉防粘脏，则印品的光泽度又会受到影响。根据上面的分析，在实际应用中可选择加入催干剂或止干剂，但要严格控制用量，否则适得其反。

3）流动性的调节

油墨的流动性是较为复杂的，往往与黏度、触变性等有关。上机印刷的油墨，流动性好的一般表现为：油墨罐内的油墨较易倒入墨斗；墨斗内的油墨下墨性好；印刷中能均匀地传墨、着墨。

适当的流动性使油墨在胶印机上正常传递，版面清洁，印品墨色均匀。但如果流动性过大，容易造成网点增大过快，油墨在纸张上渗透量增大而透印；如果流动性过小，则墨层不均匀、深浅不一。一般根据出现的这些问题，加入适量的 0 号调墨油来增加黏度以降低流动性，或加入适量的 6 号调墨油来稀释油墨以增加流动性。

4）颜色的调配

油墨颜色的调配，主要是指专色印刷油墨的调配，这种调配可分为深色油墨调配和浅色油墨调配。

深色油墨调配是指仅用原色油墨进行调配而不添加任何冲淡剂，调配时根据印刷消耗的油墨量，并以色彩分析确定的主色墨和辅色墨及其比例，将主色墨和辅色墨一起调和均匀。

深色油墨的调配分为单色、间色和复色三种。单色指由一种原色油墨调配而成；间色指由两种原色油墨调配而成；复色指由三种原色油墨相混合调配而成。

浅色油墨调配是指加入冲淡剂调配而成的油墨。

调色条件：工作场所——专用工作室、通风良好、标准光源、各种油墨及样品。照明光——在某一光线下调好的颜色，换到自然光与其他光线下，颜色会变化，因此通常要先备以下光源。

a. 自然间接光：晴朗天气的北窗光，阳光不能直射进来，但傍晚时不能采用。

b. 标准光源。

c. 采用荧光灯。

调色工具：油墨刀、展色棒、刮样纸、黏度计、秒表、台秤。

调色要点：

①原稿分析。分析原稿色彩颜色的组成，估计每一色油墨的组成比例，分析原稿时，要注意以下几点。

a. 在观察某一色时，应将周围的颜色遮住，防止颜色并置产生视觉神经错觉。

b. 光线最好是间接明亮的日光，日光灯下会发蓝，白炽灯下会发黄。

c. 注意承印材料的颜色及表面粗糙度对色彩的影响。

②调墨量的确定。

a. 印刷数量。

b. 印刷图案大小、深浅。

③调色的原则。

a. 印刷油墨的调配应尽可能选用相同型号的油墨，色彩的饱和度才能高。

b. 调配时应尽量选用接近的间色来调配。

c. 尽量减少油墨的品种，品种越多，消色比例越高，明度和饱和度低。

d. 不同厂家、不同型号的油墨不能混用，光泽性、附着力差。

2. 油墨调配时的注意事项

①在色调符合要求的情况下，所用油墨的色彩种类越少越容易调配和控制。能采用间色油墨就不要采用复色油墨，按照减色法，专色油墨采用的颜色越多其饱和度就会越低，黑色成分就相应增加。

②确认印刷品的主色调及所含的辅色调，主色调墨作为基本墨，其他墨作为调色墨，以基本墨为主，调色墨为辅，这样调配专色油墨才会更快，更准确。

③调配打样和小样油墨时，尽量使用与印刷所用纸张相同的纸，因为油墨的颜色会随着纸张吸收性的差别等因素而变化。只有保持稳定的纸质，才能避免因纸张的差别而造成的颜色误差。

④用普通白卡纸打小样或刮样，墨层的薄厚会直接影响墨迹的颜色，墨层薄，则颜色浅、亮度高。实地或网线，湿压湿或湿压干，喷粉量大或小，纸张表面的平整度及白度，墨层的薄厚等都会引起颜色的差别。

⑤调专色油墨，首先要调出油墨的饱和色相，打出薄薄的小样，确认不缺少主色调和辅色调后，再用冲淡剂调至所需的专色。

⑥影响专色油墨颜色因素还包括印刷工艺，水量、墨量控制，印刷速度及印刷设备性能等，应把握其规律，确保产品质量。

▢ 注意事项

①墨调配时，一定要控制好量。

②调配金、银、珠光油墨时，一定不能用冲淡剂。

1.2　印版准备

▢ 学习目标

了解印版的表面特性，掌握印版上机印刷前质量检验的操作过程，了解质量检验的要点。

操作步骤

①将印版放置在工作台上。

②目测检查印版的外观质量。

③用放大镜检查印版的网点、阶调等图文内容。

④检查印版的尺寸及规矩线。测量印版尺寸是否符合上机印刷要求，两侧十字线是否存在误差。

相关知识

1. 印版的表面特性

印版的版面是由不同化学性能的物质构成的，图文部分具有亲墨性，空白部分具有亲水性，图文和空白部分几乎是建立在同一平面上的。

图文部分又称图文基础或亲油部分，它是吸附油墨、传递油墨的基础。印版不同，形成图文部分的材料也不一样。胶印彩色印刷品一般是由网点来再现原稿的阶调与色彩，因此，网点是构成印版图文部分的基本要素。

非图文部分又称空白部分或亲水部分，通常由砂眼、亲水基础层和亲水胶体层组成。由于胶印印版的非图文部分与图文部分几乎处在同一个平面上，因此稳定非图文部分是保证油墨正常传递的一个重要条件。

2. 印版质量检查的要点

机台操作人员，经常会遇到因印版的质量、规格等问题而影响正常印刷或造成质量事故，因此在开机印刷前，印版质量不但晒版人员需要认真检查，机台人员同样也应进行印版的质量检查。

（1）印版外观检查（平整度、脏迹、划痕要求）

印版外在的性能状态，基本要求是版面平整、干净，无破边、无"马蹄印"、无划痕、无脏迹等。检查印版时，可提起印版对准光线，并用手轻轻抚摸印版，检查印版有否擦伤、划痕和凹凸不平；发现正面或反面沾有异物，需予以清除；表面是否氧化，是否有折痕。总之，不合格的印版不能上机印刷，以防废品产生。

（2）印版与付印样对比检查

印版与付印样对比检查是指对照付印样检查图文内容是否齐全，有无残损字、瞎字、缺笔断画字等现象；对于多色版还要检查色版是否齐全，有无缺色或晒重现象；必要的规矩线是否齐全完整。

①网点质量的检查。印版上网点的质量直接影响到图像层次、颜色、清晰度的还原，一般可以用高倍放大镜来检查网点的质量。在放大镜里观察的网点，应该外形光洁，方圆分明，边沿无毛刺。网点点形不变形，网点要实、黑白分明，内部不能发灰或有白点。

②印版阶调的检查。网点的质量检查后，还要对网点的阶调层次进行检查。主要看整个版面高光、中间调、暗调层次是否丰富，是否能达到上机印刷的要求。将晒完的印版与打样进行综合比较分析，看高光区域、中间调区域和暗调区域的范围是否符合要求。具体

要求是高光区域3%～5%的小网点不丢失；中间调区域50%～70%的网点基本不扩散；暗调区域90%～98%的大网点不糊版。通过检查印版阶调层次的深浅可以观察到PS版晒版、印前制作的阶调层次、网点光洁度是否有问题，胶片是否存在灰雾度、不清晰等现象。

（3）印版规矩线检查

印版规矩线检查是指印版尺寸和规矩线的检查。印版在上机印刷前要对版上的文字、线条、图案的尺寸进行仔细测量，检查规格尺寸是否达到用户的要求；版面尺寸在承印物上是否留有余地；叼口位置能否达到上机要求，如果使用再生PS版，还要用T字尺检查PS版的尺寸，看能否上机，印版滚筒是否装得上、夹得住。

根据打样图文的位置检查印版是否晒反（颠倒）。阳图型PS版晒版出来应该是阳图正向。各色版叼口位置不能颠倒；图文应在PS版居中的位置，不能歪斜，否则不利于印版规矩的校正。

对图文套印规矩线的检查。印版晒好后，一定要对规矩线、角线、裁切线仔细检查，保证各线齐全。还要注意规矩线、角线的位置，避免裁切不掉，附在印刷品上。

（4）成套印版一致性检查

成套印版一致性检查是指晒版显影后，要根据打样来核对印刷的色别，看是否符合套印要求。对于四色套印印版，鉴别色别有一定困难，这就要求在拼版时在印版边沿位置标上色块、色别。上机印刷时根据印版上的标记区分色别。标记要规范、一目了然，避免出现色别、色序混淆。

注意事项

①印版上机使用前，必须经过严格的质量检查。

②印版质量检查员对印版检查后，印刷车间也不应放弃印版质量的检查，需认真复检。

本章复习题

1. 纸张由哪几部分组成？分别有什么作用？

2. 纸张正反面的判断方法是什么？

3. 为什么胶印更喜欢用纵向纸印刷？

4. 印版的表面特性是什么？

5. 印版质量检查的要点是什么？

6. 橡皮布的种类有哪些？

7. 橡皮布在日常使用中需要注意什么？

8. 双色油墨的调配原则是什么？

第 2 章　设备维护和保养

本章提示

本章介绍中级平版印刷员需要承担设备维护和保养方面的工作,承担这些工作所需要的相关知识、基本操作技能和工作中的注意事项。

2.1　胶印机维护

▫ 学习目标

了解胶印机的常规检查要求,掌握胶印机开机前的检查过程及检查方法。

📁 2.1.1　机器内部遗留物的检查

▫ 学习目标

掌握胶印机开机前机器内部遗留物的检查方法。

▫ 操作步骤

①检查机器上有无异物。开机前,仔细检查是否有抹布或其他物件遗落在机内,防止造成机器损坏事故。

②开机前应检查输纸板上、纸堆上、看样台上是否有杂物。开机前,先按"正点"和"反点"键,防止工具、小零件和其他异物轧入滚筒,观察机器运转是否正常。

📂 2.1.2　电眼、行程开关及控制部件灵敏度的检查

🗂 学习目标

检查控制部件的灵敏度。检查空张控制器、双张控制器、输纸离合器的自动控制等是否灵敏。

🗂 操作步骤

①空张控制器。空张控制器俗称"电牙"，安装在输纸部件前端的前规处。当印刷中出现空张和歪张时，在空张控制器的作用下，输纸部件立即停止输纸，滚筒处于离压状态，从而有效地防止了废品的产生。

②双张控制器。双张控制器安装在输纸部件送纸轴或线带轴的上部，它控制双张或多张故障发生。若出现双张或多张时，检测电路触点接触，输纸部件停止输纸，滚筒处于离压状态，也防止了出现废品。

③输纸离合器的自动控制。当发生空张、双张、纸张歪斜等故障时，输纸自动停止，主机降速、离压。

📂 2.1.3　安全防护装置的检查

为了防止意外工伤的发生以及机器设备的意外损坏，保证操作人员和机器设备的安全，胶印机上一般都设有一些安全防护装置。在进行按键操作时，应检查这些安全装置是否在正常的工作位置，如防护罩检查、"停车"按键检查、安全杠检查、纸堆升降安全防护装置检查。

📂 2.1.4　胶印机常规检查要求

🗂 学习目标

了解胶印机的常规检查要求，掌握胶印机开机前的检查过程及检查方法。

🗂 操作步骤

（1）检查胶印机的主要部件

印刷前应对胶印机的主要部件进行检查，特别是输纸器、定位部件、叼纸牙、收纸部件，并注意纸张的交接位置和交接时间。根据印刷条件合理调整滚筒包衬，使印刷压力处于最佳状态。根据印版和包衬厚度的变化调整着墨辊与着水辊的压力。

（2）检查润滑系统

胶印机上有许多润滑装置，这是保证齿轮、轴承等相对运动零件的表面有良好润滑和防止磨损的措施，调机时应将各润滑点和油箱用煤油清洗干净，然后再注入所需的润滑油。

（3）每天交接班检查

利用每天接班时的准备工作时间，详细查阅交接班记录，了解上班机器运转情况，按各人分工范围，对需要每天检查的内容认真查看，发现异常及时汇报主管领导，正、反点车几圈后才可开车生产。

（4）在运转中检查

胶印操作人员必须学会"听""摸""看"的本领，做到"闻声查病""闻声知病"，防止机器事故发生。

（5）定期全面检查

机器上需检查的内容很多，不可能每天都检查一遍，因此，需要建立机器"检查病历卡"，设定每日检查内容、每周检查内容、月或季检查内容，制订大检修计划。

（6）对工具的检查

操作人员必须养成良好的操作习惯，工具用完后应放回规定地方或工具箱中，严禁乱放，以免遗忘或掉进机器内，造成严重事故。

⬭ **注意事项**

①操作人员应严格遵守操作规程，认真检查机器运行情况。

②检查过程中发现问题应及时处理，以免造成人身安全事故及损伤机器。

2.2　胶印机保养

🗁 2.2.1　清洗材料的性能及清洗材料选择的要求

⬭ **学习目标**

了解胶印机清洗工作的内容，掌握清洗操作过程，并能根据清洗要求选用适当的清洗方法和材料。

⬭ **操作步骤**

①准备清洗用的抹布及清洗材料。

②清洗。按要求清洗机器，擦洗时必须拉下电闸，需要转动机器时，应先打"招呼"。

⬭ **相关知识**

清洗工作开始之前，必须将各种清洗材料准备好，以利于提高清洗质量和效率。

（1）油墨清洗剂（洗车水）

油墨清洗剂用于胶印机胶辊及橡皮布的清洗，完全替代汽油及煤油等清洗剂，清洗效果优于汽油和煤油，同时消耗成本低。

（2）水辊清洗剂

水辊清洗剂可快速去除黏结在水辊上的墨渍及其他污渍，提高亲水性。比如酒精润版胶印机的传水辊，由于长期接触油墨和润湿液，会吸附油墨中的连结料和填料胶质等杂物，造成水辊的传水、上水不良，引起连续供水系统功能降低，造成印刷时水墨失衡。使用水辊清洗剂可以去除黏结在胶辊上的各类脏物，使传水辊恢复原有的亲水性。同时，水辊清洗剂也可用于清洗润湿液循环系统。

（3）橡皮布清洗剂

橡皮布清洗剂用于清洗胶印机橡皮布，在各方面都优于汽油，能快速去除橡皮布上的新旧墨渍，对橡皮布的弹性有恢复作用，同时保护橡皮布不发生溶涨，能延长橡皮布使用寿命。本品不易燃，对人体无害，使用安全可靠。

（4）洁版液

洁版液能够去除 PS 版上的油墨，性能稳定，若印刷过程中 PS 版因刮伤、氧化斑点产生油污时，均可用洁版液达到去污、使图像清晰的效果。

（5）酒精

酒精用于清洗水辊。

📁 2.2.2 墨辊、水辊及水斗的清洗

（1）墨辊的清洗

开动胶印机至高速，然后在墨辊上喷淋适量的油墨清洗剂（洗车水），相隔 15s 再喷淋一次。待机器运转 20s 后上紧墨刮。墨刮上紧后墨辊上的油墨会不断变淡，此时每隔 15s 在墨辊上适当喷淋一次，直至墨辊上的油墨被清洗干净。在墨辊上加少量清水，此时会看到墨刮上有乳白色液体，再加少量清水直到没有乳白色液体为止。待墨辊上的水分完全干后关机。每次喷淋油墨清洗剂为 10 ～ 20mL 即可。对自动清洗的胶印机，应按规定加入油墨清洗剂，根据实际使用情况设定清洗时间。

（2）水辊及水斗的清洗

①水辊的清洗。清洗材料为水辊清洗剂、擦机布或水泡。水辊的清洗方法：倒少许水辊清洗剂到擦机布或水泡上，擦洗供水胶辊及水斗辊表面。清洗完毕，确认辊表面干燥后即可开机印刷。

清洗时注意不要将清洗剂滴溅到印版上，以免对印版图文产生影响。

②水斗的清洗。水斗一般采用铜合金材料制成，长期使用的水斗，不可避免地会落入灰尘等杂物，同时水斗辊也会将纸粉、纸毛、墨污等带入水斗中，这样不仅会降低润湿液的润版性能，而且直接影响印刷产品的质量。

水斗清洗过程：准备清水和一块抹布、一个毛刷、一根塑料导管；将水浇入水斗中，并用毛刷将水斗底部的脏物搅起，然后用导管将水斗中的浊液导出。边浇水、边刷洗、边导水，直到水斗基本清洁为止，最后用抹布将水斗彻底擦洗干净。

2.2.3 胶印机的清洗方法

（1）橡皮布的清洗

清洗方法：先将海绵或布块浸泡于水中，取出拧干，然后用橡皮布清洗剂喷淋在海绵或布块上擦洗胶印机橡皮布。

（2）压印滚筒的清洗

由于压印滚筒多次与橡皮布滚筒进行压力接触，其拖梢部位会出现不同程度的粘脏。因此发生粘脏时要及时清洗压印滚筒，以免油墨硬化结晶，难于去除。

清洗方法：用蘸有洁版液的海绵清洁整个压印滚筒。

（3）滚筒肩铁的清洗

对于走肩铁的胶印机，当滚筒肩铁特别是印版滚筒和橡皮布滚筒的肩铁脏污时，会加快机器的磨损，因此应及时清洁。

清洁方法：用抹布蘸无腐蚀性的溶剂进行清洁，清洁后适当上油。

（4）前规电眼的清洁

清洁方法：用不掉毛的软布擦拭干净，以保证探测灵敏度。

（5）刮墨槽的清洗

每次刮墨后应及时用抹布擦净刮墨刀片和橡胶刀条，否则油墨干结后，再次使用时会磨损串墨辊。

注意事项

①注意安全，以免人身受伤。

②清洗结束后，应对机器进行全面检查，查看是否有抹布及其他物品落入机器内，以免造成机器事故。

2.2.4 墨辊的装卸方法及注意事项

学习目标

了解墨辊的排列关系及各墨辊的直径大小，并能正确地拆装墨辊。

操作步骤

（1）墨辊的安装次序

先安装串墨辊，再安装着墨辊，最后安装各匀墨辊。

（2）串墨辊的装卸

如图 2-1 所示，J2108 机的串墨辊，可以拆分成三节。拆装时，如图 2-2 所示，将串墨辊轴头与辊体的固定螺钉拧开，就可以方便地拆卸或安装串墨辊了。

（3）着墨辊的装卸

①安装次序：先安装第二、第三根着墨辊，再安装剩下的两根着墨辊。

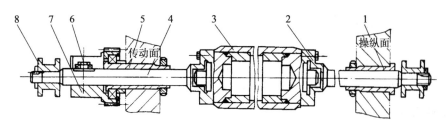

图 2-1　J2108 型胶印机三节串墨辊结构

1、5—轴套；2、4—轴头；3—串墨辊；6—螺钉；7—斜齿轮；8—挡环

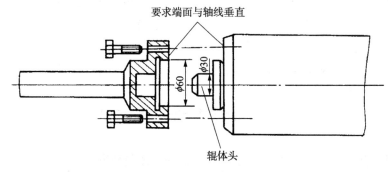

图 2-2　三节串墨辊分节

②拆卸时直接旋转辊子两端轴承架套毂，使其缺口朝上，然后将辊子沿缺口方向取出。

③安装时，旋转辊子两端轴承架套毂，听到一声响，安装完成。

（4）匀墨辊的装卸

拆装时，按要求从上至下从匀墨辊支架上取出。安装时，按要求从下至上安装到匀墨辊支架上。

🗀 **注意事项**

①装卸时，要记清各个墨辊的直径，以免装错。

②安装着墨辊时，轴承架套毂要锁紧。

本章复习题

1.胶印机常规检查要求有哪些？

2.常用的清洗材料有哪些？

3.如何清洗墨辊？

4.如何清洗滚筒肩铁？

5.胶印机的清洗主要包括哪些部件？

6.清洗机器时应注意哪些问题？

7.墨辊的装卸方法及注意事项有哪些？

第3章　设备调节

本章提示

本章介绍中级平版印刷员需要承担单张纸平版胶印机和卷筒纸平版胶印机的输纸装置的调节、印刷单元调节、收纸装置调节等设备调节方面的工作，承担这些工作所需要的相关知识、基本操作技能和工作中的注意事项。

3.1　输纸装置调节

3.1.1　输纸部件的调节

学习目标

了解输纸传送带对输纸速度及稳定性的影响，掌握输纸传送带的更换要求，并能正确更换输纸传送带。了解输纸板各附件的基本结构和工作原理，掌握各附件的正确位置要求及调节方法，并能正确地调节各附件的工作位置。

操作步骤

①安装输纸板时，板的平面要和带的直线平行且不得高出带和轴的切线，否则，输纸阻力加大，带子磨损快，输纸不稳定。

②4根输纸带的张紧力要一致，保证线速度一致。松紧程度要适宜，太紧，易磨坏带

子；太松，线带在轴上易打滑丢转，造成输纸速度不一致，输纸不稳。

③双层带子接头时，采用斜截面对半相接，使线带整圈厚度一致且接得牢而平，不翘不裂。

④保持输纸带轴表面的清洁，滚花清晰干净，无油污，摩擦力好，保证输纸正常，同时要经常在轴承处加油润滑，保持转动灵活。如有较大的磨损或转动不灵活时要及时维修更新。

🗐 **相关知识**

1. 传送带式纸张输送机构

传送带式纸张输送机构由送纸压轮机构、输纸台装置、传送带传送机构等部分组成。

纸张在输纸板上是由输纸带摩擦传动的，其传送速度的均匀性、平整性、稳定性对印刷品的套印精度影响极大，许多输纸故障都是由输纸带引起的。

在输纸板上通常有4根输纸带分别套在输纸带轴上，经过张紧轮及换向轴构成封闭环路转动，如图3-1所示。

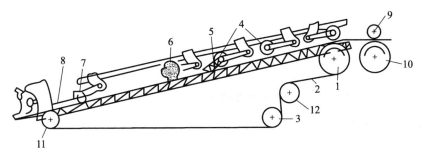

图 3-1　输纸板

1—主动输纸带轴；2—输纸带；3—输纸带张紧轮；4—压纸轮；5—扁毛刷；6—毛刷轮；
7—压纸球；8—压纸板；9—摆动压纸轮；10—接纸辊；11—从动线带轴；12—固定张紧轮

①输纸带轴。输纸带轴是一根表面滚花的轴，其直径一般在70mm左右，是输纸轴直径的1.5倍。轴的直径增大，可以增加与线带的接触面积且使线带的输纸速度和轴本身的转动速度一致。

②固定张紧轮。套装在输纸板背面与机器墙板相固定的一根固定轴上，定滑轮孔中是装有滚珠轴承的，因此，转动灵活，只要定期加注黄油即可保证润滑要求，其作用是使线带位置不走偏及与张紧轮一起张紧布带。

③张紧轮。如图3-2所示，线带张紧机构是由摇杆7及张紧轮3组成的。输纸带松弛时，可松开调节螺钉、转动摇杆，将输纸带压紧。常用的布质或塑料的带子在安装时，4根带子会有长度上的误差，还有使用旧了的带子会抻长，由于这些原因，就必须通过张紧轮来把4根带子的张力调整一致。

④从动轴。组成线带循环路线的从动轴由于不是主动轴，为此，表面不需要轧花。要求轴的中心线和输纸带轴的中心线平行，如果不平行则导致各线带的运行速度不同，而使输纸带跑偏或掉出滑轮（跑带），影响正常输纸。

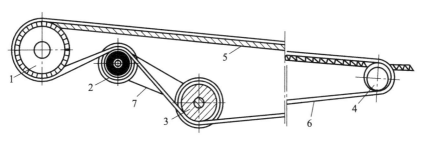

图 3-2　输纸带轴及其附件

1—输纸带轴；2—定滑轮；3—张紧轮；4—从动轴；5—输纸板；6—输纸带；7—摇杆

⑤输纸带。输纸带的宽度通常为 25mm，厚度为 1.5～2mm，由输纸轴摩擦驱动，在张紧轮的作用下，保证带和轴的线速度是基本一致的，输纸的稳定性有了可靠的保证。

2. 真空吸气带式纸张输送机构

为适应胶印机高速发展的要求，现代单张纸平版胶印机采用了真空吸气带输纸机构，这种输纸机构在国外许多生产厂商生产的胶印机上已配置，图 3-3 为真空吸气带输纸机构原理。纸张通过吸嘴 2 传送给驱动辊 3 运送，最后输送带 10 把纸吸住由其直接输送到规矩部件，完成纸张在输纸板上的传送、定位。

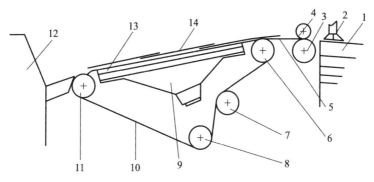

图 3-3　真空吸气带输纸机构原理

1—纸堆；2—吸嘴；3、6—驱动辊；4—压纸轮；5—过桥板；7、8—张紧轮；
9—吸气室；10—输送带；11—传送带辊；12—印刷色组；13—输纸板；14—纸张

图 3-4 为德国罗兰 700 型四色单张纸胶印机吸气带式输纸板平面示意图。它主要由驱动辊 1、输纸板 2、吸气带 3、传送带辊 4、侧规 6 及辅助吸气轮 7 等部件组成。图 3-5 为其纸张输送纵向传送简图。

如图 3-4 所示，在输纸板上安装有两条吸气带 3 和 8，当从纸堆上分离出来的纸张由驱动辊 2（见图 3-5）输送到输纸板上时，由吸气带 3 吸住，并传送到前规处定位，接着由侧规拉纸完成纸张的侧边定位。这种输纸机构，去掉了传统输纸板上面的压纸框架，大大简化了输纸板机构，使操作与调节更为简单、方便，同时由于输纸板被做成鱼鳞式，故能防止纸张产生静电。当然这种输纸方式也使纸张的输送更加平稳、准确，而且裁切不整齐的纸张也能送到输纸板前由规矩部件定位。图 3-4 中吹气口 5 的吹气作用使纸张前边缘

（叼口）部分平稳地进入前规定位。而辅助吸气轮 7 则能使纸张以更平稳的方式进入前规处定位。图 3-5 中吸气室 4 的吸气量为恒定值，而吸气室 7 的吸气量大小则是可调的，主要是为了适应印刷不同厚薄纸张的要求。

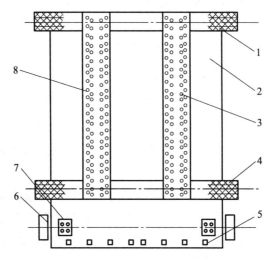

图 3-4　吸气带式输纸板平面示意

1—驱动辊；2—输纸板；3、8—吸气带；4—传送带辊；5—吹气口；6—侧规；7—辅助吸气轮

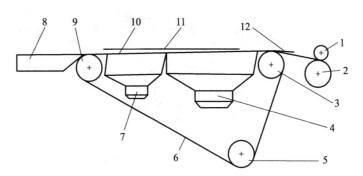

图 3-5　吸气带纸张输送纵向传送简图

1—压纸轮；2、3—驱动辊；4、7—吸气室；5—张紧轮；6—输送带；
8—侧规板台；9—传送带辊；10—输纸板；11—纸张；12—过桥板

在这种装置中，为了避免纸张由于高速的运送，而使纸张前边缘（叼口）到达前规时，产生冲击和反弹卷曲等现象，影响前规的定位准确性。故吸气带的运行采用了变速的方式，即当纸张远离前规运行时加快速度，在靠近前规时速度变慢，使纸张缓慢与前规接触，以消除纸张对前规的冲击与反弹，同时利用一些辅助机件（毛刷、吹气口等），使纸张在前规处定位的准确性得以保证。

注意事项

①双层带子接头时，采用斜截面对半相接，使线带整圈厚度一致且接得牢而平。

②要定期检查输纸带的张紧程度，保证 4 根输纸带的速度一致。

3. 接纸轮的调节步骤

接纸轮，又称为"传纸压轮"或"进纸压轮"，如图 3-6 所示。其调节包括接纸时间的调节及接纸轮与接纸辊压力的调节。接纸时间是指接纸轮下落接纸（压纸）的时间。

（1）大幅度调节两个接纸轮的接纸时间

①当纸张由递纸吸嘴送到接纸辊中心线时，调节接纸凸轮的位置，使摆杆上的滚子与接纸凸轮的最小半径相对应。此时接纸轮下落压纸。

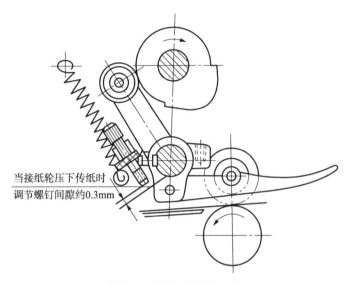

当接纸轮压下传纸时
调节螺钉间隙约0.3mm

图 3-6　接纸轮结构示意

②调节螺钉，使摆杆上的滚子与接纸凸轮最小半径离开约 1.5mm。

③松开接纸轮支座与支撑轴之间的紧固螺钉，使接纸轮压在接纸辊上，然后拧紧螺钉。

（2）微量调节两个接纸轮的接纸时间

如图 3-7 所示，调节定位螺钉 1，可微调单个接纸轮下落与接纸辊接触的时间，使两个接纸轮同步摆动。接纸轮下落接纸时，螺钉与支座之间应有 0.3mm 的间隙。

图 3-7　接纸轮
1—定位螺钉；2—调节螺钉

（3）接纸轮与送纸轴压力的调节

如图 3-7 所示，可调节接纸轮的压力调节螺钉 2，通过压簧改变接纸轮与送纸轴的压力，两个接纸轮压力必须一致。检查两边接纸轮压力是否一致的方法是：在送纸轴与接纸轮刚接触时，采用"拉纸条"或是手拨接纸轮的方法进行。

（4）接纸轮的调节

调节接纸轮时，应将两个接纸轮调整在稳定线位置传送纸张。

4. 压纸轮的调节步骤

（1）压纸轮位置的调节

如图 3-8 所示，调节时松开压纸轮固定在轮架杆上的紧固螺钉 1，可以使压纸轮前后位置在杆上改变，左右两侧压纸轮的位置应两两对称，一定要压在纸带中心线上，且与线带平行，调好后再将紧固螺钉 1 拧紧。

（2）压纸轮压力的调节

如图 3-8 所示，顺时针转动调节螺钉 2 可以使压纸轮上的弹簧片向下增压，使压纸轮对输纸板压力加大。逆时针转动调节螺钉，则弹簧片将压纸轮弹起，使压纸轮对输纸板的压力减小。

图 3-8　压纸轮的调节

1—紧固螺钉；2—调节螺钉

5. 毛刷轮的调节步骤

（1）毛刷轮位置的调节

松开图 3-9 中毛刷轮在轮架杆上的紧固螺钉 2，可以调节毛刷轮前后位置，调好后再将其拧紧。

（2）毛刷轮压力的调节

松开图 3-9 中毛刷轮压力调节的锁紧螺母 3，再调节螺钉 1 就可以调节毛刷轮对输纸板的压力，调好后再将锁紧螺母 3 拧紧。

相关知识

所有压纸轮的压力应该一致，轻重适宜。压纸轮的旋转方向应与传送带运动方向一致，并且左右两侧压纸轮的位置应两两对称，一定要压在纸带中心线上，且与线带平行。

有时为了展平纸张也可把两边的压纸轮略向外倾斜一些，形成一个"外八字"形，但倾斜量不宜过大。

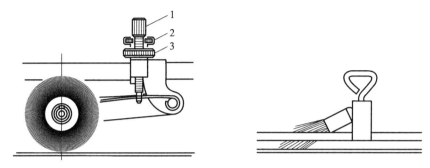

图 3-9　毛刷和毛刷轮
1—螺钉；2—紧固螺钉；3—锁紧螺母

压力大小与纸张厚薄有关系，印厚纸时压力应大些；印薄纸时应小一些。最前一排压纸轮应该距第一张纸后边缘 2～3mm，绝不可以压到第一张纸的后边缘。

毛刷轮的作用主要是防止纸张在高速冲向前规时的回弹。此外，毛刷轮对第一张纸还有轻微的推送作用。其安装位置是毛刷轮的切点正好处于第一张纸的后边缘。

🗋 **注意事项**

①在操作前必须先点动机器使前规刚刚下落，将纸张向前递送刚好触碰到前挡规。

②所有压纸轮的压力要均匀一致。

③最前一排压纸轮应该距第一张纸后边缘 2～3mm，绝不可以压到第一张纸的后边缘。

📁 3.1.2　规矩部件的调节

🗋 **学习目标**

了解前规、侧规的结构，掌握前规、侧规的调节方法及工作原理，输纸器与前规配合时间不正确对套印准确性的影响，掌握输纸器与前规配合关系及调节方法，并能在实际工作中根据具体情况正确地进行调节。

🗋 **操作步骤**

1. 前规的调节步骤（J2108 机为例）

（1）前规与递纸牙交接时间的调节

如图 3-10 所示，若两者的交接时间不正确，可通过改变前规轴上凸轮和齿轮的相对位置来调节。调节时以运动中某一点为依据，通常以前规从定位位置起步上抬为依据来调节前规相对于递纸牙的交接时间。松开凸轮上的三个紧固螺钉，便可调节凸轮与齿轮的连接位置。

凸轮紧
固螺钉

定位销

图 3-10　前规凸轮

（2）上挡规高低的调节

调节要求：前规在正确的定位位置，定位板的底面与牙台上平面的间隙为所印纸张的三倍厚。

①调节单个前规上挡规的高低（见图 3-11），先松开固定前规座架的规座紧固螺钉，用手扶着前规调节其高低，调节完毕拧紧固定螺钉。

②两个前规上挡规整体调节。松开锁紧螺母，转动调节螺母，改变连杆的高度，使前规轴偏转一个角度，带动定位板升高或降低。调节螺母与滑套之间在前规定位时应有 0.1mm 的间隙，以保证偏心销与摆杆靠紧，但间隙不能太大，太大会增加定位时间。

（3）前规前后位置的调节

松开紧固螺钉，拧动前后调节螺母，便可使定位板前后移动（见图 3-11）。

（4）输纸时间的调节

松开万向联轴节法兰盘上的三个螺钉，盘动输纸装置手轮（见图 3-12）或点动主机，使纸张到达前规的时间准确，最后拧紧法兰盘紧固螺钉。调节方法包括：

前后调节螺母

规座紧固螺钉

紧固螺钉

上挡规

挡圈

图 3-11　J2108 机前规

输纸装
置手轮

图 3-12　J2108 机输纸装置手轮

①胶印机主体（后车）不动，以盘动输纸装置（前车）来求得与胶印机主体配合。若输纸落后，则将输纸装置向前转，反之亦然。

②输纸装置不动，以盘动胶印机主体求得与输纸装置配合。若输纸装置落后，则将胶印机主体反转（倒车），反之亦然。

相关知识

不同机型的输纸器与前规配合的调节略有差别，但原理是相同的。比如 J2108 机输纸装置和胶印机主体之间是通过连轴传动来实现动力传递的。在传动轴中间设有法兰盘，可用于调节纸张早到或晚到的情况（见图3-13）。

图 3-13　法兰盘及万向轴

当前规刚刚落下准备对纸张定位时，纸张的叼口部分输送到距离前规3～7mm为最佳。这一距离印薄纸时可小些，印厚纸时可以大些。调节时先检测纸张到达前规时的情况。

低速走纸，观察纸张到达前规的时间，如果太早或太晚，相差较大，则需要调节。

注意事项

纸张到达前规的时间不准，忽快忽慢，可能是万向轴上的销轴折了或法兰盘紧固螺钉松动，应及时更换和调节，否则会影响套印的准确性。

组合下摆式前规的调节要求及方法可参照组合上摆式前规的调节。

2. 拉规的调节步骤（滚轮式）

（1）拉规拉纸时刻的调节

①左右两个侧规同时调节。在传动轴的传动面外侧，轴的端头上装有一法兰盘，该件的端面上有三个螺孔，通过三个螺孔与一个传动齿轮连接，齿轮上有长孔，改变该齿轮与轴的相对位置，就可以改变拉规的拉纸时刻，使左右侧的两个拉规得到同步调节。

②单个拉规的粗调。可以松开凸轮上的固定螺钉，调节凸轮与轴圆周的相对位置，就可以使拉纸时刻得到较大调整。

③单个拉规的微调。滚子和压纸球分别通过两个偏心球来加以固定。可以通过调节偏心球的偏心位置来调节拉纸时间。微调的实质是在拉纸球下落与拉纸轮接触后，改变滚子与凸轮曲线低点的间隙。间隙大，则拉纸轮落得早、抬得晚；反之，则拉纸轮落得晚、抬得早。

（2）拉规工作位置的调节

①挡纸定位板与前规定位面垂直度的调节（见图3-14）。挡纸定位板12与螺杆9相连接，并滑套在套筒10内，它与压纸舌11和调节螺母2、锁紧螺母3固定在一起，套筒10又装于摆杆7的孔中，由锁紧螺母1锁紧，松开锁紧螺母1，可以把相互固定在一起的2、3、9、10、12和11在摆杆7的孔内转动，从而使挡纸定位板与前规定位面的垂直关系得到调节。

②压纸舌下平面与输纸板距离的调节（见图3-14）。压纸舌下平面与输纸板的距离有印刷纸厚度3倍的间隙为适宜。调节时松开锁紧螺母，转动调节螺母，以改变压纸舌与输纸板的间隙。

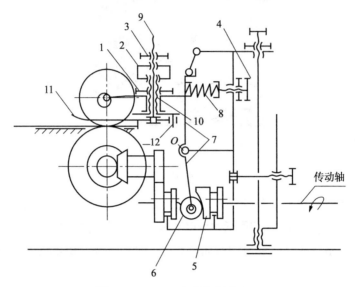

图 3-14　J2108 机侧规结构原理

1、3—锁紧螺母；2—调节螺母；4—调节螺钉；5—凸轮；6—滚子；
7—摆杆；8—弹簧；9—螺杆；10—套筒；11—压纸舌；12—定位板

③拉纸力的调节（见图3-15）。通过调节螺钉4改变弹簧8的变形量来获得压纸轮对拉纸轮的接触压力。根据所印纸张厚度，该拉规备有两种弹簧（一种簧力较大，一种簧力较小），可以根据需要更换。

图 3-15　滚轮式侧规

④拉规工作位置的调节。

整体调节：如图3-16所示，松开锁紧螺母，用手柄旋松螺杆，移动整个拉规，从而使拉规在左右方向得到较大的调整。

轴向微调：如图3-16所示，松开锁紧螺母，转动轴向调节螺钉，即可微量调节拉规轴向位置。

拉纸行程的调节：如图3-14所示，改变凸轮5和滚子6之间的间隙即可。拉规最大拉动量为12mm，正常情况下，拉规的挡纸板距纸侧边5～8mm为宜。

拉规停止工作位置的调节：如图 3-16 所示，可通过锁紧偏心来推动摆杆，使压纸轮上抬不与拉纸轮接触。

压力调节螺钉

手柄

锁紧螺母

拉规座体

轴向调节螺钉

图 3-16　滚轮式侧规轴向位置调节

🔲 **相关知识**

纸张在一个平面上的定位是由两个方向来完成的，前规保证纸张前进方向的定位；侧规保证纸张垂直方向的定位。前规轴上的 4 个前规，当印对开纸张时，用外侧的两个；当印四开纸张时，使用中间的两个。前规前后位置的调节可以改变图文在纸张上的前后位置，而递纸叼牙叼纸的量也会随之改变。

3. 前规的结构及其原理

前规的作用是确定纸张叼口的位置。前规机构安装于机器上有两种位置：一种装在输纸板上方称为上摆式；另一种装在输纸板下方，称为下摆式。

（1）组合上摆式前规

如图 3-17 所示为组合上摆式前规工作原理图，在递纸牙轴上安装的凸轮 1 随机器连续旋转。它推动滚子使摆杆 2 往复摆动。通过滑座 4 使连杆 5 上下运动，摆杆 6 和 7 是固连在一起的，并活套在前规轴 13 上面，摆杆 7 下端有一活套 8，该活套可在装有压簧 9 的连杆上左右滑动。当凸轮高点与滚子接触时，摆杆 2 逆时针方向摆动，使连杆 5 上移，带动摆杆 6（7）逆时针绕前规轴 13 转动，摆杆 10 逆时针摆动。由于摆杆 10 用螺钉 12 固定在前规轴 13 上，因而可以带动前规轴上的 4 个前规定位板 11 同时摆下，给纸张定位。图 3-17 为定位位置。

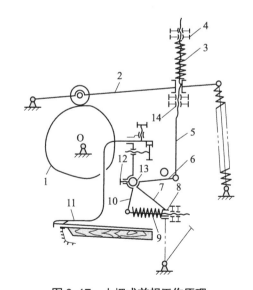

图 3-17　上摆式前规工作原理

1—凸轮；2、6、7、10、14—摆杆；3—弹簧；
4—滑座；5—连杆；8—活套；9—压簧；11—定位板；
12—螺钉；13—前规轴

当凸轮曲面由高点转为低点与滚子接触时，摆杆 2 下摆，通过连杆 5、摆杆 6（7）、摆杆 10 顺时针方向绕前规轴 13 转动，使前规定位板抬起让纸。

前规在定位时，摆杆 14 靠在螺钉 12 上，以保证前规定位板每次准确地定位位置。此时，允许摆杆 2 在凸轮 1 作用下压缩弹簧 3，仍可向上移动一段距离。

上述前规目前应用比较广泛，安装于国产 J2108、J2205 等胶印机上。

（2）组合下摆式前规

如图 3-18 所示为组合下摆式前规结构图，在前规轴上的凸轮 1 不停地旋转，它推动滚子 3，使摆杆 4 摆动，从而带动连杆 6、摆杆 13 和挡纸舌及定位板绕 O 轴摆动，完成挡纸舌的前后摆动。实现挡纸舌在输纸板前的定位运动。前规轴的凸轮 2 推动滚子 5 使摆杆 7 绕 O_1 轴摆动，从而使 O_1 轴带动前规上下移动，完成挡纸舌下降时对纸张上面的定位。图 3-18 中 12 为吸气装置，吸气管距输纸板调节成 0.2mm 的间隙。吸气装置的作用是当在输纸板上纸张出现故障时，吸气管吸住第一张定位好的纸，防止乱纸或进入印刷部件。

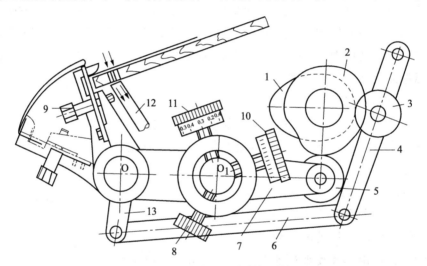

图 3-18　组合下摆式前规结构
1、2—凸轮；3、5—滚子；4、7、13—摆杆；6—连杆；8、9、10、11—螺钉；12—吸气装置

图 3-18 中 10、11、8 三个螺钉用来调节 O_1 轴的空间位置，从而改变挡纸舌与输纸板之间的间隙，以适应不同厚度的纸张。螺钉 9 用来调节挡纸舌和定位板的相对位置，确定定位板的定位位置。上述前规用于海德堡的对开胶印机上。该机构由于调节螺钉 11、10、8 均装在轴 O_1 端部，直接在机器两侧调节，故操作方便。

4. 侧规的结构及其原理

目前拉规的形式比较多，主要有滚轮连续转动式和气动式拉规等。侧规的作用是确定纸张侧边的位置，当纸张到达前规定位后，接着就是侧规拉纸进行左右方向的定位。

侧规分为推规和拉规两种基本形式，推规是推纸进行侧向定位，而拉规是把纸张拉向侧面进行侧向定位。在高速胶印机中都采用拉规，只有印刷小幅面纸张或较厚纸张的胶印机才采用推规。一般这种胶印机的速度都比较低（故不予介绍）。

无论哪种形式的侧规，其设计和使用时都应满足：

①拉纸或推纸时间要适当（侧规定位时间适当），以保证与前规和递纸牙动作协调。

②为满足套准要求，侧规应能横向调节和微调。

③拉规的拉纸力应可调，纸张通过侧规上下间隙也应能调节。

④由于反面印刷套准的需要，输纸板左右各装一个侧规。它们结构相同，方向相反，印刷时只能用一个，另一个侧规应停止工作。

（1）滚轮旋转式拉规

侧规安装在两根轴上，侧规传动轴装有凸轮和齿轮，凸轮和齿轮通过平键与轴连接，它们在轴上的位置由侧规座体控制，固定轴上套有套筒座，它可连同整个侧规在移动后用螺杆上端的手柄固定，再通过螺母，将侧规的座体和固定轴固定在一起。拉纸轮的旋转运动，是由齿轮传动，使拉纸轮获得运动。压纸球的上下摆动，是由凸轮经滚子使摆杆绕支点往复摆动，摆杆伸出的摆臂上固定着一压纸球，所以拉纸球随着压纸球的摆动而上下摆动，压簧使滚子和凸轮表面接触。拉纸时，压簧又使拉纸球和拉纸轮获得接触压力。

（2）气动式拉规

图3-19（a）为气动式拉规外形图，图3-19（b）为原理图。由图3-19（b）所示，吸气板3装在吸气托板2上，吸气托板2是封闭的并与气泵相通、吸气板上钻有44个小孔，用于吸纸。风量大小可通过调节旋钮7控制。圆柱凸轮1由凸轮轴Ⅱ带动旋转，经滚子、摆杆推动吸气托板2左右移动。工作时，当纸张在前规定位后，吸气板3吸住纸张，然后由吸气托板2在凸轮作用下左移，使纸张靠在挡纸板4上定位，此时断气，吸气板放纸，然后吸气托板2返回等待下一张纸的到来。手轮6调节吸气板的定位位置，松开手轮5可手动调节侧规的定位位置，为了防止纸毛堵塞吸气孔，当吸气孔到达定位位置完成定位后，有一个吹气过程，将纸毛和尘埃吹出。侧规体8装于侧规轴Ⅰ上。图3-19（b）中9为气管。

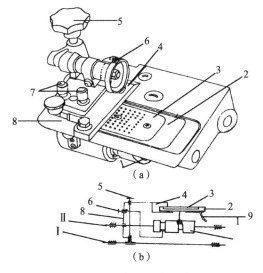

图3-19 气动侧规示意

1—凸轮；2—吸气托板；3—吸气板；4—挡纸板；5、6—手轮；7—旋钮；8—侧规体；9—气管气动式拉规的优点是：由于吸气孔吸住纸张，因此在拉纸过程中能够使纸张完全平服，防止翘起；不会弄污印迹；由于不受前一张纸尾的影响，因而增加了定位时间。这种拉规操作简单，调节方便，节省了调节辅助时间。但是这种拉规对纸张的质量要求较高，低质量的纸张，由于纸毛、尘埃等很容易堵塞吸气孔，从而影响定位准确性。并且增加了去纸毛的时间。

气动式拉规是德国罗兰单张纸胶印机的专利。

◻ 注意事项

①调节前规时要使两个前规在同一直线上，并且与压印滚筒轴线平行。

②前规前后位置尽可能不调或少调，以保证滚筒叼牙的叼纸距离两边相等。

③侧规调好后要检查纸堆侧边距侧规定位板的距离是否在最大拉纸量范围之内，纸张侧边只有在拉纸范围之内，侧规才能起到真正的定位作用。

🗀 3.1.3　输纸装置各部件交接时间及调节要求

◻ 学习目标

了解输纸板上各部件的位置对输纸性能的影响，掌握各部件的理想位置和正确的交接关系，并能根据工作中的实际情况进行正确的调节。

◻ 操作步骤

输纸装置上的部件较多，它们之间在运动状态中必须保持一定的交接关系。要使每个部件都处于正常工作状态，首先，每个部件必须装在正确的位置。其次，根据工作中的实际情况进行必要的调整，如纸堆不平，需在纸堆中垫纸或塞放木楔，机器磨损需调整零部件的相对位置，改变交接时间长短等。

（1）输纸器各部件安装的理想位置

图 3-20 为纸张分离部件的安装位置图，图 3-21 为输纸器上纸张分离部件与输送部件交接的关系。

由图 3-20（a）看到除了压纸吹嘴，其他机件都对称分布在机构中心线两侧。在调整机器时，通常要求首先是将图 3-20（a）所示机件的具体位置按照理想的位置摆放正确，然后再根据分离和输送纸张所存在的问题，进行仔细的调整。固定部件包括有松纸吹嘴、挡纸弹片、挡纸毛刷、侧松纸吹嘴、后挡纸块等，所有这些部件的位置都是为了保证输纸的准确交接、传送平稳。由于各种平版胶印机的型号不同，工作中具体情况亦有不同，因此图 3-21、图 3-22 所示的各部件位置仅供参考。

（2）输纸器运动部件交接位置的调整

输纸器上各交接部件的调整是要保证纸张处于一种适当的状态，各部件的调整参数如图3-23 所示。其基本原则是当纸张进入分离和输送状态时，应始终处于机构的控制中，即处于一种非自由状态。这样才能形成稳定、准确、有节奏的分离和输送，如图 3-24 所示。

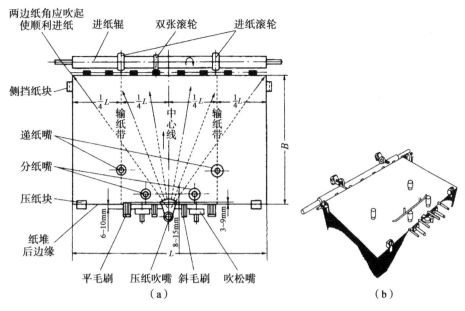

图 3-20　纸张分离部件安装位置

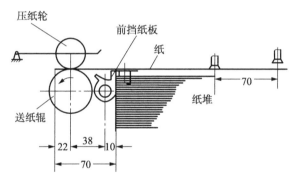

图 3-21　纸张分离和输送部件交接的关系

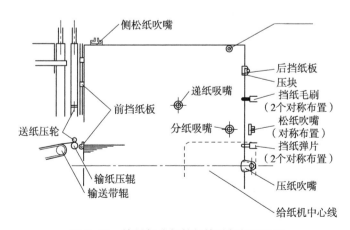

图 3-22　输纸部分部件与输送部件的关系

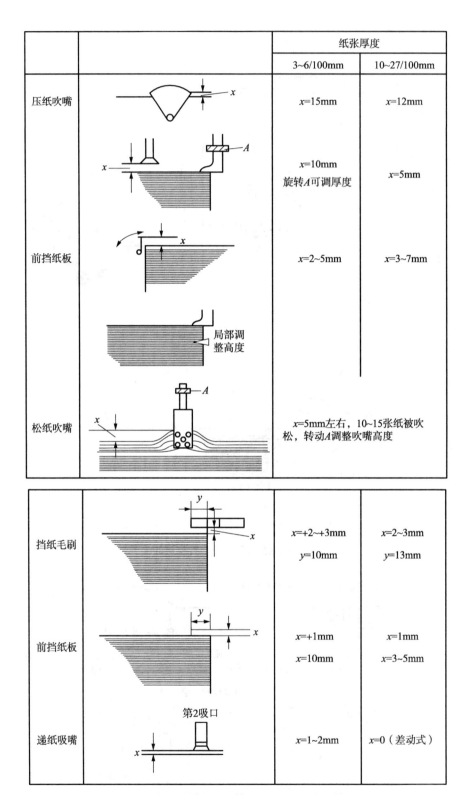

		纸张厚度	
		3~6/100mm	10~27/100mm
压纸吹嘴		$x=15mm$	$x=12mm$
前挡纸板		$x=10mm$ 旋转A可调厚度	$x=5mm$
		$x=2~5mm$	$x=3~7mm$
松纸吹嘴		$x=5mm$左右，10~15张纸被吹松，转动A调整吹嘴高度	
挡纸毛刷		$x=+2~+3mm$ $y=10mm$	$x=2~3mm$ $y=13mm$
前挡纸板		$x=+1mm$ $x=10mm$	$x=1mm$ $x=3~5mm$
递纸吸嘴		$x=1~2mm$	$x=0$（差动式）

图 2-23　输纸器运动部件交接位置的调整参数

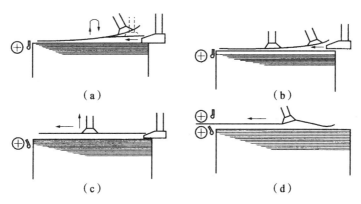

（a）　　　　　　　　　　　　（b）

（c）　　　　　　　　　　　　（d）

图 3-24　纸张分离输送过程中的正常状态

（3）输纸板输送部件安装的理想位置

如图 3-25 所示为输纸板输送部件安装位置。图中前面的压纸滚轮距第一张纸（前规已经定位的纸张）的拖梢边 2～3mm，压纸毛刷前端距拖梢边 5～10mm（压纸毛刷中间应压在拖梢边上），以防纸张到达前规时回弹。压纸球用于厚纸，以增加压力，印刷薄纸时抬起即可。侧规压纸片 17 距侧规拉纸板为 3～4mm，以平服纸角，保证纸张顺利进入侧规。前面的压纸片距前规为 5mm，以防纸边翘起，影响前规定位和递纸装置叼纸。

（4）输纸装置各部件之间的理想配合

1）压纸吹嘴和分纸吸嘴之间的理想配合

压纸吹嘴和分纸吸嘴之间的配合对纸张分离有着重要的影响，调整得好使它们交接配合正确，能避免许多输纸故障，大大提高工作效率。分纸吸嘴和压纸吹嘴都不能压在纸张的拖梢外端，以不干涉纸张输送为前提，靠近纸堆里边。它们彼此之间理想配合状态如下。

①分纸吸嘴一次只吸起一张纸。

②两吸嘴吸起的纸张之间始终处于绷紧状态，便于压纸吹嘴动作。

③压纸吹嘴在不蹭到第一张纸的前提下尽量靠向纸堆。

④纸张在传输过程中，不能与其他部件发生干涉。

2）送纸吸嘴、接纸压轮和压纸吹嘴之间的理想配合

送纸吸嘴、接纸压轮和压纸吹嘴之间与纸张的配合对纸张的传输正常与否影响甚大，当送纸吸嘴把纸张交给接纸辊时，压纸轮应该下压接过传来的纸张，保证纸张向输纸板方向输送。压纸轮下压时间的调整是关键，下压时间早了，可能使纸张进入接纸辊时产生阻滞；下压时间晚了，纸张在纸轮板上失去控制。压纸轮放下的时间及压力的调整应根据不同机型做相应的调节。

送纸吸嘴吸纸的位置是分纸吸嘴前面的位置，由于纸堆高低位置不同，纸张可能以三种状态进入输纸板，即水平向前、向上翘曲和向下倾斜，因此压纸吹嘴的高低（可控制纸堆的高低）直接影响到纸张的输送状况。所以必须根据实际情况经常地调节输纸器的高低，故此它们的理想配合位置是：调节压纸吹嘴高低，能使纸张水平进入接纸辊；调节压纸轮和送纸吸嘴的配合，使纸张实际处于控制状态；纸张传递过程中不能与其他部件发生干涉。

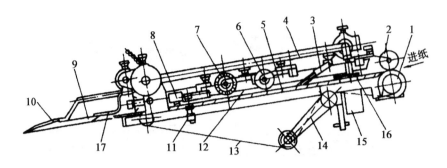

（a）平面位置

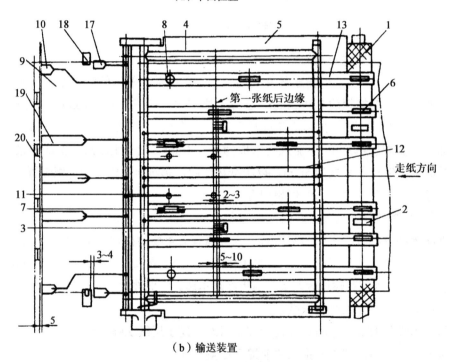

（b）输送装置

图 3-25　输纸板输送部件平面位置和输送装置

1—送纸辊；2—压纸轮；3—压纸毛刷；4—压纸框架；5—输纸板；6—压纸滚轮；7—压纸毛刷轮；
8—压纸球；9—递纸牙台；10、19—压纸片；11—吸气嘴；12、13—线带；14—张紧轮支架；
15—阀体；16—卡板；17—侧规压纸片；18—侧规；20—前规

相关知识

连续式输纸装置的纸张输送过程，如图 3-26 所示。具体工作过程如下。

①松纸吹嘴 1 吹松纸张，分纸吸嘴 3 下落吸纸，送纸吸嘴 5 后移。

②松纸吹嘴 1 停止吹风，分纸吸嘴 3 吸住纸张后摇转并开始抬升，压纸吹嘴 4 下落准备吹风，送纸吸嘴 5 停止后移。

③分纸吸嘴 3 上升至最高处，压纸吹嘴 4 插入被吸起的纸张下面，压住纸堆并进行吹风，送纸吸嘴 5 下落准备吸纸。

④压纸吹嘴 4 继续吹风，送纸吸嘴 5 吸住纸张。

⑤压纸吹嘴 4 停止吹风，并开始抬起，送纸吸嘴 5 吸住纸张前移准备送纸，分纸吸嘴

3 放掉纸张。

⑥送纸吸嘴 5 向前输送纸张，前挡纸牙 2 向前倾倒让纸，压纸轮 7 抬起。

⑦送纸吸嘴 5 将纸张送入送纸辊 6（或线带辊）的顶部后，压纸轮 7 下落压纸，将纸张送入输纸板。与此同时，送纸吸嘴 5 放纸，前挡纸牙 2 准备返回挡纸位置。

⑧在送纸辊 6 上，双张控制器 8 对纸张进行双张检测。送纸吸嘴 5 后移，前挡纸牙 2 返回挡纸位置。

⑨纸张在输纸板 9 上的压纸轮 7 和线带 10 的作用下继续向前输送。

⑩纸张送至定位位置，前规挡板对纸张进行定位。

侧规 12 拉纸轮下落拉纸，纸张靠向侧规定位挡板。

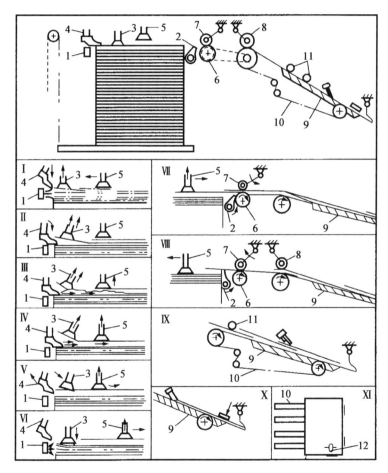

图 3-26　连续式输纸装置的输送纸张过程示意

1—松纸吹嘴；2—前挡纸牙；3—分纸吸嘴；4—压纸吹嘴；5—送纸吸嘴；6—送纸辊；
7—压纸轮；8—双张控制器；9—输纸板；10—线带；11—压轮；12—侧规

🖝 **注意事项**

这里有两点值得注意，一是纸张过了压纸轮与接纸辊接触点后，压纸轮需要在纸张走多长的距离后才能下压。参考数据如下：四开机一般是 3～5cm，对开机一般是

7～10cm。二是送纸吸嘴与接纸压轮的配合，一般情况下是在接纸压轮下压纸张后，送纸吸嘴断气，即在某一时刻压纸轮和送纸吸嘴共同控制纸张，这样能保证纸张在输送时始终被控制住。但在实际工作中，发现有时最理想的配合是：当送纸吸嘴松开纸张后，压纸轮此时还没有完全压下，纸张在此瞬间没有被控制，走纸反而更好。这是因为纸张传递在调节时，一般都是手动和慢车进行的，而在正常工作时，机器是高速运转的，纸张实际上被惯性力控制住了。故此，在有些机器上如此调节可能更为理想。

3.2 印刷单元调节

📁 3.2.1 墨量预设

🗂 学习目标

能根据印版图文面积预设各印版给墨量，掌握墨量的调节方法，并能在实际工作中根据具体情况正确地调节供墨量的大小。

🗂 操作步骤

（1）局部调节

即改变墨斗刀片和墨斗辊的间隙。如图 3-27 所示，旋转调节螺钉 4，使其端部压紧墨斗刀片，减小刀片和墨斗辊的间隙，使墨斗辊表面的墨层厚度减小，墨斗辊向传墨辊转移的墨量就少，反之使墨量增加。

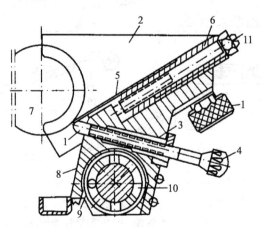

图 3-27 墨斗结构

1—顶杆；2—墨斗侧挡板；3—弹簧；4—调节螺钉；5—刀片；6—墨斗刀片座；
7—墨斗辊；8—墨斗座；9—扭力弹簧；10—旋转挡圈；11—螺母

（2）整体调节

即改变墨斗辊转动角度。通过调节棘轮盖板的位置，改变棘爪对棘轮作用齿数的多少，获得墨斗辊大小不同的转动角度，使传墨辊同墨斗辊接触弧长随之变化，墨斗辊转动角度越大，传墨辊从墨斗辊上汲取的油墨则越多。

（3）高速胶印机的出墨辊采用无级调节机构

出墨辊的传动系统跟踪主机运转速度的变化同步增减。印刷中的墨量可由传墨辊和墨斗辊的接触时间及墨斗螺钉的调节两方面来控制。这种出墨量调节机构适应高速运转的胶印机，又没有凸轮传动的振动，提高了机器运转、输墨的稳定性，保证了墨色前后的一致性。

（4）手动的墨斗辊单向超越离合器

在墨斗辊的轴端，装有手摇单向超越离合器，方便了操作者能手动转动墨辊（在整体版面墨量太小的情况下，用手摇动单向超越离合器，快速增加墨量，减少纸张浪费）。单向超越离合器的具体结构如图3-28所示。

　相关知识

墨斗是储存油墨的容器，经过墨斗辊不断地将墨斗中的油墨定时定量地传递给传墨辊、印版，最后到达纸张上。

1. 手工调节的墨斗

墨量的调节是由人工控制每一个调整螺钉进行的，此类墨斗的结构如图3-26所示，墨斗辊和墨斗座通过轴承支架连成一体，可灵活转动。松开刀片座的固定螺钉可将刀片拆下，为使拆装后的刀片能准确复位，由限位螺钉定位。在校装墨斗刀片时，应按刀片的正确位置，把所有的墨斗螺钉校正好。

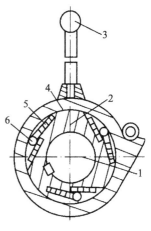

图3-28　墨斗辊单向轮
1—墨斗辊轴；2—三齿棘轮；
3—手柄；4—壳体；
5—弹簧；6—滚柱

墨斗刀片要选用弹性好的刀片，刀片和墨斗辊的间隙不要调节得太紧，防止墨斗辊和墨斗刀片磨损较快。

如果打开墨斗清洗时，可将左右两侧螺母11松开，即可松开墨斗体，它的两端支轴上装有扭力弹簧9，旋转挡圈10可以调节扭力大小，使墨斗重力得到平衡，因而墨斗体向上托时就方便省力了。

2. 电动调整的墨斗

现代大型多色胶印机，基本上都采用了墨斗遥控装置，摒弃了传统的墨斗钢片和人工调节螺钉控制墨量方法，采用了新型的墨量调节器，如图3-29所示。以单件组合的形式，根据机器的实际规格，确定墨量调节器的件数。最大印张尺寸为1020mm时，用32个调节器，采用组合排列积木形式，组成一个墨斗中的墨刀体，再与墨斗辊配合成为一个供墨机构。

为防止墨斗刮刀间的漏墨，在32个调节器上装有一张硬塑料片，在墨刀体的两端有紧固板和侧板（侧板由铸铁和橡胶组合而成），使之和塑料片、墨斗辊密合，不使油墨泄漏。

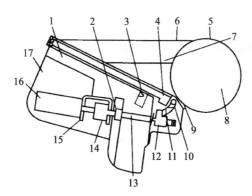

图 3-29 墨量调节器的结构

1—墨斗体；2—手调旋钮；3—压簧；4—压板；5—侧面塑料片；6—紧固板；7—侧板；
8—墨斗辊；9—塑料片；10—偏心轴；11—螺杆；12—螺母；13—连接杆；14—电位器；
15—支架；16—步进电机；17—护罩

墨量调节是由控制台上分设的 32 个按钮组成，分别对应相应的步进电机，由人工操纵。调整时通电使步进电机 16 旋转，经电位器 14 带动连接杆 13，使螺母 12 产生位移，从而推动螺杆 11，经过支点，使调节偏心轴 10 和墨斗辊 8 之间的中心距变化，改变了塑料片与墨斗辊的间隙，使墨斗辊表面墨层厚度得到调节。

电位器转动时，发回信号，使控制台上的指示发光二极管发出刮刀进或退的指示。

当电器发生故障或印刷需要时，也可用于在墨斗体下面拨动手调钮（滚花螺母）来直接调节，同样也可在控制台上显示。

整体出墨量的调节，由改变墨斗辊的旋转角度的大小实现，按墨斗辊的周长，以毫米为计量单位计算。

32 个调节器的调节锁使墨斗辊出现分格的 32 段墨层，对匀墨不利，为了很快地把墨层分段处匀开，在第一串墨辊的结构上改进为较快频率的微量串动，一般应用在海德堡 102V 等型号的多色胶印机中。

注意事项

①在满足输墨性能要求时，墨量控制在越小越好。

②刀片和墨斗辊的间隙不要调得太紧，防止墨斗辊和墨斗刀片磨损较快。

3. 墨量大小的确定

正确地确定版面墨量大小，是确定上墨量大小、控制水墨平衡、掌握印刷品墨色的重要条件。然而，对于墨量大小，则不能机械地规定，应视产品及印刷工艺要求综合考虑，要全面考虑以下各种因素。

①版面墨层厚度以及图文面积大小。

②版面图文类别（包括实地、文字、线条、网线、网块等）。

③网线线数的高低。

④纸张表面的平滑度及吸收性。

⑤版面水量大小对墨色的影响。

⑥油墨黏度、流动性及着色力。

⑦印刷速度及车间环境的温湿度。

⑧原稿的艺术特征。

📁 3.2.2　水辊、墨辊压力调节

🗋 **学习目标**

了解水（墨）辊之间的压力调节要求，掌握正确的调节方法，并能在工作中根据具体情况进行正确的调节。

🗇 **操作步骤**

1. 墨（水）斗辊与传墨（水）辊之间接触压力的调节

如图 3-30 所示，凸轮 1 的低点部分对应滚子 2 时，两者之间应有微量间隙，否则传墨辊与墨斗辊不会接触。两者的接触压力可通过调节螺母 3、改变簧的变形量而获得。

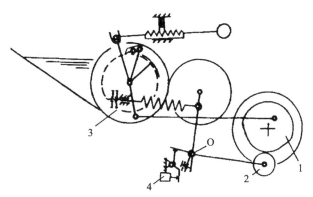

图 3-30　供墨机构传动原理
1—凸轮；2—滚子；3—调节螺母；4—电磁铁

滚筒合压时，传墨辊自动传墨；滚筒离压时，传墨辊停止传墨。另外，在机器中部操作面控制盒上设有"墨开""墨停"旋钮，可根据实际情况操作。它们都是由控制电磁铁 4 的断电或通电来实现的。

2. 着水（墨）辊同串水（墨）辊及印版之间的压力调节

先安装好下着水（墨）辊，合压；再调节下着水（墨）辊的接触压力。

①调节次序是先调节着水（墨）辊与串水（墨）辊的压力，再调节着水（墨）辊与印版滚筒的压力。因为 J2108 机采用环绕串水辊的着水机构，故在调节完着水辊与水辊压力后，再调节与印版压力时，由于着水辊的摆动中心与串水辊的转动中心为同一点，所以，着水辊与串水辊的压力基本不变。图 3-31 为 J2108 机着水辊压力调节机构示意图。

②调节时，用厚 0.15～0.20mm、宽 25～30mm、长 160～180mm 的薄钢片测试压力。用手捏住钢片后端插拉，感到既有一定摩擦阻力，钢片又能顺利滑擦为宜，测试的位

置应该是印版两端的空白部分。

③调节着水辊与串水辊压力时，松开锁紧螺母8，转动调节轮9，使蜗杆7带动蜗轮6转动，蜗轮6的圆心是O_1，着水辊的圆心是O_2。蜗轮6的转动使得O_2绕着O_1转动，从而改变了O_2与串水辊中心O的距离，即改变了着水辊与串水辊间的接触压力。着水辊两端都有相同的调压结构，注意两端偏心轴承位置要相同。调节完后，锁紧螺母8必须锁紧。

④着水（墨）辊与印版的压力是由撑簧11推动调节摆杆4而获得的，锥头10起平衡撑簧11部分作用力的作用。松开锁紧螺母12，转动手轮13，使螺杆14产生轴向移动，利用锥头10斜面作用推动调节摆杆4，使着水辊中心O_2绕O微量转动，改变着水辊与印版的距离，而对串水辊距离不变。

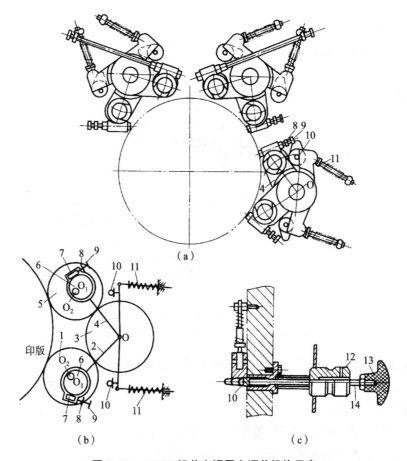

图3-31　J2108机着水辊压力调节机构示意

1、5—着水辊；2、4—调节摆杆；3—串水辊；6—蜗轮；7—蜗杆；8、12—锁紧螺母；
9—调节轮；10—锥头；11—撑簧；13—手轮；14—螺杆

3. 串墨辊串动量的调节

J2108机串墨辊的串动机构如图3-32所示，固定的印版滚筒轴端的齿轮5传动齿轮4。带有滑槽的圆盘2与齿轮4固定在一起。槽内装有T形块3，可在圆盘上移动，松开A处的螺钉1，可改变T形块3在槽内的偏心位置。

当 T 形块 3 在圆盘 2 的中心位置时，偏心量为 0，其最大偏心量为 12.5mm，以此来调节串墨辊的串动量。

T 形块 3 偏心转动带动拉杆 8 运动，从而使摆杆 7 摆动，摆杆 7 上的滚子 6 迫使主串墨辊实现轴向串动。串墨辊的最大串动量为 25mm。

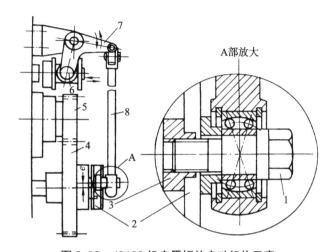

图 3-32　J2108 机串墨辊的串动机构示意

1—螺钉；2—圆盘；3—T 形块；4、5—齿轮；6—滚子；7—摆杆；8—拉杆

▢ 相关知识

着墨辊压力大小通常用插拉薄钢片来检测，在着墨辊上滚涂油墨，检查着墨辊对印版和下串墨辊的接触宽度，区分接触压力的大小，其方法与检查滚筒"压痕宽度"相似。接触宽度与压力的关系，取决于着墨辊的硬度和着墨辊的曲率。一般硬度为 HS35°～37°，在印版上的接触压痕宽度的参考值分别为（从着墨组到收墨组）：5mm、5mm、4mm、3mm。

调节后应使着墨辊与印版接触，将机器空转，用手触摸辊体有无跳动，检查接触效果是否符合印刷要求。

▢ 注意事项

①在调节着水（墨）辊压力时，先要把着水（墨）辊合上，可以在旧的印版上来校正其压力的大小。若是在印刷过程中需要调节，应选择在印版两端或拖梢空白部分进行测量。

②印版的衬垫厚度要符合要求，以避免由于衬垫厚度不合适而引起着水辊与印版接触压力的变化。

③包缝绒布的水辊，接缝处较为凸出且硬度大，不应作为测量压力的部位。

④调节各水辊之间的压力时，必须严格注意各个调节方向上的对称性，以保证串水辊、着水辊和印版之间的轴线平行，压力均匀一致。

📂 3.2.3 印刷压力设定

📖 学习目标
了解印刷压力的来源和作用，并能在工作中根据具体情况正确设定所需印刷压力。

🗂 相关知识
印刷压力是由胶印机上压印滚筒、印版滚筒和橡皮布滚筒之间接触作用而产生的。

1. 表示方法

①滚筒之间的压缩宽度。

当两滚筒相接触时，因压力作用，橡皮布与衬垫而产生变形。用压缩宽度来表示印刷压力。压缩宽度单位用 mm 表示。

②滚筒受压后的压缩厚度。

印刷压力越大，其变形量越大，因此可借用橡皮布与衬垫的变形量来直观地表示印刷压力。压缩量单位通常用 mm 表示。

2. 印刷压力的作用

①保持粗糙的印刷面实现完全接触。

②克服油墨分子引力，增强吸附力作用。

③压力渗透作用。

3. 压力与墨量转移的关系（图 3-33）

①以虚线标明的 AB 段，可被称为"墨量不足"段，这是由于 $P0 \sim P1$ 的范围内，印刷压力并不能使印刷面间的距离小到油墨与固体足以相吸引的原因，这时印迹不可能完整复制出来，而有"空虚"的现象。

②在 BC 段，从 B 点开始，油墨转移率随着压力的增加而显著增加，能把印迹较好地复制出来，在一般的情况

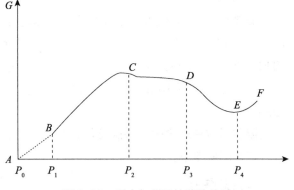

图 3-33 压力与墨量转移的关系

下，曲线的 BC 段上印版的供墨量随着压力而变化。因此，把 BC 段叫作油墨按比例转移的区段，而 $P1 \sim P2$ 内称为按比例转移压力。

③在 CD 段的范围内，即压力在 $P2 \sim P3$ 以内有所改变，供墨量则近似不变，能够在一定的客观条件下印出不走样的印迹，并使各印张之间保持相同的被转移的墨量，这时能得到印刷质量比较稳定的印刷品。

④在 DE 段，由于压力过大，在 $P3 \sim P4$ 的压力作用下，印迹向非图文部分"铺展"，油墨转移量反而趋于降低。原因是墨迹受压产生铺展，使网点变形，印迹面上中间墨层较薄，边沿墨层较厚，这时印迹走样，复制效果变差。

⑤当压力超过 E，就会发生网点变形，图文失真。这时油墨转移量随着压力的增加而略有增加。在过大的压力作用下，墨迹铺展更严重，增加了受墨面积。此段墨迹走样严重，网点铺展合并也严重，大大降低了复制效果。

4. 影响印刷压力的因素

①印刷面的粗糙度和不平度。

在平滑的纸张如涂料纸上印刷，为保持网点印实不变形，可将印版滚筒与橡皮布滚筒及橡皮布滚筒与压印滚筒间的压力，保持在允许值的最佳范围内。

在表面粗糙的纸张上要使网点印实，可使印版滚筒与橡皮布滚筒间压力保持最佳状态，而适当减小橡皮布滚筒与压印滚筒的中心距。

②印刷油墨。

油墨的黏性越大，印刷时所需的压力越大。

③印刷速度。

印刷速度与压力，按一般规律呈正比关系。

④滚筒直径。

滚筒的直径与压力成反比。

⑤版面图文的结构形式。

以实地为主的图文，要采用较大的压力，才能使实地墨层平服，印迹结实。以网点为主的图文，控制在极限范围内的最小压力，使网点结实饱满。

⑥橡皮布及其衬垫物的弹性。

应选用弹性良好而在大量印刷后仍保持弹性的橡皮布、毡呢、纸张作为衬垫材料，以满足降低印刷压力的基本要求。

5. 调节印刷压力

（1）改变滚筒的包衬厚度

在相邻两滚筒中心距不变的情况下，改变包衬物的厚度，可以达到调节压力的目的。

①增、减橡皮布滚筒的衬垫厚度。

衬垫厚度增加，印刷压力增大；衬垫厚度减少，印刷压力减小。

②增、减印版滚筒的衬垫厚度。

衬垫厚度增加，印刷压力增大；衬垫厚度减少，印刷压力减小。

③增加橡皮布滚筒的衬垫厚度的同时，减少印版滚筒衬垫的厚度，其增减量相等。橡皮布滚筒与压印滚筒压力增大。反之，则橡皮布滚筒与压印滚筒压力减小。

④增加印版滚筒的衬垫厚度的同时，减少橡皮布滚筒衬垫的厚度，其增减量相等。橡皮布滚筒与压印滚筒压力减小。反之，则橡皮布滚筒与压印滚筒压力增大。

（2）改变滚筒中心距

①改变印版滚筒与橡皮布滚筒之间的中心距。

中心距增加，压力减小；中心距减小，压力增大。

②改变橡皮布滚筒与压印滚筒之间的中心距。

中心距增加，压力减小；中心距减小，压力增大。

上述几种印刷压力的调节方法，必须严格控制调节量，同时包衬厚度及中心距一经确定，没有特殊情况一般不许轻易调节。

6. 获得理想印刷压力

调节印刷压力时注意以下几个方面：

①正确地测量和校正滚筒中心距以及校正滚筒间的间隙；

②正确地计算和度量衬垫物的厚度，使滚筒半径保持一致；

③在将接触而未接触的压力下，正确地检验印版和橡皮布的不平度；

④有效地在橡皮布下加衬垫，填补不平度；

⑤增加最少的衬垫厚度，使接触情况达到理想；

⑥选择理想的衬垫物，减少橡皮布的挤压变形和滚筒合压的压印宽度。

📂 3.2.4　橡皮布装卸及与橡皮布有关的常见印刷故障

🗀 学习目标

了解与橡皮布装卸以及橡皮布造成的印刷故障，并能在工作过程中根据具体情况进行正确的排除。

🗀 操作步骤

①橡皮布包衬不当。印刷中途更换橡皮布或因故更换包衬时，包衬总厚度与原包衬厚度不一，引起印刷品网点变形，影响产品质量。

解决方法：更换橡皮布或包衬时，要正确测量包衬的总厚度，尽量保持与原来总厚度一致。

②橡皮布衬垫太厚时，使得橡皮布滚筒与压印滚筒的压力增大，橡皮布在印刷时挤伸变形，位移量相应增大，每次转移墨量后不能及时恢复到原来位置，再从印版滚筒接受图文印迹时形成位差，造成网点拉长或重影。

解决方法：按照标准数据调整衬垫厚度，减轻滚筒压力，尽量减小橡皮布的挤伸变形值。

③橡皮布未绷紧。机器合压印刷时，橡皮布不能复位，引起大面积的网点拉长或重影。

解决方法：重新绷紧橡皮布。

④橡皮布有歪斜。橡皮布装夹后两端的长度不一，绷紧程度有松有紧。松的一端受压后出现网点拉长或重影。

解决方法：橡皮布拆下，测量裁切后重新打孔装夹板，装上机器时，将橡皮布绷紧。

⑤橡皮布滚筒包上包衬后的直径与印版滚筒包上包衬后的直径相差太大时，两滚筒的表面线速度不一致而产生速差，滚筒表面摩擦力增大，使橡皮布表面受挤变形，橡皮布与

滚筒壳体产生位移，形成背面摩擦。背面摩擦量大，不仅造成网点拉长或重影，而且会使衬垫产生移位（逃纸、逃呢），印刷品会出现"倒毛"或"顺毛"现象，如图3-34所示。

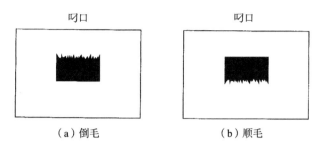

（a）倒毛　　　　　　　　　（b）顺毛

图3-34　橡皮布滚筒包衬不当产生的印刷故障

解决方法：一是重新测量滚筒中心距，按规范数据计算及调节印版滚筒、橡皮布滚筒的包衬；二是当逃纸、逃呢现象产生时，更换已褶皱的衬垫纸和衬垫物。

⑥橡皮布内衬垫过厚，印版与橡皮布滚筒之间的压力增大，加重了对印版的摩擦，使印版空白部分的亲水层磨损，抗油能力下降，逐渐吸附油墨而产生油腻，出现油脏的现象。

解决方法：重新测量橡皮布衬垫的技术数据，按标准技术数据调整衬垫厚度。

⑦印刷压力太大引起"掉版""糊版"现象。当印版与橡皮布滚筒的压力过大时，网点由于挤铺形成"糊版"。而印版不断受到橡皮布较大摩擦力的摩擦，图文基础和空白部分逐渐磨损，细小网点丢失而形成"花版""掉版"现象。

解决方法：按标准技术数据重新调节滚筒包衬，在图文印迹结实的基础上使用最小的印刷压力，并且更换已磨损的印版。

⑧橡皮布夹板螺钉没有拧紧、夹板弯曲变形，也会引起橡皮布局部松紧不均匀的现象，导致图文局部套印不准。

解决方法：要选择符合使用标准的橡皮布夹板，在装夹板时，夹板螺钉应从中间开始向两边逐个拧紧，拧紧程度要一致。

⑨多色胶印机因橡皮布的绷紧度不一致，造成套印不准。

解决方法：各色组的橡皮布绷紧度要保持一致，最好用带有拉力测试功能的专用工具上紧橡皮布。

⑩印版滚筒与橡皮布滚筒之间的摩擦过大，橡皮布在挤压作用下产生较大的滑动摩擦，造成网点变形而形成墨杠。

解决方法：调整滚筒包衬，使印版滚筒与橡皮布滚筒的半径尽量保持一致，印刷时两滚筒的表面线速度尽可能一致，以减小摩擦力。在保证印刷品质量的前提下，使用最小的印刷压力。

滚筒之间压力过大，滚筒合压接触时产生冲击，引起滚筒振动，产生墨杠。

解决方法：按技术要求调整滚筒中心距，严格按技术标准调整印版、橡皮布衬垫的厚度，使胶印机在正常压力状态下工作。

橡皮布被碎纸或小杂物压凹陷而造成印刷品图文缺漏。

解决方法：首先检查橡皮布凹陷部位是否很严重。如果通过补救可以继续使用的（轻微凹陷的橡皮布可以用橡皮布还原剂涂抹补救），可以把橡皮布从拖梢部位拆下，用"画地图"的方法在橡皮布的背面做好标记，把纸张裁切成"地图"的大小形状，然后用胶水粘上纸片，把凹陷部位补上就可以使用。如果凹陷比较严重，并且位置不能通过借助橡皮布位置、拖梢与叼口互换等方法避开凹陷部位的，只能更换新的橡皮布，同时衬垫物也要随之更换。

相关知识

橡皮布滚筒包衬主要分为软性包衬、中性包衬、硬性包衬三类。

1. 软性包衬：橡皮布＋毡呢＋垫纸

软性包衬的构成：软性包衬是在橡皮布下垫毡呢和一定厚度的纸，压缩变形量为0.15～0.25mm，这种包衬弥补机器精度误差的能力较强，压缩变形量大，弹性大，印刷时，不易出现墨杠，对印版的磨损小。但是变形大，容易使网点变形，影响印刷品的质量。高精度的平版胶印机不用此种包衬。这种包衬适用于印刷表面比较粗糙的纸张或用于磨损较大、精度较差的设备上。

2. 中性包衬：橡皮布＋夹胶布＋垫纸

中性包衬的构成：中性包衬是在橡皮布下垫夹胶布和一定厚度的纸，压缩变形量为0.10～0.15mm，这种包衬的压缩变形量比软性包衬小，接触宽度比较小，印迹的变形小，网点增大值比较小，印出的印刷品网点清晰，点形光洁，扩大率低，而且此种包衬对设备精度要求不太高，目前普通的平版胶印机使用比较多。

3. 硬性包衬：橡皮布＋垫纸

硬性包衬的构成：硬性包衬的衬垫以纸张为主，压缩变形量为0.04～0.08mm，此种包衬弥补机器误差的能力最差，对印版磨损较大，容易产生墨杠。由于压缩变形量小，接触宽度小，网点变形小，其印出的产品网点特别清晰，印刷质量高。但是由于弹性差，所以对设备的制造精度和印刷压力调节要求都比较严格，对橡皮布的平整度要求也比较高。该包衬特别适合使用气垫橡皮布。机器精度高的平版胶印机宜选用硬性包衬。这种硬包衬是现代高速胶印机（进口机）橡皮布滚筒主要采用的包衬物。

注意事项

①衬垫的层数尽可能少。
②衬垫表面要平整、厚度均匀一致，不能有褶皱。

3.3 收纸装置调节

学习目标

了解收纸装置的调节方法，并能在工作中根据具体情况正确地排除各种收纸故障。

操作步骤

印刷品通过收纸链条经过制动辊减速后，纸张前缘到达前齐纸位置。此时两边的侧齐纸机构向机器中心推进，把落在纸台上的印张闯齐。单张纸胶印机均设有齐纸机构，作为最后一道工序，把纸张整理收齐。

如图 3-35 所示为 J2203A 型、J2108A 型胶印机齐纸挡板示意图。这种齐纸机构的两个侧齐纸挡板都做往复运动，后齐纸挡板固定不动，前齐纸挡板做小幅度的前后摆动。国产胶印机大多采用这类侧齐纸挡板结构。如图 3-35 所示，凸轮 1 在收纸链条、链轮的带动下转动，其转速和滚筒转速相等，滚筒转一周，印刷一张印品，齐纸挡板运动一个周期。摆杆 3 上固定有销子 4 和斜面块 5。摆杆 3 在凸轮 1 的作用下做定轴摆动。当凸轮 1 大面作用于滚子时，销子 4 和挡杆 6 相接触，推动挡杆 6 摆动，从而使轴 15 摆动。因轴 15 与挡杆 6 及前齐纸挡板均为紧固连接，所以前齐纸挡板也随之摆动，向纸堆外倾倒。当凸轮小面作用于滚子时，在压缩弹簧 9 的作用下，前齐纸挡板返回齐纸。实现前齐纸挡板的往复摆动。

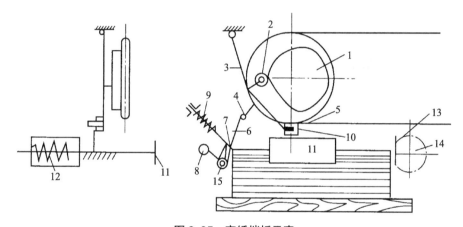

图 3-35　齐纸挡板示意

1—凸轮；2、10—滚子；3—摆杆；4—销子；5—斜面块；6—挡杆；7—前齐纸挡板；
8—手柄；9、12—弹簧；11—侧齐纸挡板；13—后齐纸挡板；14—吸气轮；15—轴

机构中手柄 8 的作用是：当需要从收纸堆中取出部分印张进行随机性检查时，可将其下压，使前齐纸挡板 7 外倾远离纸堆。取纸结束后，再使手柄 8 复位。

侧齐纸挡板的往复运动过程是：当凸轮 1 大面作用于滚子 2 时，摆杆 3 上的斜面块 5 推动滚子 10，使侧齐纸挡板 11 克服弹簧 12 的作用力离开纸堆，弹簧 12 被压缩。当凸轮 1 小面作用于滚子 2 时，在弹簧 12 的作用下，侧齐纸挡板 11 被推动靠向纸堆。这就是侧齐纸挡板的工作过程。侧齐纸挡板的工作位置可以根据纸张规格尺寸进行调节。

后齐纸挡板 13 和吸气轮 14 轴向固定，因此没有轴线方向的运动。根据纸张宽度，其前后位置可以调节。该距离应调节适当，在侧齐纸挡板 11 处于挡纸位置时，其距离应正好与纸张长度相近，距离过大，理纸不齐，距离过小则纸张常被推动，光滑的印张背面可能被蹭脏。侧齐纸挡板 11 的运动与收纸叼纸牙的开牙时间应该相互配合，当叼纸牙抵达收纸台上方并开牙放纸时，挡板应处于让纸位置。

注意事项

①刷前要根据纸张规格调整好各理纸板的工作位置。

②取样检查时要注意安全。

蹭脏是由于纸张背面和所接触的运动部件之间存在相对运动造成的。

①制动辊用气量太大，使纸张尾部靠在其表面上，由于制动辊表面和纸张表面存在速差，因而会使纸张背面蹭脏。

②托纸布带中间隆起。托纸布带下面的重锤掉了，它的某处被夹住。托纸布带是靠其表面的绒毛起托纸作用的，如果托纸布带表面有硬结点，则会造成蹭脏。这种故障较少见。

③托纸杆位置不对，造成纸张边角搭在其他部件上而蹭脏。

④平纸器的气量太小，造成纸张背面蹭脏。减小气量，并且平纸器表面应定期清洁。翻面印刷时一般不用平纸器。

⑤ HV102 机制动辊后面的吹风装置不工作，检修气路。

📂 3.3.1　收纸风量调节

学习目标

了解收纸风量的常见故障及排除方法，并能在工作中根据具体情况正确地排除各种收纸故障。

操作步骤

①风扇的风力过大或过小。风扇风力过大，纸张提前落下；风扇风力过小，纸张落下得晚。调整风扇风力使纸张在合适位置落下。

②风扇的位置不对。风扇的位置距收纸处太远，对小张纸起不到吹风作用。

③风扇调节得不合适。有的风扇打开了，有的风扇未打开。通常风扇的调节应是中间风力大，四边风力小。否则四边风力大，有可能造成纸张中间隆起。

④制动辊离纸张后边距离不合适。太远，起不到吸气制动作用；太近，把纸张尾部吸到吸气轮表面。调整制动辊的位置，使其距纸尾 3 ～ 5mm 即可。

⑤制动辊的气量不合适。气量过大，纸张落得过早；气量过小，纸张落得过晚。

⑥制动辊无气。制动辊的气泵未打开或气泵气路堵塞。应打开气泵或清洁气路，气泵的过滤器这种故障比较多见。

📂 3.3.2　烘干装置调节

学习目标

了解烘干装置的作用，并能在工作中根据具体情况正确地排除各种故障。

🗇 **相关知识**

UV 光源是 UV 固化系统中发射 UV 光的装置。通常由灯箱、灯管、反射镜、电源、控制器和冷却装置等部件构成。根据灯管中所充物质的不同，可分为金属卤素灯、高压汞灯和无臭灯等种类。它的性能参数主要有：弧光长度、特征光谱、功率、工作电压、工作电流和平均寿命等。

UV 光源虽然发射的主要的 UV 光，但它并不是单一波长的光，而是一个波段内的光。不同的 UV 光源，发射光的波段范围不一样，波段内光谱能量的分布也是不同的。UV 光源辐射的是一个波段内的光，且各波长光的能量分布是不一样的。其中波长为 300 ~ 310nm，360 ~ 390nm 的光的能量分布是较好的。

🗇 **注意事项**

①高功率的紫外线如果直接接触会对人的眼睛或皮肤造成灼伤，操作人员一定要配备护目镜或采取其他保护措施。

②UV 油墨保存温度应在 5℃以上，油墨会因光照或温度而变化，所以要避免光线的直射。

③UV 油墨不含爆发性或蒸发性溶剂，由于受到紫外线光的照射，会引起反应，所以在受到光照之前，不能在印版上干燥。

④使用金属卤素灯，照射距离 10cm 左右，一次光照通过。

⑤灯的光谱分布与选用油墨的引发剂要相匹配。

⑥UV 灯的石英管壁工作中温度一般约为 800℃（据功率调节有一定变化），纸张粉屑，空气中的灰尘粒，灯管上的指纹、污迹等一旦经过高温过程，就变为永久性残留，影响 UV 光的发射。所以，经常性进行灯管的日常保养非常重要（软布蘸适量无水酒精全周擦拭）。

⑦功率衰减的灯管会造成印刷上的困扰，通常 UV 灯辐射强度降为 75% 时，输出效率降低，就较难实现有效固化，所以必须及时更换，以免影响整体作业。

🗁 3.3.3　齐纸机构故障及排除方法

🗇 **学习目标**

了解齐纸装置的常见故障及排除方法，并能在工作中根据具体情况正确地排除各种齐纸故障。

🗇 **操作步骤**

收纸台收纸是由齐纸机构、风扇、制动辊和开牙板几部分协同完成的。所以出故障一般也在这几部分。

①齐纸机构不动作。齐纸机构不动作多为两种原因：一是齐纸机构凸轮上面的力封闭弹簧断了，按原型号更换弹簧即可。二是侧齐纸机构上的紧定螺丝未锁紧，锁紧紧定螺丝

即可。如果齐纸机构上的轴承坏了（这种故障较少见），需更换轴承。

②齐纸机构有动作但时间不对。齐纸机构凸轮的位置不对，调整凸轮使纸张落下时，齐纸机构靠到纸张上，而在下一张纸到来之前，其离开纸台。

③齐纸机构的位置不对。齐纸机构距纸台的最近位置应与纸张边缘稍有间隙即可，过远起不到定位作用，过近又会把纸张边缘弄弯。

④开牙板开牙时间不合适。开牙过早，纸张落下过早；开牙过晚，纸张落下过晚。

⑤静电。纸张表面静电较大，因而纸张不能收齐。安装静电消除器或提高环境的湿度，消除纸张表面的静电。

📂 3.3.4 纸张、墨量与喷粉量之间的关系

🗇 学习目标

了解喷粉器的结构及工作原理，掌握喷粉器的使用方法，并能在实际工作过程中进行正确的调节。

🗇 操作步骤

1. J2108 机、J2205 机喷粉装置的操作

如图 3-36 所示为 J2108 机和 J2205 机采用的喷粉装置。1 为喷粉装置的固定板，松开上面的两个螺丝就可把喷粉器拆下来。2 是加热装置，其作用是使粉子干燥。3 是喷粉缸 7 的固定装置，松开夹套 3 上的紧固螺丝就可将喷粉缸 7 卸下来，以便装粉、换粉等。4 是粉量调节旋钮，转动旋钮 4 即可改变粉量的大小。5 为进气管，这气路通常是由气泵排气口上的三通引进来的。6 为出气管，粉子经出气管 6 到达控制阀 8。控制阀 8 通过齐纸机构 9 横向移动楔块来控制其开闭，打开时粉子则经过控制阀 8 流到喷粉嘴处，最后喷到纸张上。粉子经过控制阀 8 从墙板内侧到达喷粉地方。

2. PZ4880 － 01A 机喷粉装置的操作

PZ4880 － 01A 机的喷粉装置如图 3-37 所示。1 为搅粉杆，转动搅粉杆 1 则可搅拌粉缸 2 内的粉子。打开粉缸 2 的盖，即可把粉子从上面倒入。3 是统一调整粉量大小用的摆杆。4 是喷粉控制开关。

3. HV102 机喷粉装置

HV102 机的喷粉装置如图 3-38 所示。此喷粉装置结构复杂，喷粉效果好。1 为喷粉用的电机。2 是喷粉槽，打开喷粉槽 2 上面的盖，则可将粉子倒进粉缸内。3 是粉缸，由于粉缸是透明的，因而可直接观察粉缸内的粉量。4 是检测开关，在机器不转的情况下，按开关 4 则可打开喷粉器，以观察喷粉器的工作状况。5 是粉量大小统一调整旋钮。7 和 8 是控制喷粉用的开关。按控制开关 7 的上面气路连续工作，按控制开关 7 的下面气路间歇工作。按控制开关 8 的上面是吹气，按控制开关 8 的下面是喷粉。所以 7 和 8 中有 4 种组合状态。显然其中有用的是两种状态，连续吹气和间歇喷粉。9 是喷粉嘴调节旋钮，旋

钮上的线指向里边绿线是打开粉嘴，指向外边红线是关闭粉嘴。10 是振荡器（实际上可看作一个节门），通过它也可控制出粉量。粉从喷粉器的下端流到喷粉管。喷粉器的下端还有一根塑料管，是盛装剩余粉子用的。打开管盖，即可将喷粉器内的粉子倒出来。

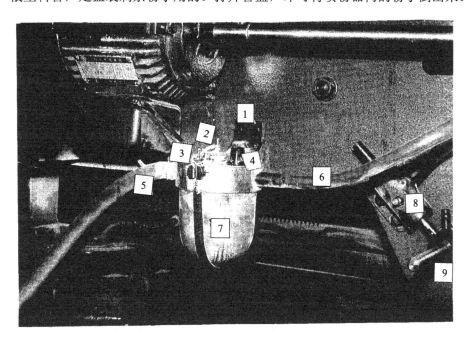

图 3-36　J2108 机、J2205 机的喷粉装置
1—固定板；2—加热装置；3—夹套；4—调节旋钮；5—进气管；
6—出气管；7—喷粉缸；8—控制阀；9—齐纸机构

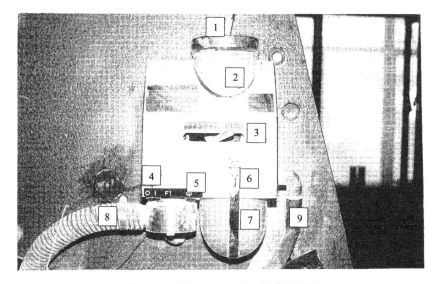

图 3-37　PZ4880－01A 机喷粉装置
1—搅粉杆；2、7—粉缸；3—摆杆；4、5—控制开关；6—夹套；8—进气管；9—排气管

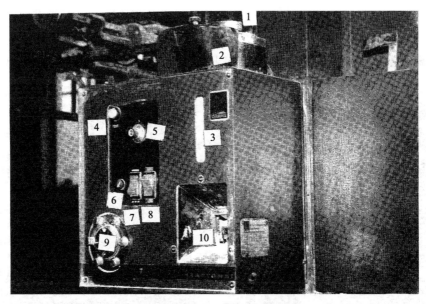

图 3-38　HV102 机喷粉装置

1—电机；2—装粉槽；3—粉缸；4—检测开关；5、9—调节旋钮；6—保险；7、8—控制开关；10—振荡器

🗂 **相关知识**

高速胶印机印刷铜版纸一类产品时，印张进入收纸台时油墨尚未干燥，一经堆积，造成印张与印张之间粘连，使印张画面损坏或印张背面粘脏，为此，一些多色胶印机的收纸台上方，装有喷粉装置，在印张表面喷上一层极薄的粉末，使油墨与印张背面不发生直接接触，防止印品粘脏。这对于套印和翻面印刷是完全必要的。

粉量调节应根据具体情况而定，一般是墨量小，需要的粉子量少；墨量大，需要的粉子量大。胶版纸吸墨性能好，一般不需要喷粉；铜版纸吸墨性差，一般都需要喷粉。印小幅面的纸时，应将两端的喷粉嘴关闭。低速时粉量应小，高速时粉量应大。

J2108、J2205 和 PZ4880-01A 机用的喷粉装置在粉量控制方面基本上都一样。左右可通过喷粉管上的旋钮来控制开关，而前后喷粉长度设计时已确定。HV102 机的喷粉器用起来比较方便，理论上讲，可每次只对一块固定的面积进行喷粉。它的左右可通过图 3-38 中旋钮 9 来控制（注意切不可 6 个全关上），前后可通过收纸部位传动面链条上的凸轮来控制，调整凸轮的位置，则给微动开关发送信号的时间随之改变，从而可控制喷粉时间长短。

粉量调节的原则是越小越好，除了节约粉子外，很重要的一个原因是要尽量减少对其他部件的影响。实践已经证明：粉子是造成链排、开牙轴承等部件磨损的一个重要因素，而且粉量大了对操作人员健康不利。从这一点讲，喷粉位置应离收纸部位越远越好。粉子本身应干燥，这样才能防止粘在一起，避免造成气路堵塞。如果粉路不通，应首先看一看粉子是否潮湿，如潮湿则应更换。另外粉粒也不宜太大，太大会造成喷粉困难；粉粒也不宜太小，太小会影响干燥速度。为了防止粉子潮湿，印完活后，粉缸内的粉子都应倒出来，放到干燥的地方。

喷粉管畅通是保证顺利喷粉的关键。由于粉子潮湿等因素有可能造成粉路堵塞，因而每日下班时应将粉管用气吹一次。HV102机上喷粉器的粉管清洁很方便，其操作如图3-38所示。将控制开关7置于连续位置，控制开关8置于吹气位置，然后按动控制开关4，即可清洁喷粉管。没有这个功能的喷粉器，可先将粉缸内的粉子倒出来，然后将粉量调整旋钮置于最大，接通喷粉器的气路，即可清洁喷粉管（注意控制阀应打开）。另外也可将排气管直接接到喷粉管上吹气。喷粉管打折也会影响喷粉。如果喷粉管内严重堵塞，则应将喷粉管拆下清理。如果喷粉器不喷粉，应首先看一看喷粉器上各开关是否处于正常工作状态，气路是否在工作，粉子是否潮湿，然后再检查喷粉管和喷粉嘴。

注意事项

①鼓风机与配气阀之间，配气阀与喷粉杯之间，喷粉杯与喷粉管之间的软管连接尽可能短一些，应无死弯。

②要检查鼓风机的转向是否正确。

③鼓风机同机器收纸气泵一起启动，但在胶印机离压时不开动。

④鼓风机不得吸入脏污的空气（油污、灰尘和溶剂等）。

⑤经常检查软管有无磨损，在拐弯处防止出现死弯。

3.4　卷筒纸胶印机输纸装置调节

3.4.1　供纸装置的结构原理及其调节要求

学习目标

了解供纸装置的结构及原理，掌握正确的上纸方法及纸卷的轴向调节机构的工作原理。

操作步骤

1.气动上纸机构

（1）纸卷卡紧装置

如图3-39所示，穿纸轴6穿入纸芯中，用拨棍拨动锁紧螺母10，推动梅花顶尖9，使纸卷横向移动，与固定的梅花顶尖卡紧后，再用拨棍拨动锁紧螺母11、锁紧螺母10与梅花顶尖9，纸卷即被卡紧在穿纸轴上。

（2）上纸装置

如图3-39所示，把纸卷8推上穿纸盘，找正轴向位置，按动纸卷"升"按钮，汽缸活塞15缩回，连杆16带动纸臂17慢慢升起，使纸轴进入纸臂17上的轴瓦B上，然后快速上升与固定墙板上的半轴瓦 A 合在一起，构成完整轴承座，如轴向位置不对，则穿纸轴上的轴承 5 不能进入机架上的调节座 4 的凹槽内，可转动手轮 1 来调节。

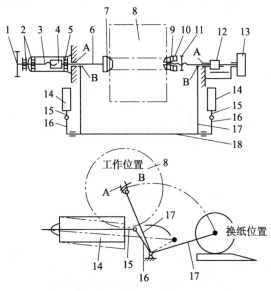

图 3-39　JJ201 型机上纸机构原理

1—手轮；2—止推轴承；3—丝杠；4—调节座；5—轴承；6—穿纸轴；7—固定梅花顶尖；
8—纸卷；9—梅花顶尖；10、11—锁紧螺母；12—连接套；13—磁粉制动器；
14—汽缸；15—汽缸活塞；16—连杆；17—纸臂；18—支撑轴

（3）纸卷轴向调节装置

纸卷要求安装在机器正中间，调整时可分粗调和微调两种方式。

粗调：松开梅花顶尖 7 和 9，使纸卷移动。

微调：转动手轮 1，使丝杠 3 移动，带动调节座移动，推动穿纸轴 6 轴向移动。

（4）开始工作位置的操作

纸卷轴向位置调整好后，将连接套 12 向右移动，并压住限位开关，切断升降电源，并连接穿纸轴 6 和磁粉制动器 13，即可开机运转。

（5）换纸操作

将连接套 12 左移，穿纸轴 6 与磁粉制动器 13 脱开，连接套 12 离开限位开关，接通"升""降"电源，按"降"钮，纸轴下降，取出纸芯内的纸轴换上新纸卷。

2. 电动上纸机构

如图 3-40 所示，纸卷的相应操作如下。

（1）纸卷卡紧

将卷筒纸推上穿纸盘居于两梅花顶尖 6、9 之间，对准纸芯，按动电钮，电动卡紧机构 3 使移动顶尖 6 伸出与固定的并与磁粉制动器相连的固定顶尖 9 配合，将纸卷卡紧。

①电动卡紧机构的传动原理如图 3-41 所示，电机 1 →蜗杆 5 →蜗轮 6 →丝杠 3 →梅花顶尖往复移动。

②如图 3-42 所示，限位开关 9、11 → 限位销 14 → 限位块 10 共同配合，限制顶尖位移量。

（2）纸卷升降

如图 3-40 所示，电动升降机构 13 减速 → 齿轮 15 → 齿轮 14 → 轴 8 → 纸臂 5、10 升降，这些动作由电器系统控制。

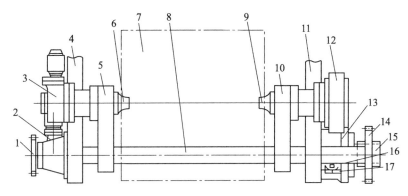

图 3-40　电动上纸

1—轴向移动齿轮；2—轴向移动减速机构；3—电动卡紧机构；4、11—墙板；5、10—纸臂；
6—移动顶尖；7—纸卷；8—轴；9—固定顶尖；12—磁粉制动器；13—电动升降机构；
14、15—齿轮；16—限位块；17—限位开关

（3）纸卷轴向移动

纸卷宽度变化大时用粗调，变化小时用微调。

①粗调：如图 3-42 所示，松开紧定螺钉 3 → 转动齿轮轴 6 → 齿轮 8 → 齿条 4 → 轴 2 → 纸卷移动 → 紧定螺钉 3。

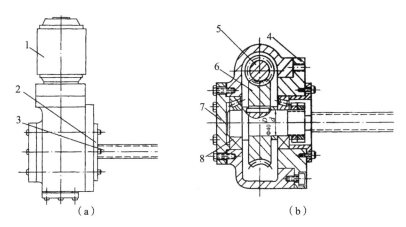

（a）　　　　　　　　　　　　（b）

图 3-41　电动卡紧机构

1—电机；2、4、7—压盖；3—丝杠；5—蜗杆；6—蜗轮；8—轴承

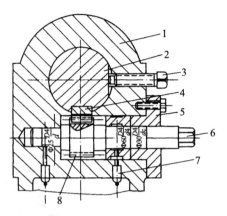

图 3-42　纸卷轴向移动机构

1—纸臂；2—轴；3—紧定螺钉；4—齿条；5—套；6—齿轮轴；7—压注油杯；8—齿轮

②微调：如图 3-43 所示，电机→减速机构 1 →经蜗轮、蜗杆、齿轮 2、4 →丝杠 6 →螺母 7 →轴 13 移动。

限位块 10 与限位开关 9、11 限制轴 13 位移的极限位置，起保险作用。

3.转臂式上纸机构

又称双臂式、三臂式上纸机构。

①纸卷卡紧机构同前述。

②纸臂回转动作的传动路线如图 3-44 所示。

电动：电机 1 →齿轮 2、齿轮 3、蜗轮 13、蜗杆 14 →齿轮 8 →转轴 16 →纸臂 17 →纸臂回转。

手动：手柄 15 →蜗杆 14 →蜗轮 13 →齿轮 2、3 →纸臂回转。

③纸卷轴向移动可分粗调和微调两种方式。粗调：粗调纸臂 17 与转轴 16。微调：按电钮→电机 9 →蜗轮 12、13 →螺杆 7 →齿轮 8 →螺杆 20 →拨叉 6 →转轴 16 轴向移动。

□ 相关知识

1.供纸装置的组成

供纸装置的上纸机构可分为气动式和电动式两种，由穿纸盘、上纸臂、上纸汽缸、穿纸轴及纸卷卡紧装置等机构组成。

2.供纸装置的结构

（1）气动上纸机构。气动上纸机构以压缩空气为动力，推动纸臂使纸卷升至工作位置。JJ201 型机的气动上纸机构的动作和原理如图 3-45 所示，能迅速安装和更换纸卷，并可以进行准确灵活的轴向位置调整。当需要上纸时，将纸卷推上纸盘，调整好方向，装入摆杆上，使汽缸活塞杆回退，经摆臂拉动摆杆逆时针方向摆动，将纸卷轴架在机器支架上，并将纸卷定好位。

（2）电动上纸机构。电动上纸机构是以电机为动力，经过减速机构使纸卷从地面上升到所要求的位置的机构。如图 3-40 所示。

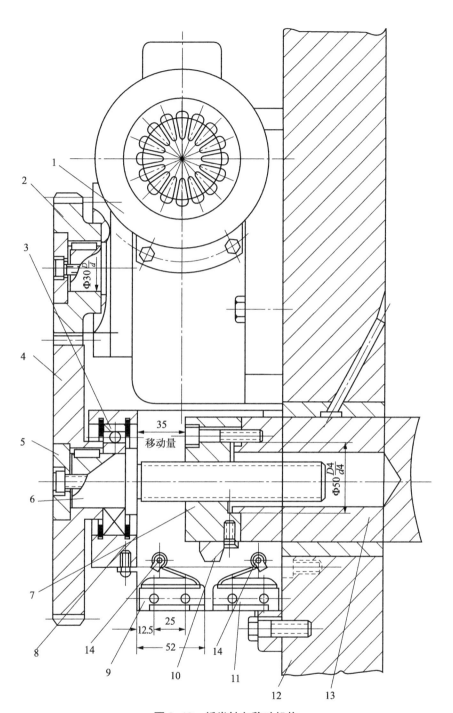

图 3-43　纸卷轴向移动机构

1—减速机构；2、4—齿轮；3—轴承；5—压盖；6—丝杠；7—螺母；8—箱体；
9、11—限位开关；10—限位块；12—墙板；13—轴；14—限位销

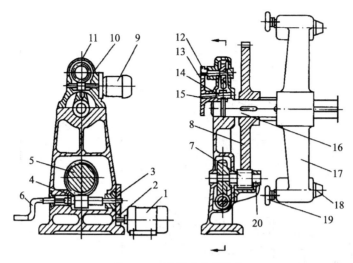

图 3-44　转臂式上纸机构

1、9—电机；2、3、8、10—齿轮；4、11、14—蜗杆；5、12、13—蜗轮；6—拨叉；

7、20—螺杆；15—手柄；16—转轴；17—纸臂；18—梅花顶尖；19—手轮

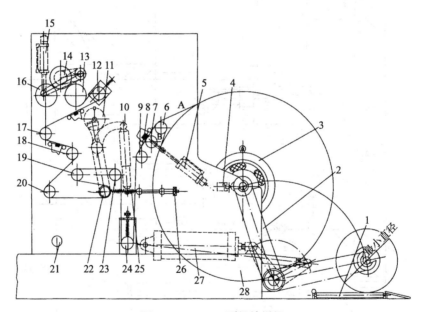

图 3-45　JJ201 型机给纸机

1—穿纸盘；2—上纸臂；3—磁粉制动器；4—微动开关；5、15—汽缸；6—穿纸辊；7—毛刷支撑辊；8—毛刷；9、

17、18、19、20、23—过纸辊；10—锁紧螺母；11—传感机构；12—调整辊；

13、16—送纸钢辊；14—送纸胶辊；21—减压阀；22—传感辊；24—浮动辊；25—拉簧；

26—调节螺母；27—上纸汽缸；28—纸卷

注意事项

①上纸之前要检查纸卷的圆柱度，如纸卷变形要及时修整或更换。

②上纸时，纸卷要安装在机器正中间。

📁 3.4.2 供纸装置的常见故障

🔖 学习目标

了解供纸装置常见的故障，并能根据工作中的具体情况正确进行排除。

🔖 操作步骤

1. 印刷张力变化太大，造成纸带断裂

印刷张力变化太大，造成纸带断裂。其原因是：卷筒纸胶印机印刷过程中，纸带张力应保持在一个恒定的条件下，纸带从纸卷上打开进入胶印机组前均有张力控制器控制纸带的运行速度，但纸带在打开时，由于纸卷本身不规则等缺陷，使纸带张力随时在变化。此时由张力检测装置给磁粉制动器发出信号，改变磁粉制动器输入电流的大小来控制纸带打开的速度，从而保持纸带张力稳定，保证进入胶印机组印刷时套印准确。当张力检测辊发出的检测信号有误时，如弹簧拉力失效、传感机构失灵等原因造成反馈信号有误，那么张力变化值得不到控制，轻者套印不准，严重时会造成断纸故障。同时，即使控制器反馈信号准确无误，但由于机器使用时间较长，使得磁粉离合器的磁粉集合结块，磁力减弱，加之轴承磨损使控制纸带张力的能力减弱，造成印刷中由于纸带张力变化较大时出现断纸现象。

排除的方法：解决上述断纸带故障，既要检查纸带打开时张力检测装置是否能检测出可靠的张力信号，又要检查收集反馈信号的磁粉制动器是否能正常工作。一般情况下，需要调节电流大小，即改变检测辊的左右位置。向左移动时张力变大，纸卷打开速度加快，否则是磁粉制动器工作失灵，可更换磁粉；或者是由于轴承磨损造成的，应更换轴承，恢复磁粉制动器的工作效率。

2. 纸卷不圆，引起断纸故障

纸卷不圆，引起断纸故障。其原因是：卷筒纸在运输或储存过程中不小心使纸卷形成偏心，即一个不规则的椭圆形。这种纸卷上机后，运转起来纸带因单边受力或者是支点受力，加之直径最大时产生的附加载荷较大，在纸忽大忽小的张力作用下，纸带很容易产生断裂故障。

排除的方法：在新纸卷上机前，有的工厂先将卷外圆用木槌敲打修整椭圆状，同时把不规则的外圆纸卷去掉一些，再调整浮动辊，发现支撑弹簧因使用时间过长而失灵时，加以更换，使纸带表面均匀受力，以免断裂现象出现。

3. 纸卷端面被胶粘牢，引起断纸故障

纸卷端面被胶粘牢，引起断纸故障。其原因是：卷筒纸外包装时胶水粘在纸卷端面上，另外纸张含有胶料，当保管不善局部受潮时，使纸卷端面被粘连在一起。当印刷这种纸卷时，由于纸卷端面的粘连使纸带单边受力较大，引起纸带张力剧烈变化，造成断纸故障。

排除的方法：包装时纸卷端面有粘胶的纸卷最好用刀片刮去粘胶和黏合的纸边。对于受潮的粘胶可用布蘸水浸泡粘胶和胶合部分，使粘胶软化达到纸张分离，互不粘连，然后再印刷，断纸故障可以消除。

4. 纸带在导纸辊上造成褶皱

卷筒纸胶印机在印刷过程中发生纸带褶皱现象，如果褶皱发生在同一根导纸辊上，多是在同一位置上，而且褶皱部位在导纸辊的边上。

排除的方法：可在导纸辊上纸带褶皱的部位上，贴上一条胶带，胶带宽度在3cm左右，其中2cm宽的胶带贴在纸带边之外，长度比导纸辊周长要长一些，此时再印刷，褶皱故障即可排除。

5. 纸带在冷却辊上造成褶皱故障

纸带在冷却辊上造成褶皱故障。其原因是：卷筒纸的纸带经过印刷和干燥后纸边缘通常变宽，故纸带进入冷却辊时中间容易发生褶皱现象。

排除的方法：在干燥装置后面的某一根冷却辊的两侧各贴上一条宽为 $2 \sim 3cm$ 的胶带，要使胶带1/3的宽度压在纸带下面，按照褶皱情况选择不同厚度的胶带，以达到补救的目的，千万不要加太厚的胶带以免引起纸带断裂。加胶带是为了提高纸带边缘的张力，以防纸带中间褶皱。贴好后开机试印，纸带不再褶皱。

相关知识

卷筒纸胶印机是以纸带的形式进入胶印机组印刷的，当纸卷由大变小或纸卷不圆、机器转速发生改变时，都会使纸带上的张力变化，影响纸带进入滚筒的稳定性，造成套印、折页不准。因此，卷筒纸胶印机上配置了张力控制系统，使纸张在发生张力不匀时，通过机、电控制自动调节纸卷制动力矩，使张力保持在一定范围内。

1. 控制装置

如图3-46（a）所示是纸带张力控制系统原理图，图3-46（b）是磁粉制动器的操纵面板，配备有电压表、电流表等控制装置。该控制系统可以手动调整纸带张力，也可自动调整纸带张力。其工作原理是改变磁粉制动器控制电流大小，控制纸卷轴芯的制动力矩，从而改变纸卷送出纸带的张力。整个装置由传感辊、阻尼器、传感器、信号放大器、磁粉制动器等组成。

工作过程如下：纸带由送纸辊控制拉动，从纸卷上送出，先经过传感辊，消除纸卷直径变化及其他外界因素引起的张力变化，使传感机构变化范围和频率减少，保证传感反馈信号稳定，然后经阻尼器缓冲和过滤张力变化信号，降低信号发生频率，通过传感器系统，随纸卷不断减小相应发出反馈信号 U_2 和原先输入电路的给定信号 U_1 叠加，从而不断改变磁粉制动器控制电流，以改变磁粉制动器的制动力矩。因为磁粉制动器是作用在穿纸轴上的，通过磁粉制动器直接制动穿纸轴和纸卷，达到自动控制纸卷送出纸带张力的目的。

整个装置统一协调，使张力控制在允许变化范围内，是保持供纸装置送出纸带张力稳定、套色、裁切准确的关键。

2. 磁粉制动器的结构和工作原理

纸卷的制动装置是纸带张力控制的起点，在卷筒纸胶印机上经常采用磁粉制动器作为纸卷的制动装置。

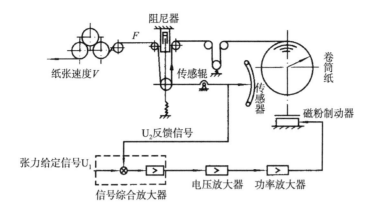

（a）磁粉制动器组成的给纸张力控制系统工作原理

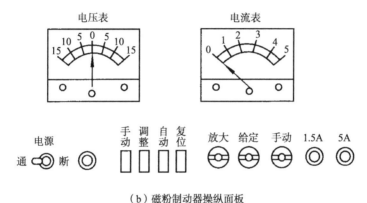

（b）磁粉制动器操纵面板

图3-46 纸带张力控制装置

①磁粉制动器结构。如图3-47所示，由外定子7、线圈8、内定子11、转子5和磁粉3等组成。磁粉3填在内定子11和转子5之间，为了减少制动器工作时温度升高，在内定子中加循环的水冷装置，可以使磁粉制动器温度降低。另外还设有风扇10，对磁粉制动器进行风冷，保持其工作温度，延长使用寿命。

②磁粉制动器的工作原理。如图3-47所示，转子5和内定子11之间填充磁粉3，当电流通过线圈8时，内外定子、转子和磁粉之间形成磁场，磁粉被磁化，相互吸引，形成有序状排列，内定子对转子便产生制动力，由于转子与穿纸轴1固定在一起，磁粉链对转子的总切向力对轴1产生的力矩，便是纸卷的制动力矩。电流越大，磁通密度越大，磁粉链的切向合力越大，制动力矩也大，反之则小。

3.磁粉制动器的操作

在磁粉制动器的操作面板上，有电源开关，4个琴键形开关（手动、调整、自动、复位）和放大、给定、手动3个旋钮，还有指示灯及传感器电压表和磁粉制动器控制电流表。磁粉制动器的操作包括以下几个方面。

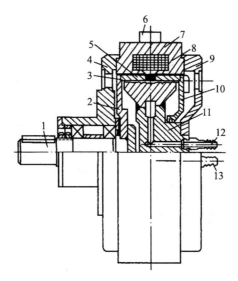

图 3-47　磁粉制动器

1—轴；2—转子支撑盒；3—磁粉；4—端盖；5—转子；6—接线盒；7—外定子；
8—线圈；9—后盖；10—风扇；11—内定子；12—进水管；13—出水管

①手动。将电源开关扳到"通"位置，指示灯亮则控制电路各部分接通，再将"手动"键按下，然后调整电流表上的指示值，推动纸卷轴试测转动力矩的大小，待张力调整适当后，记下"安培数"（电流值）。表示使用此规格纸卷时，磁粉制动器应加入的控制电流值，如采用手动则可开机印刷，但不能接通传感器，张力不能自动调节，只能人工按纸卷减小或增大电流值，来保持磁粉制动器制动力矩，使纸带获得所需张力。"手动"位仅仅是为选择新纸卷磁粉制动器控制电流大小用的，为正常印刷时采用自动控制做准备。

②调整。将"手动"回零，按下"调整"键开关，旋转"给定"钮，将电流值调至同"手动"，然后把"放大"钮调至合适角度（一般情况下 <90°）。由于调整角度（见图 3-48）已经把传感器和综合信号放大器中比例放大部分接通，为此，调整挡可以随纸卷减小自动调整纸带张力了，但综合信号中比例积分开关（见图 3-49）K 未接通，电路稳定性比"自动"挡差。

调整挡的作用是检查传感器和综合信号放大器部分工作是否正常，按上述方法检查，调好"调整"挡后开车印刷。

应注意检查张力变化或纸卷减小时电流是否变化。如纸卷减小，电流也减小，说明闭环系统工作正常，否则就有故障，应及时排除。

③自动。在"调整"挡检查控制系统工作无障碍后，可按下琴键开关"自动"挡，全部自动调整系统工作。它与调整挡不同，只检测综合信号放大器中自动开关 K 接通与否，正常工作时应用"自动"挡。

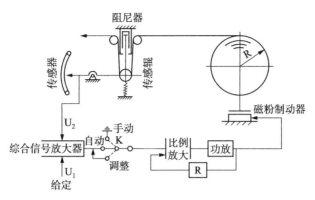

图 3-48　磁粉制动器张力控制系统操作原理

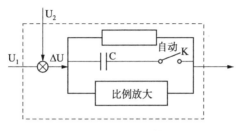

图 3-49　综合信号放大器

注意事项

①纸之前要检查纸卷的圆柱度，如纸卷变形要及时修整或更换。

②印刷过程中，纸带张力应保持稳定。

📂 3.4.3　穿引纸带的方法及其注意事项

学习目标

了解穿引纸带的两种形式，掌握纸带的穿引方法，并能在工作中正确进行穿引纸带的操作。

操作步骤

在卷筒纸胶印机中，纸带所经过的路线很长，在印刷开始之前或印刷过程中出现断纸现象时，穿纸工作对于操作人员来说是一项繁重的劳动，并且有很大的危险性。为了使这项工作达到既省力又迅速和安全的目的，现代化卷筒纸胶印机中都设有自动穿纸装置。

自动穿纸装置的形式有带式和链条式两种。

1. 带式自动穿纸装置的操作

该装置从纸卷输入开始，沿着纸带走纸路线，一直到折页部分的三角板上的纸带驱动辊，在这一段距离内装有传送带，传送带由单独电机驱动；或者从机器上的驱动辊开始，通过电磁离合器，借助于数个走纸滑轮驱动。传送带上隔一段有一个缺口槽，由缺口槽夹住纸带前端，起引导纸带的作用。如图3-50所示为带式自动穿纸装置。

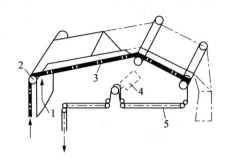

图 3-50　带式自动穿纸装置

1—纸带；2—走纸滑轮；3—传送带；4—电机；5—缺口槽

穿纸时，启动电机4，将纸带1端头裁成30°，再贴上加固胶带后夹在缺口槽5中，按照传送带3的路线穿至三角板处，即完成了穿纸工作。

2. 链条式自动穿纸装置

如图3-51所示，该装置由带有牵引钩4的链条5、塑料链条导轨6和链轮7组成。链轮7和电机3相连。在整个纸带运行路线中，每相隔一定的距离就安装一台气动电机3和链轮7，该距离略短于链条长度，链条5由链轮7依次带动前进。在每个链轮旁边有一个喷嘴（图中没体现），喷嘴中有气流通过，当链条5的第一个链节通过喷嘴时，气路中的压力发生变化，使气动电机转动，从而由链轮7带动链条5向前运动，直到它的前端到达下一个电机。

将纸带1端头裁成30°，在纸边缘粘贴上胶带2，然后挂在链条的牵引钩4上，由链条5从纸卷支架依次送至折页三角板上，当穿纸动作完成后，链轮7倒转，链条5沿原路返回至纸卷支架处。

当纸带太宽时单边穿纸比较困难，在机器两边墙板上应当各有一套穿纸装置，两边同时进行穿纸。

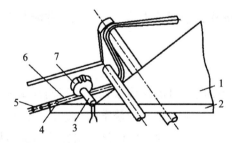

图 3-51　链条式自动穿纸装置

1—纸带；2—胶带；3—电机；4—牵引钩；5—链条；6—链条导轨；7—链轮

🖻 **相关知识**

纸带从纸卷送出，到印刷、折页等部件不可避免会出现偏斜、伸长的现象，为了保证印品质量，纸带在每个工作环节都要严格同步，为此需要对纸带进行横向和纵向的位置调节。

（1）横向调节

纸带在印刷过程中，由于纸卷内部的应力、张力的波动、安装误差等原因，常常导致纸带发生偏斜，俗称跑偏现象，从而影响横向套印的准确性。通常在必要的工序前设置纸带横向位置调整装置，又称纠偏装置。以保证纸带始终处于居中位置，以获得较好的印品质量。

横向调节的方法有两种：一种方法是移动纸架，另一种方法是调节纸带，其目的是改变纸带在运行中的横向位置。

移动纸架的方法是改变纸卷的横向位置，可通过汽缸、液压缸或电机的动作使纸架产生位移。图3-52中纸卷的轴向移动是依靠电机12，通过蜗杆10、蜗轮8、丝杠9及蜗轮的螺孔来实现。这种方法结构简单、成本低，但是调节误差较大，由于距印刷装置较远，反应较慢，故调节效果较差。

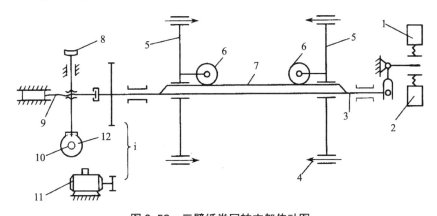

图 3-52 三臂纸卷回转支架传动图
1、2—限位开关；3—轴；4—顶尖；5—支架；6—小齿轮；7—齿轮；
8—蜗轮；9—丝杠；10—蜗杆；11、12—电机

调节纸带的方法有手动和自动两种。在高速卷筒纸胶印机中采用自动调节装置，通过一个扫描器检测纸带的横向位置，将检测结果送入控制器进行分析，如有偏差，则发出调节信号，使纸带或纸架产生一个定量的位移，从而使纸带的偏斜得到调整。

图3-53为手动调节纸带装置。该装置是在纸带运行的路径中，由两根转向棒1、2组成，运用转向棒平移的原理，其中转向棒2为可移动的，当转动手轮3时，通过丝杠和螺母使转向棒2平行移动，改变它与转向棒1的间距就可以使纸带在横向位置变动。

图3-54为自动调节纸带装置，称为四辊纸带横向调整装置。该装置调节的原理是靠一套导纸辊的相互位置变化实现纸带横向位置调整。它设置在纸带运行路线中，由四根导纸辊进行横向位置调整，又称为平行四边形调整装置。纸带1穿过四根导纸辊2、3、5、9，其中导纸辊5、9是可移动的调整辊，辊子平行安装在纠偏架8上，纠偏架8用支撑轴10与机架7连接，并可绕支撑轴10旋转，纠偏架8又与液压缸或汽缸6的活塞杆铰接在一起。当纸带边缘发生偏移时，引起了安装在纸边的气动（或液动）定位传感器4的气压（液压）的变化，通过气路使汽缸6的活塞移动，推动纠偏架8绕支撑轴10转一个角

度，直至纸带位置准确。这种方法控制系统成本较高，调节效果好，应用较广泛。

纸带纠偏装置的检测还可以根据光电头输出电量的变化来进行，而且光电头纠偏装置的控制精度较高、灵敏度高、反应快，但成本也高，适用于幅面宽的纸带。

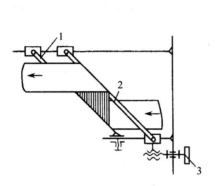

图 3-53　手动横向调节装置

1、2—转向棒；3—手轮

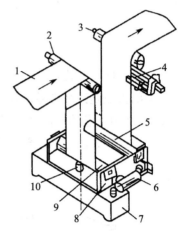

图 3-54　四辊纸带横向调整机构

1—纸带；2、3、5、9—导纸辊；4—定位传感器；
6—汽缸；7—机架；8—纠偏架；10—支撑轴

（2）纵向调节

纸带在运动过程中由于各种原因会产生纵向位移而影响套准质量，如导纸系统的不同部位纸带拉力不一致，纸卷跳动，导纸辊不平衡，送纸辊压力不稳定，纸带本身湿度与温度变化，机器传动存在冲击载荷等都会影响到质量。

纵向调节机构用于调节纸带以正确的纵向位置进入印刷装置或折切装置，保证套印准确和折页裁切准确。

导纸系统中纸带总长越长则纸带伸长量越大，传送误差也越大。为了补偿纸带的伸长，在多色胶印机中，采用累进包衬的办法。即使第一色橡皮布滚筒的包衬稍稍小于理论值，而印版滚筒包衬稍稍大于理论值，后面的色组则逐级增大橡皮布滚筒包衬而逐级减小印版滚筒包衬。减小印版滚筒包衬意味着印版对应的包角增大而纸上获得的图文网点增长，加大橡皮布滚筒包衬则可保证不丧失正常印刷压力及纸带张力。

虽然合理地设计滚筒和采用包衬可以部分地补偿纸带伸长，但是在实际生产中，纸带的输送过程中超前与滞后现象都是随机产生的，特别是现代卷筒纸胶印机，生产速度越来越高，因此对于无规律的纸带伸长，必须加以消除，才能保证产品质量。纵向调节的方法有两种：一种是改变印版滚筒在印刷环节中的相对位置，即对滚筒进行圆周方向调节；另一种方法是改变纸带在两印刷装置间路径的长度。

改变印版滚筒在印刷环节中的相对位置，就是对滚筒进行圆周方向的调节，使滚筒相对纸带转一定的角度。转动滚筒的方法一般通过电机和齿轮传动来实现，这与单张纸胶印机的滚筒周向调节方法相同。

改变纸带在两印刷装置间路径的长度，一般通过如图 3-55 所示的调节辊调整机构来实现。该机构可以手动调节也可以自动调节。开始印刷时，转动手轮 1，通过蜗杆 2 带动扇形蜗轮 3 转动，使调节辊 5 的转轴绕导纸辊 4 的转轴摆动，从而改变导纸辊 4 与 6 之间的纸带路径的长度。当机器在印刷过程中出现套印误差时，由光电检测装置检测到并发出信号给伺服电机 11，使其转动。并经齿轮 7、8 和蜗杆 9、蜗轮 10 转动，经蜗杆 2 带动扇形蜗轮 3 转动一定角度，从而使调节辊 5 摆动一定角度（如图中标示的虚线位置），使纸带在导纸辊 6 和调节辊 5 之间的路线变长，以达到纵向套印准确的要求。

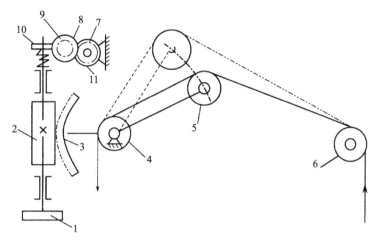

图 3-55　纸带路径调整机构

1—手轮；2、9—蜗杆；3—扇形蜗轮；4、6—导纸辊；5—调节辊；
7、8—齿轮；10—蜗轮；11—伺服电机

3. 调节辊

调节辊用于调节纸带由于松紧边造成的张力变化及纸带跑偏的问题。调节辊一边由弹簧轴承座支撑，当纸带因松紧边对辊的压力不等时，可调节该轴中心线的倾斜度，以使纸带有松紧边时保持张力一致。

由图 3-56 可以看出，调节辊 1 轴端的滚动轴承 2 安装在轴套 3 中，轴套装在墙板支架的长孔中，在轴套 3 上安装有螺杆 4，当纸带出现一边松一边紧的现象时，转动手轮 5，通过螺杆即可调节轴的上下位置。该辊的另一端轴承与墙板是固定的，这样就可以调节纸边松紧一致。图 3-56 中 6 为压簧，用来保证调整后位置不发生变化。

⊟ 注意事项

①纸辊要平衡，送纸辊压力要稳定，保证导纸系统的不同部位纸带拉力一致。

②控制好车间的温湿度，保证纸带印刷过程中不发生形变。

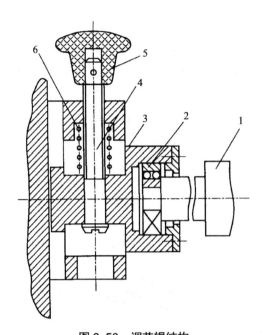

图 3-56　调节辊结构

1—调节辊；2—滚动轴承；3—轴套；4—螺杆；5—手轮；6—压簧

3.5　卷筒纸胶印机收纸装置调整

3.5.1　折页装置的调节方法

学习目标

了解折页装置的基本结构及工作原理，掌握折页装置的调节方法，并能在实际工作中进行正确的调节。

操作步骤

1. 纵切装置的调节

纵切装置是沿纸带的运动方向进行裁切的装置，如图 3-57 所示。两个滚轮 4 中间装有裁纸刀 5，紧贴于导纸辊刀槽 1 的一侧，在连续旋转中将纸带沿纵向切开。

当纸幅尺寸变化时，可通过调节固定螺钉 6 和固定螺母 3 来调整裁纸刀的位置。

2. 纵折装置的调节

纵折装置是沿纸带纵向进行对折的装置，俗称折页三角板，如图 3-58 所示。

①导纸辊 2 和滚轮 1 引导纸带进入折页三角板 3 完成纵折，并通过导纸辊 4 和拉紧辊 5 给纸带一定拉力，同时将纸带沿折缝压成折角。

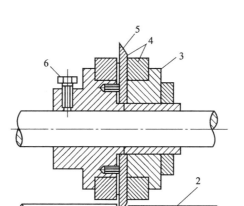

图 3-57　纵切装置

1—刀槽；2—导纸辊；3—固定螺母；4—滚轮；5—裁纸刀；6—固定螺钉

②拉紧辊的支撑部位装有偏心套，可以在纸张厚度变化时调整拉紧辊之间的压力。

③调节螺钉可以调整三角板顶点的位置，改变三角板的角度。角度太大，纸带到达三角板顶点时会引起卷边或折缝现象；角度太小，纸带会沿纵切方向分离。

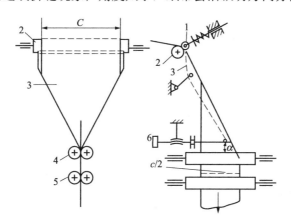

图 3-58　纵折装置

1—滚轮；2、4—导纸辊；3—折页三角板；5—拉紧辊；6—调节螺钉

3. 裁切滚筒的调节

裁切滚筒与第一折页滚筒配合完成纸带的横切工作。

如图 3-59 所示，裁切滚筒圆周上对称地装有两把裁刀。在连续旋转中，将从三角板传下来的纸幅裁切成 4 开尺寸，裁切滚筒上两把裁刀之间的圆周长等于整张纸的 1/2。

裁刀装在刀框的中间，两边用硬橡皮条夹持，由底部的埋头螺钉调节裁刀的高低，刀框用螺钉固定在裁切滚筒的凹槽内。

两条硬橡皮条下部分别装有强力弹簧，在弹簧的作用下，硬橡皮条平时高出滚筒外圆表面 4～5mm，而裁刀只高出滚筒表面 3～4mm。当它们与第一折页滚筒接触时，橡皮条受压下降，裁刀就嵌入第一折页滚筒的刀槽内，将纸幅沿横向切断。

如果裁刀与第一折页滚筒刀槽配合不准，可对传动齿轮与滚筒相固定的螺钉长孔进行调整，以调节裁刀的周向位置。

4.第一折页滚筒的调节

如图 3-60 所示，在第一折页滚筒圆周上对称地装有裁纸刀槽 2，刀槽由两块硬橡皮条 3 组成。橡皮条中间穿出一排钢针 1、6，其作用是钩住切开后的纸带。钢针的伸缩运动由凸轮 8 控制。

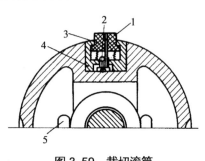

图 3-59　裁切滚筒

1—裁纸刀；2—调节螺钉；3—橡皮条；
4—刀框；5—长孔

在滚筒的圆周上还对称地装有两把折刀 5、9。折刀装在滚筒圆周的凹槽内，在弹簧作用下，折刀紧靠在活动支撑板 10 上。当被折书帖的规格发生变化时，可通过调节螺钉 12 来调整支撑板的位置，调整后用固定螺钉 11 固定。

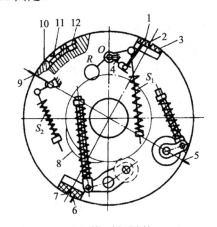

（a）第一折页滚筒

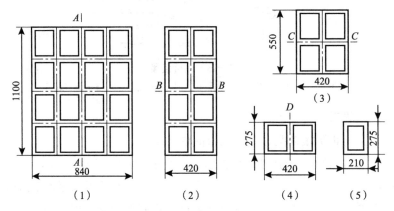

（b）16 开折页工艺过程

图 3-60　第一折页滚筒和 16 开折页工艺过程

1、6—钢针；2、7—刀槽；3—硬橡皮条；4—曲柄；5、9—折刀；
8—凸轮；10—活动支撑板；11—固定螺钉；12—调节螺钉

5. 输出滚筒的调节

输出滚筒与第一折页滚筒配合对折帖沿 C—C 线折叠，同时，还与第二折页滚筒配合沿 D—D 线折叠。输出滚筒的结构如图 3-61 所示。

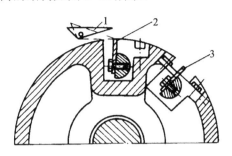

图 3-61　输出滚筒

1—挑纸针；2、3—活动夹板

如图 3-61 所示，输出滚筒圆周上装有两对相同的活动夹板 2 和 3。活动夹板和第一折页滚筒折刀配合，完成 C—C 折；活动夹板和第二折页滚筒配合，完成 D—D 折。

图 3-61 中挑纸针 1 是为 16 开折页时设置的。当 16 开折页时，把挑纸针放在虚线所示位置，以提前把折帖放在输送带上，然后经行星折刀冲折完成最后一折。当需要 32 开折页时，将挑纸针放在实线位置即可。

📂 3.5.2　收帖装置的操作

🗍 学习目标

了解收帖装置的结构及工作原理，能正确调节各个机件的正确位置，保证收帖质量，掌握折页的质量要求，并能按照此要求检查折帖的准确度。

🗍 操作步骤

收帖装置是卷筒纸胶印机上收集折叠印张的装置。对于书刊胶印机而言，一般有两组收帖装置，即 32 开收帖装置和 16 开收帖装置。其作用是对书帖进行计数、收集、输出并堆积。

收帖装置一般由叶片轮、计数机构、输送线带及其传动装置等组成。

叶片轮将折好的折帖接收并按一定方向放在输送带上，每个叶片接收一个折帖，若叶片轮有 4 个叶片，每转一周，即接收 4 个折帖（见图 3-62 中的 G）。

折页的质量将直接影响书刊的质量。无论是手工折页还是机器折页，折叠后的整批书帖应达到以下要求。

①页码顺序正确，无折反页、颠倒页，无双张，书刊正文版心外的空白边每页要相等。

②书帖页码整齐，误差不超过 ±1mm。

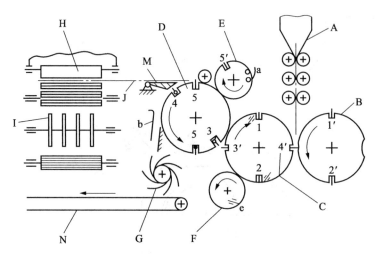

图 3-62　折页装置的基本组成

A—折页三角板；B—裁切滚筒；C—第一折页滚筒；D—输出滚筒；E—第二折页滚筒；F—集合滚筒；
G—叶片轮；H—行星折刀；I—16 开折帖输出装置；J—输送带；M—挑纸针；N—32 开折帖输送带

③书帖页码和版面顺序正确，以页码中心点为准，相连两页之间页码位置允许误差≤4.0mm；全书页码位置允许误差≤7.0mm；画面接版允许误差≤1.5mm。

④打刀孔要正确地划在折缝中间，破口要划透、划破，以不掉页为宜。

⑤三折及三折以上书帖，应划口排除空气，以避免书帖内出现死折、八字褶皱以及书册裁切后前口出现凸凹不平等问题。

⑥59g/m² 以下纸张最多折 4 折；60～80g/m² 纸张最多折 3 折；81g/m² 以上纸张最多折 2 折。

⑦折完的书帖要平整，保持清洁、无油迹、无破损、无八字褶皱、无死折、无折角、无残页、无套帖和脏迹。

⑧折完的书帖外折缝上黑色折标要居中一致；配书帖后，折标在书芯的书背处形成阶梯状的标记。

⑨折好的书帖折缝要实，要捆扎整齐结实，以保证书刊的装订质量。

相关知识

一般情况下，书帖的折数越多，其误差越大，书帖折数越少，误差就越小。因此，在进行折页操作时，一定要保证折页质量，符合装订成册的加工要求。在进行折页操作时，通常出现的问题主要表现在以下几个方面。

①拼版时，上下版页码准确吻合。经折页后，前后页码或版心位置会出现误差，即折页有误差。调节折页机构，使各机件处于正确位置。

②印页不能正常进入折页机构中，发生倾斜或堵纸，造成停机。控制好张力，调节纸带的位置，使纸带平直输送。

③印页通过折页机构，被擦破或出现八字褶皱痕迹。应划口排除折帖之间的空气。

🗔 **注意事项**

①三折及三折以上的书帖要在倒数第二或第三折的折缝上进行破口，排除折帖间的空气，以保证折页后的书帖平服整齐。

②纸带应保持适当干燥，干燥时的纸张挺度较好，有利于折页。

本章复习题

1. 纸张分离时，纸堆的高低位置是由哪几个机件控制的？纸堆的高度应该怎样调节？

2. 前挡纸牙有什么作用？前挡纸牙与压纸吹嘴的时间衔接有什么要求？

3. 送纸轴和接纸轮的调节包括哪些内容？

4. 纸张到达前规过早或过晚应如何调节？

5. 前规的调节内容有哪些？如何调节？

6. 侧规的调节内容有哪些？如何调节？

7. 侧规轴向位置如何调节？

8. 校正版位有哪几种方法？

9. 简述水斗供水量的调节原理。

10. 如何鉴别版面水量大小？

11. 简述水辊压力的调节内容和调节方法。

12. 墨辊的安装次序是怎样的？

13. 墨斗供墨量的调节方法有哪两种？这两种方法各用于什么情况？

14. J2108机串墨量可以调节吗？怎样调节？

15. 简述卷筒纸上纸卷的操作方法。

16. 卷筒纸胶印机张力控制的目的是什么？

17. 印刷压力的表示方法有哪些？

18. 影响印刷压力的因素有哪些？

19. 墨量预设的原理是什么？

20. 橡皮布造成有关的常见印刷故障有哪些？

21. 折页的质量要求有哪些？

第4章 印刷作业

4.1 试运行

📂 4.1.1 水量、墨量调节

🗂 **学习目标**

了解水（墨）量的调节要求，掌握正确的调节方法，并能在工作中根据具体情况进行正确的调节。

🗂 **操作步骤**

确定版面用水量，版面用水量主要取决于以下内容。

1. 版面图文部分的面积及分布情况

①图文面积大，则用水量大，反之则小。

②图文分布稠密，则用水量大；图文分布稀疏，则用水量小；图文分布不对称，则局部控制用水量。

2. 印迹墨层厚度

印迹墨层厚，用水量大，反之则小。

3. 印刷用纸

①纸张表面强度好，用水量小；

②纸张平滑度高，则用水量小；

③施胶度高、抗水性强的纸张，用水量小；

④纸张的含水量较高，用水量小。

4. 油墨的性质

①油墨的黏度大，用水量大。

②流动性大的油墨，则用水量也较大。

5. 机器速度、环境温湿度情况

①机器速度慢，版面用水量大；增加机器转速，可适当减少用水量。

②车间温度高，则用水量较大。

③环境相对湿度小，则用水量较大。

6. 印版版面砂眼粗细及印版新旧

①对同种类型的印版，砂眼粗，用水量小，反之用水量可稍大些。

②旧印版（印版经过印刷一定时间后）的用水量应稍大于新印版。

7. 润版液的类型

润湿性能好的润版液，其用量可适当减小。

一般规律是：普通润版液＞酒精润版液＞非离子表面活性剂润版液。

▢ 鉴别版面水量大小

1. 目测版面反射光亮度

版面水分大小正常时，印版版面反射出灰暗色，并且稍带些反光最为适宜。

若印版表面呈现暗黑色，没有反光的感觉，说明印版表面水分过小；

如果表面反光十分明亮，有水汪汪的感觉，说明印版表面水分过大。

2. 观察印刷中水量大小情况

（1）版面水分过小

版面水分过小容易造成糊版和空白部分起脏。

（2）版面水分过大

①用墨刀在墨辊上铲墨，墨刀上有细小水珠；

②下串墨辊与着墨辊之间有水珠；

③网点空虚，叼口印迹呈波浪形发淡；

④印张卷曲、软绵无力，收纸不齐；

⑤橡皮布滚筒拖梢处有水影或水珠；

⑥停机后继续印刷时，停机前后的印品墨色有较大差距。

▢ 调节版面水量大小

1. 整版调节

水斗辊为间歇转动，可通过调节水量控制拉杆长度（或调节手柄），改变水斗辊转角；水斗辊为定速转动，可改变水斗辊转速。

为了使水斗辊迅速、全面地向版面供水或解决版面暂时的水分不足，可摇动水斗辊转动手柄。

调节水辊的接触压力，也可改变版面的水量大小。

2. 局部调节

①局部增大：用海棉将润版液加在传水辊上。

②局部减小：对照印版，根据需要将牛皮纸剪成锯齿状或将小辊绒剪成细条，搭在水斗辊上，以达到局部减小版面水分的目的。

注意事项

①人工加水时，必须姿势正确，人应当站稳。在靠身操作时，左手要把住安全地位，用右手加水；在朝外操作时，右手把住安全地位，用左手加水。加水时注意力集中，海绵与串水辊至少要相距 5cm。严禁在机器运转时用手抚摸水辊。

②给水操作完成后，应"点动"机器将串水辊上黏附的绒毛等杂质擦拭干净，否则影响图文部分的清晰度。

③版面水分要适中而且均匀，不能有遗漏位。

④严禁在机器运转时用水抹布揩擦印版。

⑤缓慢转动时出现版面挂脏，要即刻落下水辊并开快车，如不能消失，要停机揩擦。

墨量的调节（版面水分控制正常情况下）

1. 整体调节

可以改变墨斗辊转动角度，使传墨辊与墨斗辊的接触弧长发生变化。

墨斗辊转角大，出墨量就大；反之，则出墨量就小。

①整个图文墨色过深：此时可以暂停供墨，或关小墨斗辊棘轮的走牙数，待墨色符合要求了，再开始供墨，经过几次调节，直至墨色深浅符合印刷样张。

②整个图文墨色过浅：可以用手扳动墨斗辊的转动手柄和增加墨斗辊的走牙数，待墨色和样张接近后，可把墨斗辊的走牙数放到原位再观察，如果印刷少许时间墨色又浅了，则可以增加墨斗的走牙数，并人为扳动手柄增加墨量。直至墨色深浅符合印刷样张。

2. 局部调节

当墨斗调节螺丝顺时针拧时，墨斗刀片和墨斗辊间隙减小，则此处出墨就少。反之，二者间隙变大，出墨量就大。

①墨色局部过浅：根据印张上图文过浅的部位，在墨斗相应部位调节螺丝，使墨斗辊和墨斗刀片间隙加大些，同时用墨刀在相应部位的传墨辊处加一点墨。

②墨色局部过深：根据如上的方法，在相应部位，调节墨斗调节螺丝，减小刀片和墨斗辊的间隙，减小供墨量。

注意事项

①开机上墨中，如果墨辊两端或局部的墨量不足时，可用墨刀加墨；如果墨辊整体墨量不足时，可以摇动墨斗转动手柄或将墨斗辊走牙数再开大，而不宜用墨刀加墨，否则会造成匀墨不均。

②用墨刀向墨辊加墨时必须注意安全。其操作方法有两种：一种方法是将油墨加在重辊上；另一种方法是将油墨直接加在转动中的传墨辊上。采用第二种加墨方法必须注意墨辊的转动方向，应握紧墨刀，精力集中，动作迅速，墨刀上下运行，切忌刀口撞击墨辊。

③印版两端的无墨区域和和版面空白部分所对应的墨斗间隙必须关小。否则，不利于水墨平衡控制，易引起脏版，而且会造成油墨严重乳化，影响产品质量。但是也不能关死，这样易使墨斗刀版磨损，使下墨量难以控制。

④墨辊要在印版滚筒空当部位或后拖梢落下。

📂 4.1.2　酒精比例要求及配制

🗐 学习目标

了解酒精（乙醇和异丙醇）的作用，掌握正确的调节方法，并能在工作中根据具体情况进行正确的调节。

乙醇和异丙醇是表面活性物质，能降低润湿液的表面张力，使印刷空白部分的润湿性能大大提高，减少了"水"的用量，从而降低了油墨的乳化程度。乙醇的另一特点是挥发迅速，在挥发的同时带走大量的热量，使印版表面的温度降低，对于工艺控制极为有利，但乙醇的挥发也会使润湿液的表面张力升高，如果不及时补加，会使其润湿性能变差，导致脏版。当空气与乙醇蒸气的体积比达 3.3% ～ 19% 时，极易燃爆。

由于乙醇成本较高，为了减少挥发，通常此类润湿液温度控制在 4 ～ 15℃，乙醇比例控制在 8% ～ 10%。主要用于质量要求较高的精细产品的印刷。近年来，由于乙醇属于有机挥发性溶剂，为了保护生态环境，国外已明令限制使用乙醇作为润湿液添加剂。

📂 4.1.3　胶印机控制台的基本功能及操作方法

🗐 学习目标

了解胶印机控制台的基本功能，掌握控制台的操作方法，并能熟练地进行按键操作。

🗐 操作步骤

以 J2108 机为例，介绍胶印机的开机和关机操作。图 4-1 为 J2108 机主控制按键盒。

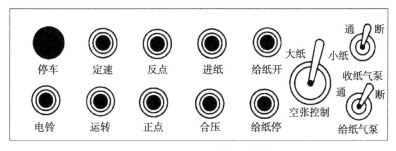

图 4-1　J2108 机主控制按键盒

1. 开机操作

①打开电器箱开关，接通电源。

②将所有按键盒上的"停车"键扳向通的位置。

③合上水辊，在转速预选器上预选速度。

④按"电铃"键，使全机操作人员听到机器将启动的铃声。

⑤分别按"正点"和"反点"键，观察机器运转是否正常，有无障碍。

⑥按"运转"键，使机器进行低速空运转。

⑦按"进纸"键，使规矩摆动，递纸牙叼纸。

⑧按"给纸开"键，使分纸头和线带运行。

⑨拨"给纸气泵"键至通的位置，使气泵开始供气，分纸头开始分纸，输纸部件输纸。

⑩当纸张到达输纸板前端，接近前规时，按"合压"键，使滚筒合压。此时，着墨辊自动下落；滚筒离压后，着墨辊自动抬起。

按"定速"键，机器速度上升到预选的速度。若在高速中降低机器速度，只要按"运转"键，速度就会降到中速。若要加速，再按"定速"键即可。

若需要计数，可将计数器开关扳向通的位置。

2. 关机操作

①停止印刷时，先拨"给纸气泵"键至断的位置，则分纸头停止分纸。

②待输纸台上的纸全部走完，按"给纸停"键，分纸头及线带停止运行。

③压印结束，滚筒自动离压，机器运转速度降低，着墨辊自动抬起。

④待印好的印品全部收到收纸台上后，按"停车"键，抬起水辊。

⑤印刷中途若需要立即离压停止走纸印刷时，可按"给纸停"键。此时，滚筒离压，输纸装置停止供纸，主电动机降至低速空转。

⑥主电动机低速空转时，若需要停机，可直接按"停车"键。

⑦除发生严重事故（如人身、机器等方面）需要立即停机时，才可在机器高速运转中按"停车"键。一般情况下不允许机器高速运转时（合压印刷时）按"停车"键，而应先按"给纸停"，待主电动机降速后再按"停车"键。

注意事项

①开机前先合上水辊，使印版充分润版，以免合压印刷时脏版。

②一般情况下不允许机器高速运转时（合压印刷时）直接按"停车"键，只有在紧急情况时才可直接按"停车"键。

4.1.4　印版的校正及其注意事项

学习目标

掌握校正印版的方法及原理，并能根据印刷时印张的具体情况采用不同的方法进行校正。

🔲 操作步骤

1. 拉版操作

在如图 4-2 所示的印版滚筒的空挡部分，安装有两套版夹，印版被夹在版夹中，并用螺钉 1 和螺钉 2 对印版的位置进行调节和紧固。

①若需调节印版在圆周上的位置时，将一个版夹的拉紧螺钉 2 松开一些，然后将另一版夹的螺钉 2 拧紧一些即可。调节量可在"前后"刻度 3 上读出。

②若需调节印版在滚筒轴向位置时，应以调节侧规为主。

③校正斜版时，先松开校正方向对面的拉版螺钉，接着松开版夹两端的调整螺钉，调整校正方向对角线上的螺钉，横向推版，再把版向校正的方向拽。

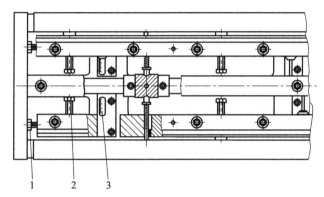

图 4-2　J2108 机拉版装置

1、2—螺钉；3—刻度

印版滚筒周向位置的调节，俗称借滚筒，它是改变印版滚筒和橡皮布滚筒在圆周方向的相对位置，使印版随着滚筒一起移动，从而改变图文印在纸上的位置。如果出现下面两种情况则可调节印版滚筒的周向位置。

①由于制版过程处理不当，造成图文在印版上的位置有误，致使叼口尺寸过大或过小，此时无法用拉版方法调节。

②虽然印张两边规矩线的上下位置已经一致，但还需要改变印版图文与纸张的相对位置。如图 4-3 所示为 J2108 型机印版滚筒周向位置调节机构。印版滚筒齿轮 4，通过 4 个螺钉 1 和轮毂 2 相固定，轮毂 2 又和滚筒固定在一起，所以齿轮 4 和滚筒也是相互固定的。齿轮 4 的螺钉孔为圆弧长槽孔，若松开 4 个固定螺钉，用人工盘动机器可以改变齿轮与印版滚筒在周向的相对位置，改变的数值可以从固定在齿轮上的刻度板 3 上读出。由于印版滚筒齿轮和橡皮布滚筒齿轮的啮合关系没有改变，所以刻度值的变化，实际上反映了印版滚筒和橡皮布滚筒相对位置的变化。

借滚筒之前，必须弄清叼口尺寸大小与印版滚筒借动方向的关系。如果要使叼口尺寸增大，则松开印版滚筒齿轮固定螺钉，使齿轮顺着印刷时的方向转动，而印版连同印版滚筒不动，橡皮布滚筒相对于印版滚筒向前移动了一段距离，印版相对于橡皮布滚筒向后移动相应距离，同理，纸上的图文印迹也向后移动同样距离。反之，如使齿轮逆印刷方向移动一段距离，那么纸上图文必然向叼口方向移动，使叼口尺寸减小。

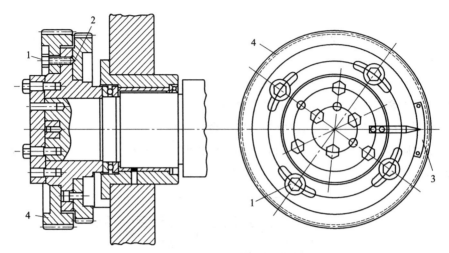

图4-3　J2108 机印版滚筒周向调节机构
1—螺钉；2—轮毂；3—刻度板；4—齿轮

海德堡、小森、三菱等系列胶印机同 J2108 型机调节印版滚筒周向位置基本相同。借滚筒除了使用人工盘动机器的方法外，还可采用拨动滚筒体的方法。在这些机器的印版滚筒空挡中部，有一个专用孔，用拨棍插入孔中扳动滚筒体，同样可以改变滚筒体与齿轮的相对位置。

2. 印版滚筒周向和轴向位置的微调机构

双色平版胶印机和多色平版胶印机的各个印版滚筒上均设有周向和轴向位置微调机构。校版时，如果发现第一色规矩线与第二色规矩线在上下方向或来去方向套印不准，且印张两边规矩线的误差一致，这个误差又在该机印版滚筒微调机构可调范围内，则可以通过微调机构分别调节印版滚筒的周向和轴向位置。调节方法：以 J2205 机第二色组印版滚筒的调节为例。

①周向位置的微调机构，如图4-4所示，调节表采用重力结构，内部传动比为1：24，表盘刻度为24等分，调节表外壳转一圈，指针走1小格，其读数为 0.1mm，表示印版滚筒周向位移 0.1mm。

②轴向位置的微调机构，如图4-5所示，调节表也采用重力结构，内部传动比为1：24，表盘刻度为24等分，调节表外壳转一圈，指针走1小格，其读数为 0.2mm，表示印版滚筒轴向位移 0.2mm。

📁 **相关知识**

印版位置的调整，俗称校版，其目的是使滚筒上所装印版的图文能正确地转印到纸张所规定的位置上。当然图文转印到纸上的位置也可以通过定位机构进行调整，如前规定位板形成的直线应与滚筒轴线平行，侧规定位板的位置要保证纸两边与机器中线基本对称等，如果纸张的位置已符合这些要求，但印版图文转印到纸张上的位置仍不符合规定要求或套印不准时，则应通过印版位置调节机构改变印版的周向（上下方向）或轴向（来去方向）位置。

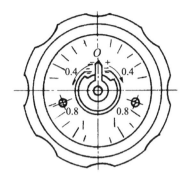

图 4-4 J2205 机周向调节表盘

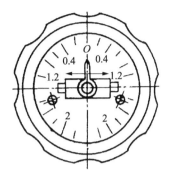

图 4-5 J2205 机轴向调节表盘

印版位置调整机构分为：拉版机构、印版滚筒周向位置调节机构，以及双色机第二色组印版滚筒和多色机各个印版滚筒的周向和轴向位置微调机构。

校正版位的质量要求：

①图文位置正确：符合印件规格尺寸和印刷工艺要求。

②套印准确：通常精细印件的套印误差应≤0.15mm；一般印件的套印误差应≤0.25mm。

③印版的拉伸变形量控制在最小范围。

注意事项

①印张上下方向套印不准，通过拉版的方法来校正，尽量不要动前规。

②印张来去方向套印不准，通过调节侧规的方法来校正。

③拉版时要将着水辊抬起离开印版。

4.2 正式运行

4.2.1 墨色均匀性控制

学习目标

了解供水、供墨机构的工作原理，掌握上水、上墨的操作方法，控制好印刷过程中的水／墨平衡。

操作步骤

①向墨斗内加入印刷油墨（有的平版胶印机配置了自动加墨装置）。

②调节墨斗间隙，使整个墨斗的出墨间隙均匀（处于本印件的出墨平均值），如图4-6 所示。有中央控制台预调功能的平版胶印机可把原先预调好的油墨键开度值和墨斗辊

转速的数值从计算机系统里调出来应用。如果没有预先调节以上数值的，可在中央控制台油墨键开度、墨斗辊转速调节键盘上进行调节。

图 4-6　调节墨斗间隙

③摇动墨斗辊转动手柄，观察墨斗辊分布情况。如图 4-7 所示，如果墨层不均匀，可以做相应调整，直至调均匀为止。

图 4-7　手摇墨斗

④根据印版上图文分布情况，对墨斗间隙做相应的调节，如图 4-8 所示。

a. 版面图文多的地方和实地处，墨斗间隙相应开大一点。

b. 版面图文少和高调处，墨斗间隙相应关小一点。

c. 在印版的两端（靠身与朝外）的版面空白处，应把墨斗间隙关小，但是不能完全关闭，以墨斗辊有一层很薄的油墨，并且在墨斗辊上不明显为宜（有中央控制台操作控制系统的胶印机在中央控制台就可以方便地完成以上工作）。

⑤在保证安全的情况下，用墨刀在传墨辊的两端加一点油墨，如图 4-9 所示，使传墨辊的两端具有一定的墨层，从而保证印版角线、十字规线的印刷效果，并且不影响图文处

墨辊上的墨量。

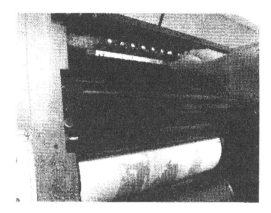
图4-8　按图文分布调节出墨量

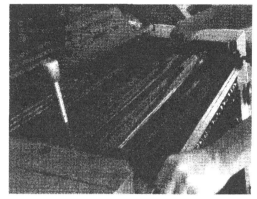
图4-9　在传墨辊的两端加墨

⑥开动胶印机，机器运转后按供水、供墨按键，然后按增速键提高胶印机的转速（约为6000r/h）。

⑦全面迅速地增加水辊水量。具体方法如下。

a. 人工加水。老式平版胶印机可以用印刷专用海绵吸足水后，均匀地把水加在串水辊与传水辊之间，或用塑料瓶加水，但要注意塑料瓶盖开的孔要小一点，避免加水时流量太大而造成加水不均匀的现象。

b. 迅速用手摇动水斗辊转动手柄（新型的平版胶印机装有快速加水装置，只要按住快速加水按键，水斗辊就会以设定的转速向印版供水）。

⑧全面而迅速地向墨辊输墨。具体方法如下。

a. 摇动墨斗辊转动手柄。

b. 增大墨斗辊转角。将墨量调节手轮（手柄）调整到墨斗辊转动的最大角度（有中央控制操作系统的胶印机在控制台上就可以操作墨斗辊的最大转角）。

⑨检查墨辊上的墨量，检查时可以通过听和看来辨别。一般墨层分离声较轻，有比较轻微的"咝咝"响声时，说明墨层厚度尚可；如果墨层分离声很响则说明墨量太大了。观察两根反向转动的墨辊，看接触线的粗细也可以判断墨量的大小。

⑩检查水辊的含水量。机器运转时，观察着水辊与串水辊的接触状况，若有较多的水被挤出，则说明水分过大。停机后用手指轻轻抚摸水辊绒表面，若感觉像绞干的湿布，则给水基本符合要求。现代高速多色平版胶印机的水、墨控制系统已经实现了全数据化控制，不用再靠耳听、手摸、眼睛看的落后方法来检查油墨、润湿液的供给量。

⑪确定水斗辊和墨斗辊的旋转角。通过对印刷品图文墨量的估算，暂时确定水斗辊、墨斗辊的旋转角（正常印刷时应根据版面供墨量和供水量的大小和变化再做相应的调整）。

a. 墨斗辊转角的确定：当版面所需墨量较少时，可以将墨斗辊旋转角度暂时定为5%～10%；偏大墨量的暂时定为15%～20%；较大墨量的暂时定为25%～30%（与墨斗间隙有密切关系，间隙大，旋转角度相应减小；间隙小，旋转角度相应要增大）。

b. 水斗辊转角的确定：一般供水量在 25%～30%较为适宜。

⑫ 空车运转数分钟，使水墨更均匀。停机后，用印刷专用海绵吸水后擦洗印版，把印版上的保护胶清洗干净。

⑬ 对印版上墨。开动机器，在机器运转过程中压下靠版水辊，使印版均匀湿润；然后压下靠版墨辊，让机器加速运转数转后，停机观察印版图文上墨情况。如果图文部分上墨情况不理想，可以再用湿海绵对整个版面擦拭一次后进行第二次上墨。

相关知识

1. 水 / 墨平衡的含义

水 / 墨平衡是在一定的印刷速度、印刷压力、承印材料、印刷环境等印刷条件下，调节润湿液的供给量，用最少的供水量与相应的墨量相抗衡，以实现印刷的平衡状态。

要保证胶印的正常进行，只能允许 W/O 型乳状液存在，绝不允许 O/W 型乳状液出现。根据实验测得，当水的体积小于 26%，或墨的体积大于 74% 时，只能形成 W/O 型乳状液。实践证明，印版图文部分的墨膜厚度为 2～3μm，空白部分的水膜厚度为 0.5～1μm 时，油墨所含润湿液的体积百分数为 15%～26%，达到了较好的水 / 墨平衡状态。

2. 水 / 墨平衡的控制

水 / 墨平衡的控制是胶印技术中的关键。在实践中，为了实现正常印刷必须控制水 / 墨平衡。实现水 / 墨平衡有以下方法。

（1）生产工艺规范化、标准化

规范化操作主要指校准"三平"和"三小"，"三平"指水辊平、墨辊平、滚筒平，"三小"指墨量小、水量小、印刷压力小。此外，在工作中还要做到"三勤"，即勤看样、勤看版面水分、勤监控墨斗。还须稳定印刷压力、印刷速度和环境温湿度，严格控制润湿液的用量和 pH 值。

（2）印刷材料的优质化

选购性能优良的印版、纸张和油墨，因为印版、纸张和油墨的性质都是产生乳化现象的主要原因。

（3）印刷设备性能最佳化

印刷设备性能最佳化，以实现标准墨量、水量、印刷压力、色彩还原、套印精度、实地密度、网点还原。

注意事项

①开机上墨后，若发现墨辊两端或局部的墨量不够时，可用墨铲加墨；若整体着墨不够时，可以摇动墨斗辊转动手柄或将墨斗辊走牙数再开大，而不宜用墨铲加墨，否则会造成打墨不匀。

②用墨铲向墨辊加墨时必须注意安全。其操作方法有两种：一种是加在重辊上；另一

种是直接加在传墨辊上。应握紧墨铲，精力集中，动作灵活、迅速，墨铲上下运行，切忌铲口撞击墨辊。

③人工加水时，必须姿势正确，脚跟站稳。一般应用一只手握住安全位置，用另一只手加水。加水时，海绵与串水辊至少要相距 50mm 左右。严禁在机器运转时用手抚摸水辊。

④给水操作完成后，"点动"机器将串水辊上黏附的绒毛等杂质擦干净，以免影响图文部分的清晰度。

⑤严禁在运转时用湿布擦拭印版。

📁 4.2.2　印品颜色偏差控制

🗋 学习目标

了解印刷品墨色控制的质量标准及影响墨色质量的因素，掌握印刷过程中墨色的控制方法，从而保证印刷品的墨色质量。

🗋 操作步骤

高质量的印刷品墨色鲜艳，画面深浅程度均匀一致；墨层厚实，具有光泽；网点光洁、清晰、无毛刺；符合原稿，色调层次清晰。因此墨色的控制是决定印刷品质量的一个重要因素。

在刚开始印刷时，操作者应频繁地抽取印样，放在看样台上。从印样的叼口开始向两旁并朝拖梢方向全面观察。因为印张上如发生质量问题，诸如墨色深浅，总是先从叼口处开始并逐渐扩大到托梢处的。所以，观察时，视野不能只停留在印样某局部区域，而应扫视整个画面有无质量弊病，墨色是否符合打样或付印样。如果整个画面或局部区域墨色不符合付印样时，应及时予以调节。调节的手段不能只限于调节墨量，同时也应考虑到供水量的大小和版面水分的控制。

（1）水／墨平衡的控制

给水、上墨，又称为"打水、打墨"，即指在试印刷开印之前对水辊和墨辊涂以印刷所需的适量的水分和墨层。给水与上墨在操作上虽然是截然不同的两个概念，而且这两种操作并非必须同时进行，但在印刷过程中两者却有着密切的联系，它们相互影响、相互制约。水小、墨大容易出现水干、脏版、糊版等质量问题；水大、墨小则容易引起严重的油墨乳化，出现印迹空虚、墨色虚淡、轮廓不展、干燥减慢等质量问题。因此在给水或上墨的同时，必须考虑墨量或水量的大小和变化（普通水润版的平版胶印机）。

当更换新水辊时，一定要把水辊绒套清洗干净，把水辊套上的漂浮绒毛清理干净，水辊要保持一定的水分，使其含有一定的储水量；若水辊没有更换，可以根据版面的用水情况按"水开"按键，使水辊正常匀水、供水；使用酒精润版装置的平版胶印机也要注意水斗辊、传水辊的清洁。如果水斗辊、传水辊有油墨等脏污，同样会引起供水不稳定而造成产品质量问题。因此要注意保持酒精润版系统的清洁。

上墨操作（没有中央控制预调功能的胶印机）在调节墨斗时应先调节墨斗间隙的调节螺丝（墨斗刀片与墨斗辊之间的间隙），再确定墨斗辊的转角。调节墨量时，应以较小的间隙与较大的墨斗辊转角相配合。有中央控制台操作系统的平版胶印机可利用操作系统的功能，预先调节墨斗键的开度值（墨斗刀片与墨斗辊之间的间隙）与墨斗辊的转速。

（2）墨量大小的确定

正确地确定版面墨量大小，是确定上墨量大小、控制水墨平衡、掌握印刷品墨色的重要条件。然而，对于墨量大小，则不能机械地规定，应视产品及印刷工艺要求综合考虑，要全面考虑以下各种因素。

①版面墨层厚度以及图文面积大小。

②版面图文类别（包括实地、文字、线条、网线、网块等）。

③网线线数的高低。

④纸张表面的平滑度及吸收性。

⑤版面水量大小对墨色的影响。

⑥油墨黏度、流动性及着色力。

⑦印刷速度及车间环境的温湿度。

⑧原稿的艺术特征。

（3）水量大小的确定

版面所需水量的大小，决定着水辊给水量多少。它直接关系到印刷过程中的水墨平衡问题，对印刷品质量具有很大的影响。版面水量大小的确定，应结合具体的印刷实际情况，全面考虑以下各种因素。

①版面墨层厚度、图文面积及分布情况。

②版面图文特征。

③油墨乳化值的大小。

④润湿液的 pH 值。

⑤纸张的性质。

⑥印刷速度、环境温湿度及周围空气流动情况。

⑦同一版材版面砂眼的粗细。

⑧印版的种类及印版的新旧程度。

🔲 **相关知识**

在印刷过程中，常出现墨色不匀的现象。墨色不匀是指印张上的油墨分布不均匀，从而导致同一种颜色在印张不同位置上颜色不同，或者同一批印品出现前深后淡、前淡后深的现象。墨色不匀是胶印过程中常见故障之一，它直接影响印刷品的质量。对于严重显现出墨色不匀的印刷品应当作废品处理。造成这种故障的原因及解决方法见表4-1。

表 4-1 墨色不匀的原因及解决方法

	产生故障的原因	解决方法
压印滚筒引起的故障	压印滚筒的径向跳动太大，致使其与橡皮布滚筒的接触状况不能保持一致，因而导致墨色不匀	采取相应的维修手段使滚筒精度复原
	压印滚筒表面有脏污，导致压力不均匀分布，从而造成油墨转移不均匀	清洗滚筒表面
橡皮布滚筒引起的故障	橡皮布滚筒的径向跳动太大	采取相应的维修手段使滚筒精度复原
	橡皮布下面的衬垫不平，从而使它们的印刷压力不一致，油墨的传递也不均匀	检查包衬的不平度，如有不平，则及时修补或更换
印版及印版滚筒引起的故障	印版滚筒径向跳动	以压印滚筒为基准，校正橡皮布滚筒的平行度，然后再校正印版滚筒与橡皮布滚筒的平行度，接着检查印版滚筒的跳动
	印版和其下面的衬垫不平，从而使印版与橡皮布之间接触不均匀	检查印版及其下面衬垫的厚度，不合格应予更换
	印版上的图文显影不均匀，有的地方深，有的地方浅	更换印版
其他	墨路部分和印版之间的平行度不好	检查墨路的平行度
	着墨辊不圆，传墨的效果不均匀	检查其平行度，不合格者应予更换
	墨斗下墨不良	调节下墨量
	水辊条痕（杠）、墨辊条痕（杠）造成墨色不匀	参照水、墨辊调节有关知识解决

注意事项

①检查油墨配色是否符合原样或色标要求，色平衡是否良好。

②由于校版时反复开机、停机，使版面墨量和水量极不稳定，所确定的墨色深淡与印刷墨色有一定差距。试印阶段必须密切观察墨色变化，并在实践中逐步积累经验，掌握水 / 墨平衡的规律。

4.2.3 墨斑、墨色不匀、甩墨等问题排除

学习目标

了解印刷过程中产生墨斑、墨色不匀、甩墨等问题的原因，掌握墨斑、墨色不匀、甩墨等故障解决方法。

相关知识

由于工作环境的尘埃，纸张中混有细小的杂质或者墨辊老化表面开裂而剥落或者待印油墨混有墨皮未被清除，印刷时它们粘在印版或者橡皮布的图文处，形成图形、图像的形

象被环形斑点和墨皮破坏的情况。

墨色不匀就是印张上的油墨分布不均匀，从而导致同一种颜色在印张不同位置上颜色不同，或者同一批印品出现前深后淡、前淡后深的现象。

产生故障的可能原因

①印版、橡皮布、压印滚筒的径向任何一个工作时跳动，致使滚筒的接触状况不能保持一致，因而导致墨色不匀。

②印版、橡皮布下面的衬垫不平，从而使它们的印刷压力不一致，油墨的传递也就不均匀。

③压印滚筒表面有脏，导致印刷压力不均匀分布，从而造成油墨转移不均匀。

解决方案

采取相应的维修手段使滚筒精度复原，检查包衬的不平度，如有不平，则及时修补或更换，检查压印滚筒，如有不平，则及时修补。

甩墨是指印刷过程中，当油墨在墨辊之间旋转分离时，拉断的墨丝变成带电的小颗粒，并被运转的机器逐出滚筒，油墨在空中飞散的现象。

解决方法主要是以去黏剂适当降低油墨黏性，改进油墨的抗水性。选用较硬而浓度高的油墨，减少给墨量，滚筒的墨层薄，甩墨现象会有所改善。

1. 影响甩墨的因素

①油墨黏度过大，易产生甩墨，同时还会造成传墨不匀，使纸张拉毛脱粉，纸张从橡皮布上剥离困难，易花版、掉版等；黏度过小，墨层分裂不佳，易产生甩墨，同时易使油墨乳化，浮脏、糊版、网点扩大。

②墨辊上墨层越厚，甩墨越大。纸张性能对油墨黏附力不好时，易造成墨辊堆墨，从而产生甩墨。

③墨辊表面凹凸不平及表面干结龟裂时，部分油墨层加厚，墨雾量增大，易产生甩墨。

2. 如何消除甩墨

①选用优质的耐醇类油墨，使其适应高速印刷。

②定期将胶辊拆下来彻底清洗，提高传墨性能。

③酒精浓度控制在 $10\% \sim 15\%$。

④润湿液用量不宜过大，否则造成墨丝变短，不利印刷。

⑤在油墨中加入电解质时，甩墨会减少，随电解质的加入，导电度增加，甩墨现象会完全消失。

📁 4.2.4 密度计使用

📄 学习目标

了解密度计的原理及印刷测控条的组成和种类，掌握密度的检验方法和相应的标准，学会使用密度计检验印刷品正反面的密度。

操作步骤

①根据标准进行抽样或随机抽样。

②将密度计校准并设置好相应的参数，如响应方式。

③使用反射密度计测量印刷签字样张的正、反面测控条上的 C、M、Y、K 实地块的密度值，并记录。然后测量抽样的印刷品上相同部位的密度值，并记录。

④将抽样样品的正、反面的密度值与印刷签字样的正、反面的相同部位的密度值进行对照，得出复制的印刷品的质量状况。

4.2.5　刻度放大镜使用

学习目标

了解网点变形的几种形态，能够使用放大镜检查网点边缘毛刺、增大及重影等问题。

操作步骤

①根据标准进行抽样或随机抽样。

②使用放大镜观察网点情况。

③分析得出印刷品的质量状况。

相关知识

放大镜是印刷中最常用的简便测量工具，主要是检测印刷品外观的清晰度。通过放大镜可以观察出网点在由底片到印版、由印版到印刷品的传递过程中，在形状和大小上所发生的变化。

网点变形是指印版上的网点在印刷传递过程中，其形状出现变异的情况，如网点纵向或横向出现扩大现象，包括边缘起毛、重影以及整个网点扩大等不良情况，使印刷颜色改变、图文层次变深，这就是印品网点变形的具体表现。

4.3　图文质量检验

4.3.1　印刷墨色均匀度目测

学习目标

了解印刷品墨色检查的要求，掌握目测检查印刷品抽样与签字样的墨色差别及印刷品干湿密度差别的方法。

□ **操作步骤**

①抽样。每隔 200 张左右抽取一次样张。

②将抽样产品平放在看样台上。

③直接目测或以印刷的色标、梯尺为参照物比较印刷抽样与签字样的墨色差别。

□ **相关知识**

印刷墨色均匀度是衡量产品质量的重要条件之一。印刷品的复制常常是大量的，要求复制过程始终相同，要求同一批印刷的所有产品都是同一个样子，包括墨色的均匀程度。对于同一产品的前后印张，或同一印张相同颜色不同部位处的墨色均匀度，都直接代表着产品的质量，也代表着生产过程的稳定性情况。

墨色不匀是胶印过程中常见故障之一，它直接影响到印刷品的质量。一般严重墨色不匀的印刷品被视为次品，目前，在包装印刷领域中对印刷品墨色要求特别严格。

在印刷生产中，经常通过随机抽样的手段、目测的方法去评价印刷品，但在要求比较严格的包装印刷领域中常利用色度计对同批同色色块做色度测量，并以同色标准色块的色度值为准，测算出同批同色色块的色差。如果控制色差值在规定的范围内，就可以保证同一产品前后印张，或同一印张相同处的颜色偏差不超过允许范围。

印刷文字、实地版面的产品，其墨层厚薄以及均匀度如何，抽样检查时可将被抽样张的两边与以前抽的样张中部相互对比，或者掉头过来进行对比，看整个印张墨层有无浓淡差异。

□ 4.3.2　印样质量目测

□ **学习目标**

了解印刷品质量的要求，掌握目测印刷品质量的方法。

□ **操作步骤**

要使印刷品保持稳定的印刷质量，首先要对印刷品抽样检查，一般是把印刷抽样和印刷签字样相比较，检查印刷品墨色质量。检查时可直接目测观察，也可借助色度计等仪器进行检查。

□ **相关知识**

在平版胶印过程中，纸张、润湿液、油墨与印版相互接触，变化较多，稍有不慎就会造成墨色不匀及其他弊病，这对印刷质量有很大影响。因此，在印刷过程中，操作人员必须经常把刚印刷的印张取出检查，检查间隔时间越近越好，这样可使废品率大大降低。一般应在 200 张左右对照印刷签字样检查一次。检查印张上油墨的色相、深浅及均匀度等是否符合要求。如果是分批产品或正反印产品，还要注意批量间墨色的一致性或正反面产品墨色的一致性。

4.3.3　掉粉、掉毛和粉化目测

学习目标

了解印刷品掉粉、掉毛和粉化问题的产生原因，掌握目测检查方法。

操作步骤

①检查纸张是否掉毛掉粉。观察印品表面的图文油墨中是否有形状不规则带毛刺的白斑，如图 4-10 所示即为纸张掉毛、掉粉形成的斑点。

图 4-10　纸张掉毛掉粉形成的白斑

②检查油墨是否粉化。轻轻擦拭印刷品上已干的油墨，若油墨颜料像粉一样脱落，说明发生了粉化。

相关知识

1. 纸张掉粉、掉毛问题

纸张表面细小的纤维、涂料粒子脱落的现象，叫作纸张的掉粉、掉毛。从纸张上脱落下来的纤维、粒子会造成印刷品脏污，并磨损印版使印版的耐印力下降。

纸张掉毛、掉粉的主要原因是纸张强度不够，但并不只限于纸张强度。产生纸张掉毛、掉粉现象的原因，共有以下几个方面。

（1）纸张的表面强度

纸张表面强度越高，越不易产生掉毛、掉粉现象。表面强度越低，掉毛、掉粉现象越严重。

（2）胶印机润湿液供给量

润湿液中的水对纸张的表面强度有破坏性影响。纸张吸收的水分越多，表面强度越低，抗水性差的纸张尤其如此。供水量越大，越容易发生掉毛、掉粉现象。由于水的加入，便转成湿掉毛现象。湿掉毛又会转而变成橡皮布堆墨故障，引起转印困难。

（3）油墨黏性

根据测试表明，纸张的拉毛速度随着油墨黏性的增大而增大，即油墨黏性越大，纸张越容易掉毛、掉粉。

（4）温度

环境温度对油墨的黏性有着明显的影响。温度下降，油墨的黏性立即上升，拉毛速度也随之上升。

（5）胶印机速度

胶印机速度越高，纸张与橡皮布之间的黏结与分离力越大，掉毛现象越严重。胶印机速度越高，滚筒表面离心力越大，已拉掉的毛和粉更容易分离。因此，掉毛、掉粉现象随着印刷速度的增大而加剧。

为了防止或减缓纸张的掉粉、掉毛，应选择表面强度高的纸张印刷；在油墨中加入撤黏剂，降低油墨的黏着性；在油墨中加入稀释剂或低黏度的调墨油，降低油墨的黏度；适当地降低印刷压力、印刷速度。

2. 油墨粉化问题

在纸张印刷过程中，油墨转移到纸张上干燥以后，用手摩擦印迹时，部分印迹被擦掉，这种现象即为印迹粉化故障。

油墨粉化产生的原因有：油墨的制造问题，油墨超过使用保质期，纸张质地疏松，操作者在油墨中误加入机油或煤油及不适量的辅助剂，致使组成油墨的颜料和连结料分离，使连结料很快渗入纸张，而颜料却残留在纸面上，干燥后就会出现粉化现象。

金银墨是由金银粉末与调墨油调配而成的，粉末与连结料的亲和性能较差。当转印到纸面上后，使过多的连结料脱离金银粉末渗透到纸张内部，造成印迹粉化。

因此在选用油墨时要选用正规厂家生产的，而且油墨添加剂不要加入过量，避免产生油墨粉化。

注意事项

①出现相应故障时，应先分析清楚问题产生的原因，再着手解决。

②若是因为印刷材料导致的故障，应及时更换，以免造成更多的浪费。

4.3.4 印刷品套印质量检验

学习目标

了解套印不准的各种情况，掌握套印不准的检验方法，并做出正确的判断。

操作步骤

套印不准是胶印常见的故障之一，这种故障可以分为两种情况，即正反面套印及同一面多色套印。正反面套印多为书刊印刷品，其误差允许量较大；多色套印问题主要存在于彩色印刷过程中，要求较高。

套印不准可依据印张上的套印十字线和角线等规线判断，如果两次印刷全部规线重合或在允许的误差范围内，为套印准确；如果两次印刷的规线不完全重合，即为套印不准。

如图 4-11 所示为套印准确的理想印张。套印不准的情况可分为以下 3 类。

（1）后印的图像等距离地偏向一方

如图 4-12 所示，两印迹均匀地向一个方向偏离，但是偏离的方向不确定。可能是向叼口偏离，也可能是向拖梢偏离；可能是向定位侧边偏离，也可能是向定位对侧边偏离，并且在具体连续生产中偏离量的大小也具有不确定性。

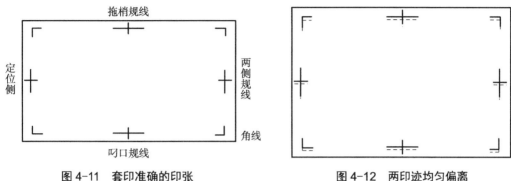

图 4-11　套印准确的印张　　　　　图 4-12　两印迹均匀偏离

（2）后印的图像位置不均匀地偏向

这种套印不准，可能是一边十字线套准，而另一边套印不准；也可能是两边都套不准，但两边偏离的距离不同，如图 4-13 所示。这种情况可能发生在叼口和拖梢方向，也有可能发生在两侧边上，还可能两个方向同时发生。这种套印不准属于纸张上已有图像尺寸和新印刷的图像尺寸不一致的类型。

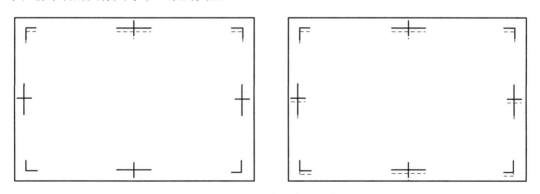

图 4-13　不均匀套印不准

（3）局部图像套印不准

这种情况不是发生在整个印张上，仅存在于印张某个部位。套印不准部位可能发生在印张的中部，也可能发生在印张的四周，或者是印张的一角。

这种套印不准属于局部畸变类型。当发生这种情况时，往往只有一处的规线显示出来，如图 4-14 所示。而当这种套印不准仅发生在纸张中部时，甚至在任何一处的规线都显示不出来，这种情况只能从图像中加以判断。

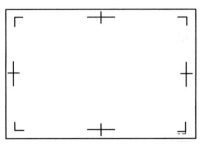

图 4-14　局部套印不准

⯐ 相关知识

故障原因及排除，造成以上 3 类套印不准故障的原因也有以下 3 类。

1. 胶印机调节不当

（1）输纸部件和定位部件调节不当

输纸部件和定位部件一旦调节不当，立即会造成纸张位置与印版图像位置不对应的故障。在单张纸胶印机印刷过程中，从纸堆高低开始，直到滚筒叼牙为止，所经过的任何一个部件调节不当，都会影响套印的准确性。

这一系列因素包括：分纸部分的堆纸台、松纸吹嘴、压纸吹嘴、挡纸毛刷、各挡纸板、分纸吸嘴、送纸吸嘴、压纸轮和送纸轴；输纸板上的线带和张紧轮、毛刷、毛刷轮、压轮、压纸板；定位部分的前规、侧规、递纸牙以及滚筒叼牙。这些部件应当根据不同的印刷纸张调节到合适的位置和状态，否则，必然会产生套印不准故障。

（2）滚筒叼牙的松紧不匀

滚筒叼牙的松紧不匀会造成局部套印不准。当一排叼牙中的一个或几个叼牙太松，压印过程中纸张就会发生局部的强迫变形，从而形成局部套印不准。这种套印不准往往还会伴随纸张打皱现象出现。

（3）胶印机速度

过高的印刷速度会降低输纸的稳定性，容易造成套印不准。一般胶印机的最高限速均不代表正常印刷速度，印刷速度应控制在最高速度的一定比例以下。性能好的进口机定速在最高速度的 80% 左右，国产机定速一般在最高速度的 66.6% ～ 70%。

2. 纸张伸缩变形造成的套印不准

纸张伸缩将造成原来已印在纸上的图像尺寸变化，后一色图像印上去就会因二次图像尺寸不一而套印不准。

3. 滚筒包衬不当

这是后印的一色图像尺寸与前一色不一致造成的，可以通过增减印版滚筒及橡皮布滚筒包衬来调节图文尺寸，但这种图文尺寸的变化只发生在滚筒径向，另一方向没有变化。

⯐ 注意事项

①印刷前调节好输纸部件和定位部件，使其处于正确的工作位置。

②纸张要进行必要的调湿处理，避免纸张产生伸缩变形。

📂 4.3.5 套印不准产生的原因

🗂 学习目标

能够根据样张的具体情况分析产生套印不准故障的原因，并能针对其故障产生的原因进行正确排除。

🗂 操作步骤

套印不准是日常操作中常见的故障之一。造成套印不准的因素可以分为如下几大类：机器本身精度误差、安装调试误差、操作不符合规范要求、工艺编排不正确等。

1. 机械传动因素造成的套印不准

（1）机器本身精度误差造成套印不准及排除方法

①传动齿轮间隙过大，因而不能满足滚筒之间严格的位置关系；更换齿轮。

②轴套磨损，造成滚筒位置变动；更换轴套。

③叼牙磨损，叼不住纸；检修叼牙。

④递纸牙开闭凸轮磨损；更换凸轮。

⑤递纸牙的摆动滚子外套严重磨损；更换轴承外套。

⑥递纸牙的开牙轴承磨损或破碎；更换开牙轴承。

⑦滚筒的推力轴承严重磨损，造成轴向串动过大；更换推力轴承。

⑧滚筒上的开闭牙轴承磨损；更换轴承。

（2）安装调试误差造成套印不准及排除方法

①滚筒之间位置调节不合适，造成纸张交接长度过短；重校滚筒相对位置。

②叼牙力量过小，造成纸张在牙排内滑动；增大叼牙叼力。

③滚筒的轴向串动过大；重校其轴向串动，把串动量控制在 0.03mm 以内。

④递纸牙凸轮安装不正确；重校凸轮位置。

⑤递纸牙的靠塞调整不正确，造成递纸牙抖动；重校靠塞位置。

2. 纸张及环境因素造成的套印不准

纸张伸缩变形造成的套印不准。造成纸张伸缩的原因有：印刷车间环境温湿度和纸张的调湿处理不适当，以及印刷时用水量太大。这类因素引起的套印不准无法用机械调节的方法解决，只能取决于调湿处理的规范化，车间应有合理的、稳定的湿度，同时尽量减少机台用水量。

纸张的荷叶边或紧边也会造成不均衡的套印不准。可采取倒逆的方法：纸边起皱时，以热风吹去水汽；纸堆因干燥翘起时，用湿气把纸边润湿。

3. 工艺操作不当造成的套印不准

（1）操作不正确造成的套印不准及排除方法

①印刷压力过大，造成纸张在牙排内滑动；减小印刷压力。

②纸张的叼口过小或一边大一边小；调整规矩，重校叼口。

③包衬厚度调整不合适，造成套印时印迹不重合；重校包衬厚度。

④水量过大，造成纸张变形过大；减小水量。

⑤油墨过稠；加调墨油或撤黏剂增加油墨的流动性。

⑥印版安装或调整得不正确；重校印版位置。

（2）工艺故障造成的套印不准及排除方法

①拼版不准，造成个别图片位置不重合；重新拼版。

②两拼晒以上时晒得不准；重新晒版。

③连晒机误差过大；更换或检修连晒机。

④工艺编排不合理；重新编制工艺过程，尽量减少套印次数。

🗊 **相关知识**

套印准确是印刷产品的基本要求，所以每次都必须检查这项内容。

1. 检查整个图文在纸上的位置

检查整个图文在纸上的位置是否正确，以四周角线印齐为标准，两边到叼口白边的距离相等，来去居中。同时还应该经常取一沓印张，将这沓印样放在原印样上面，闯齐后捻开，检查规矩标记是否在同一直线上。如此反复几次，观察左右两边及托梢规线的准确性（没有对准的，应取出另放），以满足印刷品的裁切要求。

2. 两面套印检查

对双面印刷的印刷品，应经常检查两面套准情况。

🗊 **注意事项**

①检查规矩标记是否准确。

②印刷车间的温湿度要适当，避免纸张产生伸缩变形造成套印不准。

本章复习题

1. 如何检查印刷墨色的均匀度？

2. 引起印刷品湿、干密度差别过大的原因有哪些？

3. 引起印刷品掉粉、掉毛的原因有哪些？

4. 产生油墨粉化的原因有哪些？如何检查？

5. 如何检查折帖的准确度？

6. 套印不准有哪几种形式？

7. 造成套印不准的原因有哪些？

8. 水量、墨量调节的要求有哪些？

9. 酒精润版液中酒精比例要求有哪些？

10. 印版校正的注意事项有哪些？

11. 墨斑、墨色不匀、甩墨的印刷故障产生的原因有哪些？

12. 密度计使用要求有哪些？

第三部分

平版印刷员（高级工）

第 1 章　印前准备

本章提示

印刷效率的提高，不仅仅是提高胶印机械的工作效率，还包括缩短印刷辅助时间，因此正确认识印刷过程中所用的各种材料的性能，并做好各项准备工作是提高生产效率的重要前提。

1.1　印刷材料准备

📁 1.1.1　根据胶印机条件和印件质量要求，选用各类原辅材料

🗂 **学习目标**

掌握纸张、油墨等常用印刷材料的基本构成和印刷适性，了解这些材料的贮存与保管，能够根据不同的印刷活件及工艺要求选择合适的材料进行作业。

🗂 **操作步骤**

①认真阅读印刷施工单，正确领取各种材料。

②准备纸张和油墨。

③准备印版、橡皮布、润湿液。

🗂 **相关知识**

纸张是印刷生产中最主要的承印材料，种类多，用量大，性能各异。印刷操作者只有

掌握纸张的性能和质量标准，合理地选用纸张，才能确保印刷出高质量的产品。

1. 纸张

纸张由纤维、填料、胶料、色料四种主要原料混合成浆、抄造而成。

纤维。植物纤维是纸张的基本成分，我国常用于造纸的植物纤维有以下几种。

①茎干类纤维：来源于竹、芦苇、麦草、稻草等。

②木材类纤维：来源于杉、松、杨、桦木等。

③韧皮类纤维：来源于亚麻、大麻等。

④棉毛类纤维：来源于棉花、破布等。

填料。常用的填料有硫酸钙（石膏）、硫酸钡、滑石粉、碳酸钙、白土等。

填料的作用在于填充纤维间的缝隙，使纸张表面均匀、平滑，提高纸张的不透明度，同时还可以节约纤维的用量，降低造纸的成本。

填料用量大约为纸张重量的20%，用量过多，印刷时容易糊版，从而增加洗橡皮的次数，占用生产时间，降低生产效率。

胶料。常用的胶料有松香胶、明矾、水玻璃、硫酸铝、淀粉、干酪素等。

胶料的作用是填塞纤维表面及纤维间的空隙，减少纤维间的吸湿性，防止水化现象以及印刷变形。

色料。色料的作用是校正和改变纸张的颜色，为了生产颜色纸，对纸浆进行染色处理；或者对纸浆进行调色或增白处理，如添加适量的群青或品蓝色料，可以获得白度较高的纸张。

（1）纸张的种类

①新闻纸。新闻纸又称报纸，质地松软，吸墨性强，纸面较平滑、不起毛，有一定的机械强度。新闻纸分为平板纸和卷筒纸两种。新闻纸是凸版印刷的主要用纸，用于印刷报纸、期刊及一般书籍。

现代印报多使用高速轮转印报机或高速卷筒纸胶印机，印刷速度高达每小时3万～5万张。这就要求新闻纸应具有足够的裂断长，否则会频繁地发生断纸故障。

②凸版纸。凸版纸是凸版印刷的专用纸张，质地均匀，不易起毛，略有弹性，抗水性和机械强度较新闻纸好。在我国凸版纸常用于印刷书籍、期刊、学生课本等，应用非常广泛。

凸版纸分为平板纸和卷筒纸两种，主要用于单张和卷筒纸轮转胶印机印刷书刊的正文。

③胶版纸（也称为非涂料纸）。胶版纸质地紧密不透明，伸缩性小，平滑，是较高级的纸张；也是专供胶印机多色套印的纸张。

胶版纸分为平板纸和卷筒纸两种，主要印刷封面、画报、商标、插页、地图和各种宣传画，按施胶方式分为单胶和双胶两种。

④铜版纸（又称涂料纸）。铜版纸是在原纸表面涂布一层白色涂料经超级压光加工制成的高级印刷纸张。其表面平滑、色泽洁白，铜版纸均为平板纸，但和胶版纸一样有单面纸和双面纸之分。

铜版纸主要用于四色胶印、零件印刷和凹印中的细网线产品，如高级画册、画报、年历卡、商品样本等。

　　除上述几种常用的印刷纸张外，还有无碳复写纸、合成纸等。

　　⑤无碳复写纸。无碳复写纸是一种依靠化学材料反应（无色染料和显色剂）来达到显色效果的复写纸，它跟以往的复写纸根本的区别就是用化学材料反应显色来代替原来的涂色蜡显色。

　　无碳复写纸分为上页纸（CB）、中页纸（CFB）、下页纸（CF）、单功能自感纸（SC）四种，如图1-1所示。

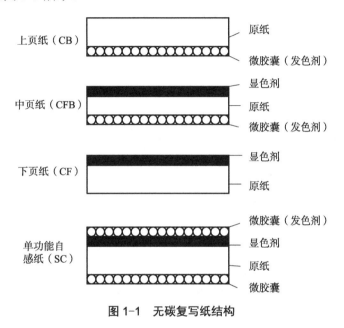

图 1-1　无碳复写纸结构

　　SC纸：正面同时涂显色剂和发色剂（正面涂布），作为无碳复写纸的上层使用。

　　CB纸：背面涂发色剂（背面涂布），作为无碳复写纸的上层纸使用。

　　CFB纸：正面涂显色剂，背面涂发色剂（两面涂布），作为无碳复写纸的中层使用。

　　CF纸：正面涂显色剂（正面涂布），作为无碳复写纸的下层使用。

　　无碳复写纸按显色不同，分蓝印纸、黑印纸或其他色印纸。

　　无碳复写纸按颜色分，有红、黄、蓝、绿、白五种。

　　无碳复写纸按耐光性分普通型和耐光型。

　　无碳复写纸按质量不同分为一级、二级、三级。

　　无碳复写纸按规格可分为平板纸和卷筒纸：平板纸的常用尺寸有787mm×1092mm，该尺寸称为正度纸，相应地也常用889mm×1194mm，称为大度纸。其余尺寸可定做。卷筒纸的常用尺寸为宽381mm、241mm、190mm，长度在4000～6500m。其余宽度可定做。

　　⑥合成纸。合成纸是以合成高分子物质为主体，用合成纤维代替纤维素纤维抄造而成的，具有类似纸的外观性质而且易于印刷的平面材料。

合成纸是指采用以合成树脂为基本成分的高分子有机化合物（如聚苯乙烯、聚丙烯、聚乙烯等塑料纤维）、人造短合成纤维和木浆等原料，经压延或挤压而成的平面材料。

合成纸在成型加工过程中，为了使其具有良好的白度、不透明度、印刷性和书写性，根据所采用的原料不同，而加入各种无机填充剂（如黏土、滑石粉、碳酸钙、二氧化铁、硫酸钡等）、增黏剂、稳定剂和防老剂等，纸张成型后，还要经过水、无机酸溶液、磷酸盐溶液、硫酸铝、消石灰溶剂处理，再经氧化剂（过氧化氢、氧化钠、臭氧、空气等）氧化处理，方能应用。

合成纸的组成结构既保留了天然纤维纸张的外观、白度、挺度、不透明度、印刷性和书写性，又具有聚烯烃塑料薄膜的轻盈、防潮、抗氧、耐酸、耐碱、防污染等优良特性。所以，合成纸成为当今世界市场上流行的印刷包装装潢高档新材料。

合成纸作为印刷材料在外观上应具有白而不透明的特征。木材纸浆经过化学药品处理，在付出利用率低、纤维素相对分子质量减少等损失之后才得到白纸。与此相反，合成纸仅做成白而不透明是很容易的。即经过白色填料充填或设计发泡层、多孔层，不仅能得到高白度，而且得到的是比天然纸还要高纯度的白色成品。同时不透明度也可以通过改变上述处理条件而有所变化。

合成纸的印刷适性应满足以下几方面要求。

a. 静电。用单张纸胶印机印刷时，常有静电发生而造成故障，因而必须进行防止带电处理。在冬季低湿度的情况下，普通纸都会经常发生静电障碍，所以使用本质上就易于带电的合成高分子做原料制成的纸张时，更应充分注意。

防止带电的方法，是添加或涂覆防止带电剂，但如果使用过量或选择错误，就会产生下述不良影响。首先会在书写时发生渗印，还会在胶版印刷时发生糊版，甚至成为油墨变色的原因。此外，添加的防静电剂如果在表面挥发就会失去作用，所以具有长期的稳定性也是要求的重点之一。

b. 硬度。众所周知，纤维素是由极硬的分子骨架为其基本构造的。与此相反，合成纸原料使用的聚合物都是柔软的。因此，与一般的薄膜和同样厚度的天然纸相比，合成纸硬度小。

c. 尺寸稳定性。任何一种合成纸，从选用材料的本质看，它对于湿度变化的尺寸稳定性，都要比天然纸优越得多，伸缩量较小，受环境温、湿度影响小。

但是，一般来说，塑料与其他材料相比，热膨胀率大，所以或许应该考虑它因温度变化带来尺寸变化，在没有温度调节的印刷车间，如果有 $10℃$ 的温度变化，则其伸缩率可计为 $0.05\% \sim 0.3\%$。从相对湿度 60% 左右的标准状态到 $\pm 30\%$ 左右的湿度变动所带来的纸的伸缩，铜版纸为 $0.5\% \sim 0.9\%$，玻璃纤维混抄纸为 $0.15\% \sim 0.3\%$。和这个数值进行比较判断，可以看出，合成纸因温度变化而带来的尺寸变化是在允许范围之内的。

在尺寸稳定性方面应该注意的是它对于印刷时动态张力的阻力比天然纸小，容易延伸。现在的合成纸，几乎都是通过上述提高挺度的方法和填充填料来改善其尺寸稳定性。

但在通常的印刷条件下，即使大致满足，在张力方面要求更严格的条件或如立体印刷那样要求精度更高的印刷过程中，也还会带来不能令人满意的结果。

d. 平面性。天然纸、合成纸无一例外，如果纸表面呈波纹状变形严重，通过印刷滚筒时就会发生套印不准，甚至发生折皱而造成大故障。

天然纸的波纹状态可以通过晾纸恢复正常，但合成纸会因湿度变化而产生伸缩，不能用这种方法校正。合成纸的波纹主要归根于复卷时张力不均匀产生的材料蠕变，所以只要注意复卷方法就能防止这种现象的发生。

另外，用于印刷食品包装的合成纸，还应符合以下条件。

ⅰ. 所采用的合成纸，必须完全符合食品包装卫生标准。即本身不发生毒性物质的迁移，无毒、无异味。

ⅱ. 具有类似天然纤维纸张的外观，表面平滑、洁白、不透明。

ⅲ. 具有较好的防潮、防水、耐热、耐寒、耐腐蚀、防蛀和防紫外线穿透等性能。

（2）常用纸的规格

①尺寸。我国生产中使用的纸张有平板纸和卷筒纸两种。平板纸尺寸分为正度和大度两种，常用正度尺寸有 787mm×1092mm，大度尺寸分为 850mm×1168mm（现已较少使用）、889mm×1194mm、880mm×1230mm 三种；卷筒纸的尺寸以纸幅宽度计，有 787mm、1092mm、1575mm 等数种，每卷纸的长度一般为 6000m。

②重量。纸张的重量用定量和令重来表示。

定量俗称克重，即每平方米纸的重量（克），单位是克 / 平方米（g/m²）。常用纸张的定量有 50g/m²，60g/m²，70g/m²，100g/m² 和 120g/m² 等多种。定量不超过 250g/m² 的，一般称为纸，超过的多称为纸板。

令重表示 1 令纸（500 张全开纸为 1 令）的总重，单位是 kg。

令重 =1 张纸的面积（m²）×500× 定量（g/m²）÷1000。

③书刊用纸的计算。书刊正文的用纸量，可以按下列几种方法计算。

按开数计算（见图 1-2）。用纸令数 = 页数 × 印数 ÷ 开数 ÷500。

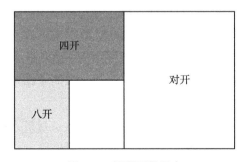

图 1-2　纸张开数示意

按基数计算。基数是指各种开本数的倒数，如 32 开，基数为 1/32，算法为用纸令数 = 页数 × 印数 × 基数 ÷500。

按印张计算。用纸令数 = 印张数 × 印数 ÷ 1000。

书刊封面（平装书刊）的用纸量，计算方法和正文的计算方法基本相同，只是要把书脊的用纸量考虑进去。

（3）纸张的印刷适性

印刷适性是指承印物、印刷油墨以及其他材料与印刷条件相匹配以适合于印刷作业的性能。因此，要提高印刷品的质量，必须根据印刷品的特点及要求，根据所用机械设备和印版性能，正确地选择和调整油墨、纸张，并正确处理它们与印刷间的相互关系，才能实现理想的印刷效果。

纸张的性能对于选择印刷油墨、印刷压力都有很大的关系，是决定印刷品质量的主要因素之一。纸张性能的测定指标主要有以下几个方面。

①平滑度。纸张的平滑度反映纸张表面光滑、平整的程度。纸张的平滑度具有左右印品质量的作用。表面粗糙的纸张，很难得到理想的印迹。

通常所说的平滑度，是指在一定的真空度下，一定体积的空气，通过一定压力、一定面积的试样表面与玻璃面之间的间隙所需要的时间，以秒（s）来表示。

印刷的目的在于真实地再现原稿，印迹的转移除了与印刷压力、油墨的性质有关外，纸张与橡皮布是否良好接触也是一个重要因素。平滑度高的纸张，印刷时能以最大接触面积与橡皮布接触，能均匀、完整地实现油墨的转移，使图像网点清晰、饱满，准确还原图像的阶调与层次。

②白度。纸张的白度反映纸张洁白程度，它直接影响印刷品的呈色。白度较高的纸张，几乎可以均匀地反射出入射白光中的全部色光，使印件上的色泽分明、纯正。发灰的纸张要吸收部分色光，难以如实地表现印版上的阶调反差。

③吸墨性。纸张对油墨中连结料吸收的程度，一般称纸张的吸墨性。吸墨性过强，印刷品干燥后，表面颜料容易发生脱落现象；吸墨性过弱，印迹不易干燥，会发生背面蹭脏现象。

不同的印刷方式要求所用纸张的吸墨性能是不一样的：多色平版印刷要求所用纸张的吸墨性不必太强，而报业轮转机印刷时则要求纸张有较强的吸墨能力，以适应较高的印刷速度。

④不透明度。纸张的不透明度是反映纸张透印程度的指标。

在双面印刷中，一般采用不透明度较大的纸张，以防止印迹透印到纸的背面，影响读者的阅读效果。

⑤含水量。一定重量的纸张所含的水分重量与纸张总重量之比，称为纸张的含水量，用百分比表示。

纸张的含水量随环境温度、湿度的变化而变化。一般纸张的含水量调节在 5.5% ～ 7.5%，与车间温度 18 ～ 22℃，相对湿度 60% ～ 70% 相适应进行印刷作业，可以提高套印精度。

纸张在从造纸厂出厂、运输、贮存过程中，受气候变化的影响，会造成纸张的变形。

当空气中含水量大于纸张的含水量，纸张吸收水分，纸张中间含水量少，边上含水量多，则出现"荷叶边"现象；如空气中含水量小于纸张的含水量，则纸边的水分被蒸发，会出现"紧边"现象；当纸张正反面的含水量不等时，则使纸张出现"卷边"。纸张出现变形，也就造成印刷过程中套印不准和纸张褶皱，如图1-3所示。

为减少纸张在印刷中产生故障，使纸张的含水量适应印刷的要求，并与印刷环境的温度、湿度相适应，平印纸张一般都需要进行适印处理，处理方法最好用晾纸方法，使纸张与印刷车间的温度、湿度一致，纸张自身的含水量均匀。

⑥丝缕。纸张的丝缕指纸张中大多数纤维的排列方向，有纵丝缕和横丝缕之分，如图1-4所示。两个方向的物理性质不同，因此，印刷时若走纸方向不同，会对印刷质量产生一定的影响。

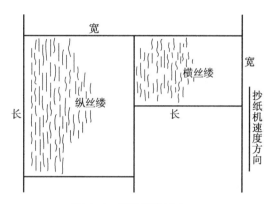

图1-3　气候变化造成的纸张变形　　　　图1-4　纸张丝缕示意

平版印刷中对纸张纤维的排列方向也很注重，纤维方向不一致，影响输纸和套印精度，为保证套印准确，最好同一块印版所用纸张的纤维方向是一致的。一般使纸张纤维的排列方向平行于印刷滚筒的轴向进行印刷。纸张的纤维方向要在印刷之前进行判别，常用的方法有撕纸法、纸条弯曲法、纸页卷曲法等。

撕纸法。由于纸张纵向、横向的裂断长不一样，常采用撕纸法。顺着纤维的方向用力较小，且断面比较整齐，垂直于纤维的方向用力较大，撕断面不整齐，由此可判断纸张纵、横方向。

纸条弯曲法。沿原纸样边平行地切取两条互相垂直的长200mm、宽15mm的纸条，将其重叠，用手指捏住一端，使另一端自由地弯向左方或右方，如果两个纸条分开，下面的纸条弯曲大，则为纸张的横向；再将两纸条弯向另一方，如上面的纸条压在下面的纸条上，两纸条不分开，则上面的纸条为横向。

纸页卷曲法。沿原纸样的边平行地切取50mm×50mm见方或直径为50mm的圆形纸片，并标出相当于原试样边的方向，然后将试样片漂浮在水面上，试样向上卷曲时，与卷曲轴平行的方向为纸的纵向。

⑦抗张强度和伸长率。抗张强度是指在标准试验方法规定的条件下，单位宽度的纸或纸板断裂前所能承受的最大负荷，单位为kN/m。抗张强度主要取决于纤维之间的结合力

和纤维本身的强度。

伸长率是纸张被拉伸至断裂时的伸长长度与原来长度的百分比。

绝大多数的纸张，受拉力或压力后都有不同程度的伸长，尤其是与纸张丝缕方向相垂直的方向上伸长更为明显，给双面或一次多色印刷带来套印不准的弊病。

抗张强度和伸长率对于在轮转机上印刷的纸张是十分重要的技术指标。印刷时，纸带在张力浮动辊的作用下处于张紧的状态，如果纸的抗张强度低于施加在纸带上的张力，印刷时容易经常出现"断纸"故障，影响印刷作业的生产效率。因此，轮转机印刷一般对纸的抗张强度有一定的要求。

⑧施胶度。纸张的施胶度反映纸张吸水性的强弱，即水在纸面上渗透和扩散的程度，同时也说明纸张耐水性的大小。施胶度是采用"标准墨水画线法"来测定的。

不同的方法，对纸张的施胶度有不同的要求，胶版纸的施胶度一般为0.75mm。

除上述几种主要性能外，纸张的色泽、酸度等也与印刷有着密切的关系，因此，掌握好纸张的性能，是保证印刷正常进行的关键因素之一。

（4）纸张的贮存与保管

纸张用量在印刷厂是很大的，一般工厂都需要贮存纸张，而纸张又属易损物品，容易老化、脏污、破损等，因此贮存纸张要有科学的管理知识，如贮存纸张的场地、条件、温度与相对湿度、通风等，以延长纸张的寿命。

①纸张的贮存条件。

纸张贮存的场地应是通风良好的仓库，温度和相对湿度要得当。

各种纸张都含有一定水分（包括合理的含水量），且在一定条件下具有吸湿性。纸张中的水分随着温度与相对温度的变化而变化，如果存放环境湿度过大，其含水量就增大，纸张就会出现皱褶，如遇连续降雨或梅雨季节还会霉变，造成纸张的浪费。纸张贮存应该注意以下四点。

a. 仓库内通风，温度与相对湿度得当。

b. 存放纸张时应将其放置于纸台上，避免纸张与地面接触受潮（最好有立体仓库贮存纸张）。

c. 长久贮存的纸张不要靠近墙壁或潮湿物品。

d. 纸张切忌露天放置。纸张内含有一定的水分，是为了保证纸张的柔韧性，如果纸张露天存放（即使盖上遮布），日晒、风吹会使纸张水分蒸发，纸张强度就会降低，且产生变色、变脆、翘曲不平等弊病，给印刷装订带来很大困难。如果将纸张（或页帖）放置在暖气旁同样会出现以上情况。因此贮存时要注意不但要防潮湿，也要防干热，以保证纸张的正常使用。

②纸张贮存方法。

纸张保管除要有科学的贮存条件外，还应注意其贮存方法。

a. 搬运纸张时，不得抛掷或用铁器钩挂，禁止野蛮搬运。

b. 贮存纸张应按进纸日期顺序整齐堆放，不能因搬放使纸张受到损伤。

c.贮存纸张的仓库要采取防虫害措施，避免虫蛀鼠咬。

d.贮存时间过长的纸张，应定期检查或倒库存，以防老化损坏，并应有防火措施和设备。

2.油墨

油墨是在印刷过程中被转移到承印物上形成耐久的图文图像物质。印刷用的油墨是由颜料、连结料、填充料和附加料按照一定的配比量相混合，经过反复研磨、轧制等工艺过程而成的复杂胶体，如图1-5所示。

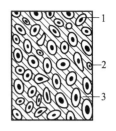

图1-5　油墨结构

1—颜料；2—填充料；3—连结料

颜料。颜料是色料的一种。油墨的颜色、着色力以及耐碱、耐水、耐酸、耐光的性质，基本都取决于颜料的性质，而油墨的干燥性、遮盖力和比重等也部分取决于颜料的性质。可见，颜料是油墨的主要成分。

油墨中使用的颜料，均为粉末状的有色物质，不但溶于水且能均匀地分布在介质之中，根据其化学成分的不同，分为无机颜料和有机颜料两种。

无机颜料的遮盖力较强，尚能耐热，但着色力、色彩的鲜艳程度远不及有机颜料，常用于油墨制造中的颜料有铁蓝、钛蓝、钛白、锌白、炭黑等。

有机颜料绝大部分具有较强的着色力、色泽鲜艳夺目、浓度高、重量轻、性质优良，因此，目前彩色油墨主要用有机颜料配制。

连结料。连结料是油墨的主体，也是使油墨成为流体的原料，它的作用主要是使颜料和填充料能很好地固着于纸面上，并使印品有一定的光泽。它又是油墨中唯一的媒介物质，它的黏度、色泽、拉力、抗水性、干燥性、气味等，决定了油墨性能的优劣。

填充料。填充料是白色或无色透明的粉末状物质。它的作用是减淡一些颜色的饱和度、减少颜料的用量、降低油墨的成本等。此外，它还起调节油墨的流动性、调节颜色等作用，它的质地也会影响油墨的质量。

附加料。附加料也称辅助剂，它是在油墨制造或者印刷使用过程中，加入油墨中用以改变或提高油墨印刷适性的物质。常用的附加料有干燥剂（也称燥油）、撤黏剂、调墨油、冲淡剂等。除此之外，为了提高油墨的各种抗性，有时还根据需要，加入适量的抗性增强剂，如抗摩擦剂、消色剂、抗化学腐蚀剂、静电防止剂等。

（1）油墨的分类

油墨的种类繁多，可以按各种方法进行分类。

按印版类型分。

按印版的类型可分为凸版油墨、平版油墨、凹版油墨、柔版油墨、孔版油墨等。

按承印材料分。

按承印材料种类的不同可分为书刊油墨、彩色包装油墨、塑料油墨、玻璃油墨、陶瓷油墨等。

按干燥方式分。

按油墨的干燥方式可分为渗透干燥油墨、氧化聚合（结膜）干燥油墨、挥发干燥油墨、紫外固化干燥油墨（UV 油墨）、热固型油墨等。

按用途分。

按印刷品的不同用途可分为荧光油墨、磁性油墨、防伪油墨、隐形油墨、感温油墨、金属粉油墨、芳香油墨等。

（2）油墨的印刷适性

油墨的性质也是决定印刷品质量的主要因素，因此检验并测定油墨的主要性质及印刷适性，在整个印刷过程中显得十分重要。

颜色。油墨的色相和色调在人视觉器官中的反映，就是我们常说的颜色。

油墨的颜色往往会因油墨的厂家、生产批号不同而有所差异，因此在调配油墨时必须检查是否合乎要求，大多数印刷操作者采用刮样法来检查油墨的颜色：取少许油墨试样涂于白色胶版纸上，然后用刮墨刀将油墨刮薄，再把标准油墨照同样方法处理，用肉眼作出比较即可。

着色力。着色力也称为油墨的浓度，与印刷质量和印刷成本有着密切的联系：着色力强的油墨，印刷时用量少，印刷适性也好。目前普遍采用加白墨的方法与标准墨的着色力进行比较，用百分比表示，即着色力（%）= 被检测油墨所用白墨量标准油墨 ×100%

遮盖力。当把油墨涂成很均匀的薄膜时，承受油墨薄膜的物体底色的显示程度，即表示此种油墨遮盖力的大小。

细度。细度是表示油墨中颜料、填充料颗粒大小和颜料在连结料中分布的均匀程度的物理量。在印刷过程中，油墨颗粒越粗，越容易发生糊版，同时较粗的颗粒在印刷压力的作用下，也会对印版产生"磨版"作用，从而降低印版耐印力。

流动性。油墨在自身的重力或外力的作用下，像液体一样流动的性质称为油墨的流动性。适当的流动性，可以保证印刷过程中油墨的顺利转移。

油墨的流动性一般用流动度测定仪来测定。

黏度。油墨在分子间内聚力作用的影响下，产生阻碍其分子运动的能力，称为油墨的黏度或内摩擦力。

油墨的黏度是决定油墨传递性能、印迹耐摩擦和印迹光泽的主要因素之一。黏度过大，印刷时传墨不匀，当纸张表面强度较低时，容易发生掉粉、掉毛现象；黏度过小，油墨容易乳化，印刷时版面起浮脏，影响产品质量。

屈服值。油墨屈服值表示油墨开始层流时，需要施加的最小作用力，它是用来表征油墨由弹性变形到流动变形过程的黏滞现象和性质的。

屈服值过大的油墨在胶印机上印刷时不易打开，流动性较差；屈服值过小的油墨印刷时网点易起晕、不清晰。

触变性。在油墨温度保持一定的情况下，对静止的油墨施加一定的外力搅拌作用后，油墨逐渐变稀变软，易于流动，当外力停止后，油墨恢复原来稠硬状态，流动性变差。油墨的这种随外力作用而流动性逐渐发生变化的性能被称为油墨的触变性。

在印刷过程中，油墨的触变性并不是越大越好，胶印油墨触变性过强会使油墨在墨斗中不易转动并难以输墨；但若是油墨的触变性过小，则会出现图文网点空虚现象。

黏滞性和拉丝性（延性）。在印刷过程中油墨的拉丝现象是正常现象。因为油墨在传递的过程中，一直在辊与辊之间、辊与版之间连续转移，当油墨被强制性地送入两辊相触压的中间时，油墨受到压力成为紧密黏滞的一体，但当两辊体转开时，油墨受到两个方向的拉伸力作用，如图1-6所示。

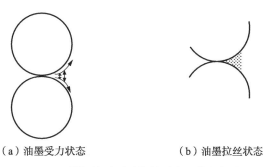

（a）油墨受力状态　　　　　　　（b）油墨拉丝状态

图1-6　墨辊转动时油墨的受力及拉丝状态

油墨的黏着性是指油墨在传递过程中被分离时的阻力。而油墨形成丝状的能力，称为油墨的拉丝性（延性）。

印刷中油墨的黏着性与拉丝性对于油墨的转移和印刷质量是至关重要的，若油墨的黏着性大，遇到表面强度低的纸张时，会出现纸的表层被剥离，即"拉毛"现象，影响产品印刷质量；若油墨的黏着性小，墨丝分离后回弹无力，导致印迹边缘扩散，网点扩大，图文不清晰。

在多色套印时，若后一色油墨黏着性大于前一色，印刷时把前一色油墨从纸上拉出，影响色相还原。

化学耐受性。油墨的化学耐受性主要是指耐光性，耐酸、碱性，耐水或溶剂性。

油墨的耐光性是指印刷品在长时间的日光照射下，保持印刷墨层颜色不变的性能。

油墨的耐酸、碱性是指印刷品上的墨迹在与酸性或碱性物质接触后不发生颜色变化的能力。

油墨的耐水性是指印迹与抵抗水浸润的能力。

油墨的耐溶剂性是指印迹与有机溶剂接触后不发生变色的能力。

随着印刷技术的发展，印刷品完成印刷后还要进行后序工艺处理，如覆膜、上光、烫印等，在处理过程中要接触到醇、酯类的溶剂，若是油墨耐溶剂性较差，处理后会出现印刷品褪色或变色现象，影响印刷品质量；有些印刷品在使用中要接触酸性或碱性物质，如药品包装、日用化妆品包装、书刊装订中接触的糨糊等，耐化学性差的油墨在使用中会出现褪色变色现象，严重时会影响到印刷品的使用。因此，要求此类印刷品印刷时所使用的油墨具有一定的耐化学性。

（3）UV油墨

UV油墨是近年来迅速发展起来的一种光固化油墨。当印刷完成后，油墨附着在承印物表面，经紫外线干燥设备光照处理后，即在UV光的照射下发生交联聚合反应，瞬间固化成膜。实际上，UV油墨在固化过程中产生一种经由聚合物高密度交联结合所产生的结构，不但具有高度的坚韧性，也因而具有抗污染、抗磨损以及抗溶剂的特性，印品有着别具一格的视觉效果，色彩鲜艳、明亮，呈现纹理，显得高雅、华贵。UV油墨除了可以印刷在普通承印物上，还可以适用于薄膜、塑料、金属化纸张和合成纸张等非吸收性材料上。UV油墨迅速干燥和承印物范围宽广的特点使得其在印刷行业飞速发展，迅速占领了一部分市场，并有着广阔的发展空间和强劲的发展势头。以下将对UV油墨的性能及其应用展开一些探讨。

1）UV油墨的性能

UV油墨的主要成分包含：有机颜料（Pigment）、光聚合性预聚物（Oligamer）、感光性单体（Monomer）、光聚合引发剂（Photoinitiator）、添加剂（Filler）等。UV油墨对UV光是选择性吸收的，它的干燥受UV光源辐射光的总能量和不同波长光能量分布的影响。UV光源辐射的是一个波段内的光，其中波长为300～310nm、360～390nm的光的能量分布是较好的。在UV光的照射下，UV油墨中的光聚合引发剂吸收一定波长的光子，激发到激发状态，形成自由基或离子。然后通过分子间能量的传递，使聚合性预聚物和感光性单体等高分子变成激发态，产生电荷转移络合体。这些络合体不断交联聚合，迅速固化成膜。

UV油墨包括UV磨砂、UV冰花、UV发泡、UV皱纹、UV凸字、UV折光、UV宝石、UV光固色墨、UV上光油等多种特种包装油墨。

2）UV油墨的优点

①不含挥发性的有机物。多数UV产品含有很少或是完全不含有机溶剂，不会有溶剂侵蚀破坏印刷物，不会污染人体及环境。

②适于非纸承印物。可以印刷在普通承印物上，还可以印在薄膜、合成纸、金属化纸张或塑料等非吸收性材料上。

③适于即时印后处理。经紫外光照射后可以迅速固化，从而能立即进入下一个工序，进行表面处理、反面印刷或是加以装订。

④固化后既耐磨又抗划伤。油墨固化后转变成一种硬质聚酯薄膜，附着在承印物的表面，具有优良的耐磨性能又有很好的抗划伤能力。

⑤简便与库存少。新的UV印墨只需具备四种基本色即可混成所需之颜色，且其印刷墨膜厚度薄，所需墨量减少，故十分简便，库存亦可以减少。

⑥不透明度易控制。可依标准比例加入颜料或色素于延伸基内达到所要的明度。

⑦配色能力强。调整油墨的黏度、色调及明度，则可配出丰富的色彩，只要将基本色两种或两种以上混合就可获得多种颜色。

⑧用墨量省。因为UV油墨中不含溶剂，故只需传统油墨用量的1/3～1/2的用墨量

即可获得预期效果。

⑨上墨辊及印版不被阻塞。未经照射过的 UV 油墨，即使在墨辊或印版上停留 48h 都不会干燥，因此不必担心辊上结皮或印版阻塞。

⑩光泽度好。UV 印墨的光泽度很好，可以使涂层呈现耀眼的光泽。在正常环境下不会因阳光照射而马上干固，在墨罐中不会结皮。

3）UV 油墨的缺点

①油墨清洗困难，需要有专门的清洗剂。

②UV 油墨保存期限不长。目前 UV 油墨保存期限都不长，原因是 UV 油墨较易产生胶化变质的现象。

③UV 的产品只会在 UV 直接照射下干固，而干固设备价格昂贵，印刷基本设备投资价格高。

④UV 光穿透较厚和含有颜料的涂料有困难，容易造成油墨固化不彻底，附着力差。

⑤原料价格过高，印刷耗材成本增加。目前原料价格偏高是由于市场较小，再加上高金额的研究费用，才造成产品单位价格高于传统的产品，且国内的 UV 油墨多采用进口的，更增加了成本。

⑥UV 产品可能的危险性。多数 UV 产品在没有干固前可视为皮肤刺激物。但是这些产品，由于挥发性低，在操作使用时若能保持穿戴护肤手套和护目眼罩的习惯，就会减少这类问题。

⑦黏固性不佳。一般而言，和传统产品相比，UV 油墨对一些物料包括钢片和铝片的黏固性不佳，可以做一些化学上的改进和做预烘焙处理，可以消除一些黏固性不佳的问题，同时也可降低在干固过程中由于收缩所带来的压力。

⑧UV 油墨印刷的纸张难于脱墨，因此不能回收再利用。

UV 油墨主要应用于高附加产值的印品，如高档、精美别致的烟酒、化妆品、保健品、食品、药品等包装印刷。

4）UV 油墨的应用特点

①无须喷粉，油墨本身固化在承印物表面。

②UV 油墨并非所有的材质皆通用其附着性，须依个别不同性质油墨个别试验。

③干燥时能量需求低。一个典型的辐射干燥生产线消耗的能量，只有用红外热能干燥所需能量的 1/5 ～ 1/4。

④不能与一般油墨混合使用。

⑤光固化速度极快，UV 设备体积小，占用厂房空间少，UV 灯散发出的热量不会对那些怕热的印刷物造成损伤。

5）UV 油墨的选用

①UV 油墨中的颜料。

UV 油墨的颜料包括无机颜料和有机颜料两大类，黑墨和白墨的颜料一般采用无机颜料，彩色油墨基本采用有机颜料。不同颜料对紫外光谱的吸收和反射不相同，因而 UV 油墨固化速率由于颜料的不同也有一定的区别。例如，透明度好的颜料，由于紫外线透射率高，所以固着速率快；炭黑的紫外线吸收能力较高，固化得最慢；白色颜料的强反光性也防碍了固化。

UV油墨中的黑色颜料一般都为炭黑，其对紫外光和可见光的吸收性很强，因此炭黑着色油墨是UV油墨中最难固化的，但由于其遮盖力较强，较少用量就可获得满意的着色和遮盖效果，弥补了光固化的问题。

UV油墨中颜料的选择必须考虑颜料对紫外光的耐受性以及在紫外光辐射下色相的稳定性和颜料的迁移性。对于UV油墨中的白墨和黑墨来说，则需要很好的遮盖力和对光的吸收率。UV油墨一般有锐钛晶型和金红石晶型，锐钛晶型的白色油墨吸收波长较高，遮盖能力也较强，但金红石晶型对紫外光的吸收和放射、反射作用相对较弱，有利于紫外光辐射下油墨的固化。由于其遮盖力不够，需要较厚的墨层才能获得足够的遮盖（打底）效果，这将导致油墨的流动性差，因而使用中通常将两种类型的颜料调配使用，以获得较好的平衡效果。

颜料对UV油墨影响的另外一个方面是阻聚问题。很多颜料分子结构含有硝基、酚羟基、胺类、醌式结构等，这类结构的化合物大多是自由基聚合的阻聚或缓聚剂，颜料耐溶性不好，溶解部分的色素分子就充当了阻聚剂的作用。同样，颜料中杂质的阻聚作用也不容忽视，不同厂家的同种颜料可能会有不同的阻聚效果。

有些颜料对油墨的光固化有促进作用，如金红石晶型钛白在亚甲基蓝共存下，可促进油墨的自由基先固化。颜料对油墨体系黏度稳定性的影响也必须加以考虑。有的颜料含有活性氢等易形成自由基的结构，与树脂长时间接触，即使在暗条件下，也可能通过缓慢的热反应产生自由基，导致油墨黏度逐渐增加，直至油墨不能使用。

②UV油墨中的低聚物。

低聚物和单体构成油墨基本骨架，决定了包括硬度、柔韧性、附着力、光学性能、耐老化等油墨干燥固化后的基本性能，显然这些性能与光聚合反应程度有关。UV油墨固化后，墨膜层体积会产生一定的收缩，如果体积收缩率较大，将对固化体系产生明显的收缩应力，导致油墨吸附力下降。因此应用于UV固化油墨中的低聚物需考虑以下几个因素。

a. 低聚物本身的光固化性能和固化膜的性能。

b. 低聚物与颜料之间的相互作用，如润湿性、分散性、稳定性。

c. 低聚物对油墨适应性的影响。

根据上述要求和不同的印刷工艺，对低聚物在UV油墨中进行相应的搭配，以取得最佳的使用效果。例如，胶印油墨要考虑疏水亲油性，柔印油墨应重视干燥固化问题，丝印油墨应关注吸附性。

③光引发剂的选择与颜料的匹配。

在UV油墨的配方中，由于颜料的强烈吸光和反射作用，使一些对光引发剂有效的紫外射线被屏蔽掉，光引发剂吸光困难，导致体系固化速率大大降低，甚至不固化。

确定颜料吸收光谱上的透光窗口是解决光屏蔽问题的有效途径。颜料一般都存在强弱不同的透光窗口，选择与透光窗口相匹配的光引发剂是提高 UV 油墨光固化速率的关键。根据吸收光谱确定颜料透光窗口，还应当考虑颜料的光反射情况，色相不同的颜料，其透光区间与强度是不一样的。只有将颜料的吸光性质和反射性质相结合，才能确定各种颜料透光窗口波长的范围和强度。然而真正对光引发剂有效的是能够穿透颜料着色本底的透射光，而且窗口所在波长还应恰当，合适的窗口波长应在 300～420nm 范围内。因此 UV 油墨基本上就是根据颜料透光窗口的波长位置来选择光引发剂。一般来说，四色颜料透光性能由强到弱依次为：品红色＞黄色＞青色＞炭黑色。

上述顺序也适于 UV 油墨的光固化速率。根据这种序列关系，在多色套印时要求把最难固化的颜色先印，容易固化的后印。这样可避免难固化的墨层对易固化的墨层的光屏蔽，同时也使难固化墨层有多次接受紫外光辐射的机会。当然在具体的工作中，由于配方可能不同，各色油墨固化难度顺序可能会发生一些改变。

墨膜厚度和光引发剂的浓度对光固化速率的影响不容忽视。根据光吸收定律，光引发剂浓度越大，光的穿透厚度越小，因此对于厚的墨膜层，若要让其底层有足够的光引发聚合，则必须使用浓度较低的光引发剂。故墨膜表层固化和底层固化是相矛盾的，表层固化要求光引发剂浓度高，以克服氧阻聚的影响，而底层固化则要求光引发剂浓度低，以达到最大的固化速率，因此必须通过实验才能达到两者兼顾。

④ UV 油墨的印刷色序。

UV 油墨对光线选择性地吸收，而不同的墨色吸收光能量的多少也不尽相同。因此，光固化油墨一般严格规定了印刷的先后顺序，即色序。科学的色序是依照油墨体系中的波长而定的。不是像铅印、胶印所使用的油墨那样要根据三原色来安排印刷油墨的先后，而光固化印刷油墨则严格按其波长安排色序。否则光固化后很难实现一致干燥，特别是色相的灰度平衡。UV 油墨中固化速度最快的颜色是彩色四色印刷中的蓝色，其次是洋红和黄色。黑色油墨的固化速度较慢，最难硬化的要数不透明的白色了。不但如此，不透明白色在 UV 光线的照射下，还会有发黄的趋向。有些调配色也是非常难干燥，如由黄色和青色调配而成的绿色，同样的金属色，金色、银色也存在同样的问题。因此，进行 UV 彩色印刷时的顺序应为黑色→青色→黄色→洋红色。

⑤ UV 胶印。

采用 UV 油墨胶印时，应注意以下几点。

a. 根据不同性质的承印物选择适当的配方，以满足印刷品的使用功能。考虑的因素有油墨的透光性、干燥固化速率、油墨的遮盖性及印刷品表面的光泽度等。

b. 在彩色印刷中，颜料的有色体吸收 UV 光子程度各不相同，各色油墨固化程度也不同，其透过率由高到低依次为 M、Y、C、K。透过率直接影响光子对光引发剂的激发能量，因此将印刷色序安排为 K、C、Y、M，能使透光性较差的油墨尽可能多地吸收光子，增强其固化作用。

c. 应用酒精润湿液可以降低表面张力，促进固化作用。通过改良 UV 油墨配方和添加相应的助剂可以增加油墨的疏水性。但在实际胶印过程中，在对印版涂覆润湿液时，亲油的图文区域总涂覆有少量细小水珠，尽管它们与亲油表面亲和力差，在印版涂覆上油墨时，这些小水珠被吸纳到油墨本体中，产生一定程度的油墨乳化，这看起来和油墨高度疏水的特性相矛盾，其实是个度的把握问题。油墨过强的疏水性会导致油墨在亲油—亲水区域边界上的收缩，在印品表达一些细微结构时可能出现偏差，印面边界不清晰，影响印刷分辨力和质量。

d. UV 油墨印刷对纸张表面张力要求比较高，纸张强度不够，易出现拉墨现象。特别在金、银卡纸表面印刷时，由于这类纸张表面光滑，对油墨的亲和力比较小。UV 油墨经压印传递到纸张后，通过紫外线的辐射，发生交联固化反应，形成油墨膜层，附着在纸张表面。如果纸张表面张力不足，当第二色叠印到其上时就容易把第一色的墨拉掉。因此在UV 油墨印刷中，要求通过增加纸张表面张力和改善这方面的性质，以及合理安排色序和调整印刷工艺中相关的工艺。

注意事项

①高功率的紫外线如果直接接触会对人眼睛或皮肤造成灼伤，操作人员一定要配备护目镜或采取其他保护措施。

②UV 油墨保存温度应在 5℃以上，油墨会因光照或温度的变化而变化，所以要避免光线的直射。

③UV 油墨不含爆发性或蒸发性溶剂，由于受到紫外线光的照射，会引起反应，所以在受到光照之前，不能在印版上干燥。

④使用金属卤素灯，照射距离 10cm 左右，一次光照通过。

⑤灯的光谱分布与选用油墨的引发剂要相匹配。

⑥UV 灯的石英管壁工作中温度一般约为 800℃（据功率调节有一定变化），纸张粉屑，空气中的灰尘粒，灯管上的指纹、污迹等一旦经过高温过程，就变为永久性残留，影响 UV 光的发射。所以，经常性进行灯管的日常保养非常重要（软布蘸适量无水酒精全周擦拭）。

⑦功率衰减的灯管会造成印刷上的困扰，通常 UV 灯辐射强度降为 75% 时，输出效率降低，就较难实现有效固化，所以必须及时更换，以免影响整体作业。

（4）纸张与油墨的选用

在印刷时根据不同的承印物和产品用途选用不同的油墨。例如，铜版纸印刷应选用快干亮光型油墨，胶版纸应选用树脂型胶印油墨，亚粉纸宜选用亚粉纸专用油墨，对于金卡纸等无吸收性或者吸收性差的承印物不宜选用渗透干燥型油墨进行印刷。

另外，印刷产品的不同用途也是选择油墨的依据，招贴画应选用耐光油墨，食品包装或儿童玩具要选用无毒油墨，上光、贴膜应选用耐热耐醇油墨，特殊的包装，如烟、酒类的包装用品上可选用荧光、珠光油墨，越来越多的企业为了确保印品质量稳定而选用 UV 油墨进行印刷。

3. 润湿液

平版印刷是利用油墨和水不相混溶的原理和固—液选择性吸附的规律，使油墨和水在同一版面上保持相互平衡的关系，实现图文转移的。

润湿液是平版印刷实现油墨转移的重要手段，因此，在一定的印刷条件（如印版、纸张、油墨、机器运转速度）下，控制印版上润湿液的供给量，是实现油墨转移、保持水墨平衡的关键。

润湿液又称水斗溶液，由水、无机酸、无机酸盐和表面活性剂等成分组成。了解润湿液的性质、掌握润湿液的正确使用方法，对印刷操作者具有重要意义。

（1）润湿液的种类

润湿液根据其主要成分可分为以下两类。

①酒精型润湿液。

乙醇和异丙醇是表面活性物质，能降低润湿液的表面张力，使印刷空白部分的润湿性能大大提高，减少了"水"的用量，从而降低了油墨的乳化程度。乙醇的另一特点是挥发迅速，在挥发的同时带走大量的热量，使印版表面的温度降低，对于工艺控制极为有利，但乙醇的挥发也会使润湿液的表面张力升高，如果不及时补加，会使其润湿性能变差，导致脏版。当空气与乙醇蒸气的体积比达 3.3% ～ 19% 时，极易燃爆。

由于乙醇成本较高，为了减少挥发，通常此类润湿液温度控制在 4 ～ 15℃，主要用于质量要求较高的精细产品的印刷。近年来，由于乙醇属于有机挥发性溶剂，为了保护生态环境，国外已明令限制使用乙醇作为润湿液添加剂。

②非离子表面活性剂润湿液。

此类润湿液是用非离子表面活性剂取代低级醇（乙醇和异丙醇）配制的，不仅具有溶液表面张力低、润湿液用量少、润湿性能好等优点，还具有不易挥发、低成本、使用安全等优点，已成为高速多色平版胶印机上使用的理想润湿液。但因表面活性剂是乳化剂，极易引起油墨的乳化，故而在使用时要严格控制润湿液的浓度。

非离子表面活性剂润湿液主要用于 PS 版印刷。

（2）润湿液的主要技术指标

①表面张力。

润湿液的表面张力要与印刷油墨的乳化难易程度相适应，即不易乳化的油墨，润湿液的表面张力可适当降低些。

②电导率。

过去企业通常用润湿液 pH 值的高低来衡量溶液中正负离子的浓度，由于同离子效应及缓冲溶液的存在和工艺需要，润湿液浓度变化很大，但其 pH 值的变化却很小，显然以 pH 值的大小来衡量溶液浓度的高低是不精确的，而溶液浓度的变化就是其正负离子浓度的变化，电导率能精准地反映润湿液浓度的变化。

③pH 值。

润湿液中的氢离子（H+）浓度的高低要与油墨的油性大小相匹配。油性大的油墨，由于其游离脂肪酸高而容易脏版，因此润湿液中 pH 值要适当降低些，用量以使印版不起脏为限。在印刷过程中，要求润湿液的 pH 值不仅要适中，而且还要保持稳定，因此润湿液大多采用缓冲溶液分步电离来达到此目的。

④水的硬度。

水是润湿液的基本组分，用量达 90% 以上。硬度是水的一项重要指标，一般把 1L 水中含有 $1\times10^{-2}g$ 氧化钙称为 $1°$（或称德国度），水的硬度在 $8°$ 以下称为软水，$8°$ 以上为硬水。水的硬度偏高，使润湿液在印刷过程中和油墨中的组分发生化学反应，生成不溶于水的钙盐或镁盐，并引起脏版故障。用阳离子交换树脂可使硬水软化。

对于彩色印刷来说，润湿液最好是无色透明的，否则会影响印刷时的色彩还原。

⑤润湿液温度。

润湿液的温度一般控制在 $10 \sim 12℃$ 是比较合适的。因为这样可及时降低印版的温度，使印版的图文墨层有合适的流变性能，能对印刷质量进行有效控制。

⑥沉淀量。

所谓沉淀是指从溶液中析出固体物质的现象，这是由于化学反应生成溶解度小的物质的缘故。润湿液中的某些组分在水中的溶解度不高也容易出现这种现象。

在有水印刷时，有时纸粉、纸毛或者喷出的粉末也会混入润湿液中堵塞供水管、回水管，使自动循环供液装置失效。因此，印刷时应注意及时检查并消除润湿液中的沉淀物。

（3）润湿液的性质与作用

1）润湿液的性质及要求

①能润湿印版。

②具有去除油腻和清洗印版的功能。

③控制油墨的乳化程度。

④不影响印迹的干燥速度。

⑤ pH 值应控制在 $4.5 \sim 6.0$。

2）润湿液的作用

①使处于同一版面的图文部分和空白部分的油墨和润湿液平衡。

②清洁印版表面，使印版的空白部分不感脂。

③可以防止图文部分扩大和缩小。

④可以降低印版的表面温度。

（4）润湿液的使用

润湿液有不同的种类，一般根据不同的成分配制成原液或固体粉末、片剂。使用时用水与之混合到所需的浓度即可上机使用。

使用润湿液要根据不同的印刷材料和生产条件，严格控制润湿液的 pH 值，充分发挥润湿液的作用。既要清洗印版，防止空白部分起脏，又能稳定地生成无机盐层，补充空白部分的亲水基础，使印版图文部分和空白部分保持相对稳定，从而实现油墨的良好转移，使生产正常进行。

润湿液的使用主要取决于以下条件。

①版面图文部分的载墨量及图文结构的分布情况。

a.图文载墨量大，则润湿液的用量多；图文载墨量小，则润湿液的用量少。

b.图文分布稠密，则润湿液的用量多；图文分布稀疏，则润湿液的用量少。图文分布不对称，则应局部控制润湿液的用量。

c.图文面积大，则润湿液的用量多；图文面积小，则润湿液的用量少。

d.印版为实地空心字版时，润湿液用量多于普通线条版和网线版。

②印刷用纸。

a.所用纸张表面强度高，润湿液的用量少；反之则润湿液的用量多。

b.纸张平滑度高，则润湿液的用量少。

c.表面粗糙的纸张，润湿液的用量可多一些。

d.施胶度高、抗水性强的纸张，润湿液的用量少；反之润湿液的用量多。

③油墨的类别、性质。

a.油墨的抗水性差、乳化值大，润湿液的用量少。

b.油墨的黏度大，则润湿液的用量多。

c.流动性大的油墨，则润湿液的用量多。

d.印刷深色油墨比印刷浅色油墨使用润湿液的用量要多。四色印刷使用润湿液的多少顺序一般为：品红（M）>黑（K）>青（C）>黄（Y）；深色>浅色；油型油墨>树脂型油墨。

④机器印刷速度、环境温湿度及空气流通情况。

a.机器速度慢，润湿液的用量多；机器速度快，可以适当减少润湿液的用量。

b.车间温度高，润湿液的用量多；温度低则润湿液的用量少。

c.环境的相对湿度小，则润湿液的用量较多；环境的相对湿度大，则润湿液的用量减少。

d.周围空气流通速度快，则润湿液的用量较多。

⑤催干剂的用量。

油墨中加入了催干剂，润湿液的用量也应适当增加。

⑥润湿液的类型。

润湿性能好的润湿液，其用量可适当减少。一般规律是：电解质普通型润湿液的用量>酒精型润湿液的用量>非离子表面活性剂润湿液的用量。

4.橡皮布和印刷衬垫

橡皮布属于高分子化合物的制品，了解和掌握胶印橡皮布的结构及印刷适性，对于其合理使用有着很重要的意义。

（1）橡皮布的结构和分类

橡皮布是紧紧缠卷或贴附在胶印机滚筒上使用的，厚度为 $1 \sim 2mm$ 的橡胶和布等组成的薄层状物。橡皮布的基本组成材料是纤维织物和橡胶，经过涂布粘接，并经过硫化、磨光处理后成为适应图文转印和衬垫需要的印刷橡皮布。

①橡皮布的结构。

印刷橡皮布的结构如图1-7所示。

印刷橡皮布主要由表面耐油胶层、弹性胶层和纤维织物层所组成，如图1-8所示。

名称	结构	厚度	总厚度
表面胶		0.7	
底布		0.26	1.8
布层胶		0.09	～
底布		0.26	1.9
布层胶		0.05	（mm）
底布		0.26	
布层胶		0.02	
底布		0.26	

图1-7　印刷橡皮布结构

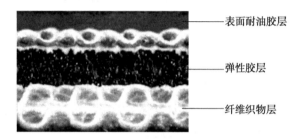

图1-8　印刷橡皮布结构

a. 表面耐油胶层。

橡皮布的表面胶层既要不断地与印版、油墨、润湿液、汽油（洗车水）等物质接触，在滚筒合压瞬间被挤压转印图文，压力撤销后又要恢复弹性，因此橡皮布的表面胶层不但需要具有优良的油墨吸附传递性、耐油、耐酸碱、耐化学溶剂等性能，还应具有一定的机械强度，如表面硬度、弹性抗拉强度等，才能适应印刷生产的需要。

橡皮布表面胶层厚度一般控制在0.5～0.7mm，若表面胶层过薄且硬度偏高，印刷时会出现墨杠、墨色不匀、网点不饱满的现象，并且容易磨损印版从而降低印版耐印力；若表面胶层过厚会使网点产生变形、图文印迹位移，从而导致套印不准，影响印刷质量。

b. 弹性胶层。

弹性胶层又称布层胶，起着把纤维织布粘接在一起并使之具有一定弹性的作用。布层胶应具有良好的高弹性、压缩变形和复原性，并具有很好的黏附性，一般采用天然橡胶作为布层胶的材料，它的总厚度控制在0.16～0.18mm。

c. 纤维织物层。

纤维织物层在橡皮布中又称为织布、底布或基布，是橡皮布的组成基础，厚度在0.78～1.12mm。

橡皮布在印刷过程中受到较大的挤压力和拉伸力作用，因此要求织布层应具有较高的抗张强度和最小伸长率。根据橡皮布在印刷过程中的受力情况及弹性胶层的分布状况，一般采用三层或四层织布为橡皮布的骨架基础，以适应不同的印刷需要。

在平版印刷中，橡皮布和印版接触，接受油墨，然后再把它转印到承印物上。

②印刷橡皮布的分类。

印刷橡皮布的种类很多，按功能可分为压印滚筒用橡皮布和转印用橡皮布。凹印用橡皮布和铅印橡皮布都属于压印滚筒用橡皮布（此类橡皮布印刷过程不与油墨接触），单张纸胶印机用橡皮布、卷筒纸胶印机用橡皮布以及印铁用橡皮布等都属于转印用橡皮布。如

图 1-9 所示。

胶印橡皮布从原料到产品，不但要由特种合成橡胶和优良的配合剂组成，而且要有专用的橡胶加工设备和先进的加工工艺。随着印刷工业的不断发展，印刷橡皮布的品种、质量也有了很大的发展和提高。目前，除了普通橡皮布外，气垫橡皮布也已大量使用。

气垫橡皮布的外形与普通橡皮布没有明显的区别，它的厚度在 1.65 ～ 1.95mm，分成几种规格，气垫橡皮布与普通橡皮布的最主要区别是不仅有不同织物层和橡胶层，而且在其中间还夹有一个充气层，以此构成了一种弹性层，充气层主要分为微气泡状和气槽状，如图 1-10 所示。

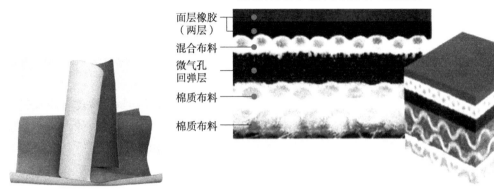

表面微细处理，确保有效转印及容易清洗

面层橡胶（两层）
混合布料
微气孔回弹层
棉质布料
棉质布料

图 1-9 印刷橡皮布　　　　图 1-10 气垫橡皮布结构示意

胶印橡皮布不同于一般橡胶制品，它担负着将印版上的油墨传递到纸张上的作用。为了使印刷品墨色均匀，网点清晰，层次丰富，胶印橡皮布必须具备硬度适中、压缩变形小、传墨性能好和伸长率小等特点，在化学性能上它既要具备吸附油墨及吸附润湿液的作用，又要具备不与油和药水发生化学反应和被油、药水侵蚀的性能。由于是平版印刷，所以对橡皮布的平整度要求很高。对胶印橡皮布的技术要求如下。

a. 硬度。胶印橡皮布的硬度是指橡胶抵抗其他物质压入其表面的能力。从印刷要求来说，硬度过高过低都不行，要考虑到三个方面：印刷品的质量、印版的寿命、胶印机及橡皮布本身的精度。

b. 弹性。胶印橡皮布的弹性指橡皮布在除去其变形的外力作用后即刻恢复原状的能力。印刷过程中，当橡皮布滚筒与压印滚筒接触时，橡皮布就受到一定的压力而变形，当压印滚筒表面转离橡皮布滚筒表面时，就要求橡皮布迅速恢复原状再去接收印版上网点部分的油墨。所以，橡皮布必须具备很高的弹性。

c. 压缩变形。压缩变形指橡皮布经多次压缩后橡胶变形的强度。橡皮布在印刷时，每小时要受到几千次的压缩，无数次的压缩恢复过程，橡皮布便会产生压缩疲劳而带来永久变形，这时，橡皮布厚度将会减薄，弹性也会减少，致使橡皮布不能继续使用。因此，橡皮布的压缩变形越小越好。

d. 扯断力。胶印橡皮布的扯断力是指橡皮布被扯断时所用的力。橡皮布在印刷时受到的拉力将近 1000kg，所以，在考虑骨架材料时，底布经纱要具有相当高的强度，因为橡皮布受到拉力时主要靠底布来承受这些作用力；此外表面橡胶层也必须有一定的强度，这样，表面胶就不至于被纸张里的沙粒或折叠的纸张所挤破。

e.油墨的传递性。油墨的传递性是指橡皮布转移油墨的能力。橡皮布不仅要具备较强的接受油墨的能力（吸咐能力），而且还应具备合适的转移油墨的能力。

f.表面胶的耐油、耐溶剂性。橡皮布表面胶的耐油、耐溶剂性是指橡皮布表面面层胶抵抗油或某些溶剂渗入的能力。如果缺乏这种抵抗能力，橡皮布接触油墨及溶剂的部分就会膨胀，从而影响印刷。

g.平整度。加工橡皮布时，对其各点的厚薄均匀程度是有要求的，也就是加工厚度必须有一定的精度。胶印橡皮布是用于平版胶印的，在印刷时橡皮布滚筒与压印滚筒的压缩量只有 0.1 ～ 0.2mm，因此，橡皮布的平整度一定要适当，平整度误差一般不得超过 0.04mm，如果超过 0.04mm，印刷品的墨色就会不匀，网点形状也会改变等，必要时得在橡皮布背面粘纸补平后才能使用。因此，平整度对胶印橡皮布显得尤为重要。

h.伸长。橡皮布的伸长是指橡皮布在一定张力下超出原来长度的量，橡皮布伸长的大小一般用伸长率来表示，橡皮布伸长率越小越好，伸长率大了，橡皮易被拉伸，胶层会减薄，弹性会降低。橡皮布伸长率的大小主要取决于四层底布的强度。

i.外观质量。橡皮布的表面应跟印版一样要经过表面处理，使其表面均匀分布无数细小的砂眼，并达到表面细洁滑爽，无细小杂质。如果不经表面处理，橡皮布表面太光滑，其吸墨性就差。另外，实验证明光滑度（也称平滑度）过高的橡皮布，吸附纸毛等杂质时的力量比表面粗糙的橡皮布大得多。

（2）橡皮布印刷适性

①厚度。

厚度是指橡皮布上、下两表面间的垂直距离。

国产橡皮布的厚度同国外同类产品一样，总厚度为 1.80 ～ 1.90mm，也有少量总厚度为 1.60 ～ 1.70mm 的橡皮布。橡皮布在被张紧之后，厚度会相应减少，减少的厚度靠衬垫来平衡。橡皮布和包衬的厚度，决定着印刷压力的大小，最终影响着印刷质量。

橡皮布的厚度测定有两种方法。一是把橡皮布张紧在滚筒上，用滑动的千分卡表测量橡皮布表面与印刷滚筒滚枕表面的高度差来确定厚度。二是对被测橡皮布表面施加一个固定的压力，使其压缩变形，从压缩量的大小计算得到橡皮布的厚度。

②抗张强度。

抗张强度是指橡皮布受张力作用时抵抗拉伸变形的能力。

橡皮布的抗张强度主要取决于纤维织布层的强度。

③伸长率。

橡皮布的伸长率是指橡皮布在一定的张力拉伸作用下被扯断时伸长的长度与原长度的百分比值。主要取决于橡皮布纤维织布层的密度和强度。

橡皮布的伸长率要越小越好，否则拉伸时容易使橡皮布变薄过量、弹性降低，印刷适性变差，一般要求橡皮布的伸长率在 2% 以下，若伸长率过大，橡胶层易被拉伸，印刷时会引起网点增大变形。

④定负荷伸长率。

定负荷伸长率是指橡皮布在一定张力作用下，其伸长部分与原长度的百分比，一般应小于 5%。橡皮布的定负荷伸长率主要取决于纤维织布的密度、强度和伸长率。

⑤蠕变。

绷紧在滚筒上的橡皮布在印刷时，同时受到绷紧张力和印刷压力的作用，在周期性滚压的作用下，橡皮布逐渐变得僵硬，失去新橡皮布原有的柔韧性和高弹性，甚至出现光亮或者龟裂的现象致使该橡皮布失去原有的使用价值。

⑥应力松弛。

长期绷紧在滚筒上的橡皮布，内应力随时间的延续而逐渐衰退，会出现橡皮布绷紧度下降的现象。

⑦老化。

橡胶或橡胶制品的老化实质是橡胶分子与氧气、臭氧发生氧化作用的过程。老化破坏了橡胶或橡胶制品的物理、化学性能，缩短了制成品的使用寿命。光和热均能促进氧化作用的进行，加速其老化。所以，橡皮布存放时应避开光源和热源。

⑧传递性。

传递性指橡皮布在压刷印力的作用下，将印版图文部分的油墨墨膜转移到纸张表面时的传递能力，它是用来表征橡皮布吸墨（吸附能力）和传墨（转移能力）的综合特性的。在印刷过程中，橡皮布从印版上所吸附的墨量约为 50%，从橡皮布转移到纸张上的墨量为 75%～80%，故从印版实际转移到纸上的墨量为 37%～40%。橡皮布的这一传递特性，除了受印刷压力、承印物表面平滑度的影响之外，还主要取决于所用的表面胶型及其表面的光滑度、硬度等。

（3）橡皮布的使用及保养

橡皮布质量与印刷质量有着十分密切的联系，因此正确使用和保养橡皮布，确保橡皮布的有效使用期限和印刷性能的稳定是保证印刷质量的前提条件。

根据胶印机类型、承印材料和印刷品质量的要求选用合适的印刷橡皮布，并掌握正确的使用方法和技巧，如橡皮布的裁剪、打孔、安装与检测等。

①新橡皮布的检查。

橡皮布的有效期为一年至一年半，是以成品完成日期开始计算的。如果橡皮布贮存时间过长，表层橡胶自然老化，其力学性能、化学性能和印刷性能将有所下降。因此，新更换的橡皮布应注意查看生产日期，在其有效期内使用。

新橡皮布在上机使用之前要检查外观质量。橡皮布表面要平整，没有破损、划破、气波、压痕和硬质杂物。橡皮布的背面棉布层表面不能有褶皱、撕裂、硬质杂物和线头、接缝等缺陷。

②新橡皮布的裁切。

裁剪时注意底布上的标记（有颜色的线条或箭头），按规定尺寸裁剪，使标记线与滚筒轴线垂直，并且长边与短边必须成直角，叼口边与拖梢边的裁剪线必须平行，拉紧后各受力点受力应均匀；也可以通过对橡皮布两侧边用力拉伸作比较来辨别。容易被拉伸的方向是纬向，不易被拉伸方向的是经向。

在裁剪好的橡皮布上按板夹孔眼的位置，在两边冲压出两排相互平行的孔，孔直径略小于板夹孔眼直径，孔的中心连线应与标记线成直角。

安装时把橡皮布反面润湿，装上橡皮布滚筒，在橡皮布下面放置衬垫，用专用扳手张紧。张紧时应从中间向两端逐一拧紧夹板螺丝，应在叼口、拖梢部位交错进行张紧，确保受力均匀一致。

安装好橡皮布后可通过印刷实地版来进行检测。若检测出不均匀部位，可通过加衬垫纠正。

现在新型的平版胶印机橡皮布不用裁切，同时把橡皮布夹预制夹在橡皮布的叼口与拖梢部位，使用时直接就可以装上胶印机使用。

③橡皮布的保养包括擦洗橡皮布和印刷操作中注意事项。

a. 在操作开始前和印刷结束后，注意及时擦洗橡皮布，清除表面的油污、纸粉、水分等，保持表面胶层的清洁和爽滑。用清洗液彻底清洗干净后应立即将清洗液擦干，以免清洗液中的溶剂渗入橡皮布中引起橡皮布膨胀、脱层。

b. 印刷操作中应注意压力调节要适当，输纸时应尽量防止折角、不平纸张进入压印装置以免轧坏橡皮布，可采用两块橡皮轮换使用，可使橡皮布得到周期性的弹性恢复，延长使用寿命并保持良好的印刷适性。

c. 橡皮布光滑氧化膜的去除。

橡皮布使用时间太长，其表面会形成一层光滑的氧化膜，降低了橡皮布对油墨的吸附而造成印刷图文质量下降，因此必须对橡皮布进行相应处理，除去氧化膜。

清洗方法：将橡皮布拆下，摊平放置在工作台上，或者直接在机器上清洗，用纱布蘸上洗车水，将橡皮布擦洗一遍，使橡皮布充分润湿，接着用蘸有煤油的抹布蘸取浮石粉，用力擦拭橡皮布，从叼口至拖梢认真擦拭一遍，直至把橡皮布表面光滑的氧化膜擦拭干净。最后用汽油或洗车水清洗，再用干净的棉纱把橡皮布擦干，拍上滑石粉避光存放（避免重压，让橡胶层恢复弹性）。

d. 橡皮布发黏的补救。

橡皮布发黏的原因主要是由于其耐油性不好而溶胶或橡皮布老化。严重时导致橡皮布不能继续使用，轻度的发黏现象会使纸张黏附在橡皮布滚筒表面，和印刷时纸张"上楼"故障相似。所以应及时采取措施。

解决办法：先用布蘸上洗车水，把橡皮布表面的油墨清洗干净并用干布擦干，再用挥发性强的溶剂（橡皮还原剂等）擦拭橡皮布，擦拭一部分后立即用干布擦干，然后再擦拭另一部分，从叼口至拖梢依次进行清洗。最后用滑石粉擦拭橡皮布表面，降低橡皮布的黏性。

（4）衬垫的选用原则及分类

合理地包衬印刷出的印刷产品，图文长度与印版上的图文长度一致，印刷品具有良好的网点再现性，能提高印版耐印力，减少滚筒齿轮的负荷。

对于平版印刷操作工而言，根据工艺要求选择合理的包衬是至关重要的。选用衬垫的原则如下：

①选用的材料摩擦系数尽可能大；

②衬垫的层数尽可能要少，层数多了印刷时可能相互间会产生滑移；

③衬垫的表面尽可能平整。

平版胶印机橡皮布滚筒包衬主要分为软性包衬、中性包衬、硬性包衬三类，其种类结构为：

软性包衬橡皮布 + 呢布 + 厚纸；

中性包衬橡皮布 + 橡皮衬垫（夹胶布）+ 纸；

硬性包衬橡皮布 + 硬厚纸。

①软性包衬。软性包衬是由一张橡皮布、毛呢和纸张组成的。软性包衬表面富有弹性，变形量较大，印刷时不易出现墨杠，印刷时不易轧坏橡皮布，但印刷的网点变形较大，只适合印刷文字、线画或在机器陈旧、磨损严重的设备上使用。软性包衬的压缩量一般控制在 0.15 ～ 0.25mm。

②中性包衬。中性包衬由一张橡皮布、夹胶布和纸张组成，也可由两张橡皮布和纸组成。中性包衬弹性中等，印出的网点比较饱满、光滑，大多数机型普遍采用这种包衬方法，压缩量一般控制在 0.05 ～ 0.15mm。

如果将橡皮布下的夹胶布改为硬泡沫胶垫或者垫哔叽布或者全部垫纸，其效果介于软性包衬和中性包衬之间，称为中性偏软包衬；其效果介于中性包衬和硬性包衬之间的，称为中性偏硬包衬。

③硬性包衬。硬性包衬是由一张橡皮布和卡纸（或硬纸或尼龙布）组成。硬性包衬表面比上述两种包衬都要硬，印刷出的网点特别光洁、清晰，但包衬弹性较差，对设备的制造精度和各部位制造质量和安装精度要求较严格，特别是对橡皮布的制造质量、表面平整度要求严格。硬包衬的压缩量一般控制在 0.04 ～ 0.08mm 为宜。

（5）橡皮布衬垫的裁切

毡呢、夹胶布、衬垫纸等衬垫物在裁切时，尺寸要根据经纬方向而定，纬向裁切的尺寸每边要略小于橡皮布 5 ～ 10mm，经向尺寸要小于橡皮布。但尺寸一定要超过经向的长度 5 ～ 10mm，安装时塞入滚筒叼口和拖梢两端进行固定，防止印刷时产生滑移，裁切时衬垫物的四角必须是严格的直角。

🗂 **注意事项**

①选用纸张时要注意纸张的品种要与印件的网点线数、胶印机型相匹配。例如，采用单张纸胶印机进行作业，就要选平板纸；如果采用卷筒纸轮转胶印机进行作业，则应选择卷筒纸。

再者要考虑到印后加工的工艺条件，如需覆膜的封面纸张应尽量选用定量在 $200g/m^2$ 以上的铜版纸，否则封面容易卷曲；需要磨砂、起皱纹等特殊效果的印品，应采用定量在 $250g/m^2$ 以上的金卡或银卡纸，并要注意镀膜质量。

②要注意材料的有效期，纸张放置久了含水量会下降，印刷时容易带静电；油墨存放久了会过期；橡皮布的表面胶层也会随时间流逝老化变质，领用材料时应遵循"先进先出"的原则。

📁 1.1.2　调配专色油墨

🗐 学习目标

在掌握油墨的各项理化性能的基础上，能根据印刷工艺要求调整油墨的印刷适性，使之适应印刷作业要求。

🗐 操作步骤

①油墨印刷适性的调整。

②油墨色彩的调配。

🗐 相关知识

油墨的调配主要分为颜色的调配和印刷适性的调整两个方面。

油墨的颜色有原色墨和非原色墨之分，原色墨是指黄（Y）、品红（M）、青（C）；非原色墨是由原色墨调配而成的间色墨、复色墨的统称。

油墨的颜色调配有深色油墨调配和浅色油墨调配两种。

（1）深色油墨的调配

只用三原色油墨或间色原墨，不加任何冲淡剂来进行油墨调配，统称为深色油墨的调配。

在进行深色油墨调配时，将原稿色样与色谱进行对比分析，确定色样中三原色的比例关系，排出主色、辅助色顺序，选用相同型号的三原色油墨、辅助色油墨若干备用。精细印刷品应选用亮光快干型油墨，一般印刷品可选用树脂亮光型油墨。按比例用少量油墨试调，用"搭墨法"或"刮样法"检测所调油墨是否与色样相符，然后按试调得出的比例称取所需的油墨，将主色墨放入调墨盘中，然后逐渐加入辅色油墨。调均匀后再用"搭墨法"或"刮样法"测试墨色：用一块小纸片一角蘸取极少量墨，放在另一纸片中央，再将两纸相贴并均匀捻压，使墨均匀铺展成薄薄的墨层，以此来与原色样对比。一般所配的色样略微比原色样深一些，这样在印刷时油墨经润湿液作用及干燥后，其颜色就能与原色样相符。

（2）浅色油墨的调配

凡是以冲淡剂或白墨为主，深色墨为辅进行的油墨调配，统称为浅色油墨调配。

在进行调配时，在冲淡剂中逐渐微量加入深色油墨来调配，调配方法与上述深色油墨的调配大致相同。

冲淡剂有白油、维利油、撤淡剂、亮光浆、白油墨等。常用的调配方法有以下三种。

①以维利油、白油、撤淡剂为主的冲淡调配法。

这种方法调配的淡色墨具有一定的透明度，不具遮盖力，墨色不鲜艳，适合油墨的叠色套印，起弥补主色调不足的作用。一般适用于平版胶印中的淡红、淡蓝、淡灰墨等，用来补充品红版、青版、黑版的色调气氛和层次。

②以白油墨为主的淡色调配法。

这种方法调配的淡色油墨墨色比较鲜艳，具有很强的遮盖力。但是由于白油墨中颜料的比重大，印刷时容易堆版、堆橡皮布，且耐光性较差，因此适用于实地的印刷。

③以白油、维利油等加上白油墨混合的调配法。

这种方法中所使用的白油墨起到提色的作用，调配的淡色油墨根据白油墨的用量不同而具有不同的遮盖力透明度。

（3）常用的辅助材料

①黏度调整剂。提高或者降低油墨黏度的助剂统称为黏度调整剂。

a. 增黏剂。

增黏剂能够提高油墨的黏度，降低油墨的流动性，起到增加油墨黏度的作用。增黏剂是由干性植物油或合成树脂等炼制而成的。

印刷中常用的增黏剂：油脂型有 101 号油和 0 号调墨油（又称凡立水）；树脂型有 05 ～ 94 调墨油和 51 号增黏剂。

增黏剂的用量一般占油墨总量的 0.5% ～ 2%。

b. 撤黏剂（又称去黏剂）。

在油墨中加入可以降低黏度和黏性而不改变油墨的流动性及稠度的助剂，由合成树脂、干性植物油、油墨油和蜡等混合炼制而成。

印刷常用的撤黏剂：8043 撤黏剂、02 ～ 92 去黏剂、653 减黏剂、903 去黏剂等，使用时的用量一般控制在 2% ～ 3%。

c. 稀释剂。

稀释剂加入油墨中可以降低油墨的黏度、稠度，提高油墨的流动性，对油墨起稀释作用。一般可分为油脂型、树脂型、矿物型三种。

油脂型稀释剂通常称为油型调墨油，是由干性植物油经 270 ～ 320℃高温共聚而成，根据其黏度不同可分为 0 ～ 6 号共 7 个品种。0 号调墨油黏度最高，流动性最小。6 号调墨油黏度最低，流动性最大。

树脂型稀释剂通常称为树脂型调墨油，是由合成树脂、干性植物油和油墨油混合炼制而成，通常情况下呈浅黄色的透明状稀薄流体，具有流动性大、黏性小的特点，主要用于以氧化结膜干燥形式为主的印刷油墨中，用量占油墨总量的 2% ～ 8%。

矿物油型稀释剂是由沸点为 270 ～ 310℃的煤油所组成，也称为高沸点煤油、油墨油。这种稀释剂不但有很好的稀释作用，而且具有较强的渗透性，是氧化聚合型胶印油墨的良好辅助材料。用量一般控制在 3% 以内，如用量过多，容易发生墨层结膜、牢固性差、印迹容易粉化及抗摩擦性差等现象。

②冲淡剂。冲淡剂又称撤淡剂，是一种用于调配浅色或淡色油墨的辅助材料，具有优良的光泽和良好的印刷性能，常用作冲淡剂使用的有维利油、亮光浆、透明油、白油和白墨等品种。

a. 915 维利油。

915 维利油是由氢氧化铝与亚麻仁油混合而成，通常呈淡黄色的透明膏状物。能减淡墨色，对色彩无大的影响，干燥较慢，使用时应适当增加燥油的用量。

b. 05 ~ 90 亮光浆。

05 ~ 90 亮光浆既能当作冲淡剂用，又能当作印光油使用。印刷精细产品的淡色油墨，一般用亮光浆作为冲淡剂，具有质地细腻、光亮度高、疏水性强、性能稳定、干燥迅速的特点，缺点是亮光浆中有一定的蜡质，表面吸附性较差，一般用于最后一色的叠色。

c. 透明油。

透明油由干性植物油与氢氧化铝等混合研磨制成，是一种呈淡褐色的透明膏状体。其透明度高、黏度小、干燥性差，对油墨的干燥有抑制作用。因其透明、色淡、价廉，主要用于调配淡色油墨。

d. 白油。

白油是一种以碳酸镁、硬脂酸、干性植物油和水调和而成的，通常呈白色半透明状的乳化物。白油既可用于冲淡油墨，也可用于打底，作为底色用。

用白油冲淡油墨，墨色均匀，能够降低油墨的黏度。但颗粒较粗，比重大，透明度不高，质松容易吸水，加速油墨的乳化，延缓印迹的干燥，光泽较差。

e. 白墨。

白墨是由钛白或锌白颜料与连结料混合研磨制成。用钛白颜料制成的白墨，遮盖力强，白度高而纯正，但耐光性较差。用锌白颜料制成的白墨质地厚实，遮盖力较强，不宜用于叠色印刷，通常用于印刷底色或冲淡色墨后打底。

③干燥性调整剂。

干燥性调整剂是一种能促进或延缓油墨干燥速度的辅助材料。根据其作用可分为催干剂和止干剂两大类。

a. 催干剂。

催干剂的功能在于它传递氧的作用，可以加速油墨的氧化聚合反应，减少油墨连结料的渗透，促进油墨干燥结膜。印刷中常用的催干剂有白燥油和红燥油两种。

白燥油是由硼酸铝、硼酸锰、萘酸钴与树脂油、油墨油等混合研磨而成的一种白灰色膏状体。其催干作用适中，具有墨膜内外同时干燥的特点。其用量一般控制在 0.5% ~ 2%，如若过量，不仅不利于干燥，反而起到延缓干燥的作用，严重时还会加剧油墨的乳化。

红燥油是由萘酸钴、松香和油墨油等炼制的一种褐色液体，具有使墨膜表面干燥的特点。用量约占油墨总量的 1.5%。

b. 止干剂。

止干剂具有抑制或延缓油墨氧化结膜，起到减慢油墨干燥速度的作用。止干剂又称反干剂、防干剂或抗氧化剂。

印刷过程中若油墨干燥速度太快或者需要长时间（1～2h）停机时，可使用喷雾式止干剂喷洒在墨辊、墨斗、墨斗辊的表面，可以在1～2h内防止油墨干燥，其用量约占油墨总量的0.1%～0.5%。

④防黏剂。

防黏剂是用于降低油墨黏度和防止印张背面粘脏或粘连的助剂。防黏剂有粉状和液状两种。

粉状防黏剂由精制淀粉（玉米粉）及碳酸钙制成，使用时有以下两种方法：一是装入胶印机上的粉仓内，利用喷粉装置喷撒在印刷品的表面，起到防粘脏的作用；二是把淀粉和碳酸钙粉末与干性植物油、乳化剂和水等混合成一种乳白色浆状胶体，加入油墨中使用。由于粉末颗粒较粗，且吸油性大，加入油墨后会影响油墨的印刷性能，容易产生堆版和糊版现象，因此用量控制在1%以内。

液状防黏剂是由有机硅油、香蕉水、松节油和二甲苯组成。使用时，二甲苯、香蕉水等物质挥发后，硅油在墨膜表面析出，在墨层表面形成一层硅油质，由于硅油黏性低，可以起到防粘脏的作用。再者，使用硅油溶剂调整油墨，还会对油墨起到稀释作用，并降低油墨的黏度，提高油墨的流动性，其用量一般控制在1%～3%范围内。

⑤防晶化剂。

防晶化剂是指具有消除墨膜晶化功能的辅助材料。

印刷半成品的墨迹干燥过度，形成一层干固的、光滑的墨膜，称为"晶化"，又称"玻璃化"。晶化后的墨迹表面叠印困难，表现为印不上或印迹淡。此时可叠印透明油或2%的碱液溶蚀晶化层。防止油墨晶化可使用52号防脱色剂，用量一般控制在10%以内。

常用的油墨辅助材料的加放量要根据生产的实际情况而定，一般提高油墨黏度的0号调墨油用量控制在3%～5%，降低油墨黏度的6号调墨油用量不得超过10%；撤黏剂用量应控制在5%以下；燥油加放量亦有不同，白燥油加放量一般控制在5%以下，红燥油的加放量因油墨的不同而有所区别，黑墨和红墨加入2%～5%，其他墨加入1%～2%或不加，防黏剂的加放量控制在1%～3%为宜。

◻ **注意事项**

①色调符合要求的情况下，所用油墨的色彩种类越少越容易调配和控制。能采用间色油墨就不要采用复色油墨，按照减色法，专色油墨采用的基墨数量越多其饱和度就会越低，黑色成分就相应增加。

②确认印刷品的主色调及所含的辅色调，主色调墨作为基本墨，其他墨作为调色墨，以基本墨为主，调色墨为辅，这样调配专色油墨才会更快、更准确。

③调配打样和小样油墨时，尽量使用与印刷所用纸张相同的纸，因为油墨的颜色会随着纸张吸收性的差别等因素而变化。只有保持稳定的纸质，才能避免因纸张的差别而造成

的颜色误差。

④用普通白卡纸打小样或刮样，墨层的薄厚会直接影响墨迹的颜色，墨层薄，则颜色浅、亮度高。实地或网线，湿压湿或湿压干，喷粉量大或小，纸张表面的平整度及白度，墨层的薄厚等不同都会引起颜色的差别。

⑤调专色油墨，首先要调出油墨的饱和色相，打出薄薄的小样，确认不缺少主色调和辅色调后，再用冲淡剂调至所需的专色。

⑥调配专色油墨还应控制油墨的用量、注意剩墨的充分利用等。

📁 1.1.3 润湿液的组成及参数控制

润湿液由水、润版液、异丙醇按一定的比例组成。使用润湿液是为了均匀地对印版进行润湿、减少水的用量、减少水在印版上的张力。

📑 **学习目标**

掌握润湿液的组成和特性及参数控制。

📑 **操作步骤**

①润湿液的组成；

②润湿液的配比；

③润湿液的参数控制。

📑 **相关知识**

（1）异丙醇

①可降低润湿液的表面张力；

②可提高润湿液的动态黏度；

③可减少橡皮布堆墨现象；

④可冷却印版和输墨系统；

⑤可抑制微生物的增长。

（2）水

水质硬度：$8° \sim 12° dH$，导电率为 $200 \sim 300$。

润湿液的配比如表 1-1 所示。

表 1-1　润湿液的配比

润湿液	组成	数值	比例/%
100	水	86	85.15
	润版液	3	2.97
	异丙醇	12	11.88

（3）润湿液的参数控制

①润湿液的温度 10 ～ 12℃（或低于作业环境 10 ～ 15℃）。

②异丙醇含量 5% ～ 12%。

③润湿液的导电率 900 ～ 1350。

④润湿液 pH 值 4.8 ～ 5.2。

⑤润版液含量 2% ～ 3%。

 1.1.4 上光单元准备及光油选用

学习目标

了解上光油的性能特点，能够根据不同印刷工艺要求正确选择上光油。

操作步骤

①根据印刷工艺准备上光油；

②根据光油的类型匹配不同的生产条件；

③涂布上光油，试运行；

④正式印刷。

相关知识

1. 上光

通过上光涂料在印刷品表面流平、压印、干燥，使印刷品表面呈现光泽。

上光的作用有以下几点。

①增加印刷品表面的光泽；

②提高了印刷品的耐磨性和表面强度；

③防污、防水、耐光、耐热，起到保护作用和延长印刷品使用寿命；

④产生特殊效果，增强产品外观的艺术感和陈列价值；

⑤增加油墨层防热和防潮湿能力，起到美化版面，保护画面的双重作用；

⑥书籍装帧、商品包装、食品包装、文化用品、宣传广告等印刷品表面增加光泽后可以增强油墨的耐光性能。

2. 水性上光油

水性上光油由合成树脂、助剂、分散剂按一定的比例组合而成。以水基性上光油为主体的各种水性树脂涂料包括：上光机用水性光油、柔性版水性光油、凹版水性光油、水性磨光油（压光胶）、水性薄膜复合胶黏剂等。水性上光涂料的主要溶剂是水。与普通溶剂相比，水具有明显不同的性能和一系列的优点：无色、无味、无毒，来源广、价格低，挥发性几乎为零，流平性好。

3. UV 上光油

UV 上光油是一种无色透明漆，其作用有两个：①作为透明保护漆，其硬度和耐磨等

性能比色漆好，起保护作用；②作为手感漆，其光度和亮度很好，摸起来手感很好。UV上光油主要由齐聚物、活性稀释剂、光引发剂及其他助剂组成，当印刷涂布完成经紫外线干燥设备光照处理后，即在 UV 光的照射下发生交联聚合反应，瞬间固化成膜。

UV 光源是 UV 固化系统中发射 UV 光的装置。通常由灯箱、灯管、反射镜、电源、控制器和冷却装置等部件构成。根据灯管中所充物质的不同，可分为金属卤素灯、高压汞灯和无臭灯等种类。它的性能参数主要有：弧光长度、特征光谱、功率、工作电压、工作电流和平均寿命等。

UV 光源虽然发射的主要是 UV 光，但它并不是单一波长的光，而是一个波段内的光。不同的 UV 光源，发射光的波段范围不一样，波段内光谱能量的分布也是不同的。UV 光源辐射的是一个波段内的光，且各波长光的能量分布是不一样的。其中波长为 300～310nm，360～390nm 的光的能量分布是较好的。

UV 上光油与 UV 光源的匹配，就是要使所用 UV 上光油中的光聚合引发剂选择吸收的光量子是 UV 光源光谱中能量分布最高的那一部分。印刷企业技术部门应该从自己的设备供应商那里索取有关 UV 光源光谱特性的技术资料，然后从上光油供应商那里选择上光油配方的响应曲线与 UV 光源光谱匹配的 UV 上光油，这样就可较好地解决两者的匹配，也为考虑其他影响干燥的因素提供了前提条件。解决好 UV 上光油与 UV 光源的匹配，有利于加快上光油的干燥速度，有利于提高劳动生产率，有利于提高能源的利用率，有利于降低企业的生产成本。

4. 上光单元准备

上光形式一般分为联机上光和脱机上光。

上光机构一般分为三辊直接涂布式机构、浸式逆转涂布式机构、腔式刮刀式涂布机构等。

腔式刮刀式涂布上光机构比较先进，上光单元主要由网纹辊、橡皮布滚筒、压印滚筒组成。上光量的大小主要由网纹辊的涂布量大小决定。

1.1.5 能根据胶印机条件和印件质量要求，选用墨辊

平版印刷是利用油和水互相排斥的原理进行油墨转移的，因此胶印机上装有输墨和输水装置，在印刷过程中稳定、均匀地向印版涂布适量的油墨和润湿液，并能根据印刷、承印材料、版面图文分布，方便快捷地对版面墨膜或水（润湿液）膜厚度进行调节。

学习目标

了解墨辊的结构和印刷适性，能够根据要求选定合适的墨辊进行印刷作业。

操作步骤

①安装墨辊；

②调节墨辊压力；

③拆卸墨辊。

相关知识

印刷胶辊是胶印机输墨和润湿系统的主要构件。

胶印机的输墨装置由墨斗、墨斗辊、传墨辊、串墨辊、匀墨辊和着墨辊（也称靠版墨辊）组成。输水装置由水斗、水斗辊、传水辊、串水辊和着水辊（也称靠版水辊）组成。其功能是分别向印版传递、涂布油墨或润湿液，它的品质好坏直接影响产品的质量。正确使用和保养胶辊，不但可以保证产品质量，还会延长胶辊的使用寿命。

1. 墨辊的结构

印刷墨辊一般由金属辊芯和橡胶层组成，如图 1-11 所示。

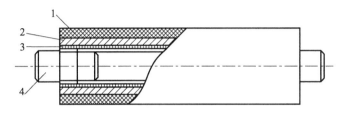

图 1-11 印刷墨辊结构

1—表面胶层；2—连接胶层；3—里层胶（硬胶）；4—金属辊芯

在印刷过程中，输墨装置良好、稳定地传递油墨是印刷质量的前提条件，因此要求墨辊应具有很好的亲墨性、弹性和耐溶剂性等，辊芯应具有良好的刚性和强度，具有抗变形能力。

（1）橡胶层

橡胶层主要由表面胶层、连接胶层和硬胶层三部分组成。表面胶层是墨辊的主要部分，起着均匀传递油墨的作用，厚度一般为 6～8mm；连接胶层起着黏结表面胶层和硬胶层的作用，厚度为 8～10mm；硬胶层起黏结金属辊芯和过桥胶层的作用，厚度为 2～3mm。

（2）金属辊芯

金属辊芯是一个实心圆柱体或中空圆柱体，辊芯的壁厚应均匀一致。金属辊的重心必须平衡，不允许有摆动和弯曲。

印刷墨辊按照其结构分为重型辊和轻型辊两种。

重型辊：又称重辊、贴压辊，是优质碳素钢加工而成的实心金属辊。重辊用于输墨系统中的匀墨辊。

轻型辊：由金属辊芯和胶体两部分组成。金属辊芯由辊颈和辊管芯组成，其中辊颈用优质碳素钢加工而成。用于输墨装置的传墨辊、着墨辊和润湿装置的传水辊、着水辊。

2. 印刷对墨辊性能的要求

（1）外观性能

印刷要求墨辊的外形呈圆柱体结构，不允许有弯曲、偏心、变形等现象；特别是墨辊表面的有效使用范围内，不允许有皱纹、气泡、杂质、砂眼、凹穴或凸起、裂纹等现象。

（2）力学性能

油墨的均匀转移与墨辊的机械精度、强度等因素有关。因此要求墨辊有精确的几何尺寸和较强的机械强度，如弹性、硬度、耐磨性等，并与印版及墨辊间的受力状态相适应，以便能完成传递油墨和输送润湿液的功能。

（3）表面性能

墨辊表面应尽可能地光洁，并具有一定的吸附能力，以保证油墨在墨辊表面能均匀分布，同时也能很容易地传递给其他墨辊。

（4）化学性能

印刷过程中，墨辊的表面不断地与油墨、润湿液、清洗剂等化学试剂接触，同时还受光、热、温湿度等因素的影响，因此墨辊必须具有一定的耐化学性能。

（5）使用性能

用作墨辊胶料的材料要有较高的弹性，以补偿制造中的几何差变和缓冲开机时的振动。

3. 墨辊的管理

墨辊的管理是指对印刷墨辊的使用与保养。对印刷墨辊进行正确的使用和保养，有助于提高墨辊的使用寿命，保持墨辊的表面性能，对防止变形和老化具有重要意义。

（1）墨辊的使用

墨辊安装时，必须使辊颈与轴孔保持良好的配合，使墨辊在运转中不产生滑动和跳动。拆卸时，注意不要碰撞辊颈和墨辊表面胶层，以免造成墨辊损伤。

墨辊的清洗必须在油墨干燥前进行。没有进行适当的清洗或清洗不净的墨辊不能进行有效的匀墨，并且会破坏、减弱墨辊的表面性能。在印刷中途长时间停机时，应清洗墨辊，并振动墨辊手柄使之脱离印版滚筒，以防止墨辊受压变形。

装有自动清洗油墨装置的胶印机，清洗时要注意防止墨辊打滑及清洗不净。手工清洗时要注意洗净墨辊两端的墨迹。印刷时要注意观察墨辊表面温度变化，一般控制在 70℃以内，还要避免与强酸、强碱及有机溶剂长时间接触，以免胶层被腐蚀。

（2）墨辊的保养

在胶印工艺技术中关键是水路与墨路平衡的控制，而水墨平衡靠的是胶辊、墨辊这一关键部件，其品质好坏可直接影响产品质量。一般的印刷企业每周都要保养一次设备，其中就包括印刷胶辊的保养。保养的方法有以下几种。

①每天生产作业完成后应认真清洗胶辊，反复洗两次。

②清洗印刷胶辊必须使用指定的化学制剂，如工业酒精或专门的清洗剂等，绝不能使用有腐蚀性的溶剂。

③节假日休息时要从机器上取下胶辊，置于专门的胶辊座上，防止胶层粘连和受压变形。

④对于印刷胶辊表面的保护应采用新闻纸包好，存放于室温为 10～30℃、相对湿度为 50%～80% 的场所或者放置于通风、干燥、阴凉处避光保存。

4. 墨辊的印刷适性

墨辊的印刷适性是指墨辊与印刷质量、印刷速度、滚压状态、润湿液、油墨、印版等印刷工艺条件匹配，适合于印刷作业的各种性能。

（1）亲墨性

亲墨性是指墨辊胶体表面在滚压作用下吸附油墨的能力，又称为吸墨性。墨辊的亲墨性影响到墨辊的传墨系数和墨层的厚薄程度，目前印刷中使用的合成橡胶墨辊，在加工时就把表面加工成具有一定粗糙度的砂目状态，使油墨较好地被吸附在墨辊表面。

（2）传递性

传递性是指墨辊在滚压状态下，把表面的油墨转移出去的能力。印刷过程中墨辊与墨辊接触面积不到墨辊总面积的 5%，要把印刷图文所需的墨量，通过墨辊进行充分匀墨后再提供给印版，就要求墨辊具有较强的传递性。

（3）弹塑性

弹塑性是指墨辊在传递过程中呈现的敏弹性、滞弹性及塑性变形的程度。滞弹性是指墨辊胶体受力后产生形变，当外力撤销后墨辊要经过一段时间才能逐渐恢复原状的性能。塑性是指墨辊受外力作用后产生形变，这种形变不可恢复。通常使用长久的墨辊胶体产生"老化"后，容易产生塑性变形。墨辊产生塑性变形后只能进行调换。

（4）耐气候性

耐气候性是指墨辊胶体在抵抗环境温湿度变化时不发生变化的性能。印刷时墨辊受到环境温湿度影响，若墨辊的耐气候性差，表层胶体会软化，导致墨辊变形，影响传递油墨的效果。因此要求墨辊应具有一定的耐气候性。

（5）耐磨性

耐磨性是指墨辊在传递油墨过程中，抵抗摩擦作用不发生损坏的性能。印刷时墨辊高速旋转，墨辊之间和墨辊与印版之间产生很大摩擦力，如果墨辊耐摩擦性能差，胶体很容易产生扭曲变形，影响墨辊的吸墨、传墨功能，所以，印刷墨辊必须具有一定的耐摩擦性能。

5. 选用墨辊的原则

从胶辊在印刷中的作用来看，橡胶的品质对印刷的作用和影响是不容忽视的。选用印刷胶辊应遵循以下原则。

①与胶印机上的多种介质（如印刷油墨、润湿液及清洁维护用的化学品等）应具有化学兼容性。

②表面胶层应具有良好的弹性和恢复性。

③对热具有良好的传导性。

④抗臭氧、抗老化，能够保持稳定的硬度。

⑤具有抗磨损和抗撕裂的能力。

6. 墨辊的拆装与调节

在所有平版胶印机输墨装置中，硬质墨辊与软质墨辊都相间设置。在一定的接触压力下，通过软质墨辊的弹性变形，使软、硬墨辊间接触良好，传动平稳。各墨辊以一软一硬相间接触，在导轨内落位，拆装时只需记住墨辊直径大小，软硬交替即可熟练地进行拆装。

一般的平版胶印机有四根着墨辊，拆卸时先卸下外面的两根，再拆里面的两根，安装时则相反；外面两根着墨辊，不需要移动其他墨辊便可拆装，拆卸中间两根时，要先将机器点移动至印版滚筒空当与着墨辊对应的位置，然后拆下收墨辊组上方的重辊和匀墨辊，便可将着墨辊取出。安装亦由此途径装入。

调节墨辊压力主要调节四根着墨辊和传墨辊的接触压力，一般测试过程是遵循先内后外，先上墨辊组、后收墨辊组的顺序。以着墨辊与印版接触的墨痕宽度来检查着墨辊与印版的压力。调节方法是压痕宽度测量法。

⊟ 注意事项

①印刷结束后，要把胶辊上的油墨洗干净。清洗油墨应选择专用的清洗剂，并检查胶辊上是否还留有纸毛、纸粉没被洗去，纸毛、纸粉沾在匀墨辊上，一般需拿布擦拭。

②带有喷粉装置的机器，喷粉会随着过版纸或二次印刷时返到胶辊上，清洗胶辊后，要把胶辊上的喷粉清除干净。

③在胶辊表面上形成了油墨的硬化膜，即胶面玻璃化时，应用浮石粉将其研磨掉。

④胶辊表面出现龟裂时，尽可能早些将其研磨去掉。

⑤停机时，靠版胶辊与印版滚筒应及时脱离接触卸除负荷，以防静压变形。

⑥在安装和拆卸时，应轻拿轻放，不应碰撞辊颈和胶面，以免造成辊体损伤、弯曲或胶面破损；辊颈与轴承配合要严密，若松动应及时补焊修理。

⑦调节着墨辊的压力时，应从上墨辊开始逐根减小，即第一根着墨辊压力最大，最后一根着墨辊压力最小。

⑧清洁或保养胶印机时严禁墨辊空转，即墨辊的接触面在没有油墨润滑的情况下高速运转，在极短的时间内就会造成对墨辊表面永久性的伤害，所以在墨辊空转时需要使用专门的化学保养品（有时也用 6 号调墨油代替），防止墨辊空转造成表面伤害或者过度的高温。

1.2　印版准备

📂 1.2.1　CTP 制版原理

⊟ 学习目标

了解平版胶印 CTP 制版两种工艺原理，了解印版的质量标准与检测方法，掌握网点角度，网点覆盖率及网点虚实的检验方法。

相关知识

（1）计算机直接制版设备

CTP制版机是一种将计算机处理后的图文数据直接输出到版材上的制版设备。CTP制版机从结构上可分为内鼓式、外鼓式和平台式三种，它们的工作原理和激光照排机的工作原理很相似。

a. 内鼓式直接制版机。

内鼓式成像是把滚筒作为承托印版的鼓，印版被固定在滚筒内轮廓的某个固定的位置上。曝光时，声光调节器根据计算机图像信息的明暗特征，对激光器的光源所产生的连续的激光束进行明暗变化的调制。调制后的激光束并不是直接照射在印版上，而是先照射到一组旋转镜上。随着镜子的旋转，激光束就被垂直折射到滚筒上，因此转动镜子也就转动了激光束。旋转镜一般是垂直于滚筒轴做圆周运动，那么激光束相对于滚筒做螺旋形运动。扫描印版时，一部分激光被印版吸收，而其余的光则被折射到记录器内部。调整激光束的直径可以得到不同程度的分辨力。调整镜子的转速，则可以调节曝光时间，结构示意图如图1-12所示。

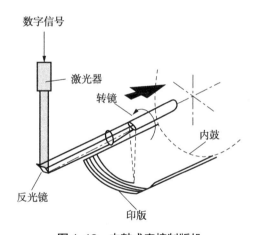

图1-12　内鼓式直接制版机

内鼓式的优点是扫描速度快、精度高、稳定性好，采用单光束激光头，价格相对便宜，上下版方便，可同时支持多种打孔规格。目前较先进的紫激光技术多采用这种激光方式。其缺点是不适合大幅面的印刷版制版。

b. 外鼓式直接制版机。

外鼓式成像是将版材包紧在滚筒表面上。当滚筒以每分钟几百转的速度沿圆周方向旋转时，版材会随着滚筒以相同的速度旋转。与此同时激光照射在印版上，从而完成对印版的扫描。一般为了提高生产效率常采用多个激光束进行扫描，结构示意图如图1-13所示。

外鼓式的优点是适用于大幅面印版的作业，多适用于热敏版材，采用多光束激光头。由于热敏式印版所需要的热量大，光源必须要有较大的功率，采用外鼓式制版机可以把光源的定位靠近印版。缺点是适用的版材规格少，滚筒不能高速旋转，上下版慢，机械性故障较多。

c.平台式直接制版机。

平台式直接制版设备比滚筒式结构的设备简单得多，无论是自动还是手动，其装版和卸版都非常容易，而且大多数打孔系统都可以在平台式的设备上轻而易举地使用。平台式技术又可分为单束激光系统和多束激光系统。结构示意图如图 1-14 所示。

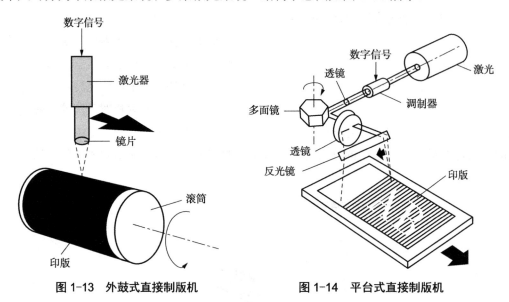

图 1-13 外鼓式直接制版机　　　　图 1-14 平台式直接制版机

（2）版材的结构和性能

①光敏型 CTP 版。

a.银盐扩散型 CTP 版。

银盐扩散型 CTP 版多为阳图型印版。记录曝光时，曝光部分的卤化银见光分解形成潜影，然后分两阶段进行显影。第一阶段中，强碱性显影液将潜影还原成银粒子，而未感光的卤化银穿过隔离层进入显核层，并与之进行反应。第二阶段中，将显影后的 CTP 版放入弱酸性定影液中进行中和，固化显核层中的银粒子，使之形成亲油的图文部分。冲洗时，第一次感光的潜影部分与显核层一起被清洗掉，露出亲水性的非图文部分的铝版基，成像机理如图 1-15 所示。

银盐扩散型 CTP 版具有小于 $1\mu J/cm^2$ 的高感光度、300lpi 的高分辨率、1% ～ 99% 的网点再现性能和制版速度快、技术成熟等优点。

b.银盐复合型 CTP 版材。

银盐复合型 CTP 版材是由高感光度的卤化银乳剂层与普通 PS 版复合而成的一种 CTP 版材，基本上是模拟常规的制版工艺方法，只是将照相与晒版设备集合于一体，利用银盐的高感光度制版，但其制版步骤没有减少，因此相对于其他类型的 CTP 版材而言，在制版工艺过程上略显复杂。

c. 感光树脂型 CTP 版。

感光树脂型 CTP 版材多为阴图型印版。记录曝光时，受光部分的感光树脂发生聚合反应，形成不溶于水的聚合物，再经过热处理，加速分子间聚合反应，形成交联硬化的聚合物，经冲洗，未感光部分的感光树脂层与保护层一起被清洗掉。而交联硬化的聚合物部分不溶于碱性冲洗液，留在版面上形成亲油墨的图文部分。这种版材具有大约 $30\mu J/cm^2$ 的高感光度、较佳的印刷适性，不经过烤版处理，印版的耐印力也可达到 20 万印以上。但由于保护层对光线有散射作用，其分辨率不如银盐版高，同时成像潜影的稳定性相对也不高。感光树脂型 CTP 版的成像机理如图 1-16 所示。

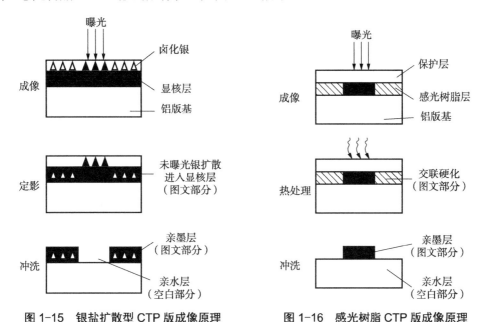

图 1-15　银盐扩散型 CTP 版成像原理　　　图 1-16　感光树脂 CTP 版成像原理

②热敏型 CTP 版。

热敏型 CTP 版（热升华、热分解等）虽然感光度很低，一般不太适合用激光束直接扫描输出。但是，这种版材耐印力高、网点再现性好，可在明室操作。免冲洗的热敏版材曝光成像后往往不再需要显影等后处理，无环境污染，这些优点使热敏版受到了用户的青睐。这类版材的反应机理较复杂，根据其反应机理划分，主要有热交联感应型和热熔型两种。

a. 热交联感应型 CTP 版。

热交联感应型 CTP 版是在经粗化、阳极处理后的铝版上涂布一层 830nm 对激光感光的聚合物，上面再涂一层保护层。扫描时，红外激光热能使印版高分子聚合物发生聚合，形成潜影，潜影部分只有 10% 聚合。然后对印版进行高温热处理，当温度达到一定的临界温度时，印版的潜影部分才能进行充分的聚合反应，形成交联体固化在铝基版上。经过碱液冲洗，热敏版上的保护层和未曝光部分的聚合物层被清洗掉，只留下曝光部分的图文部分。热交联感应型 CTP 版成像原理如图 1-17 所示。

b. 热熔型 CTP 版。

热熔型 CTP 版由铝版基、红外吸收钛层和硅橡胶层组成。成像时，激光束照射在印版上，穿过硅胶涂层，射到中间钛层。钛金属具有导电性，能够消耗激光的能量并使激光无足够能量继续穿透底层的铝版基。同时，钛层将激光能转化成热能，把钛层熔化，使硅胶层脱落。曝光后，无硅胶部分亲墨，而留下的硅胶层则疏墨。热熔型 CTP 版成像原理如图 1-18 所示。

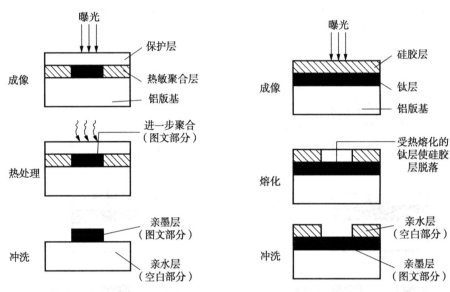

图 1-17　热交联感应型 CTP 版成像原理　　图 1-18　热熔型 CTP 版成像原理

（3）计算机直接制版的工艺过程

CTP 工艺是指实施计算机直接制版过程的各种程序、规范和操作方法。根据 CTP 技术所采用的版材、设备的不同，CTP 工艺可分为常规 CTP 工艺、CTcP 工艺等，基本的工艺过程是：数字文件—RIP—CTP 制版机—印版。

①常规 CTP 工艺。

常规 CTP 工艺是指激光扫描成像方式的计算机直接制版工艺。根据所用版材类型可分为银盐扩散型制版工艺、银盐复合型制版工艺、光敏树脂型制版工艺、热敏型制版工艺等。

a. 银盐扩散型 CTP 工艺。

银盐扩散型 CTP 工艺过程如图 1-19 所示。先通过蓝色激光光源对版材曝光，使版材上对应于原稿非图文部位的 AgX 感光层中部分 AgX 还原，形成阴图潜像。然后显影使潜影部位的 AgX 颗粒全部还原留在感光层中，而未曝光部位的 AgX 则被显影液中的络合剂溶解结合为银络盐，扩散转移到物理显影层内，并在物理显影核的催化作用下还原为银，形成致密的银质阳图影像吸附在版基上。然后再用热水冲洗除去曝光部位的感光层，露出亲水性的版基面，形成印版的空白部位，未曝光部位黏附的转移图像经亲油性处理形成印版的图文基础。

b. 银盐复合型 CTP 工艺。

银盐复合型 CTP 工艺过程如图 1-20 所示。基本工艺过程是：曝光—显影—定影—二次曝光—除膜—二次显影。

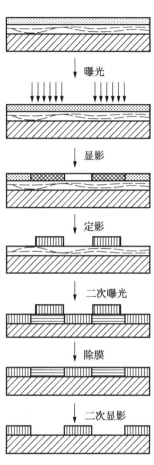

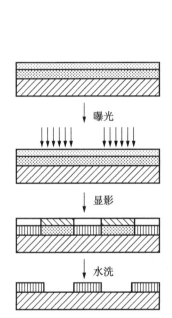

图 1-19　银盐扩散型 CTP 版材制版工艺　　　图 1-20　银盐复合型 CTP 版材制版工艺

首次曝光的目的是在 AgX 乳剂层上形成潜影图像，并经首次显影使潜影变为可见影像，再经过定影和水洗除去未曝光部位的 AgX 乳剂层，得到二次曝光时的银质图像保护膜层。然后再使用蓝紫光通过图像保护膜层对版面进行全面曝光，使首次显影后露出的有机感光层曝光分解，变为可溶性，在二次显影时被溶解除掉，露出版基砂目层，形成亲水性空白基础。而首先曝光形成的图像保护膜层下的有机感光层未见光仍为不溶性的，留在版面上构成亲油性图文基础。

c. 光敏树脂型 CTP 工艺。

光敏树脂型 CTP 工艺如图 1-21 所示。曝光时敏化剂吸收激光，与聚合引发剂共同作用产生自由基，同时引起了聚合单体的聚合反应，在版面上形成图文潜影。由于此聚合反应慢，故通过红外线热处理，使感光成像层完成聚合反应，形成稳定的亲油性图文基础。最后再用含碱溶剂进行显影，除掉 PVA 保护层和未曝光聚合的感光层，露出亲水性版基层，形成空白基础。

d. 热敏型 CTP 工艺。

热敏型 CTP 版材制版工艺过程与阴图型 PS 版的制版工艺过程极为相似，主要包括曝光、预热处理、显影等过程，如图 1-22 所示。

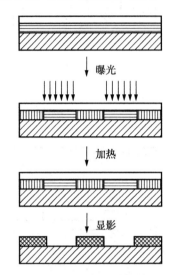

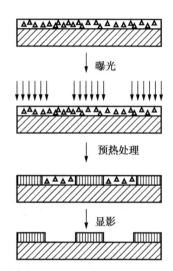

图 1-21　光敏树脂型 CTP 版材制版工艺　　　　图 1-22　热敏型 CTP 版材制版工艺

热敏型 CTP 版材制版成像的基本原理是：扫描曝光时，成像层中的红外吸收染料吸收红外激光而产生热量，当热量达到一定程度时，被诱发的释酸剂发生热分解而产生酸。产生的酸会起到催化作用，并与成像层中的树脂部分交联，形成阳图潜影图像。然后版基在 130 ～ 140℃的温度下经约 30s 的预热处理，促使曝光部位的树脂进一步交联固化，从而形成亲油性图文基础。最后使用碱性显影液进行显影处理，除去未曝光感热部位的成像层，露出版基亲水层，形成空白基础。若要进一步提高印版的耐印力，还可在 250℃的温度下烘烤 3min，使图文基础彻底交联固化牢固黏附在版基上。

② CTcP 工艺。

CTcP 是指使用传统版材的计算机直接制版技术，它是由 Basysprint 公司发明的用计算机直接在传统版材上进行制版的一种工艺技术，这种技术既具备了 CTP 技术的基本特点——无胶片化制版，同时又弥补了 CTP 使用专用版材的不足。

CTcP 的工艺流程为：数字文件—数字打样—CTcP 扫描制版—显影—后处理。

CTcP 系统采用数字加网成像技术（DSI），使用 360 ～ 450nm 的 UV 光源直接在传统的 PS 版上进行数字扫描成像。CTcP 技术的核心是 DSI 和 DLP（数字光处理技术）。

CTcP 技术的工作原理是：从激光发出的光先经聚光镜聚光，然后由 DMD（数字微镜元件）将光投影到版材上进行成像曝光，如图 1-23 所示。其制版过程类似于传统的连晒机。

DMD 是一个大约 4cm 的晶片，上面含有数以百万的超微镜片，每个镜片各自控制一个曝光点，多个曝光点形成一个网点。每个镜片都会自动根据曝光要求处理 RIP 传来的影像信息，需要曝光时就将光折射通过透镜到达版材表面上进行曝光成像；若不需要曝光，镜片就会发生偏转，使光无法通过透镜到达版材表面上进行曝光。

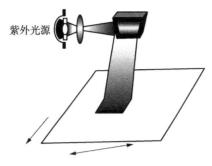

紫外光源

图 1-23　CTcP 技术成像示意

注意事项

①使用放大镜观察印版的网点情况时，要小心认真，防止设备意外摔坏。

②使用印版检测设备检测网点的情况时，要将印版放平，同时注意校准设备。

③晒制的印版的质量好坏与胶片及晒版环境密切相关，故要保持晒版车间的洁净及温湿度。

④晒版过程中，要能够根据不同的版面内容控制曝光及显影时间，保证晒制的印版符合标准。

1.2.2　CTP 印版质量检测

相关知识

1. 网点质量检测

①使用放大镜或者印版检测设备检测印版的网点角度，印版的网点角度一般有以下四种：15°、45°、75°和 90°。一般黄版使用 0°，主色调或黑版使用 45°，其他两色使用 15°和 75°，观测到的角度效果如图 1-24 所示。

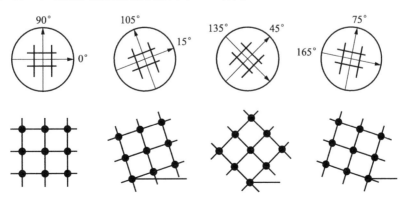

图 1-24　印版的网点角度

②使用放大镜或者印版检测设备检测印版的覆盖率。

a.使用放大镜检测印版的覆盖率。

确定颗粒网点为几成点，通常在 10 ～ 15 倍放大镜下用目测鉴别。一般可用下列规律鉴别几成点：

ⅰ.若在两颗正方形黑网点的平行边线之间的距离内，能容纳 3 颗同样大小的网点，称为 1 成点。

ⅱ.若在两颗网点间能容纳 2 颗同样大小的网点，称为 2 成点。

ⅲ.若在两颗网点间能容纳 1.5 颗同样大小的网点，称为 3 成点。

ⅳ.若在两颗网点间能容纳 1.25 颗同样大小的网点，称为 4 成点。

ⅴ.黑白各半，两点间能容纳 1 颗同样大小的网点，称为 5 成点。

5 成以下的网点成数与 5 成点以上网点的成数可相应地互补，即 4 成点与 6 成点互补，3 成点与 7 成点互补，2 成点与 8 成点互补，1 成点与 9 成点互补。也就是从 6 成点开始则以白点的点间距离能容纳多少同样大小的白点来判定。判定时图 1-25 可以作为参考。

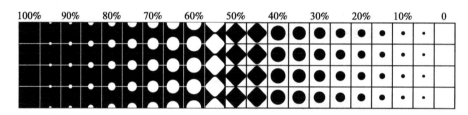

图 1-25　印版覆盖率示意

b.使用检测设备检测网点覆盖率。

ⅰ.校准检测设备。

ⅱ.将印版平放于检测台上，使用检测设备对准印版上相应区域进行检测。

ⅲ.记录读数，分析印版的网点覆盖率是否与付印样的网点覆盖率相适应。由于在印刷过程中存在网点增大，一般印版上的网点覆盖率比付印样印刷品的网点覆盖率要稍小。

c.检测印版网点的虚实。

使用放大镜或印版检测设备进行印版网点的虚实检测，影响印版上网点虚实的最重要的因素是印版的分辨率，印版的分辨率越高，小网点表现越好，网点越实。使用 10 倍放大镜观察 UGRA 测控条阴阳圈形区的阴阳线再现情况（以至少 50% 能清楚再现为准）。按 UGRA1982 测控条的规定，在某一曝光时间下，阴阳圈形区的同一级阴线和阳线同时能被清晰地观察到，则这一级为印版的分辨率。

2. 版面质量的标准

①影响印版质量的因素。

印版的制作质量受以下参数影响。

a.环境条件。温度、湿度、紫外光、灰尘。

b. 显影液的化学成分、温度和浓度。

c. 显影机毛刷和辊子的状态。

d. 后处理条件。

②印版质量要求。

印版质量要求是：网点再现性好，2% 的尖点不丢，97% 的网点不糊，中间调部位网点缩小不超过 3%，多版重复再现误差不超过 3%。印版上网点饱满无砂眼，网点边缘光洁无毛刺，虚边宽度不大于 4μm。未经烤版处理的耐印力应达到 8 万印以上。外观平整、无折痕、无划伤现象，版面干净。图文位置正确，套印准确。

3. 版面质量的检测办法

①版面质量的检测办法。

印版质量检测的内容主要包括以下几个方面。

a. 印版外观质量的检查。

印版的外观质量主要是指印版外在的性能状态，一般采用视觉观察法检查。对印版外观质量的基本要求是：版面平整、干净、擦胶均匀，无破边、无折痕、无划伤、无脏物和墨点。

b. 版式规格的检查。

印版的版式规格包括版面尺寸、图文位置、叼口尺寸、折页关系等，可依据晒版工艺单和胶印机规格所要求的版式规格对照检查。版式规格的质量标准是：印版尺寸准确，误差小于 0.5mm，套色版之间的尺寸误差小于 0.1mm，图文端正无晒斜现象。如果印版的尺寸误差过大或图文晒斜会造成印版上机后套印困难和发生印品报废等故障。

c. 图文内容的检查。

对印版图文内容的基本质量要求是：文字正确，无残损字、无瞎字、无多字缺字现象；图片与文字内容对应一致，方向正确；多色版套晒时，色版齐全，无缺色或晒重现象；应有的规矩线齐全完整、无残缺现象。

d. 网点质量的检测。

网点质量主要是指印版上网点的虚实饱满程度、边缘光洁程度和再现性。检测时可借助普通放大镜或高倍放大镜（显微镜）依据原版和晒版质量标准对印版上的网点进行定性和定量检测。

对网点虚实度、光洁度的检测主要是通过普通放大镜进行视觉观察，对印版上的网点是否实在饱满，轮廓是否分明，有无空心、毛刺、虚边等作出定性检测。

满足印刷要求的印版网点质量应达到网点饱满、完整、光洁、无残损、无划伤、无空心、毛刺少、虚边窄。

对网点的再现性可通过显微镜直接进行测量，也可以通过晒版控制条直接显示出来。其中控制条显示方法比较直观方便，常用的有两种，一种是应用阴阳网点对来显示网点的变化量，如布鲁纳尔测试条上 50% 细网区中的阴阳网点对等；另一种是根据网点增大量与网点周长成正比的关系，利用粗细网对比方法指示网点增大程度，如 GATF 信号条上的号码段及布鲁纳尔测试条上的粗细网块等。

e.印版耐印力的检测。

印版耐印力可通过实际印刷检验和实验室仪器测试等方法进行检测。实际印刷检验方法即将晒制好的印版直接装在胶印机上进行正常印刷，满足印刷质量要求的极限印数即为该印版的耐印力值，这种检测方法简单直观，不需要其他设备，但影响因素较多、检测条件不易控制，准确性、稳定性和可比性较差。实验室仪器测试法是应用专用的摩擦试验仪、拉力试验仪等仪器设备模拟印刷状态，通过测试印版的耐磨次数、图文基础的附着力以及受溶剂的溶胀、浸蚀程度等数据间接评价出印版的耐印力，这种方法稳定性好、可比性强。但需要一定的专用仪器，主要应用于感光版生产厂家及版材检测等单位。

印版的耐印力不仅与版材的种类直接相关，而且与制版技术、印刷条件等也密切相关，因此在生产过程中应尽可能稳定制版与印刷条件，并根据印版耐印力的变化情况，及时调节相关的影响因素，使印版在最佳的工作条件下制作、使用，达到最大的印数。

②常见故障分析。

a.印版脏污。

ⅰ.显影处理不当引起的印版脏污。

在显影处理过程中，由于显影液温度过低，显影时间过短，显影液中各成分比例不合适，显影液疲劳甚至失效；显影时用劣质海绵擦拭或对版面的擦拭不够洁净，水冲洗不彻底；自动显影机失调，如显影液循环不良、温度不稳定等。

排除方法：检查显影液的温度和显影时间，并调整到相应标准；按厂家给定的配方调整显影液，及时更新显影液；显影中版面要充分用水清洗，使用优质海绵擦拭版面；检修自动显影机等。

ⅱ.除脏处理不当引起的印版脏污。在除脏处理过程中，操作不仔细，漏掉应去除的脏污，除脏液用量不足、用液时间短、久用疲劳的除脏液，致使去脏不彻底；除脏液用后干固在版面上等，都可能引起印版脏污。

排除方法：除脏操作要仔细，应用毛笔蘸饱除脏液除脏；除脏时间应保持在20～30s；除脏液使用完毕应盖紧；版面除脏处理过后要用水充分冲洗。

ⅲ.上胶操作不当引起的版面脏污。

在上胶操作中，使用了低浓度的胶液，非图像部分发生氧化现象，胶液涂布不匀、过厚或者有条纹，以及用未干的印版进行印刷等，都会引起印版脏污。

排除方法：提高胶液的浓度；将胶液充分涂匀；上胶后的印版，版面彻底干燥后再上机印刷。

ⅳ.原稿上胶带引起的印版脏污。

首先要加以预防，在拼版时应尽可能地采用薄而干净的透明胶带，若胶带胶黏剂粘到印版上，应轻轻擦去再去显影。晒版时，要充分抽气，尽量减少拼版胶带与原版胶片周围的空气层，将产生光干涉现象的可能性降到最低。如果曝光后，版面上还有胶带印痕，则要用除脏剂手工除脏或进行二次曝光除脏。

b. 网点再现性不好。

网点再现性不好，表现在网点出现"虚晕"现象（网点周边不光滑，轮廓模糊不清晰），网点缩小或丢失，以及网点扩大等方面。网点再现性不好可能导致图像清晰度下降、阶调发生变化等弊端。

ⅰ. 网点缩小或丢失。

网点缩小或丢失的主要原因是原版密度过低，减薄过度，曝光时间过长，显影液的浓度、温度过高，显影时间过长等。

排除方法：出现网点丢失，应先看胶片本身的网点还原程度，如胶片上50%的点子是否方正，4%～5%的网点是否完整等。总之，要检查照排胶片的质量，然后再判断网点是否是在晒版的过程丢失了。曝光过度，显影液浓度过大，都会使版面上应该保留的网点损失掉或文字笔画变细。图像密度低于1.5的原版、减薄过度的原版必须重新制作；通过试曝光求得最佳曝光时间，并用于指导曝光操作；调整显影液的浓度和温度，按规范的标准显影条件进行显影。

ⅱ. 网点增大。

网点增大的主要原因是，显影液的浓度和温度过低，显影时间过短，显影液老化。

排除方法：调整显影液的浓度和温度，按照最佳曝光时间，依据规范的标准显影条件进行显影。

c. 烤版颜色异常。

烤版后正常的颜色为红棕色，如果版面呈茶绿色或墨绿色，表明烤版温度过低或烤版时间过短；如果版面呈棕色，表明烤版温度过高或烤版时间过长，感光层内析树脂部分炭化，印版的耐印力也相应降低；若烤版后的版面空白部分出现浅红色，则是因为版面显影不足而存留微量的感光层。

排除方法：如版面呈绿色或墨绿色，应升高烘烤温度或延长烘烤时间，直到版面颜色达到红棕色为止；如版面呈棕色，应缩短烤版时间；若空白部分出现浅红色，可以用浮石粉轻轻擦拭，但面积较大时便无法补救了。

d. 版面着墨不良。

版面着墨不良，大多是由晒版、显影、除脏、擦胶过程中操作不当引起的。

ⅰ. 显影、除脏不当。

显影温度过高，显影时间过长，水洗不彻底，图像上残留显影液，除脏时除脏液从毛笔上溅落，擦涂除脏液时触及图像部分，因版面过湿除脏液扩散到图像，除脏后清洗不彻底等。

排除方法：检查显影液的温度和显影时间，并调整到符合标准；重配显影液，并进行试显影；除脏操作要仔细，如毛笔蘸除脏液不可过多，版面不能用手触摸，版面上的水分干燥后再涂除脏液，除脏之后用水彻底清洗版面。

ⅱ. 擦胶不当。

擦胶方法不正确，胶层涂布不匀或过厚，胶层干燥的温度过高，胶液过浓等，这些都可能引起版面上着墨不良。

排除方法：采用正确的涂胶方法，均匀涂布胶液且不可使胶层过厚，在适当的温度下使胶层干燥（一般应在60℃左右），降低胶液中胶的含量。

注意事项

①版要规范操作，胆大心细。

②对于印版故障应首先判断原因，再相应找到解决办法。

1.3 设备维护和保养

📁 1.3.1 能够检查胶印机给纸、输纸和收纸安全运转状况

学习目标

掌握胶印机械的基本构成和维护与保养，能够带领机组成员对胶印机给纸、输纸和收纸等装置进行维护和保养。

操作步骤

①胶印机输纸装置的维护与保养。

②胶印机定位装置的维护与保养。

③胶印机输水、输墨装置的维护与保养。

④胶印机组的维护与保养。

⑤胶印机上光装置的维护与保养。

⑥胶印机收纸装置的维护与保养。

相关知识

胶印机通常是由原动机构、执行机构和传动系统三部分组成。原动机构一般指电动机，由它把电能转变为机械能。执行机构是利用机械能来实现印刷的装置，传动系统则是连接原动机构和执行机构的中间装置，它将电动机输出的机械能传递到执行机构，使之实现预想的机械运动。

胶印机的传动链分外传动链和内传动链。

外传动链是从电机至胶印机主轴或分配轴的传动，大多采用皮带传动和摩擦传动，不能保证严格的传动比。它的功能是：把动力源的功率传递给执行机构；保证执行机构具有一定转速和调节；能方便地对设备进行启动和制动。

内传动链是使执行机构严格按照设计要求运动，并能保证传动精度。它的功能是：进行运动和功率的传递；保证运动与运动之间严格的速比；完成运动之间的协调配合。它一般由四连杆机构、凸轮机构、间歇机构及各种组合机构组成。

　　单张纸胶印机的输纸系统又称自动给纸机。其功能是自动、准确、平稳，与主机同步有节奏地自纸堆逐张分离纸张，按照一定的输纸形式将它们输送到定位装置定位，然后输入印刷装置进行印刷。自动给纸机是现代单张纸胶印机相对独立而又极其重要的部件，其机械装置的性能直接关系到整台胶印机的速度和平稳。

　　分离头是给纸机的主要职能部件，也称分纸头。其工作任务是周期性地自纸堆上逐张分离出纸张，并向前传递给接纸辊，按规定的重叠形式经输纸板向前输送到前规矩。分离头的主要工作要求：准确、无误，不能出现双张或多张，不能出现空张。能适应多种不同规格和品种的纸张，并且不损伤纸面、不蹭脏印迹。因此，分离头决定了能否实现给纸机的高速平稳工作，直接影响了给纸机性能优劣。目前最常用的是 SZ206 型给纸机，主要由分纸吸嘴、压脚机构和递纸吸嘴组成。

　　输纸板上分布着压纸轮、送纸滚轮、皮带和真空吸气孔以吸住纸张，并向前传送。为了使纸张平稳交接，输纸板上有一套输纸变速装置，纸张以高速递送到输纸板前端，经变速机构降速，在到达印刷单元前精确定位。目前新型高速胶印机向真空吸气带式发展，输纸板上仅有吸气带，结构简单。

　　单张纸胶印机收纸装置的作用是把已经完成的印张从印刷装置的压印滚筒上接过来，由传送装置输送到收纸台，由理纸机构等相应装置将印张闯齐、堆叠成垛。为提高高速胶印机的效率，尽可能减少停机辅助时间，在高速机上还配置不停机收纸装置。

1. 输纸装置的保养和维护

　　现代印刷设备的印刷速度高，输纸装置的气泵必须使用石墨泵，而不能使用加润滑油的气泵。因为一旦润滑油经气管流入到输纸器的旋转气阀内，与纸张中的纸粉结合，极容易使旋转气阀的阀芯与阀套之间咬牢，造成设备损坏事故。

　　回旋式导阀每月都要清洁一次，清洁方法如图 1-26 所示。清洁旋转阀要使用汽油或酒精，不可用挥发性差的液体（如煤油、柴油、机油等），以防旋转阀沾上纸粉、灰尘而咬牢。

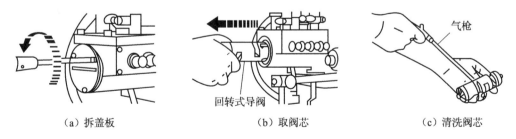

（a）拆盖板　　　　　　（b）取阀芯　　　　　　（c）清洗阀芯

图 1-26　旋转气阀拆卸与清洗

　　输纸装置中的分纸凸轮和送纸凸轮每周要加适量的润滑脂予以润滑，但注意不要过量。一旦过量会造成分纸吸嘴或送纸吸嘴的动作失调。为确保输纸器送纸、分纸吸嘴动作的稳定性，输纸器的送纸吸嘴不仅受凸轮控制，还受导槽的控制，所以在保养输纸器时，导槽内也要适当加注润滑油脂，以减少机械摩擦。

输纸器前端处的摆动挡纸牙每周都必须加注润滑油一次。因为纸粉、纸毛极易吸收油脂而使摆动挡纸牙缺油干磨。加油时，要注意油量要适当，以免油迹碰到纸张而影响产品质量或造成产品的报废。

输纸台板上一般设置4～8根线带，线带在张紧轮的作用下被紧绷在线带轴上，利用摩擦力输送纸张。在线带轴座上设有加油孔，每周加油一次。

2. 定位装置的保养和维护

套印准确是评价印刷质量的一项重要指标。定位装置可靠、稳定地工作是实现套印准确的前提。因此对定位装置的保养和维护是不容忽视的。定位装置的保养主要包括前规和侧规相应的润滑（图1-27）。

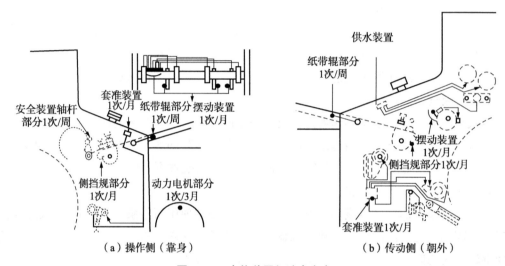

图 1-27　定位装置加油点参考

3. 输墨与输水装置的保养和维护

输墨装置的保养因机型的不同而不同，要根据设备的操作手册的要求定期加注润滑脂。在设备检修时把墨辊拆卸下来进行彻底清洁保养，对已老化的墨辊应及时更换。

清洁硬质墨辊时要注意，对吸附的墨皮、纸毛等杂质用清洁浸泡擦拭，不能用墨铲或锐物强行刮除，以免划伤墨辊的表面。安装时要重新调节墨辊的压力（压痕宽度确认）。

输水装置的水辊都是可拆卸的。一般传动齿轮都在墙壁外侧，呈暴露状态。在清洗墨辊时，极易造成油墨溅入传动齿轮中，所以在清洁保养过程中，要注意对传动齿轮的清洁，在安装水辊时要注意对传动齿轮加注润滑脂。

水辊使用一段时间后，水斗辊和着水辊由于摩擦的原因，辊直径会缩小。当水辊调节到传动齿轮稍有振动时，应更换水辊，以免造成传动齿轮不正常磨损而产生白条痕。

4. 胶印机组的保养和维护

压印滚筒和印刷压力有直接关系。为确保压印滚筒表面不受损坏，避免使用各种可能产生机械损伤的物质，如划针、锉刀、砂布。用抛光清洁液等每天至少要清洁压印滚筒表面一次，不要使用强酸等腐蚀性物质。

参照设备使用手册对压印滚筒进行保养：叼牙轴每月加润滑脂一次，开闭牙滚轮每周加一次润滑脂（耐高温），开闭牙凸轮每周加润滑脂一次，适当间隔时间要清洁叼纸牙牙片与牙垫。

传纸滚筒工作的稳定性关系到产品的套印精度，一般都设有因纸张厚度变化而调节牙垫高低的结构。在保养时，要往叼牙轴上的润滑脂小孔内加注适量的润滑脂以确保传纸滚筒的工作稳定性。建议每周都对传纸滚筒的开闭牙滚轮加注耐高温的润滑脂，同时在开牙凸轮上也要加注适量的润滑脂，以减少磨损。

5. 上光装置的保养和维护

在印刷完成后或印刷中断时，要用水清洗橡皮布，当涂布结束时排净涂布液，用小号的塑料清洁刮刀除去涂布盘中遗留的涂布液。

接通涂布供给装置，清洗液体管理，对涂布液盘、涂布液泵、涂布系统进行完整的清洗，并一直保持足够多的循环水，直至彻底清洗干净涂布系统，清洁不彻底会造成涂布液干结的严重后果。清洗完毕要将涂布辊与计量辊处于分离状态。

6. 收纸装置的保养和维护

收纸链条裸露在外面，脱落的纸毛和印刷喷粉附在其上和润滑油混合在一起形成一层油垢，若不及时清洗，每次加油时都只是加在油垢上，链条本身并未受到机油的润滑。时间一长会造成链条缺油干磨。所以坚持做好对收纸链条的清洁工作，建议每季度对钢丝板刷清洗一次，并用手动方式加注润滑油，确保收纸链条处于润滑状态。

平版胶印机大都配置了喷粉装置，大量的喷粉会堆积在收纸压风装置上或支撑柱上，堆积到一定程度时就会脱落到印张上，若是大面积地实地印刷，会造成印刷品报废。所以要定期对整个收纸装置进行除尘工作。

对收纸牙排的保养也不容忽视，收纸牙排开闭动作幅度虽然不大，但是每天开闭数万次，若是忽视保养工作会造成过早、过量磨损，印刷时会因牙排叼力不足而发生剥纸故障。

📁 1.3.2　能够检测胶印机滚筒的平行度、缩径量等数据

🗇 学习目标

了解拆装胶印机常用的计量、测试仪器并掌握使用方法，能够对印刷滚筒水平、滚枕间隙等进行测量和调整。

🗇 操作步骤

①厚薄规（塞尺）的使用。

②水平仪的基本应用。

③千分尺的基本应用。

相关知识

通常胶印机在安装调试时进行水平测试，但印刷中由于机械振动或者机器维修等原因，正式生产前还要用量具对机器进行检查，常用的测量工具有厚薄规（又称塞尺，主要用于测量滚筒间隙）、水平仪（测量机座或滚筒的水平状态）、螺旋测微仪（又称千分尺）、筒径仪等。

1. 厚薄规

厚薄规（又名塞尺），它是主要用来测量零部件配合体间隙大小的一种测量工具，在印刷上主要用来检查滚枕间的间隙。

厚薄规外观如图 1-28 所示，它具有两个平行的测量面，其长度一般为 50mm、100mm 或 200mm，厚度为 0.03～0.1mm，每片的厚度相差 0.01mm。如果厚度为 0.1～1mm，则每片厚度相差 0.05mm。

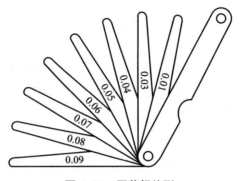

图 1-28　厚薄规外形

厚薄规的使用方法：

（1）使用前将厚薄规和被测零件表面擦拭干净。

（2）测量时，应先用较薄的一片塞尺插入被测间隙内，若仍有空隙，则挑选较厚的依次插入，直至恰好塞进而不松不紧，则该片塞尺的厚度即为被测之间隙大小。

测量时可以根据需要使用 1 片或几片组合，根据塞入的规片数求得间隙大小，但误差较大。

厚薄规的维护与保养：

（1）由于塞尺很薄，容易折断，使用时应特别小心，不能用力过大，以免塞尺弯曲或折断。

（2）使用后应在表面涂以防锈油，并收回到保护板内。

（3）塞尺的测量面不应有锈迹、划痕、折痕等明显的外观缺陷。

（4）不能用塞尺测量温度较高的零件，以免温度影响塞尺的精确度。

2. 水平仪

水平仪主要用来检验零件平面的平直度和设备安装时的水平位置。在印刷上主要用水平仪来校验胶印机的水平位置。如图 1-29 所示。

图1-29　水平仪

工程上常用的水平仪有长方形和正方形两种。水平仪主要由框架和弧形玻璃管组成，在底部测量面上制成 V 形的槽形，以便测量时可以在圆柱形表面上放置。在玻璃管的表面上画有刻线，管内装有乙醚或酒精，留有一个气泡，这个气泡始终处于玻璃管内的最高点。如果测量时水平仪处于水平位置或垂直位置时，气泡就处于玻璃管的中央位置；如果水平仪倾斜一个角度，气泡就会向左或向右偏移，根据偏移的距离即可知道被测平面的水平度或垂直度。

3. 千分尺

千分尺（又名螺旋测微计），常用来测量线度小且精度要求较高的物体的长度。它是利用螺旋副传动原理，将回转运动变为直线运动的一种量具。主要用来测量物体外形尺寸。对于印刷操作者来说，常用千分尺测量印版、橡皮布和衬垫的厚度。如图1-30所示。

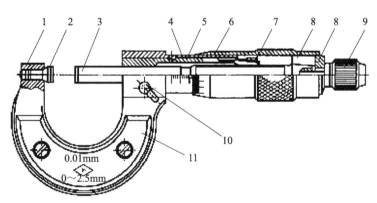

图1-30　千分尺外形

1—尺架；2—固定或可换测砧；3—测微螺杆；4—螺纹轴套；5—固定套筒；
6—微分筒；7—调节螺丝母；8—垫片；9—测量装置；10—制动轴；11—隔热板

千分尺主要由测微螺杆和螺母套管组成，测微螺杆的后端连着圆周上刻有 50 分格的微分筒，测微螺杆可随微分筒的转动而进退。螺母套管的螺距一般为 0.5mm，当微分筒相对于螺母套管转一周时，测微螺杆就沿轴线方向前进或后退 0.5mm；当微分筒转过一小格时，测微螺杆则相应地移动 0.01mm 距离。

千分尺的量程有 0 ～ 25mm、25 ～ 50mm、50 ～ 75mm、75 ～ 100mm、100 ～ 125mm。

（1）使用前检查

①检查相互作用：转动微分筒，其与固定套筒之间不应有卡住或相互摩擦的现象，在全量程应转动灵活。

②检查测力装置：用手把微分筒定住或用止动器将活动测杆紧固住，旋转棘轮，当其能发出清脆的"咔咔"声，说明棘轮良好，测力正常。

③检查测量面：先把两个测量面擦干净，转动微分筒，当两个测量面快要接触时，旋转棘轮，使两测量面轻轻接触，检查接触面有无漏光与间隙，核查其平行度状况。

④检查零位：将活动测杆与固定测砧的测量面接触，微分刻线的零线与主尺的横向刻线对齐。如果没有对齐，应利用专用工具进行调整，使之对齐。

0～25mm千分尺直接校对，25mm以上的千分尺使用校对棒。当测量面接触，棘轮发出"咔咔"声时，微分刻线零线应与主尺的横线对齐。

检查结果有疑问时应送交计量部门检修校正，切勿自行拆卸处理。

（2）千分尺的读数方法

①先读整数：读微分筒左边露出的固定套筒上的整数数值。

②再读小数：看微分筒上哪一条刻线与固定套筒上轴向刻线对齐（或略低），该刻线顺序数乘以微分筒分度值即得微读小数部分，另外要特别注意固定套筒上0.5刻线是否露出，如已露出，微读小数加上0.5mm才是全部小数部分。

③将所读整数与小数部分相加得出测量尺寸的真实值。

④当固定套筒的轴向刻线与微分筒上任一条刻线都不对齐时，估读第三位小数。

（3）千分尺正确使用

①测量时把被测件放在V形铁或平台上，左手拿住尺架，右手操作千分尺进行测量，也可用软布包住护板，轻轻夹在钳子上，左手拿被测件，右手操作千分尺进行测量。

②测量时要先旋转微分筒，调整千分尺测量面，当测量面快要接触被测表面时，要旋动棘轮，这样既节约时间，又防止棘轮过早磨损，退尺时应使用微分筒，不要旋动后盖和棘轮，以防其松动影响零位。

③测量时不要很快旋转微分筒，以防测杆的测量面与被测件发生猛撞，损坏千分尺或产生测微螺杆咬死的现象。

④当转动棘轮发出"咔咔"的响声后，进行读数，如果需要把千分尺拿开读工件读数，应先搬止动器，固定活动测杆，再将千分尺取下来读数。这种读数法容易磨损测量面，应尽量少用。

⑤测量时要使整个测量面与被测表面接触，不要只用测量面的边缘测量，同时可以轻轻摆动千分尺或被测件，使测量面与被测面接触好。

⑥为消除测量误差，可在同一位置多测几次取平均值。

⑦为了得到正确的测量结果，要多测量几个位置。

（4）千分尺的维护与保养

①不准握着微分筒旋转摇动千分尺，以防丝杆磨损或测量面撞击而损坏千分尺。

②为防止千分尺两个测量面擦伤，不允许用千分尺测量带有研磨剂的工件，也不允许用砂布或油石等擦磨测量杆。

③千分尺在使用完毕后，要用清洁软布把纸屑、冷却液等擦干净，放在专用盒内，当有脏物侵入千分尺，使微分套筒旋转不灵时，不要强力旋转，交计量检定室解决。

④不准在千分尺的微分套筒与固定套筒之间及测微丝杆间加进酒精、煤油和机油，不准把千分尺泡在上述油类和冷却液里，如千分尺被上述液体侵入，则用汽油冲洗干净。

⑤千分尺应平放在其专用盒内存放。

注意事项

①水平仪在使用时要特别小心，不能随意乱放或和其他零件碰撞，更要防止摔跌而影响测量精度。

②温度对量具有较大影响，测量时应远离热源，并避免阳光曝晒。

③工具使用后，应及时擦净并放入专用的盒套内，保存在干燥通风的地方，防止锈蚀。

1.3.3 能够提出并实施胶印机的周、月保养计划

学习目标

了解胶印机械的维护与保养要求，能够制定并执行维护与保养作业。

操作步骤

①胶印机各装置的维护与保养。

②常用的相关工具的基本应用。

相关知识

胶印机是印刷厂的重要生产设备，印刷工作人员既是机器的使用者，又是机器的保养者。为确保生产能安全、优质、高产、低消耗地进行，必须做好机器的维护与保养工作。机器的清洁、检查及润滑工作是胶印机维护保养的重要内容，也是延长机器的使用寿命，确保设备正常运行及维护良好印刷精度的前提和保证。

通常企业采用三级保养制度。

一级保养是指日常的例行保养。设备的使用人员在班前对机器进行重要部位的清洁擦拭，按润滑要求加油，这是最基本的保养。一级保养要有检查制度、检查项目，应着重针对设备的要害部分进行仔细检查。

二级保养是指在每周规定时间内的清洁保养。二级保养时可对日常检查的项目进行全面复查，特别是检查油泵、油路等润滑系统工作情况是否良好，油箱是否缺油，气泵是否有异常声音，三套叼牙的叼力是否正常。

三级保养是指每年一次的清洁保养。保养时间较长，一般为 7～10 天。在此期间，由设备的使用人员和专门的机械维修人员配合，对机器进行较为彻底的清洁检查和调节保

养。将零部件拆卸下来进行擦拭、清洗；各部分的轴承拆卸下来，进行清洗、换油；对油路系统进行清洗，油箱也进行彻底清洁，并换掉全部的润滑油。

胶印机的加油方法。

胶印机的润滑加油分为两类：润滑油和润滑脂（也称黄油）。

①润滑油润滑。

a. 油眼和无油眼工作部分的加油方法。

检查润滑装置上的油眼是否畅通。

正确地使用加油工具：油壶或油枪倾斜角度大于45°，与零件表面保持10～20mm间隔，以油滴形式注入，每次加3～5滴。

根据不同部分的工作条件，每班组加油1～3次。

b. 油杯的加油方法。

检查油杯的润滑情况。

自动关闭式铰链油杯、针阀油杯和油绳油杯加油，可用机油枪射入或将油壶嘴取下倒入机油。

球阀油杯加油，必须将弹子按下。

加油量以将油杯注满为宜，自动关闭式铰链油杯和球阀油杯应每班加油一次，针阀油杯和油绳油杯应每周加一次。

c. 油池的加油方法。

每周应检查一次油池，看油管、滤油器是否畅通，油泵工作是否正常，保持油池有一定的贮油量。油池中的润滑油每半年更换一次，更换油池的机油时，把旧机油清理之后，用汽油或煤油对油池进行彻底清洗，然后再加入新的润滑油。

②润滑脂（黄油）润滑。

a. 旋盖式油杯的操作方法。

每周将油杯加满，每班组检查时将旋盖旋紧一些。

b. 压注式油杯的操作方法。

黄油枪应紧贴油嘴口，并与油嘴口垂直。

加油时需将原来的润滑脂完全挤出，每周加油一次。

1. 周末检修

周末检修是为了保证机器正常运转，保证产品质量，按时完成生产任务，高效率、低消耗地发现事故苗头的重要环节。所以周末检修是非常重要与必要的，周末检修应注意以下几个方面。

（1）机器的清洁

保证机器干净卫生，无杂物、无油泥、无纸灰；工具摆放整齐，纸卷、产品堆放有序，机器周围无与生产无关的物品。

（2）印刷单元的检查

印刷单元是保证产品质量的重要部分，印刷单元的正常运转是保证产品墨色饱满、色泽鲜艳、压力充实的印刷联盟。可从三方面检修：①供墨机构；②匀墨机构；③着墨机构。

首先主要检查胶辊有无破损、脱胶、松动现象；其次检查靠版胶辊、靠版水辊压力是否符合要求，胶皮有无压损等，发现问题及时调整维修，避免事故发生，确保机器正常运转。

（3）折页单元

如果是卷筒纸胶印机还要注意检查折页单元。折页单元是保证书帖折页准确，规格符合质量要求的部分，折页单元可分左、右折页机构。主要检修易损件，如页刀、刀势、折刀、轨道、偏心等是否需要更换，螺丝有无松动，各配件是否完好，发现问题及时维修，避免事故发生。

（4）给气部分

空气压缩机和气路，是保证机器正常运转不可缺少的部分，空气压力直接影响印刷压力。检修时应定期对空气压缩机进行加油（专用油）和对汽缸进行排水，检查气路是否畅通，各接头连接处有无松动漏气现象，发现问题及时维修，确保设备正常运转。

（5）机器的润滑

润滑油的作用是：减小机件之间摩擦，帮助机件散热，防止机件生锈，做好机器的润滑可延长机器使用寿命，使机器能够平稳运转。加膏状润滑油时应确保加足每个油点（看到新油，挤出旧脏油为好）。液体润滑油机构的检修应检查油路是否畅通，油箱内的油是否需要更换，油箱是否需要清洗。

（6）供水部分

首先要清洗水箱，保证水箱内无杂物，水质符合印刷要求；其次检查上水管和下水管是否畅通，清洗水斗，保证水斗清洁卫生无杂物。发现问题及时维修，确保机器正常运转。

周末检修要做到细心、全面，按各单元次序由前到后，由机器罩壳到机器内部分段进行检修。做好周末检修对于保证机器平时正常运转将会起到事半功倍的效果。

对于胶印机的保养，一般按机器本身的性能及运动的特点可分为日保养、周保养、月保养及年保养。以下以海德堡胶印机为例，谈谈胶印机主机的周、月保养内容。

2. 周保养

（1）飞达部分

①输纸皮带的检查（检查根数不少于6根）。

②输纸板的检查，调节输纸压轮的压力。

③前规、侧规电眼的灵敏度检查。

（2）印刷部分

①卸下印版，清洁并检查印版及衬垫。

②拆下橡皮布，更换橡皮布衬纸并清洁橡皮布滚筒。

③彻底清洁墨斗，更换墨斗上边的 PVC 片及两侧的密封海绵条。

④用换色膏洗车，彻底清洁所有水路、墨路（不必拆水路、墨路）。

⑤水箱换水并清洁制冷机。

⑥清洁水斗槽、回水管及水箱里的酒精稳定器。

⑦洗车后清洁洗车刮刀。

（3）收纸部分

①检查清洁纸尾减速风孔。清洁风孔，并彻底清洁其过滤器。

②清洁喷粉管上的喷粉孔，检查喷粉机的工作情况。

③清洁收纸链排及开牙凸轮。

（4）其他部分

①主马达的清洁（过滤网及碳刷部分）。

②空压机及各油泵的油位检查，包括油的充填。

③按"润滑表"对所有规定每周加油的部位加油或油脂。

3. 月保养

（1）飞达部分

①分纸吸风头旋转阀清洁、检查。

②全部输纸机清洁、检查。

（2）印刷部分

①更换墨路。

②更换水路。

③清洁全部牙排，调整检查叼牙。

（3）收纸部分

①对全部收纸机进行吸尘。

②检查、调整收纸牙排。

③检查收纸链条润滑情况并添加润滑油。

（4）其他部分

①检查润滑主油箱油位及油过滤器。

②电源柜的清洁和吸尘。

③清洁各接水盘和接油盘。

④疏通各排油管及排油槽。

⑤按"润滑表"对所有规定月加油的部位加油及油脂。

注意事项

①清洁印刷滚筒时不得使用可能产生机械损害的物质，印刷滚筒的滚枕必须每天清洁一次，并以润滑油进行润滑。

②当胶印机使用溶剂时（如手动清洗），注意不要将溶剂流入烘干区域，溶剂也不允许存放或应用于干燥区域，否则溶剂受热后汽化有可能会引起爆炸。

③加油工作应在开机前进行。若开机时加油，操作时必须思想集中，注意安全。对机器运转中有危险的油眼不允许在开机时加油。

④加油应按一定顺序进行，以免漏加。同时也要检查各油眼、油杯、油管等装置是否正常。

⑤要注意润滑油的种类和标号，严防弄错，并根据季节温度的变化，选用符合要求的润滑油。

⑥润滑材料保持清洁，不得含有杂质。旧的润滑油最好更换，如果要用必须经多次沉淀、过滤后才能使用。加润滑脂时，以能见到新油把旧油挤出为宜。

⑦不能把汽油、煤油、柴油掺入润滑油中，更要防止把其他油类错当润滑油使用。

⑧润滑油一次不要加太多，注意不要浪费，同时还要防止润滑油沾到纸上。

⑨对印刷滚筒轴承等主要机件不仅在加油时应重点注意，运转过程中在可能的情况下还应检查是否有发热过度的现象。

1.3.4　能够更换胶印机的易损零件

学习目标

了解胶印机易损零部件的种类以及更换的方法。

操作步骤

①更换胶印机胶辊。

②更换胶印机轴承。

③更换牙垫。

相关知识

胶印机在正常使用的情况下，易损件应定期更换。因为包括辊、尼龙硬辊、轴承、电磁阀、按键、牙垫、牙片等部件都会在一定时间内因磨损、腐蚀、疲劳等原因而丧失精度，导致失效。

①胶辊制造商生产的胶辊。进口胶辊寿命大约为5000万转，也就是说可以用两年（按每天两班，每班8h计），而且性能优，可以保证精美印品的印刷；国产胶辊的寿命一般可使用半年左右，而且不能保证精美印品的印刷质量，虽然选用进口胶辊一次性投资较大，但它可以保证印刷的质量，又可节省多次安辊停机造成的损失。其综合效益要远高于使用国产胶辊，因此，越来越多的用户选用进口胶辊。

②电控和电气原件。进口胶印机的电控原件，一般都是原制造厂自己设计生产的，如海德堡公司有一个车间专门生产自己产品上使用的各种各样的电路板，所以一旦这些电路板坏了，只有找海德堡公司购买。社会上也有维修电路板的公司，有些电路板可以送修。

③轴承。进口胶印机需要用很多的轴承，其中经常容易损坏的，一类是水辊，它的工作负荷不大，但由于经常受水量、油墨等介质的腐蚀，造成失效；另一类是各种开牙轴承，它是在较高负荷和较高转速的情况下，因接触疲劳而失效，这类轴承都是专用的轴承，目前一种是原装进口产品，价格昂贵，另一种是国产替代品，这两种都是可以选用的。

④机械加工件，主要是润湿系统和供墨系统的轴类、齿轮类、轴承类等零件，它们主要是由于腐化、磨损而报废；牙垫、牙片类元件是由于长期磨损而报废，有些精度很高的零件也是由于长期磨损而精度失准。这些机械零件，有相当多一部分可以选用国产的替代品。

◻ **注意事项**

①轴承在拆卸前，应在前后端盖与机座的合缝处打上记号，以便修理后按原样装配，才不致造成装配误差而引发故障；在拆卸轴套等部件时，应注意，千万不能硬打硬冲，可用热胀原理，边加热边轻打或用"拉马"等工具来取下。

②进口设备更换轴承时，一般只使用 3～4 年，最好选原装进口产品，而二手机器在已经使用 20～30 年的情况下，由于整机状态均已下降，所以没有必要选用高精度进口轴承，在这种情况下用替代品也就可以了。

③确保润滑。对更换的轴承、齿轮等部位加注润滑油或润滑脂，以确保轴承长期在润滑良好的状态下工作。

本章复习题

1. 消除纸张静电有哪几种方法？

2. 简述润湿液在印刷生产中的使用。

3. 简要分析影响油墨干燥的因素有哪些？

4. CTP 制版设备的类型有哪些？区别是什么？

5. 气垫橡皮布的结构是怎样的？

6. 简述外径千分尺的操作方法。

7. UV 油墨由哪些物质构成？

8. 常用的网点角度有哪些？如何检查？

9. 什么是网点覆盖率？如何检查？

10. 简述印版质量的标准。

11. 简述传统阳图型 PS 版的晒版过程。

12. 简述 CTP 制版的工艺过程。

13. 常用的 CTP 版材有哪些类型？

第2章　设备调节

本章提示

通过本章的学习，了解胶印机械的各装置的基本构成，掌握其调节方法，并能够排除常见的由设备原因引起的印刷故障。

2.1　输纸装置调节

📂 2.1.1　单张纸印刷

2.1.1.1　调节前规与侧规的配合时间

🗐 **学习目标**

了解纸张输纸装置的工作原理，掌握纸张定位装置调节方法，能调节前规与侧规的配合时间。

🗐 **操作步骤**

1. 调节前规

①前规高度调节。

②叼纸量调节。

③单个调节前规的前后位置。

2. 调节侧规

①侧规位置调节。

②拉纸量调节。

③侧规高度调节。

④侧规拉纸时间的调节。用一字螺丝刀调节侧规上的调节螺丝，微量改变圆柱凸轮的位置，实现凸轮和滚子相位的变化，从而改变侧规的拉纸时间。

⑤拉纸力的调节。

🗂 **相关知识**

为保证纸张在进入印刷滚筒时有一确定的位置，以满足套准精度的基本要求，在输纸装置与印刷滚筒之间设有套准部件，套准部件既是输纸装置的重要组成部分，又是输纸装置与主机的中间环节，在很大程度上，它决定或影响印品的套准精度。

就胶印机而言，套准精度取决于以下因素，即：纸张在输纸板前端的定位精度，纸张必须在同一位置定位；纸张的交接精度，也称递纸精度，是指送纸装置在输纸板前端的叼纸精度以及由递纸装置向压印滚筒叼纸牙交接时纸张的交接精度；检测精度，是指纸张在输纸板前端完成定位后，检测装置对其位置和状态进行检测的可靠性，而套准装置主要包括三个部分，即规矩部件、检测装置和进纸装置。

1. 前规、侧规及前挡规

规矩部件是纸张定位机构的重要组成部分，保证纸张在进入印刷装置前相对印版有一个正确的位置。规矩部件一般包括前规、侧规和前挡规。

①前规。确定纸张在走纸方向上前后位置的规矩。

a. 类型。前规按其摆动中心的部位不同，主要有两种类型，即上置式前规与下置式前规，如图 2-1 所示。

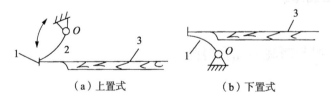

（a）上置式　　　　　　（b）下置式

图 2-1　前规的类型

1—定位板；2—电牙接触片；3—输纸板

上置式前规，其摆动中心在输纸板上部位置，如图 2-1（a）所示；下置式前规，其摆动中心设在输纸板下部位置，如图 2-1（b）所示。表 2-1 为上置式与下置式前规工作性能的比较。

表 2-1　前规工作性能对比

上置式	下置式
压印滚筒上最大纸张的包角小时采用	压印滚筒上最大纸张的包角大时采用
超过一定长度的纸张不能采用	对纸张长度限制小
调整比较方便	不便于调整
设计时应考虑部件的稳定性，不能有较大的振动	使用中与输纸板接触的稳定性较好，但要注意前端的精度
纸张从前规定位板下通过，不需设专门的导向装置	应设有导向装置，以防止脱纸

b. 主要功能。在设计与使用中，前规应具备以下功能。

ⅰ. 递纸牙叼住纸张后，前规应迅速让纸。

ⅱ. 一旦出现双张、空张以及纸张早到、晚到或歪斜等故障时，除主机应停机外，前规不能让纸。

ⅲ. 前规应设置必要的调整部位，如前规单独的前后调整，整体的前后调整，以及前规导向面与输纸板的间隙调整等。

c. 前规的驱动系统。以上置式前规为例，说明其驱动系统，如图 2-2 所示。

下面分别介绍组合上摆式前规和下摆式前规的工作原理，组合上摆式前规的工作原理，如图 2-2 所示。

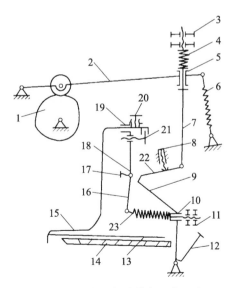

图 2-2　组合上摆式前规工作示意

1—凸轮；2、9、16、22—摆杆；3、11—螺母；4—压缩弹簧；5—活塞；6—拉簧；7、23—连杆；
8—靠山螺钉；10—活套；12—互锁机构摆杆；13—压簧；14—牙台；15—前规定位板；
17、21—螺钉；18—前规轴；19—支撑套；20—紧固螺钉

凸轮 1 安装在胶印机递纸牙轴上，它随胶印机连续转动，凸轮 1 转动时，推动滚子使摆杆 2 往复摆动。通过活塞 5 使连杆 7 上下运动，摆杆 9 和摆杆 22 是固连在一起的，并活套在前规轴 18 上面，摆杆 9 下端有一活套 10，该活套可在装有压簧 13 的连杆 23 上左右滑动。

当凸轮高点与滚子接触时，摆杆 2 逆时针方向摆动，使连杆 7 上移，带动摆杆 22（9）逆时针绕前规轴 18 转动，通过连杆 23、摆杆 16 逆时针摆动。由于摆杆 16 用螺钉 17 固定在前规轴 18 上，因而可以带动前规轴上的 4 个前规定位板 15 同时摆下，给纸张定位。

当凸轮由高点转为低点时，摆杆 2 下摆，通过连杆 7，摆杆 22（9），连杆 23 推动摆杆 16 顺时针方向绕前规轴转动，使前规定位板抬起让纸。

前规在定位时，摆杆 22 靠在靠山螺钉 8 上，以保证前规定位板每次准确地定位位置。此时，允许摆杆 2 在凸轮 1 作用下压缩弹簧 4，仍可向上移动一段距离。

调节螺母 11，使前规轴 18 相对摆杆 22（9）间产生相对角位移，调节整排前规的高低位置。松开螺钉 17，使前规绕前规轴 18 转动一个角度，可单独调节前规的高低位置。调完后拧紧螺钉 17，松开紧固螺钉 20，调节螺钉 21，可以单独调节前规的前后位置，然后拧紧紧固螺钉 20。

大范围调整单个前规高低位置时，先松开紧固螺钉，用手扶着前规调节，调好后锁紧螺钉。前规在正确的定位位置，前规定位板 15 的底面与牙台 14 上平面的间隙为所印刷纸张厚度的 3 倍。前规轴上的 4 个前规定位板，当印对开纸张时，用外侧的两个；印四开纸张时，使用中间两个。组合上摆式前规从工作性能上分析有以下几个特点：一是前规位于输纸板的上方，安装及调节较为方便；二是前规必须等到前面一张纸完全离开输纸板才能返回，所以定位时间短；三是前规位于输纸板的上方，需占用一定的空间。

图 2-3 为组合下摆式前规工作示意图，安装在前规轴上的凸轮 1 不停地旋转，它推动滚子 3，使摆杆 4 摆动，从而带动摆杆 8、摆杆 17 和挡纸舌及定位板绕 O 轴摆动，完成挡纸舌的前后摆动，实现挡纸舌在输纸板前的定位运动。前规轴上的凸轮 2 推动滚子 5 使摆杆 9 绕 O_1 轴摆动，从而使 O_1 轴带动前规上下移动，完成压纸舌下降时对纸张上面的定位。

②侧规。确定纸张与走纸方向垂直位置的规矩。

a. 类型。根据拉纸的形式不同，侧规主要有两种类型，即拉条式和滚轮式。

拉条式：拉条式侧规的拉纸球在端面凸轮的控制下绕 O 点上下摆动。由于拉纸条做左右移动，当拉纸条向右运动时，拉纸球正好向下摆动，靠拉纸球与拉纸条的接触摩擦力将纸张的侧边引向定位板，以完成纸张的侧面定位。而后，拉纸球抬起让纸。当需要调整拉纸球与拉纸条的接触压力时，可用调整螺钉进行调整。

滚轮式：滚轮式侧规与拉条式基本相似，只是将拉纸条改为连续回转的滚轮。当拉纸球与拉纸轮接触时，靠二者之间的摩擦力将纸张的侧边引向定位板，完成纸张的侧面定位。

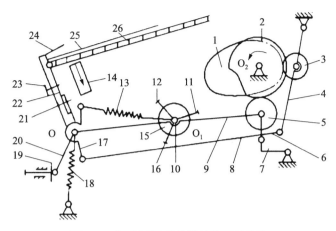

图2-3　组合下摆式前规工作原理示意

1、2—凸轮；3、5—滚子；4、6、7、8、9、17、20—摆杆；10—支撑轴；11、12、16、21、23—螺钉；13、18—弹簧；14—吸气装置；15—轴套；19—靠刹；22—定位板；24—压纸舌；25—纸张；26—输纸板

两种侧规的工作性能对比如表2-2所示。

表2-2　两种侧规工作性能对比

拉条式	滚轮式
可选择不同的拉纸速度	拉纸速度不变
开始拉纸时与纸面的相对速度较小	与纸面的相对速度较大
对同一规格的纸张，拉纸位置一定，对拉纸条容易产生局部磨损	因拉纸轮连续旋转，不会产生局部磨损
拉纸定位精度容易受制造误差的影响	定位精度受制造误差的影响较小

基于上述原因，现代单张纸胶印机一般采用滚轮式侧规。

b. 主要功能。作为侧规应具有以下功能。

对不同规格的纸张，在横向任何位置都能使用；侧规设有两个，工作时只用一个；沿横向微调方便；根据纸张定量不同，可调整拉纸球与拉纸轮之间压力的大小。

c. 气动式侧规的应用。上述两种侧规都存在一个比较突出的问题，即拉纸球必须直接与纸张的印刷面接触，这不仅会给纸张表面带来损伤，而且当印刷速度较高时，还会在定位瞬间使纸张产生反弹现象，影响定位精度。因此，气动式侧规有效解决了反弹，如图2-4所示。

将吸气板与滑板连接在一起，在滑槽内可左右滑动，当吸气板与吸气气路接通后便吸住纸张，然后，滑板向右滑动，使纸张右侧边与定位板的定位面接触，完成纸张的横向定位。当纸张被递纸牙叼住后，吸气板切断吸气气路，滑板则向左滑动，准备吸取下一张纸。

气动式侧规有如下主要特点：纸张在输纸板上与吸气板的接触面积较大，能使纸张在平伏的状态下靠近侧规定位面，使纸张不会产生反弹现象，故提高了定位的稳定性；在定位过程中，纸张表面不与任何机件接触，不会损伤纸张表面；采用气动传动，提高了运动的平稳性。

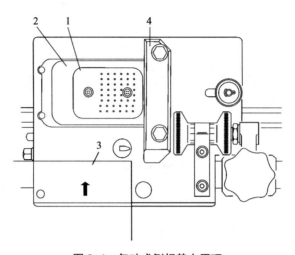

图 2-4　气动式侧规基本原理

1—吸气板；2—滑板；3—纸张；4—定位板

　　③前挡规。对于大型单张纸胶印机，由于纸张尺寸较大，在高速印刷的条件下，纸张在输纸板上输送的速度较快，不利于纸张纵向定位的可靠性，故采用前挡规，以提高其工作性能。

　　a. 前挡规的功能。概括起来，前挡规有如下主要功能，即纵向预定位：纸张在到达前规之前，先由前挡规接取，并对其进行纵向预定位；减速作用：前挡规完成纸张预定位后将其送往前规处，在到达前规处之前对纸张进行减速，以利于提高纵向定位的可靠性；导向作用：前挡规引导纸张进入前规处，可起导向作用。对于下置式前规，前挡规的设置尤其必要。

　　b. 机构原理。前挡规设在输纸板下方，通过左右运动以实现其功能，如图 2-5 所示。

　　当凸轮 C_1 由高面转向低面时，前挡规定位板 2 向右运动接取纸张，对纸张进行纵向预定位，然后凸轮 C_1 由低面转向高面，引导纸张在减速的条件下向左运动，将纸张送至前规处进行定位，如图 2-5 所示位置。前挡规在凸轮 C_2 的控制下，通过导向板上下摆动以实现让纸和接纸。

　　当发生故障时，电磁铁吸合，摆杆 5 向左摆动，其端部的挡块使摆杆 1 不能向下摆动，定位板则不能接取纸张。

　　2. 套准装置的时间调节

　　套印准确是胶印机的关键问题，无论零部件加工得怎样精确，若各机构之间动作不协调也同样不能达到效果。前规、侧规、递纸机构时间交接关系就反映出了它们之间的协调关系。

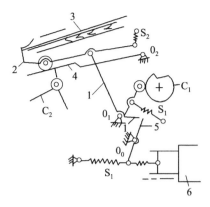

图 2-5 前挡规机构原理

1、5—摆杆；2—定位板；3—纸张；4—导向板；6—电磁铁；C1、C2—凸轮

胶印机在出厂前，已经把各个动作的时间状态调整好了，但是由于各部位的操作不良或零件磨损，刻度盘也会发生变化。机器发生异常现象时要检查刻度盘。以 J2108A 胶印机为例机动关系如图 2-6 所示。

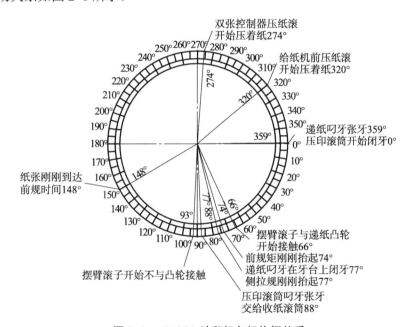

图 2-6 J2108A 胶印机各机构间关系

①压印滚筒叼纸牙（大牙）。开始叼纸时间为 0°，开始张开时间为 88°（交给收纸滚筒）。

②摆动器叼纸牙（小牙）。在纸台上闭牙时间为 77°（叼住纸），张牙时间（交给压印滚筒）为 359°。

③摆动器凸轮滚子（靠塞顶起）。滚子开始不与凸轮接触为 93°，滚子与凸轮开始接触为 66°。

④收纸滚筒链条牙（收纸开牙板）。闭牙时间为 90°。

⑤前规矩。刚刚抬起时间为74°。

⑥侧拉规。滚子刚刚抬起时间为77°。

⑦前挡规的凸轮O点正对着滚子为0°。

⑧前规电牙无触点开关（片对着槽中心）为80°。

⑨滚筒合压无触点开关（片对着槽中心）为180°。

⑩收副纸板无触点开关（片对着槽中心）为230°。

⑪给纸气泵无触点开关（片对着槽中心）为297°。

⑫纸张到达前规时间为148°。

⑬给纸机前压纸滚筒（取纸滚筒）开始压着纸为320°。

⑭双张控制器压纸滚筒开始压着纸为274°～300°。

⑮前递纸嘴。开始吸纸为90°。

⑯侧齐纸板到最大为300°。

其中前规、侧规、递纸牙之间的机动关系如图2-7所示。

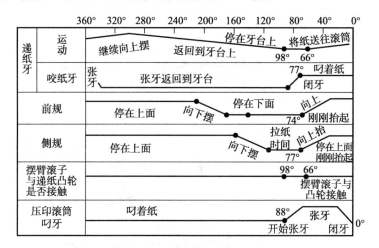

图2-7 主要部件机动关系

从机动关系图2-7分析来看，前规、侧规、递纸牙之间的交接关系有以下几个规律。

①压印滚筒叼牙闭牙是0°，也是全机0点（也是递纸牙轴中心与递纸牙偏心套外圆中心偏18°）。递纸叼牙开牙是359°，也就是说压印滚筒叼牙和递纸叼牙同时叼着纸张共同转过1°。

②递纸叼牙在牙台上的闭牙时间是77°，前规抬起的时间是74°，即前规与递纸叼牙交接时间为3°。前规抬起必须是递纸叼牙闭牙之后，而不会在闭牙之前，在牙台上的纸张由机构控制。

③侧规压纸滚轮刚刚抬起的时间是77°，它与递纸叼牙在牙台上闭牙时间为77°完全对应，也就是说纸张在牙台上经前规定位，侧规刚刚拉完纸，侧规滚子刚刚要抬起时，递纸叼牙闭牙。前规、侧规、递纸叼牙紧紧地把纸控制在牙台上，任何时候都有机构管着纸，这是保证套印准确的前提。

🗇 注意事项

1. 前规没有处于合适的定位状态

①左右的前规高低不一致，重新调节其高度。

②左右的前规时间不一致，拆下重新安装。

2. 侧规没有处于合适的定位状态

①侧规拉纸轮动作不灵活，将其上面的脏物清洗干净，并加油润滑。

②侧规拉纸时抖动。

a. 侧规与回转轴之间连接的滑键脱落，重新装入滑键。

b. 侧规的紧固螺丝没有锁紧，重新紧固锁紧螺丝。

2.1.1.2 排除输纸装置的输纸故障

🗇 学习目标

了解输纸装置的基本结构，知道输纸装置各部分的工作原理，掌握输纸装置各部分的操作技能，能排除输纸装置的输纸故障。

🗇 操作步骤

在实际运行中输纸机可能出现多种问题，常见的输纸故障及其解决方法有如下几点。

1. 双张、多张故障

对于目前广泛采用的气动式连续重叠式给纸，发生双张或多张故障时，轻则损失工时或轧坏橡皮布，重则损坏机器部件，造成滚筒跳动，需要尽量防止此类故障出现。产生原因及解决方法如下。

（1）分纸头调节不当

①分纸吸嘴吸气量太大，调节风量调节旋钮或气泵上的调节阀，减小吸气量；也可以更换小的吸嘴橡皮圈。分纸吸嘴位置太低，升高吸嘴的位置。

②松纸吹嘴吹风量太大，调节风量调节旋钮或气泵上的调节阀，减小吹风量，使其能吹起 5～10 张纸，厚纸少，薄纸多。松纸吹嘴位置太低，升高松纸吹嘴位置。

③压纸吹嘴吹风量太小，增大吹风量。压纸吹嘴压纸量太少，增大压纸量。

④递纸吸嘴吸气量太大，减小吸气量或更换小的吸嘴橡皮圈。

⑤挡纸毛刷位置太高，起不到挡纸作用，调低其位置，挡纸毛刷伸入纸堆位置不足，增加伸入量。

（2）纸张的原因

①纸张有静电，造成走纸困难，解决方法有安装静电消除器、增加室内湿度或使用抗静电剂等。

安装静电消除器：用于胶印机上的静电消除器有感应式静电消除器、高频高压静电消除器等几种，安装时宜置于滚筒附近。

增加室内湿度：静电的产生与操作环境的相对湿度有关，一般车间相对湿度低于

40%时，易出现静电问题，所以印刷时，在纸堆及机器周围洒一些水，或使用空气加湿器来调节印刷车间相对湿度，以避免静电产生（一般20℃时湿度应保持在55%～65%）。

对纸张进行调湿处理：当纸张含水量低时，纸张容易带静电。当纸张带静电严重时，需对纸张进行吊晾或将纸堆于相对潮湿的环境中放置一段时间，但要注意防止纸张产生荷叶边现象。

②纸张上的油墨未干，上下纸张粘连，待油墨干燥后再上机印刷。

③纸张未装好，重新装齐纸张。纸张裁切误差太大，重新裁齐纸张。

2. 空张故障

发生空张故障时，若机器未能检测出，则本该转移到纸张上的油墨转移到压印滚筒上，将导致接下来的十几张纸出现背面有印迹的现象，这样就会出现废品。引起空张的原因有如下几点。

①分纸吸嘴吸气量太小，加大吸气量或更换大的橡皮圈。另外也可能是气路堵塞，检修气路。分纸吸嘴位置过高，吸不住纸，调低分纸吸嘴。分纸吸嘴与纸堆表面不平行，调整吸嘴角度或用木楔垫起纸堆。

②松纸吹嘴吹风量过小，增大吹风量。松纸吹嘴位置过高或过低，调节松纸吹嘴位置。

③压纸毛刷或压纸片伸入纸堆过多，调节其到合适的位置。

④压纸吹嘴压纸过多，减小压纸量。

3. 歪张故障

歪张是指输纸歪斜，纸张歪斜将导致规矩不能对纸张进行正常定位而停机，浪费工时。输纸歪斜时，可从输纸板上观察到运行的纸张边缘之间呈锯齿状。引起歪张的原因有如下几点。

①分纸吸嘴左右吸气量不一致，一般是由气路堵塞而引起，可清洗气路。分纸吸嘴左右高低不一样，调节其位置。分纸吸嘴左右橡皮圈大小不一，换用同样大小的橡皮圈。分纸吸嘴上下运动不灵活，取下检修。

②左右压纸毛刷高低位置不一致，调节其到一致位置。

③左右松纸吹嘴高低位置不一致，调节其到一致位置。

④递纸吸嘴运动不灵活，取下检修。

⑤挡纸舌不在同一平面或工作时间不对，调节挡纸舌片或挡纸舌凸轮。

⑥两个摆动压纸轮压纸时间不一致，调节其控制凸轮，使压纸时间一致。

⑦输纸线带松紧不一，调节张紧轮，使输纸线带张紧程度一致。

⑧给纸机本身歪斜，调整给纸机位置。

⑨压纸轮放置位置不当或转动不灵活引起的输纸歪斜，调节压纸轮到合适位置，定期加注微量润滑油。

4. 输纸不稳定

输纸不稳定是指输纸速度不均匀，时快时慢。输纸快了，纸张会窜入前规挡板下；输

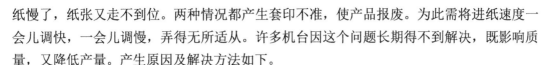

纸慢了，纸张又走不到位。两种情况都产生套印不准，使产品报废。为此需将进纸速度一会儿调快，一会儿调慢，弄得无所适从。许多机台因这个问题长期得不到解决，既影响质量，又降低产量。产生原因及解决方法如下。

①送纸吸嘴送纸到位后仍有余吸，使已进入送纸轴的纸张由于吸嘴向后的拉力受阻，产生停顿现象。由于输纸是重叠式的，会使之前的几张纸同时受影响而减慢速度。中途停机时，若采取先关气泵后停纸的操作，则纸路上最后的几张纸会因无吸嘴吸力的影响，速度稍快，造成输纸不稳定。解决方法有两种。

a. 调整送纸吸嘴前后运动凸轮，使在手动检查时，吸嘴送纸距到极限位置尚有 10mm 左右就应放纸，就不会产生余吸。

b. 堵塞吸气活塞的风槽。例如，"北人"SZ201 型给纸机，采用堵塞风槽的方法，效果较好。做法如下：拆下活塞，将风槽的尾部用铜块填没 3～5mm。铜块要焊牢，以防脱落造成事故。

②线带造成的输纸不稳定。

a. 线带太松，将线带绷紧，且各线带绷紧力应尽量一致。

b. 线带张紧轮运转不良，用煤油清洗并加润滑油。

c. 输纸板对线带产生阻力，将输纸板上线带的钢皮垫托上的污垢清除，以消除阻力。

d. 使用双层线带，避免由于线带厚度不均引起的抖动。

③输纸压轮径跳（不圆），更换新的输纸压轮。

④输纸部件的各运转机件间隙太大，检查机件，进行必要的修配或更换。

⑤离合器积存纸毛、油污过多，引起离合动作不灵活，没到该挂离合器的位置挂上离合器，造成进纸忽快忽慢，清洗离合器即能解决问题。

⑥输纸带被动辊里面的轴承损坏，出现时转时不转，也是造成输纸不稳定的原因。检查时可将输纸板抬起，放松线带，用手转动线带，即能发现问题。更换轴承即可解决问题。

5. 纸张早到或晚到前规

纸张在侧规开始定位时仍未到达前规定位线称为纸张晚到，而纸张早到则指输纸机的输纸时间和前规下落时间配合不当，使纸张超前于前规定位时间到达前规定位线。不管是纸张早到还是晚到，都将使规矩无法实现对纸张的正常定位，从而引起套印不准。产生原因和解决方法如下。

①给纸机的输纸时间和前规的下落时间配合不当。正确的配合时间应是当前规下落到定位位置时，纸张的叼口边距离前规定位线 5～8mm。对于链传动的 J4105 机，可以先松开链轮上的 3 个紧固螺丝，然后转动输纸手轮，将纸张调到合适的位置，然后再上紧 3 个螺丝即可；海德堡 Speedmaster 系列机还可以通过改变输纸机传动箱里的齿轮啮合关系来调整配合时间。

②纸堆高度低于前齐纸块允许高度，送出的纸张被挡住，造成纸张晚到。应使纸堆高度不低于前挡纸块摆动轴的轴心，一般要求低于前齐纸块顶端 5～10mm 即可。出现这种

情况可以适当地升高纸堆；若纸堆过高，甚至高过了前挡纸块的顶端，造成纸张早到。这时可以降低纸堆高度或是用插楔子的方法来降低纸堆高度，调节要求与前述相同。

③摆动压纸轮下落时间晚或磨损严重。应使摆动压纸轮在送纸吸嘴送出纸张，将要停止吸气尚未停止吸气时刚好下落压纸，压力以停机时能够感受到一定的拉力即可。压纸轮磨损严重时应当及时更换。

④送纸时间过晚（相对于摆动压纸轮来说）。在摆动压纸轮下摆时间正确的前提下，依据其下摆时间调节输纸装置的传动时间（北人的 PZ4880-01 机和海德堡的 Speedmaster 机都在输纸装置的传动箱内有一个可以调节相对位置的链轮）。

⑤线带张紧力小或输纸压轮压力过轻，造成纸张晚到。反之，则造成纸张早到。解决方法为将线带张紧到合适程度，或适当调节输纸压轮的压力。

在胶印过程中，影响输纸的因素还有很多。如果操作中发现输纸故障出现，可按上述方法排除，可以确保生产顺利进行。

⊟ 相关知识

单张纸胶印机的输纸装置主要包括纸张分离、输纸和套准两个组成部分。其作用就是把纸堆上的纸一张一张地向前准确传送给印刷单元，因此输纸稳定、准确、连续是保证印品质量的重要条件。由于所印纸张经常变化，输纸部分必须根据具体纸张做出相应的调整，所以这部分也是操作人员调节最多的地方。如果操作人员了解各机械类型并掌握了机械各部件的标准工作状态和其内在的运动规律，进行机器调节和故障排除就有了依据，可以大大地提高工作效率。

按自动化程度不同，可将输纸装置分为手工给纸和自动给纸两种形式。

1. 输纸装置的工作原理

气动式输纸装置由给纸台、输纸板和规矩等部件组成。在目前所见到的机器上，尽管这几部分一应俱全，但不同机器之间，每一部分的差异是比较大的，这主要是为了适应高速印刷的要求。如图 2-8 所示，这是现在比较流行的输纸部分结构示意图。这个图上比较突出的一点是前规和递纸牙都采用下摆式的，这种结构可增加纸张在规矩部位的定位时间，因而在同样定位时间的情况下可提高机器的速度。从发展趋势来看，输纸部分的功能越来越全，但结构越来越简单，使用越来越方便。虽然不同机器之间各部分的差异比较大，但万变不离其宗，只要掌握了一种机型的调节方法，对其他机型进行操作也不成问题，所以关键是要掌握各个部分的理想工作状态及它们之间的相互关系。

为满足印刷工艺要求，自动输纸装置应具备如下结构，即主机与输纸装置的传动机构，主机与输纸装置的时间调节机构，纸张的分离与输送装置，给纸台的自动升降机构以及控制与安全装置等。

主机与输纸装置的传动机构，一般采用离合器作为传动机构。

离合器轴上的离合器是传动系统中的一个重要传动件，其作用主要是接通或切断主机与给纸机的传动关系。当需要给纸机工作时，将离合器合上，以接通主机与给纸机的传动；当需要给纸机停止工作时，将离合器分开，这一动作可用手动或自动来完成。

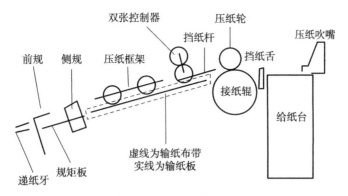

图 2-8　输纸装置结构

离合器主动牙与链轮一起空套在轴上，其运动来源于主机，被动牙与轴为滑键配合，可沿其轴向滑动。

离合器的离合靠电磁铁控制。正常工作时，电磁铁不通电，在弹簧的作用下，被动牙与主动牙接通；当出现双张、纸张歪斜、空张等故障时，通过双张控制器，自动离合机构接通电磁铁电源，电磁铁吸合，连杆向上移动，再通过拨动被动牙克服弹簧的压力使之向右移动，从而将主动牙与被动牙脱开，给纸机立即停止工作。

当需要手动时，只要将手轮向左推，使被动牙与主动牙合上，即可转动手轮，给纸机则可转动；当工作结束时，在弹簧的作用下则可将主动牙与被动牙脱开。

主机与输纸装置的时间调节机构必须有相对工作位置和时间严格协调的要求，以保证纸张准时传至规矩处定位，严格保证与递纸牙的正确交接。当纸张过早或过晚传至规矩处时，应有相应措施，以调节主机与输纸装置之间纸张的传送时间。

当纸张传送时间差距较大时，可采用粗调方式，一般可将链条从接主机的链轮上脱开，使链条与链轮之间的相对啮合位置以工作转向顺借或倒借一个至数个齿来完成。

2. 纸张的分离与输送装置

（1）纸张的分离装置

纸张的分离装置是将单张纸从纸堆上分离出来，并将其送往送纸轴的装置。

①基本构成。纸张分离装置的构成如图 2-9 所示。

松纸吹嘴设在给纸堆右侧上部位置，前后各设一个，根据纸张的定量和印刷速度等因素调整其高低、前后和左右的位置。其作用是将纸堆上部的纸张吹松，以便于纸张的正确分离。

分纸吸嘴一般设在给纸堆的右部上方，前后设两个。其作用是将纸堆最上面的一张纸吸起分离纸张。

压纸吹嘴设在给纸堆右侧中央的右上方位置，其作用是，当分纸吸嘴将最上面的一张纸吸起后，压纸吹嘴从右上方插入，一方面将下面的纸张压住，另一方面接通吹气气路，将最上面一张纸吹起，以利于纸张的分离。同时，压纸吹嘴还起检测纸堆高度的作用，一旦纸堆高度过低便自动接通纸堆自动上升机构，使纸堆自动上升。

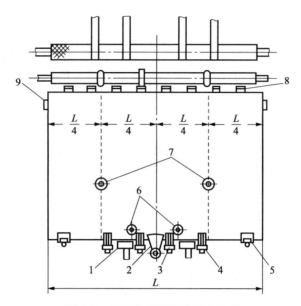

图2-9　纸张分离装置的基本构成

1—松纸吹嘴；2—压纸吹嘴；3—斜毛刷；4—平毛刷；5—后挡纸板；
6—分纸吸嘴；7—送纸吸嘴；8—前挡纸牙；9—侧挡纸板

齐纸板设在给纸堆左侧位置，一般设置3个。其作用是，当松纸吹嘴吹风时，为防止上面纸张向左面移动，由齐纸板将纸张挡住齐纸，一旦压纸吹嘴压住下面的纸张，齐纸板在凸轮机构的控制下向左摆动让纸。

送纸吸嘴设在纸堆左部上方，前后设两个。其作用是，将分纸吸嘴吸起的最上面一张纸接过来，并将其送往送纸轴处。

送纸轴与送纸轮配合使用。由于送纸轴不停地旋转，当送纸吸嘴吸住纸张向左输送时，送纸轮应抬起让纸，以便使纸张从送纸轮下方通过，而后随即将接纸轮放下，靠送纸轮与送纸轴的摩擦力将纸张送往输纸板。

②纸张的分离过程。对于一般中等速度的单张纸胶印机，纸张的分离过程均由分纸器轴上的凸轮机构分别控制，各动作的相互配合关系如下。

a. 松纸吹嘴首先将给纸堆上层的数十张纸吹松，以利于纸张的分离。

b. 分纸吸嘴向下移动，吸住最上面一张纸，上抬并后翘以防止吸住双张并有利于压纸吹嘴插入。

c. 压纸吹嘴插入，压住下面的纸并打开吹气气路吹气，使上、下两张纸分开，同时探测纸堆高度。

d. 送纸吸嘴向右运动，吸住纸张。此时，分纸吸嘴与送纸吸嘴同时控制纸张，进行纸张的交接，即由分纸吸嘴交给送纸吸嘴。

e. 分纸吸嘴切断吸气气路放纸，完成纸张交接，并随即上升。此时，压纸吹嘴停止吹气离开纸堆，这时，送纸吸嘴向左运动将纸张输出。

③活塞式分纸吸嘴。上述的分纸吸嘴，因其运动比较复杂，影响分纸速度的进一步提

高，只适用于每小时 6000～8000 张的印刷速度。为适应高速胶印机的需要，现代单张纸胶印机一般采用活塞式分纸吸嘴。

　　④分纸吸嘴装置。由于活塞式分纸吸嘴的活塞运动行程较小，一般不超过 10mm，不能满足压纸吹嘴插入的基本要求，为了扩大活塞的总行程，特与凸轮连杆机构配合使用，以构成分纸吸嘴装置，其基本构成如图 2-10 所示。

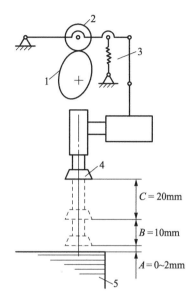

　　当凸轮的大面与滚子接触时，活塞吸嘴到达上部位置，如图 2-10 实线位置所示，这时，吸嘴离给纸堆表面的距离为

$$S = A + B + C \qquad (2-1)$$

　　式中，$A = 0～2mm$，即吸嘴到达最下部位置时吸嘴至给纸堆的距离。

　　$B = 10mm$，即活塞本身的最大行程。

　　$C = 20mm$，即凸轮连杆机构的最大行程。

　　当凸轮的小面与滚子接触时，吸嘴降至最下部位置，这时吸嘴开始吸纸。

图 2-10　分纸吸嘴结构
1—凸轮；2—滚子；3—弹簧；
4—活塞式分纸吸嘴；5—给纸堆

　　⑤送纸吸嘴装置。送纸吸嘴向右运动并下降吸取纸张，完成与分纸吸嘴的纸张交接过程，然后向左运动送纸，即将纸张送往送纸轴上。

　　（2）纸张的输送装置

　　纸张的输送装置是将送纸吸嘴送来的纸张通过送纸轴和送纸轮送至输纸板上，然后再由输纸板将其送往套准部的装置，主要由送纸轴、送纸轮和输纸板组成。

　　3. 双张控制器的使用

　　在纸张的分离与输送过程中，为了防止双张或多张纸同时送入输纸板，特在送纸轴上方设有双张控制器，如有双张或多张纸传到送纸轴上，由双张控制器接通电磁铁电路，使给纸机停止给纸，印刷滚筒也随即离压（图 2-11、图 2-12）。

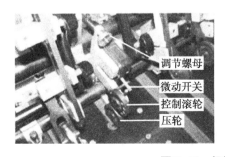
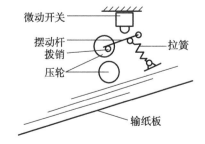

图 2-11　机械双张控制器

　　4. 不停机续纸装置

　　在印刷过程中，补充新的纸堆是一道重要的辅助工序。为了提高效率，减少停机时

间，现代单张纸胶印机往往采用不停机续纸装置，如图 2-13 所示。

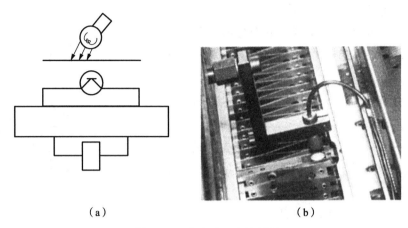

（a）　　　　　　　　　　　　　（b）

图 2-12　光电式双张控制器

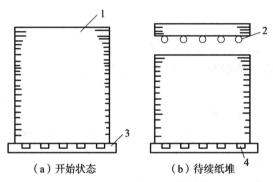

（a）开始状态　　　　　　（b）待续纸堆

图 2-13　不停机续纸装置

1—给纸堆；2—铁杆；3—堆纸板；4—沟槽

在堆纸板上设有数条沟槽，当需要续纸时，将铁杆插入沟槽内，以支撑正处于印刷状态的纸堆，并将给纸堆的自动上升动作转换成辅助的提升机构动作，以保证印刷工作持续进行。这时，堆纸板快速下降续上新的纸堆，待抽出铁杆后，续纸工作结束，恢复原来的工作状态。铁杆的抽出动作可为手动，也可为自动。

5.进纸装置

进纸装置也称递纸装置或纸张的增速装置，是把输纸板上经定位的纸张准确地传递给印刷装置的机构。

进纸装置的运动精度、进纸速度及可靠性等对胶印机的工作性能影响很大。一般情况下，通过进纸机构把纸张交给压印滚筒叼纸牙，在一瞬间内完成纸张的准确交接。因此，要求进纸机构应具有较高的精度。例如，压印滚筒的直径若为 200mm，印刷速度为 6000 张 / 小时，即其圆周速度为 1m/s。在这种条件下，假如进纸机构即使仅出现 10^{-1}s 的时间误差，纸张在交接时就会产生 0.1mm 的位置偏差，这对套准精度则会带来很大影响。所以，进纸机构是影响套准精度的重要因素之一。随着胶印机工作性能的不断提高，进纸机构也在不断改进与完善。

（1）类型与主要功能

①类型。根据进纸机构的运动特点和进纸方式不同，可将其分类，如图 2-14 所示。

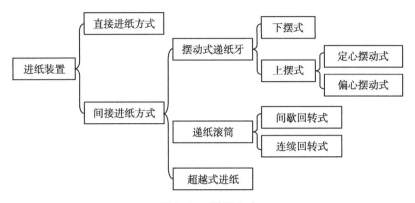

图 2-14　进纸方式

②主要功能。进纸装置无论采用哪种类型，都应满足一定的基本要求。概括起来主要有：进纸装置应在输纸板前端同一位置接取纸张；当递纸牙叼住纸张向压印滚筒或传纸滚筒叼纸牙交接时，应在同速、同一位置、同一平面内的条件下完成；当检测装置发出停机信号后，递纸机构不能叼纸；运动平稳，冲击小。

（2）直接进纸方式

压印滚筒设在输纸板的前端，由压印滚筒上的叼纸牙直接在输纸板的前端接取纸张的进纸方式，如图 2-15 所示。

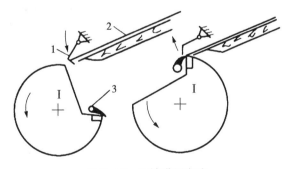

图 2-15　直接进纸方式
1—前规；2—纸张；3—压印滚筒叼纸牙

图 2-15 中左侧为前规定位时间，即当压印滚筒的空当处转到输纸板前端时，前规才能摆下对纸张进行定位。

图 2-15 中右侧为压印滚筒叼纸牙转到输纸板前端时闭牙叼纸，而后，前规应立即抬起让纸。

这种进纸方式的主要特点：压印滚筒设在输纸板的下方；必须采用上置式前规；前规对纸张的定位时间较短。前规的定位时间即压印滚筒空当转过的时间，要增加前规的定位时间，就要增大空当，使压印滚筒表面的利用率降低。

压印滚筒是在旋转中，在输纸板前端叼纸，纸张从静止状态下加速到滚筒的表面线速度，故工作的平稳性较低。这种机构不适合高速胶印机，印刷速度仅限于 3000 ～ 4000 张 / 小时。

（3）摆动式递纸牙

按递纸牙摆动中心的位置不同可分为下摆式递纸牙和上摆式递纸牙两种形式。

①下摆式递纸牙。递纸牙的摆动中心 O 设在输纸板的下部，如图 2-16 所示。其主要特点：一般采用定心摆动式递纸牙，其摆动中心不变；增设传纸滚筒，即在印刷过程中起传送、交接纸张作用的滚筒。传纸滚筒从递纸牙接取纸张，然后交给压印滚筒；前规的定位时间较长，不受滚筒空当限制，可缩小滚筒空当。这种形式一般用于卫星型单张纸胶印机。

②上摆式递纸牙。递纸牙的摆动中心设在输纸板上部，主要有两种形式，即定心摆动式和偏心摆动式。

a. 定心摆动式。递纸牙的摆动中心不变，如图 2-17 所示。当递纸牙摆至输纸板前端时叼纸，然后定心摆动。当摆到与压印滚筒叼纸牙相遇时完成纸张的交接。其主要特点：上一张纸的拖梢完全离开输纸板前端时，递纸牙方可返回取纸；递纸牙在输纸板前端取纸时，必须在压印滚筒的空当处，滚筒的空当要适当增大，这样又增大了压印滚筒的直径。这种形式主要用于小规格、中低速胶印机。

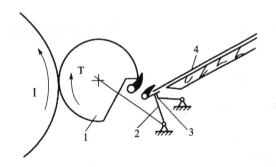 

图 2-16　下摆式递纸牙　　　　　　　　　图 2-17　定心摆动式递纸牙

1—传纸滚筒；2—递纸牙；3—前规；4—纸张

b. 偏心摆动式。偏心摆动式递纸牙也称旋转摆动式递纸牙。递纸牙的摆动中心，绕固定中心旋转，由于偏心作用，递纸牙的运动轨迹好似水滴形，故递纸牙返回输纸板取纸时不会与压印滚筒表面接触，这样，递纸牙返回行程的时间可减少 20% 左右。

当递纸牙返回至输纸板前端时，其摆动速度为零，递纸牙闭牙叼纸。这种进纸装置，运动比较平稳，应用较为广泛，适用于中等速度的胶印机，其印刷速度可达 8000 ～ 10000 张 / 小时。

（4）递纸滚筒

由递纸滚筒代替摆动式递纸牙，在输纸板前端接取纸张，然后传给压印滚筒的装置。

旋转式递纸滚筒：压印滚筒与递纸滚筒等速回转，在递纸滚筒上设有摆动式递纸牙，在凸轮控制下绕 O 点摆动。当递纸牙回转到输纸板前端时，其绝对速度为零，此时叼住纸张；当递纸牙回转到与压印滚筒上的叼纸牙相遇时，在等速下完成纸张的交接，其工作过程如图 2-18 所示。

递纸牙叼住纸张回转到与压印滚筒叼纸牙相遇的位置，在等速下叼纸牙闭牙，递纸牙开牙，完成纸张的交接，如图 2-18（a）所示。

递纸牙在凸轮的作用下绕 O 点顺时针方向摆动，摆到最大角度时停止摆动，为其反向摆动做好准备，如图 2-18（b）所示。

递纸牙反向（逆时针）摆动，当摆动到输纸板前端时，其摆动速度等于递纸滚筒的表面线速度，此时，递纸牙的绝对速度为零，开始闭牙叼纸，如图 2-18（c）所示。

递纸牙叼住纸张继续减速摆动，直至停止摆动，如图 2-18（d）所示，接着递纸牙又回转到如图 2-18（a）所示位置向压印滚筒交接纸张。

这种进纸装置工作平稳，套准精度较高，主要适用于高速胶印机。

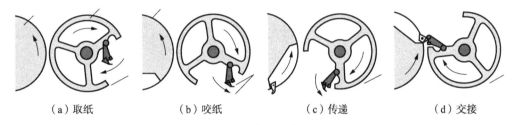

（a）取纸　　　　　（b）咬纸　　　　　（c）传递　　　　　（d）交接

图 2-18　旋转式递纸牙

（5）超越式进纸装置

这种进纸装置取消了递纸牙，纸张在输纸板前端先进行预定位，然后由加速机构将纸张直接传给压印滚筒进行最后定位。其中摩擦辊式进纸装置就是已实用化的典型示例，图 2-19 为其工作过程示意图。

①采用下置式预备前规，向右摆动接取纸张，对纸张进行纵向预定位。

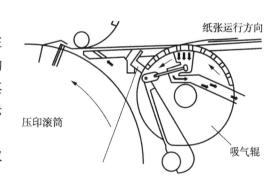

图 2-19　超越式递纸工作原理

②侧规下降拉纸完成横向定位。

③上送纸辊下降与纸面接触压住纸张，这时侧规抬起。

④预备前规向左摆动让纸。

⑤上、下摩擦辊旋转，在摩擦力的作用下将纸张送往压印滚筒上的前规处，进行最后定位，压印滚筒叼纸牙开始闭牙叼纸。由于送纸辊的速度略大于压印滚筒的线速度，二者之间出现速度差，使纸张出现凸起，以保证最后定位的稳定性。

⑥上送纸辊抬起让纸，预备前规开始向右摆动，准备接取下一张纸，这时，压印滚筒将纸张送入印刷位置。

这种进纸装置需要较高的制造精度和精细调整，否则很难确保套准精度的基本要求。

6. 检测装置

纸张在输纸板前端必须保证有确定的位置，不能发生歪斜、折角、早到、超越和双张等故障，为此，特在输纸板前端设置必要的检测装置，这是保证套准精度，实现正常印刷的重要条件之一。

（1）检测装置的类型

按其作用不同，检测装置主要包括以下三种类型。

①套准检测器。检测纸张在纵向（走纸方向）与横向（与走纸方向垂直）位置是否准确，特在前规与侧规的定位处设置套准检测器。

②双张检测器。当双张纸重叠进入定位位置时，应立即发出停机信号。

③纸张超越检测器。纸张还未经前规进行定位直接送往印刷装置时，应由超越检测器发出停机信号。

（2）检测方式及其性能特点

为达到上述检测目的，可采用不同的检测方式。

根据检测原理，检测方式主要有透射式、反射式和接触式。各种检测方式的检测原理如图 2-20 所示。

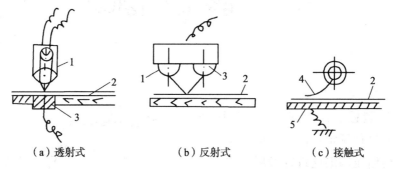

（a）透射式　　　　（b）反射式　　　　（c）接触式

图 2-20　检测方式的原理与构成
1—发光器；2—张纸；3—受光器；4—接触片；5—触点

①透射式。

检测原理：为光电检测装置，用感光元件来检测透过纸张的光量大小。

优点：能检测纸张厚度。

缺点：受纸粉等异物的影响较大，对厚纸或深色纸的检测能力较差。

用途：这种检测装置可用于双张、空张、纸歪斜和纸超越等故障的检测，主要用于双张检测。

②反射式。

检测原理：为光电检测装置，用反射光量的大小变化来进行检测。

优点：光源与受光器为一体，结构紧凑，使用方便。

缺点：受异物的影响较大，不能检测纸张厚度。

用途：可用于套准检测和空张、超越检测，主要用于空张检测。

③接触式。

检测原理：为机械式检测装置，通过电阻值的变化进行检测，一般将其称为电牙。

优点：结构简单，过去广为使用。

缺点：接触片直接与纸张印刷面接触，容易沾油墨失灵，不能检测纸厚。

用途：可用于前规与超越检测，目前很少采用。

◻ 注意事项

纸路故障是胶印机六大走线里面故障最多的一条走线。进行纸路故障排除要遵循两个基本准则：一个是纸路的理想工作状态，也就是说其时间和位移要处于理想的配合状态；另一个就是基准原则，纸路的基准是套准滚筒或压印滚筒，所有的调节必须围绕着它进行。

🗀 2.1.2　卷筒纸印刷

2.1.2.1　设定和调节纸带张力

◻ 学习目标

了解卷筒纸纸带张力的控制原理，掌握纸卷的制动和张力自动控制系统的基本操作，能够根据实际印刷工艺设定和调节纸带张力。

◻ 操作步骤

①打开纸卷制动装置，控制纸卷的张力。

②根据实际印刷工艺条件，调节送纸辊的线速度，送纸辊的线速度要比印刷滚筒的线速度低。

③调整印刷滚筒包衬及水量，调节控制胶印机组的纸卷张力。

④调节收纸辊的线速度，调节纸带张力。

⑤调节胶印机组到折页机花纹辊之间形成的纸带张力；根据张力传感系统的反馈信号，调节纸带张力至正常印刷。

◻ 相关知识

为进行正常印刷，需要在纸带上施加合理的张力。如果在纸带的全宽上没有足够的张力，在印刷中纸带就会出现偏斜。在施加张力时首先需要制动装置。当精密印刷时，还应与微调装置相并用。对于一般书刊印刷，所需张力每 1m 纸宽为 100 ～ 200N。纸张宽度越大，印刷速度越高，所需要的张力也就越大。

张力控制装置按其作用及功能不同，主要包括制动装置、张力微调装置和张力控制系统 3 部分。

1. 纸带的制动装置

作为纸带的制动装置应具有一定的功能，比如在机器稳定运转期间能将纸带张力稳定在一定范围之内；机器在启动和刹车时，可防止纸带过载或失控；制动装置应能进行平稳、精细调整，并最好不受回转速度变化的影响等。

纸带制动装置按其制动方式和制动原理不同，主要有以下几种形式。

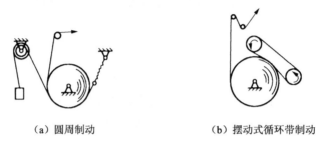

　　（a）圆周制动　　　　　　　　　　（b）摆动式循环带制动

图 2-21　纸卷制动

（1）圆周制动机构

圆周制动机构也称刹车带制动装置，其制动原理如图 2-21（a）所示。

纸带的制动是由绕在卷筒纸圆周上的制动带控制。制动带的一端固定在 O 点，另一端由配重拉紧。当纸带从卷筒纸上退卷时，纸带的拉力与制动带相对卷筒纸表面的摩擦力同时作用在卷筒纸的圆周上，当制动带的拉力一定时，随着卷筒纸直径的变小，包角值变小，制动摩擦力值有所降低，但变化并不大，而且这种机构又比较简单，因此，其应用比较广泛。为了补偿随着卷筒纸退卷而逐渐下降的制动摩擦力，保持纸带张力的一致性，当卷筒纸直径减小到一定程度时，应逐渐增加配重的重量，可取得一定效果。

这种制动装置一般用于书刊胶印机，若进行多色套印则不能满足要求。

（2）摆动式循环带制动机构

这种制动机构的基本原理如图 2-21（b）所示。

将摆动式循环带置于卷筒纸上，循环带由纸带带动以与压印滚筒相同的圆周线速度回转，将纸带送入印刷部分。由于循环带与卷筒纸表面直接接触，所以对纸带可起到一定的制动作用。

随着卷筒纸半径的不断减小，制动带自动向下摆动，制动摩擦力矩也随之减小，这时要在摆臂上挂一可调重锤，以调整制动力。

（3）磁粉制动器

磁粉制动器是利用电磁感应原理对纸带张力进行控制的，如图 2-22 所示，主要由外定子（磁轭）、线圈、磁粉、内定子、转子和转子轴等部分组成。

当激磁线圈内没有电流时，外定子、转子、磁粉和内定子之间不会产生电磁力，内定子和转子之间的磁粉呈松散状态，转子轴上则没有制动力矩传给纸卷轴。当线圈中通入电流后，线圈周围即刻产生磁场，磁粉受磁场的作用而被磁化，于是在转子和内定子之间连接成磁链，使内定子与转子之间产生连接力。由于内定子固定不动，所以旋转的转子就被制动。调节激磁电流的大小，即可得到所要求的制动力矩，而制动力矩基本上与激磁电流成正比。

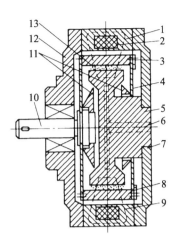

图 2-22 磁粉制动器结构

1—外定子；2—线圈；3—转子；4—密封环；5—内定子；6—冷却水路；7—后端盖；
8—风扇叶片；9—磁力线；10—轴；11—迷宫环；12—前端盖；13—磁粉

此外，磁粉制动器具有良好的机械特性。在一定的激磁电流下，磁粉的连接力与转速的关系不大，而磁粉与工作面之间的摩擦系数也几乎相等。因此可以认为，制动力矩与转速几乎无关。这种接近恒力矩的特性可以消除因卷筒纸不圆而引起送纸不稳等现象，从而提高了纸带张力的稳定性。目前，磁粉制动器在卷筒纸胶印机中已得到广泛应用。

2. 张力微调装置

张力微调装置是对印刷纸带施加适当张力的重要装置，它是将进入印刷滚筒之前的纸带由印机主机的原动轴，经无级调速器驱动微调辊对纸带进行强制输出的装置。

实际工作中，由于卷筒纸的圆度误差或不均匀性等因素，会引起纸带张力的较大变动。为克服这一问题，往往采用浮动辊传送纸带，以吸收因上述因素所产生的脉冲，可起到缓冲作用。

浮动辊有摆动式和弹性浮动辊两种形式。

3. 张力自动控制系统

在印刷过程中，由于卷筒纸大小、机器转速的变化，纸带质地分布的不均匀性，以及纸带通过滚筒空当时引起的纸带振动等原因，都会造成纸带张力的波动。为了使纸带张力恒定，必须使纸卷制动力能根据纸带张力的波动情况随机进行调整。因此，现代卷筒纸胶印机都配有张力自动控制系统。

下面介绍两种形式，即机械式张力控制系统和电子式张力控制系统。

（1）机械式张力控制系统

此系统由两部分组成，即张力检测部分和卷筒纸制动部分。其结构比较简单，但当更换卷筒纸时要将制动带放开，其操作性能较差。

（2）电子式张力控制系统

本系统包括 3 部分，即检测部、电子控制部和执行部，如图 2-23 所示。

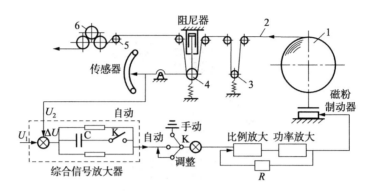

图2-23　电子式张力控制系统

1—卷筒纸；2—纸带；3—浮动辊；4—张力感应辊；5—调整辊；6—送纸辊

卷筒纸纸带从检测浮动辊通过。当纸带张力处于原设定的稳定范围之内，检测浮动辊的弹簧所产生的拉力正好与纸带张力相平衡，这时磁粉制动器的制动力矩为给定值。当纸带张力发生变化时，检测浮动辊便绕其支点摆动一个角度，传感器便发出相应信号，即将张力变化信号变为电信号送入电子控制部。电子控制部将输入信号与原给定的信号相比较，经积分、放大后，便输出调节制动力矩的激磁电流。这时，输入磁粉制动器的激磁电流因发生了变化，于是与磁粉制动器转子相连的卷筒纸轴的制动力矩调整，使纸带张力又恢复到给定值，检测浮动辊也恢复到原来平衡位置，这样可以保证整个印刷过程纸带张力基本上保持稳定。这种张力控制系统因其操作性能及可靠性都有了很大改善，所以在卷筒纸胶印机中已得到广泛应用。

⬚ 注意事项

卷筒纸胶印机在印刷过程中，纸带必须具有一定的张力才能控制纸带向前运动。张力是指卷筒纸胶印机使纸带前进时对纸带形成的拉力。张力太小，会使纸带送卷产生拥纸而造成横向褶皱、套印不准等问题；张力过大，会造成纸张拉伸变形出现印迹不清晰、纸带断裂等现象；张力不稳的纸带会发生跳动，以致出现纵向褶皱、重影、套印不准等问题。印刷中影响纸带张力的因素很多，主要有纸卷的形状、印刷速度变化等。

2.1.2.2　排除换纸和黏结纸带的故障

⬚ 学习目标

了解卷筒纸胶印机的结构及工作原理，熟悉胶印机的输纸过程和影响输纸的因素，能够排除换纸和黏结纸带的故障。

⬚ 操作步骤

①检查卷筒纸，剥掉卷筒纸的包装纸，挖掉筒芯枕塞，剥除卷筒纸表面破碎部分纸张。

②运行纸卷提升机构，纸卷轴向调节机构安装纸卷。

③通过送纸辊驱动纸带，控制纸带进入印刷部分的速度。

④接纸。

相关知识

供纸装置是安装、连续供给及更换卷筒纸的装置，主要包括卷筒纸支撑装置（图2-24）、上纸装置、接纸装置等。

（1）卷筒纸支撑装置

大多采用以卷筒纸的中心支撑的形式，主要有以下几种。

①辊子支撑用芯轴，有锥式芯轴和扩张式芯轴。

②无芯轴支撑装置，主要用于大型胶印机。

③芯轴支撑座。

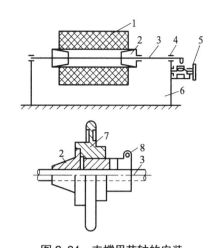

图2-24　支撑用芯轴的安装
1—纸卷；2—锥头；3—芯轴；4—轴承；
5、7—手轮；6—纸卷架；8—锁紧套

当一个卷筒纸正在工作时，可将欲换的新卷筒纸置于待换位置，需要更换时，将摆臂向上摆动使新卷筒纸处于工作位置。

（2）上纸装置

印刷过程中，卷筒纸的直径逐渐减小，直至需要更换新的卷筒纸。为了保证所更换的卷筒纸方便地安装在正确的工作位置，需设置上纸装置。

上纸装置一般是通过上纸臂的回转与摆动将卷筒纸提升至工作位置。

①上纸臂的形式。按上纸装置可安装的卷筒纸数目，可分为3种形式，即单臂式、双臂式和三臂式，如图2-25所示。

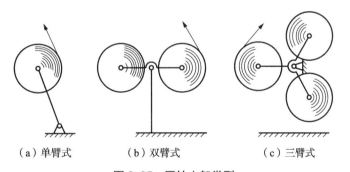

（a）单臂式　　　　（b）双臂式　　　　（c）三臂式

图2-25　回转支架类型

单臂式上纸机构，需要在停机情况下更换卷筒纸，主要用于中、小型书刊胶印机。双臂式和三臂式上纸机构，使用方便，可减少更换卷筒纸的时间，适用于大型高速卷筒纸报纸胶印机。

上纸臂的回转与摆动可以手动，也可采用气动或电动。

②气动式上纸机构。气动式上纸机构以压缩空气为动力，通过气动装置驱动上纸臂实现上纸臂的提升与降落。

其为单臂式上纸机构，当正在工作中的卷筒纸快要用完时，可停机启动汽缸气路，通过活塞杆和摆杆使上纸臂沿顺时针方向摆动，将卷筒纸支架摆至换纸位置更换新的卷筒纸，然后，转换汽缸气路使上纸臂反方向摆动，将新卷筒纸置于工作位置。

③电动式上纸机构。本机构由电机和机械传动装置所组成。

当印刷中的卷筒纸快要用完时，停机后启动电机，通过机械传动装置使扇形齿轮摆动。由于上纸臂的摆轴与扇形齿轮同步摆动，所以可以实现上纸臂的提升与落下运动，完成卷筒纸的更换。限位开关决定上纸臂摆动的两个极限位置，根据需要可进行调整。

④不停机上纸机构。在高速印刷中，平均每小时要更换 2 ~ 3 件卷筒纸。为了提高生产率，减少停机时间，往往采用不停机上纸机构（图2-26）。

本机构为双臂式无芯轴上纸机构，当印刷中的卷筒纸处于工作状态时，如卷筒纸实线位置，待换的卷筒纸则处于待机位置，如图2-26

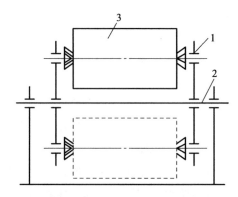

图2-26 不停机上纸机构
1—纸臂；2—中心轴；3—卷筒纸

中虚线位置。在上一个正在印刷的卷筒纸快要用完之前，在不停机的情况下，将胶印机减速，把待换的新卷筒纸移至工作位置，并及时将新旧纸带接好继续进行印刷。除双臂式无芯轴上纸机构外，有的采用三臂式。上纸臂由中心轴带动回转，并可沿中心轴轴向调整，以适应不同宽度卷筒纸的需要。

（3）自动接纸装置

使用卷筒纸进行长版活印刷时，不仅要求不停机更换卷筒纸，还应在新、旧纸带等速的条件下将其粘好以完成换纸的全过程，为此，一般设置不停机自动接纸装置。自动接纸装置有不同形式，下面介绍两种。

①自动接纸装置。本装置由以下部分组成。

a.三臂式上纸架。装有 3 个卷筒纸，其中一个是正在印刷的卷筒纸，另外两个是待印的卷筒纸。

b.预备皮带。在接纸之前，由预备皮带加速待换的一个卷筒纸旋转，使其速度与正在印刷的卷筒纸相等。

c.接纸器。接纸器由压实刷和切刀组成，它有两个位置，即自动接纸位置和正常印刷位置。

d.自动制动装置。制动带的一端固定在 O 点，另一端与空气压缩机相连，在工作过程中控制纸带张力。

接纸工作过程：当处于工作状态的卷筒纸的直径减小到一定程度时，预备皮带和接纸器开始靠近待换的新卷筒纸；预备皮带开始旋转，带动卷筒纸转动。当新旧卷筒纸的速度相等时，接纸器开始与新卷筒纸接触；接纸器开始工作，把预先涂好糨糊的新卷筒纸与旧卷筒纸的纸带接上，并用压实刷压实，接着用切刀把旧纸带切断；摆动上纸架，接纸器回到原来正常印刷位状态，自动制动装置也恢复到正常工作状态，同时，刚用完的卷筒纸摆臂上补充新的卷筒纸。

为了便于黏结，一般将待换的卷筒纸的一端做成尖端形，并在其边缘贴上胶带或刷上糨糊，然后在其左、中、右三处贴上容易揭开的纸片，以防止卷筒纸在转动时由于空气阻力或离心力的作用将纸带放开影响接纸工作过程。

此外，在印刷过程中，随着卷筒纸直径的减小，应及时检测卷筒纸的直径。一般是通过检测卷筒纸的回转速度来确定其某一时刻的直径。当卷筒纸的直径达到一定数值时便启动自动接纸装置进行接纸。

②停止式自动接纸装置。在接纸的一段时间内，正在印刷的卷筒纸停止给纸，一旦完成接纸动作，待印的卷筒纸便开始回转给纸。

在未接纸时，浮动辊组处于上部位置，当接纸信号发出后，印刷中的卷筒纸便停止回转，同时浮动辊组开始下降，将已积蓄的纸带输出，以保持整机的持续印刷状态。在此过程中，先将待换的卷筒纸一端的纸带抽出，并贴上双面胶带，由真空吸附式压实辊将纸带吸附压实接好，而余下的旧纸带用切刀切断，压实辊压住纸带继续放纸，再经加速辊加速。由于加速纸带的速度高于印刷纸带的速度，这时，浮动辊组便开始上升以积蓄纸带。

这种形式的接纸过程因为是在卷筒纸停止回转时完成的，所以纸带黏合比较充分，接头部的长度也比较短，其工作性能较好。

注意事项

上纸单元常见故障有两类：第一类是原材料不合格引起的，如纸卷不圆、变形，主要是在运输过程中挤压造成的；纸卷两边张力不等，纸卷表面不平呈绳状等，都是在生产过程中常遇到的问题，只要更换合格的纸卷，故障即可排除。第二类故障是由操作不当引起的，如纸张易断、皱褶等，都是因操作人员对纸张的适应性没有足够的认识而引起的。这类故障一般可以通过调节张力控制器来排除。

为保证进入印刷装置的纸带张力精确稳定，要求送纸辊的线速度略低于印刷滚筒线速度（低 0.2% ～ 0.5%）。速度过低易形成拥纸，过高会使纸带断裂。

2.1.2.3　排除穿引纸带的故障

学习目标

了解卷筒纸胶印机给纸系统的送纸装置，能熟练掌握卷筒纸的穿引纸操作，能排除在穿引纸带过程中产生的各种故障，保障印刷的顺利运行。

操作步骤

（1）导纸辊

导纸辊的作用是支撑纸带、控制纸带的运动路线。

（2）浮动辊

①浮动辊组成结构。如图 2-27 所示，浮动辊 5 的两端由调心轴承 4 支撑，轴承 4 安装在活动轴承座 3 中，活动轴承座 3 是活动的，由弹簧 2 和弹性垫 7 支撑。

②浮动辊的作用。纸带张力变化时，浮动辊 5 和活动轴承座 3 在弹簧 2 和弹性垫 7 之间上下移动，从而减缓和消除振动。

③浮动辊的调节。调节螺母 1，可以改变弹簧 2 对活动轴承座 3 的压力，以适应纸带张力的大小。

（3）调整辊

①调整辊的作用。调整辊的作用就是调整纸带的松紧边现象的。

②调整辊的调节。如图 2-28 所示，调整辊一端的轴承与墙板相固定，另一端轴承位置可以调节。当纸带边松紧不一致时，转动手轮 2，通过螺杆 3 带动轴承座 5 上下运动，使纸带两边松紧一致。

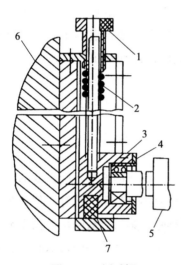

图 2-27 浮动辊

1—调节螺母；2—弹簧；3—活动轴承座；
4—轴承；5—浮动辊；6—墙板；7—弹性垫

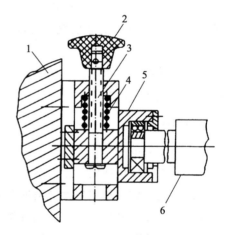

图 2-28 调整辊

1—墙板；2—手轮；3—螺杆；
4—弹簧；5—轴承座；6—调整辊

相关知识

对卷筒纸胶印机而言，全自动或半自动卷筒纸穿纸装置具有十分重要的意义，正如它对热固干燥卷筒纸胶印机意义非同小可一样。因此，一方面，必须清楚卷筒纸无限传纸系统和卷筒纸有限传纸系统（及其他主要的机器部件）之间的区别；另一方面，还要了解诸如皮带、链条以及其他可变的传纸元件等。

最简单的穿纸方式是：在卷筒纸胶印机中，有一根连接自动接纸设备和折页机的连续皮带，皮带上配有一个环，卷筒纸的前端可以插入环中，当胶印机运行时，皮带就可以直接将卷筒纸"穿"入胶印机。穿纸给纸装置采用无限设计（因为它总是返回起点，始终处于待操作状态）。该设备由伺服电机驱动，完成进纸过程后就停机。这时左侧导纸皮带和右侧卷筒纸就沿着不同的路径运动，从而产生两种不同的导纸模式。

考虑到穿纸装置进一步的发展，如 2-29 所示，采用 2 ～ 3m 长的有限链条，用气动马达链轮在相同的距离驱动此链也是方法之一。这时采用开关来选择不同的穿纸路径，再通过回转运动回到初始点。给纸系统的送纸装置是牵引和传送纸带的装置，主要包括导纸辊、调整辊和送纸辊三个部分。

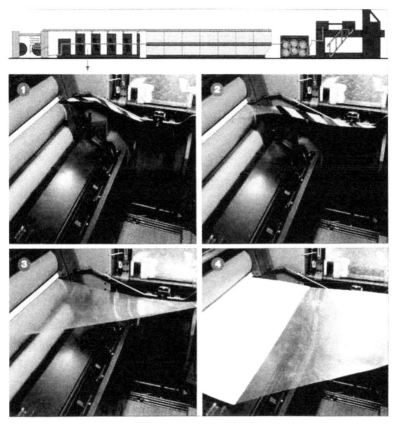

图 2-29　卷筒纸胶印机自动穿纸

🗇 **注意事项**

①上纸时要注意查看纸卷是否有破损。

②上纸时看花键轴是否到位。

③观察仪表盘各项指令是否达到使用位置（如张力表、给纸方式）。

④给纸时根据纸的张弛度给予相应的张力，直至印出满意的印刷成品（张力过大，纸带就会打折断裂；张力过小，则会出现双影或网点模糊拉长现象）。

2.1.2.4　纠正因纸卷复卷不当造成的纸带运行故障

🗇 **学习目标**

了解卷筒纸的收纸机构及其工作原理，熟练掌握卷筒纸收纸的操作，能排除因收纸装置引起的印刷故障。

□ **操作步骤**

①用手在纸带两侧轻轻拍打，感觉两边纸带的绷紧力，并移动导纸辊使两边纸带绷紧力一致。

②观察纸带运行过程中容易往哪个方向跑，将导纸辊（靠纸边一头）慢慢往跑纸的相反方向移，直至纸带稳定。

③在纸带平稳运行时，给导纸辊的位置打上记号，尽可能用调节印版位置等方法来使页码和纸边对齐，必须调节导纸辊时，尽量不使其偏离记号太远。

□ **相关知识**

1.纠偏装置

这里所说的纠偏装置是调整纸带使之沿其横向（与纸带行进方向相垂直的方向）具有正确位置的装置。

卷筒纸胶印机在进行多色套印时，不能像单张纸胶印机那样以纸张边缘作为定位基础进行定位套准。为了确定纸带的横向位置，应使纸带中心与印版中心相一致，不能产生过大的偏差，其横向允许的误差范围一般为 ±0.5mm。但是，在实际印刷中，由于辊子的弯曲，纸带便向一侧松弛，加之导纸辊、调整辊和送纸辊等诸项精度问题，必然导致纸带的横向偏移。为了对纸带开始状态的位置误差进行修正，可通过调整卷筒纸的横向位置或利用纸带中心横向补偿装置来完成。显然，采用后者要比移动重量较大的卷筒纸更能尽快地实现纸带横向位置的调整，图 2-30 为纠偏装置的基本原理。

支撑 A、B 辊的框架将纸带中心线 $C—C$ 沿中心向图示箭头所示的方向转动，若 D 点移动 $\times$mm，则纸带也移动 $\times$mm，这时纸带 G 侧将被扭转，因此中心线与两侧的长度将产生微小的差值 $\triangle g$。因 $\triangle g$ 很小，对纸带不会带来什么影响。由图示几何关系可知，$\triangle g$ 与 b、g、x、h 有如下关系：$\triangle g = b^2 x^2 / (8h2g)$ (2-2)

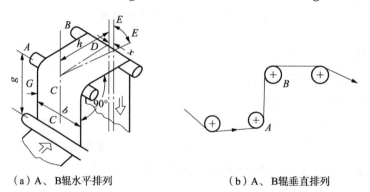

（a）A、B辊水平排列　　　　　　　　（b）A、B辊垂直排列

图 2-30　纠偏装置基本原理

$b=1$m，$x = 2$mm，则 $\triangle g = 4\mu$m。由此可见，通过改变 x 值，可实现纸带中心位置误差的调整。此外，如果 A、B 辊按图 2-30（b）所示排列，也可得到同样的效果。

2. 无轴传动

卷筒纸胶印机控制有几个重要的控制环节，四色印刷套印及套印过程的纸带同步，折页机和纸带张力等。从控制需要出发，卷筒纸胶印机通常以一个四色印刷套印为单元，设置一个主从同步驱动控制管理器（MDS-Slave）为一个基本控制单元。折页机为单元，设置主从同步驱动控制管理器（MDS-Master）为一个基本控制单元。这些基本控制单元经过光纤网络连接后，由 MDS-Master 统一管理，组成无轴驱动的虚拟轴，采用无轴驱动管理控制器，可以直接实现多个印刷同步管理。

（1）胶印机无轴传动的标准

①无轴传动通信。无轴传动技术采用分散式智能技术，采用国际传动通信标准SERCOS（串行实时通信系统，Serial Real Time Communication System）进行设计，通过光导纤维为数字方式实时传输控制信息。每组电机采用一种可以控制 40 个位置的电机的分散式智能卡，分散式智能卡发出的控制信息，能灵活控制电机的运行位置。分散式智能卡光纤通信技术把 32 个卡连接在一起，组成一个多达 1000 个位置的电机控制群。

②胶印机无轴传动由智能数字变频器、交流电机和 32 位数字编码闭环反馈系统三部分组成。胶印机无轴传动同步依靠 32 位数字编码闭环反馈系统控制，在 1s 内对交流电机的位置完成 4000 次的定位校正。智能型数字变频器对交流电机进行 200 万个单位的步进驱动，经过以太网接口的光纤数字传输的网络连接，充分满足印刷品质量要求的印刷分辨力和套印精度。

（2）胶印机无轴传动给印刷控制带来的优越性

①胶印机驱动的分散化、模块化。实现多纸路印刷配置的驱动小型化，比如曼罗兰单幅双倍径的八色塔 H 型胶印机，驱动电机由原来的单个电机容量 ≥ 90kW，调整为单个电机容量 ≤ 27kW，设备启动对电网的冲击降低了 3 倍以上。

②消除了机械传动带来的印刷套印误差。

③减少胶印机开机准备时间。无轴传动技术甚至可以实现印刷装置每个色组独立驱动，整个胶印机可以由多人做印刷准备工作。

④胶印机控制的互换性。无轴传动技术采用了国际传动通信标准来执行信息传输功能，任何无轴传动的胶印机都没有专利限制。

⑤提供可靠的故障诊断。采用串行实时通信系统，制造商可以把胶印机的运行标准参数制定在系统中，再采集胶印机运行参数与之比较，就可以知道设备故障位置。

⑥高精度速度调节。无轴传动调节驱动辊的速度调节精度达 0.01%，能精确控制印刷纸带拉纸辊速度，有效控制多纸路印刷走纸稳定性、张力均匀性、裁切一致性等。

⑦自动换版可靠。应用无轴传动的定位精度提高了自动换版的可靠性，提高了印刷套印和裁切套准的反应速度，极大地减少了废品率。

3. 设置复卷装置

在软包装材料印刷中，经多色印刷、干燥冷却后往往需将印完的纸带重新复卷，这就需要设置复卷装置。

（1）复卷装置的配套

复卷是卷筒纸胶印机的最后一道工序，复卷装置一般与给纸系统的供纸装置配套、联动，复卷支架的摆臂数应与给纸支架相一致。此外，在印刷部与复卷部之间还应设置横向正位装置和纸带张力调整装置，以保证复卷精度。

（2）复卷不当引起的故障

①印刷材料自身的缺陷。

a.卷筒纸在分切后，端面不齐，卷筒材料内部松紧不一致，张力控制装置不起作用，导致一卷材料内张力不同；

b.卷筒材料内有接头，接头两侧复卷太松，使整卷材料张紧力不一样；

c.卷筒材料两端松紧不一致，输纸时纸张跑偏、张力变化；

d.同卷材料内底纸回湿不均，导致张力变化；

e.卷筒材料厚薄不均、密度不一致，松紧度有变化。

②印刷速度变化。正常输纸时速度突然改变，导致纸张表面松紧变化，如开机和停机时、调整速度时。

③设备传动上的缺陷。由于各传动滚筒直径的误差和传动辊间压力的变化，使各传送段张紧力不一致，整体材料上张力不同。

④张力控制的装置精度。控制装置精度低或操作不熟练，不能正确控制正常的材料张紧力。

⑤卷筒直径的变化。卷筒直径发生变化，其转动惯量变化，转距随之变化，纸张间的张紧力也会发生变化。

⑥烘干温度。烘干温度变化，或各烘干机组温度不一致，会造成材料表面油墨挥发不一致，出现张力问题。张力不均会出现印刷和加工质量问题，最突出的是套印模切不准和图文、网点变形造成废品。所以卷筒材料，尤其是薄膜材料印刷加工时必须合理地控制张力，减少废品量。

🗇 **注意事项**

理想的走纸状态应当是：纸带始终沿着机器中心运行，并绷紧自然、张力一致。由于装版位置偏差（不在胶印机中心线上）、纸卷质量问题（纸带两边张力不一）、三角板歪斜等原因，必须对三角板下"鼻子"两侧两根导纸辊的中心连线进行调节，来实现纸带裁成两半时两条窄纸带的完全重叠，使书帖页码对齐。

2.1.2.5 根据印刷工艺要求设定纸路

🗇 **学习目标**

熟悉卷筒纸印刷的印刷工艺，能根据具体的印刷工艺要求设计纸路。

🗇 **操作步骤**

①分析印刷工艺。

②根据印刷工艺及条件选择印刷设备。

③制定印刷纸路。

相关知识

（1）书刊卷筒纸胶印机的机组排列

一般情况下，书刊卷筒纸胶印机常采用水平 B-B 型单机组或多机组、单纸卷或多纸卷多纸路水平走纸排列。图 2-31 至图 2-40 为 1～4 个水平 B-B 型胶印机组采用单纸卷或多纸卷多纸路印刷的几种方式。其中，图 2-31 为一个胶印机组一条纸带进行双面单色印刷的走纸方式；图 2-32 为两个胶印机组一条纸带进行双面双色印刷的走纸方式；图 2-33 为两个机组两条纸带都进行双面单色印刷的走纸方式；图 2-34 为三个胶印机组一条纸带都进行双面三色印刷的走纸方式；图 2-35 为三个胶印机组两条纸带，其中一条纸带进行双面双色印刷，另一条纸带进行双面单色印刷的走纸方式；图 2-36 为三个胶印机组三条纸带分别进行双面单色印刷的走纸方式；图 2-37 为四个胶印机组一条纸带分别进行双面四色印刷的走纸方式；图 2-38 为四个胶印机组两条纸带分别进行双面双色印刷的走纸方式；图 2-39 为四个胶印机组三条纸带，其中一条纸带进行双面双色印刷，另两条纸带分别进行双面单色印刷的走纸方式；图 2-40 为四个胶印机组四条纸带分别进行双面单色印刷的走纸方式。书刊卷筒纸胶印机也有采用垂直走纸方式印刷的，如图 2-41 所示。当纸带从两个橡皮布滚筒中间通过时，同时完成双面印刷。当纸带从印版滚筒和橡皮布滚筒中间通过时，是直接平印，纸带靠印版滚筒的一面印刷，另一面则没有印刷。

（2）商业卷筒纸胶印机机组排列

商业卷筒纸胶印机一般都采用四个或四个以上的水平 B-B 型胶印机组，对印刷装置的要求也比其他卷筒纸胶印机高。

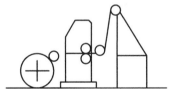

图 2-31　卷筒纸胶印机走纸方式（一）　　图 2-32　卷筒纸胶印机走纸方式（二）

图 2-33　卷筒纸胶印机走纸方式（三）　　图 2-34　卷筒纸胶印机走纸方式（四）

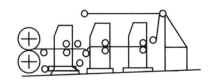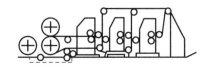

图 2-35　卷筒纸胶印机走纸方式（五）　　图 2-36　卷筒纸胶印机走纸方式（六）

图 2-37　卷筒纸胶印机走纸方式（七）

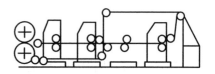

图 2-38　卷筒纸胶印机走纸方式（八）

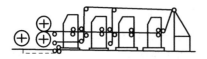

图 2-39　卷筒纸胶印机走纸方式（九）

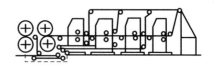

图 2-40　卷筒纸胶印机走纸方式（十）

（3）新闻卷筒纸胶印机机组排列

由于每份报纸的版面数、印刷色数、发行量、彩色版面的安排变化较大，因此，新闻卷筒纸胶印机机组的结构、排列、机组数最千变万化。胶印机组的各种基本型式，在新闻卷筒纸胶印机上都有应用，而且可以任意组合。

新闻卷筒纸胶印机常采用垂直走纸方式，但水平走纸的方式也有使用。图2-41～图2-46为常用的新闻卷筒纸胶印机的机组排列。图2-41是垂直B-B型及七滚筒型机组的不同组合及穿纸路线图。图2-42是图2-41中的七滚筒机组的不同穿纸路线图。由于该七滚筒型机组中的B-B机组的两个橡皮布滚筒的位置可以移动，可以是七滚筒机组[图2-42的（a）（b）（c）（d）（e）（f）为垂直B-B和三滚筒组合]，也可以是半卫星机组[图2-42的（g）（h）]。同时，由于滚筒的转动方向可以改变，所以，它的穿纸路线就可以任意改变。图2-43是垂直B-B不同组合及穿纸路线。图2-44是塔型机组组成的新闻卷筒纸胶印机。

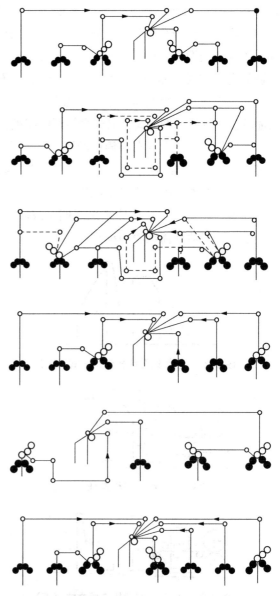

图 2-41　垂直 B-B 型不同组合及穿纸路线

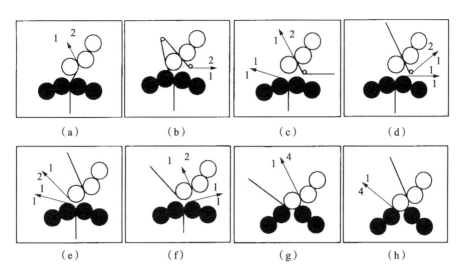

图 2-42　七滚筒型机组的不同穿纸路线

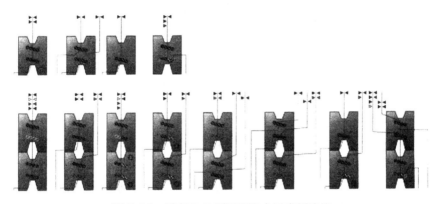

图 2-43　垂直 B-B 型不同组合及穿纸路线

塔型机组，不同组合形成的不同的新闻卷筒纸胶印机。图 2-44（a）是给纸和胶印机组都放在一层的单层新闻卷筒纸胶印机。图 2-44（b）、图 2-44（c）是给纸和胶印机组分别放在楼上和楼下的双层新闻卷筒纸胶印机。图 2-44（a）、图 2-44（b）只能用于冷固型油墨印刷报纸。图 2-44（c）在胶印机组的上边增加了烘干箱和冷却装置，可以用冷固型油墨或热固型油墨印刷报纸。图 2-45 是 I（水平 B-B）型和水平 Y 型机组，不同组合形成的不同的新闻卷筒纸胶印机。图 2-45（a）（b）为六滚筒机组组成的新闻卷筒纸胶印机。前者机组较多，适合彩色版面较多和一份报纸版面较多的报纸印刷。后者机组较少，适合印刷一份报纸版面较少的报纸，彩色和黑白印刷可以灵活变化。图 2-45（c）带烘干箱和冷却装置，左边实际上是一个半商业或商业卷筒纸胶印机。可以用热固型油墨印刷彩色报纸或商业广告。右边是一个双机组的新闻卷筒纸胶印机。图 2-45（d）适合一份报纸版面较多的报纸印刷，配两个折页机可使该机成为一台机器，也可以当两台机器使用。图 2-46 是垂直 Y 型及 H 型机组组成的不同型式的新闻卷筒纸胶印机。

（a）单层新闻卷筒纸胶印机

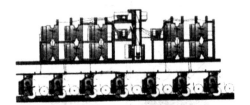

（b）双层新闻卷筒纸胶印机

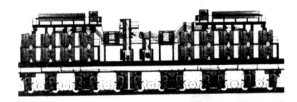

（c）带烘干箱的新闻卷筒纸胶印机

图 2-44　塔型机组组成的新闻卷筒纸胶印机

（4）多纸卷多纸路

书刊及新闻卷筒纸胶印机经常采用多纸卷多纸路印刷。由图 2-33～图 2-46 可以看出，采用多纸卷多纸路印刷，主要是为了充分发挥多色机每个胶印机组的作用，提高效率。如图 2-40 所示，应用四色机（四机组）印单色活时，可以应用四个纸卷分别进入四个机组，同时在折页机处折好，机器效率为单纸卷的四倍。又如图 2-33 所示，双色机采用双纸卷印单色印件时，机器效率为单纸卷的两倍。在报纸印刷中，除了提高效率外，有时要求一份报纸必须折成一沓，那就必须采用多纸卷多纸路印刷（除非单纸路印刷后，再手工把几张报纸套在一起）。如一份报纸有两张，必须用双纸路印刷。如果一份报纸有四张，那必须用四纸路印刷。多张报纸的死套与活套则由折页机的三角板数和纸路决定。报纸经常折成八开大小。在多纸路时，一份报纸的各纸带在同一个三角板上叠在一起后再折页，则形成报纸的死套，如果不同纸带经过不同三角板纵折后，再并在一起进入折页滚筒进行折页，则形成活套的报纸。

（5）直接平印

胶印机绝大多数采用间接印刷的方式，即印版滚筒将其图文经过橡皮布滚筒再转印到纸（或其他承印物）上。直接平印是指纸从印版和橡皮布滚筒之间通过，印版上的图文直接印在纸上，不经过橡皮布滚筒转印。在胶印中这种直接印刷称为直接平印。图 2-43 上面一排的 H 机组的最后一个图中，纸带从下面 B-B 机组的印版和橡皮布滚筒通过，再通过上面的 B-B 机组，在纸带的一面印出三种颜色，另一面印出一种颜色。在图 2-43 下面一排的塔型机组的最后一个图中，下面的纸带通过最下面一个 B-B 机组的印版和橡皮布滚筒，经过三个 B-B 胶印机组，在纸带的一面印出四种颜色，另一面印出两种颜色。

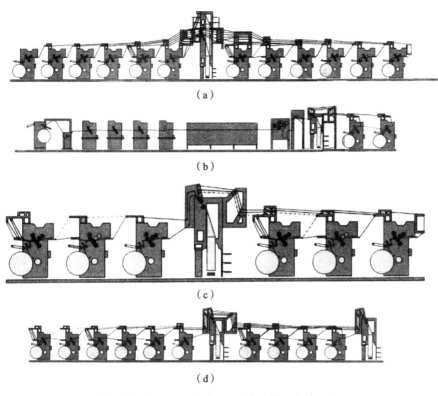

（a）

（b）

（c）

（d）

图 2-45　I 型和水平 Y 型机组组成的新闻卷筒纸胶印机

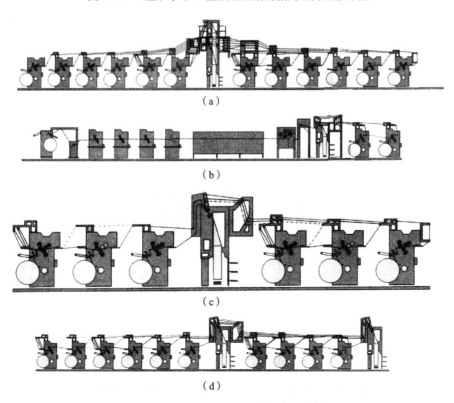

（a）

（b）

（c）

（d）

图 2-46　垂直 Y 型和 H 型机组组成的新闻卷筒纸胶印机

由图 2-43 采用直接平印的示例可以看出，采用直接平印方法可以灵活地改变纸带每面上的印刷色数，但两面的总色数不能改变。所以采用直接平印可以用较少的胶印机组印出色数较多的印刷品，从而扩大了机器用途，使机器变得更灵活。比如，只有两个 B-B 胶印机组，两个机组都用直接平印，可以印刷单面四色的印品，如果用间接印刷就只能印刷每面最多两种颜色的印品了。

🗇 **注意事项**

每一台卷筒纸胶印机印刷装置的滚筒排列、胶印机组的排列及机组数量取决于机器的用途、印刷色数、印品质量要求、生产率、工艺路线、相关机构安排的合理性以及维护和操作的方便性。

2.2 印刷单元调节

🗁 2.2.1 调节递纸装置叼牙的叼力

🗇 **学习目标**

了解递纸装置的结构，能调节递纸装置叼牙的叼力，使印刷输纸过程顺利进行。

🗇 **操作步骤**

递纸牙叼力的调节必须建立在递纸牙垫高度调节正确的基础上，否则将因为牙垫高度变化而影响叼力的调节。图 2-47 为 J2108 机递纸牙的结构，图 2-48 为递纸牙叼力调节及检测方法。

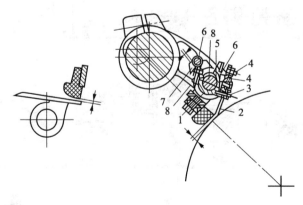

图 2-47 J2108 机递纸牙的结构
1—牙垫；2—叼牙；3、4、8—螺钉；5—牙箍；6—定位销；7—定位块

①调节前，需根据递纸牙排上叼纸牙的个数，准备约 10mm²、0.25mm 厚的纸张；另准备约 150mm 长、30mm 宽、0.1mm 厚的牛皮纸；准备调节使用的六角螺丝等工具。

②点动机器，当递纸牙排摆动到输纸牙台的接纸位置时，按"停锁"键，掀起输纸板，进入操作位置。

在叼牙与牙垫之间夹入纸条　　　　　　拉动纸条检查叼牙叼力

图 2-48　递纸牙叼牙调节及检测方法

③在摆动轴定位块 7 与定位销 6 之间，垫入 0.25mm 厚的纸片或垫片，如图 2-47 所示。

④松开牙排上各个叼牙的紧固螺钉 8，用 0.1mm 左右厚的牛皮纸夹入叼牙与牙垫之间，使叼牙 2 靠向牙垫 1，使其有一定的压力，同时旋紧螺钉 8。

⑤调节时，采用先中间、后两边依次调节（图 2-49）。用手拉动纸条，测验叼牙与牙垫之间的夹紧力，即叼力。

图 2-49　递纸牙叼力调节顺序

⑥叼纸力的大小，可微量旋转调节螺钉 4，其叼力程度，以手感轻微用力拉动纸条为宜，全部递纸牙的叼力应基本相同。

⑦各个递纸牙螺钉 3 与牙箍 5（定位架）平面之间，应保持 0.2mm 的间隙，使各个递纸牙张闭一致。

⑧当全部撤掉定位块 7 与定位销 6 之间的垫入物后，原叼牙上测验的牛皮纸纸条，以用力拉拉不动为宜。如果用力能够拉动，则说明叼力小了，需重新进行测试调节。

🗂 **相关知识**

滚筒递纸牙叼力的调节。递纸牙的运动为复合运动，即跟随递纸滚筒的匀速转动和相对于牙排中心的摆动。在凸轮和靠山轴的作用下，递纸牙在输纸板上取纸时，递纸牙垫运动速度的理想值为 0，即递纸牙在静止状态下取纸。在设计凸轮时，必须保证此时递纸牙垫（相对于递纸滚筒的中心）与递纸滚筒具有相同的角速度，但方向相反。递纸牙凸轮板是由固定在墙板上的递纸牙内侧凸轮外轮廓线与递纸牙外侧凸轮外轮廓线共同组成的槽凸轮（图 2-50）。

递纸牙垫的后面有 4 个（或 6 个）基准块，用于调整递纸牙垫的位置高低，起到定位的作用。当印刷纸张厚度改变时，需要调整递纸牙垫的高低。印刷薄纸时，此间隙为

2mm；而印刷纸板时，此间隙为1.5mm。为此，专用塞规一端的厚度为2mm，另一端的厚度为1.5mm。

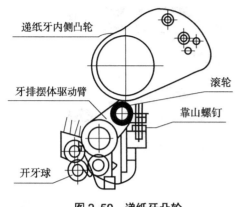

图 2-50　递纸牙凸轮

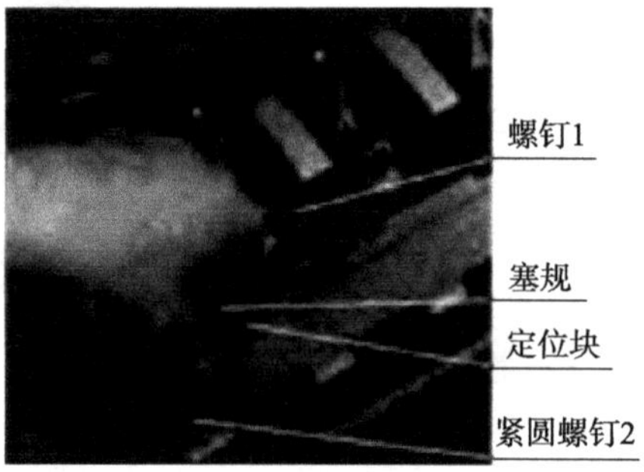

图 2-51　递纸牙垫间隙调节

递纸牙压力调整步骤：将递纸牙垫调整到薄纸位置。将机器调整到合适位置使递纸牙片正好处于叼纸位置。在每个递纸牙片与递纸牙垫之间插入宽约30mm，厚度为 $80g/m^2$ 的纸条，检查每个纸条的松紧程度。凭手感检查每个叼牙的叼纸力，应保证每个叼牙对纸张的叼纸力处于似咬非咬的状态。注意：有时递纸牙轴的两个靠山弹簧的力量不及叼牙弹簧的总和力量大，因此，应该小心检查每个叼牙的叼纸力。只有在全部叼牙的力量相等的情况下，才能将牙片下面的纸条抽出。否则，某些叼牙的叼纸时间将不准确。

递纸牙排叼纸距离的调节如下。

（1）调节要求

J2108、J2205型胶印机的"三套"叼牙排（递纸叼牙、压印滚筒叼牙及收纸链条叼牙）的叼纸长度，有专门的要求。即递纸牙叼纸距离为 5～6mm；压印滚筒叼牙叼纸距离为 6～7mm；收纸链条叼牙叼纸距离为 5～6mm。压印滚筒叼牙的叼纸距离比递纸牙叼纸距离大的部分就是递纸牙牙片至压印滚筒边口的距离。

（2）调节方法

递纸牙叼牙排总体叼纸距离的多少，可以改变前规定位板的前后位置进行调节。前规板向前调，叼纸距离变大；前规板向后调，叼纸距离变小。

牙片与牙垫之间的距离需要根据不同的印刷材料来调整。

①打开飞达安全开关。

②向前点动胶印机，直至可以调节到锁紧螺钉。

③打开递纸滚筒前方的护罩。

④松开所有的锁紧螺钉。

⑤继续点动胶印机，直至露出标尺。

⑥使用套筒扳手将标尺旋转到标记线。标尺上每一格代表 0.1mm 纸张厚度。

⑦修正完毕，继续点动胶印机，直至回到调节锁紧螺钉的位置。

⑧拧紧锁紧螺钉。

⑨关上护罩。

⑩关闭飞达开关。

注意事项

①基本设置可以随机设置印刷最大厚度为 0.3mm 的印刷材料，如果使用更厚的印刷材料，需要重新设定。

②为了防止标尺上的花纹间隙过大或过小，最好顺时针旋转标尺来设定。

2.2.2　调节压印滚筒叼牙的叼力

学习目标

了解压印滚筒的结构及叼牙的工作原理，掌握压印滚筒上影响叼牙叼力的各项因素，能调节压印滚筒上叼牙的叼力。

操作步骤

①检查压印滚筒叼牙是否有磨损，若有磨损应更换。

②在压印滚筒叼牙的靠刹处垫上大约 0.2mm 厚的纸张，然后松开所有叼牙的固定螺钉，使其牙片靠牙垫，调整好后取出即可。

相关知识

在单张纸胶印机中，压印滚筒叼纸牙是十分重要的部件之一。

压印滚筒叼牙结构如图 2-52 所示，它由牙片 1、牙体 2、牙座 3、压簧 4 以及螺钉等组成。牙体 2 活套在叼牙轴 5 上，牙片 1 通过螺钉 6 和 7 与牙体 2 固定，松开这两个螺钉，可以调节牙片的前后位置。而牙座 3 用螺钉 11 紧固在叼牙轴上，当它被牙轴带动朝顺时针方向转动时，经过压簧 4 和调节螺钉 8，使牙体 2 同向转动，牙片 1 与牙垫 10 处于闭合叼纸状态。叼纸力大小取决于压簧 4 的压缩量，故叼力调节可通过转动螺钉 8 改变压簧 4 的压缩量来实现。但此时在螺钉 6 与牙座 3 之间一般应有 0.2mm 的间隙，如果没有间隙存在，就会失去调节作用。

纸张在压印滚筒上向前传递靠的是叼牙的拉力，这种拉力要克服纸张与橡皮布之间的剥离力和纸张本身的惯性离心力。增大叼牙拉力的途径有两个：一是加大摩擦因数，二是增大牙片和牙垫之间的压力。因此，牙垫一般加工成锯齿条纹或菱形条纹形，其材料要有较高耐磨性。海德堡胶印机选用硬质合金，叼牙接触面喷涂一种合金，粗糙度像粗砂纸面，硬度硬得能划破玻璃。罗兰胶印机的牙垫采用硬橡胶，叼牙面喷涂有合金。北京人民机器厂牙垫面铸有耐磨塑料材料，具有橡胶和塑料的共同特点。

胶印机上的叼纸牙开闭控制一般采用凸轮机构，根据凸轮控制叼牙张开还是闭合的状况，可分为高点闭牙和低点闭牙两种形式。高点闭牙是指叼牙轴摆杆的滚子与凸轮高面接触时，叼牙闭合，叼住纸张，凸轮产生叼纸牙力；当叼纸牙轴摆杆的滚子与凸轮底面接触时，叼牙张开，放开纸张，如图 2-53（a）所示，当滚子进入凸轮小面时，由于弹簧 1 的作用，推动撑杆2，使叼牙张开。高点闭牙的特点是可以增加叼纸力，但对凸轮轮廓曲线和耐磨性有较高的要求。低点闭牙是指牙轴摆杆上的滚子与凸轮底面接触时。叼牙闭合，弹簧产生叼纸力；当滚子与凸轮高面接触时，叼牙处于张开状态，如图2-53（b）所示。低点闭牙的叼纸力是靠弹簧来控制的，叼纸不够牢固，在印刷中有时会发生纸张位移，使套印不准。

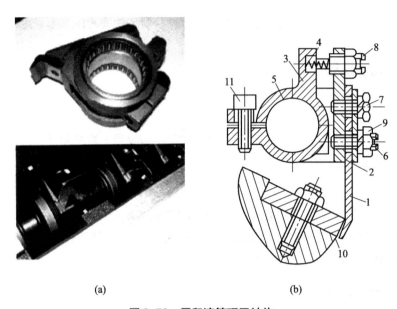

(a)   (b)

图2-52 压印滚筒叼牙结构

1—牙片；2—牙体；3—牙座；4—压簧；5—轴；6、7、8、11—螺钉；9—螺母；10—牙垫

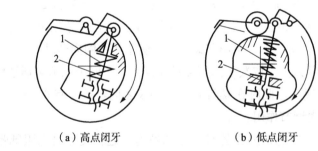

（a）高点闭牙   （b）低点闭牙

图2-53 叼牙的开闭

1—弹簧；2—撑杆

其中，叼纸牙的叼力非常关键，如果叼纸牙维护、保养不当，或长期使用后发生磨损，都有可能会造成叼纸牙的叼力减小或整排叼纸牙的叼力不一致，并引起套印不准、重影等印刷故障。

压印滚筒的叼纸牙轴上装有15个叼纸牙，叼纸牙的叼力大小主要靠调节牙杆两端弹簧的压力，弹簧的压力越大，叼纸牙的叼力也就越大。造成叼纸牙叼力变化的因素主要有以下几个方面。

①长期使用导致弹簧的弹力减小，使叼力减小。压印滚筒叼纸牙的叼力要大于橡皮布

滚筒的剥离力，保证压印滚筒叼纸牙在叼着纸与橡皮布滚筒压印之后，能够将纸张从橡皮布滚筒上剥离下来。长时间使用后，牙杆两端弹簧的弹力减小，使压印滚筒叼纸牙的叼力变小，纸张会从叼纸牙中脱出，包在橡皮布滚筒上无法正常印刷。即使压印滚筒叼纸牙的叼力略大于剥离力，纸张没有从叼纸牙中脱出来，也可能会在叼纸牙中发生位移，使印刷品发生套印不准、重影等故障。

②长期使用后牙垫发生磨损，造成叼纸牙的叼力减小或叼力不一致。在印刷过程中，机械外力的长期作用使牙垫产生磨损，磨损程度不同，牙垫就会变得高低不平或者牙片花纹被磨平，这势必会影响叼纸牙的叼力。此外，如果对开胶印机经常用于印刷小幅面纸张，也会造成牙垫的磨损程度不一致，即中间的牙垫磨损较重，两边的牙垫磨损较轻。当再次印刷大幅面纸张时，整排叼纸牙的叼力就会不匀，中间叼纸牙的叼力小，两边叼纸牙的叼力大，叼纸时使纸张的叼口呈波浪状，印刷时会出现打褶、甩角、叼破口等故障。

③叼纸牙调节不当，开闭时间不一致，也会造成牙垫磨损程度不同，致使叼纸牙的叼力不一致。

如果叼纸牙调节不当，开闭时间有早有晚，闭牙的叼纸牙先接触，瞬间承受的压力大，不仅牙垫磨损严重，而且与牙垫接触的小压簧还容易断，造成死牙，导致印刷时发生撕纸。

④印刷时叼纸牙上经常沾有纸粉、喷粉、油墨等异物，如不及时清理，就会加速叼纸牙的磨损，造成叼纸牙的叼力减小并引起各种故障。

对于机组式多色胶印机，压印滚筒叼纸牙交接时间的正确调节是保证套印准确的关键。

为保证套印准确，要求纸张在交接瞬间不能处于失控状态。因此，纸张在交接时，从理论上讲最好是交纸滚筒（如压印滚筒）叼纸牙与接纸滚筒（如传纸滚筒）叼纸牙同时开闭，但实际操作上是不可能的。为此，在两个滚筒的圆周上要有3～5mm长度的同步时间，在此期间，两个滚筒的叼纸牙同时叼住纸张。交接时间的调节如图2-54所示。叼纸牙的开闭由装在墙板内侧的固定凸块控制，通过滚子和叼纸牙开闭杆使叼纸牙排轴转动，以达到叼纸牙开闭的目的。当滚子与凸块的凸起部接触时，叼纸牙打开放纸；当滚子离开凸块的凸部位置时，叼纸牙闭合叼住纸张。调整时先把两排叼纸牙的端部调节到两个滚筒的中心线上，使两排叼纸牙背靠背

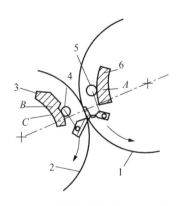

图2-54　滚筒叼纸牙的时间调节
1—压印滚筒；2—传纸滚筒；
3、6—固定凸块；4、5—滚子

对齐；然后转动机器，待压印滚筒1的叼纸牙的滚子5与叼纸牙开闭固定凸块6在A点（叼纸牙开始打开点）接触时，把传纸滚筒2的叼纸牙开闭滚子4从叼纸牙闭牙点B移到C点，即把传纸滚筒叼纸牙开闭固定凸块3向滚筒旋转的反方向移动一段距离（B到C的距离），

BC 的长度一般为 3 ～ 5mm。这样便确定了两个凸块的位置，就能保证准确的交接时间。

注意事项

①叼纸牙叼力的调节，应该在试印中进行，不得在各色套印的过程中改变叼力，多色机的各色机组，压印滚筒上叼纸牙的叼力需保持一致，叼纸牙牙垫一定要平整，以保证叼力的均匀。

②正反面套印的产品，压印滚筒的叼纸牙叼力必须均匀一致。

③叼纸牙轴的撑簧要有良好的弹性，防止叼力不足，使纸张定位不准。

④拧紧叼纸牙的紧圈，防止叼纸牙轴向串动，使用制造精度高的叼纸牙轴或轴套，使叼纸牙在叼纸过程中处于稳定状态，叼纸距离始终保持恒定值。

2.2.3　排除牙垫不平的故障

学习目标

了解压印滚筒的结构及叼牙的工作原理，掌握压印滚筒上影响叼牙叼力的各项因素，能排除由牙垫不平造成的故障。

操作步骤

传纸滚筒牙垫的调整与所印纸张的厚度有密切的关系，印刷不同厚度的纸张必须使传纸滚筒牙垫的高度与其相匹配。传纸滚筒牙垫的调整如图 2-55 所示。

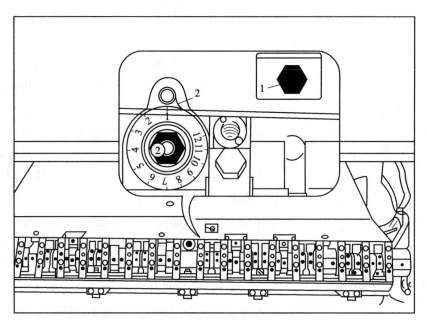

图 2-55　传纸滚筒牙垫的调整

1—锁紧螺钉；2—指针

（1）从薄纸变换成厚纸

当从薄纸变换成厚纸时，必须让传纸滚筒的牙垫高度与所印纸张的厚度相匹配，即所要印刷的纸张厚度不要超过现机组设定的 0.1mm。机器出厂时传纸滚筒牙垫的设置值是 0.1mm。

（2）从厚纸变换成薄纸

为了保证良好的纸张传递，当印刷薄纸时，必须调节牙垫高度至匹配薄纸的位置。调整传纸滚筒以匹配当前纸张的方法如下。

①测量纸张厚度。

②锁住机组的"安全"按键。打开第一机组和第二机组之间的脚踏板，向前点动胶印机，让牙排调整机构转到上方。

③如图 2-55 所示，松开锁紧螺钉 1，通过转动螺钉，可以调节牙垫的高度。刻度盘（单位为 1/10mm）上的数值表示纸张的厚度，指针 2（图 2-55）所指示的刻度值表示现在设定的纸张厚度。

④拧紧锁紧螺钉 1。

⑤然后顺序调节其他几个机组的传纸滚筒。

▣ 相关知识

胶印机在印刷时无规律地出现局部套印不准，递纸叼牙叼力没有问题，但递纸牙垫磨损严重，已变得高低不平，故叼纸力度不够，递纸牙与压印滚筒交接纸张时不稳定，压印滚筒叼牙带纸张进入印刷时，由于压力的作用，造成纸张变形，出现局部套印不准。

故障排除方法：取下牙垫磨平或更换，使所有牙垫都处于同一平面上，安装后调节好压力即可。

纸张被叼住时，如果牙垫不平，纸边会形成波浪形，叼口部位局部起皱。调整滚筒叼牙，使其叼力均匀，使纸张处在叼牙的适当位置，消除因纸张交接失调造成的起皱故障。

▣ 注意事项

当印刷时需要从厚纸换到薄纸时，先逆时针转动螺钉 2（图 2-55）直到极限，然后再顺时针转动到要设定的纸张厚度。

🗂 2.2.4 测量、调节滚筒中心距和印刷压力

▣ 学习目标

了解胶印的印刷原理，熟悉胶印机组的结构，知道如何实施印刷压力的调整，会测量、调节印刷滚筒中心距和印刷压力。

▣ 操作步骤

橡皮布变形后产生的弹力就是印刷压力，胶印机需要的压力为 100N/cm，要产生这样

的压力就需要一定的变形量，变形量的多少取决于橡皮布衬垫以及纸张的情况，原则上越小的压力越好，因为压力大会造成网点扩大、印版磨损、纸张变形、机器磨损等故障。如图 2-56 所示是 KBAI05 型胶印机印版滚筒和橡皮布滚筒衬垫厚度。

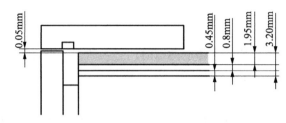

图 2-56　KBAI05 型胶印机印版滚筒和橡皮布滚筒衬垫厚度

橡皮布滚筒与印版滚筒之间的压力一般是在胶印机各个色组墙板上的压力调节表上进行调节，薄纸的时候压力表刻度可以调到 0.05mm，如图 2-57（a）所示；当纸张厚度 > 0.5mm 时，由于滚筒的离让，刻度应增加至 0.15mm 左右，如图 2-57（b）所示。

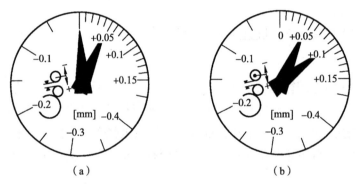

图 2-57　高宝胶印机印版滚筒与橡皮布滚筒压力调节表
（a）一纸张厚度 ≤ 0.5mm；（b）一纸张厚度 > 0.5mm

相关知识

根据印刷工艺过程及胶印机机构操作控制程序要求，凡是依靠压力实现图文转移的压印装置均有合压和离压两个状态。在正常印刷时，纸张进入压印装置，压印体与印版应处于合压状态，以完成图文转移；而当出现输纸等工艺和机构故障或进行调机空运转时，压印体与印版应处于离压状态。同时，停机后也应撤除印刷压力，防止滚筒长久接触造成印版损坏和橡皮布的永久变形。

实现离合压、调压的基本原理是利用转动偏心套、偏心轴承或者用螺旋副移动压印体位置来改变压印体与印版、压印滚筒与印版滚筒之间的间距来实现的。

对离合压、调压机构一般应满足以下基本要求：离合压工艺动作应遵循胶印机印刷工艺过程、印刷装置及相关机构运动规律，按严格的时间、位移规律进行，保证不出"半彩半白"印张，不发生背面蹭脏等现象。

当机器出现故障后，应能自动停机，滚筒自动离压，从而撤除印刷压力。

离合压时动作平稳、无冲击现象，合压机构能自锁，保证压力稳定。

调压机构精度高，调压方便、灵敏，并有数字显示。

掌握好印版滚筒与橡皮布滚筒之间的印刷压力及橡皮布滚筒与压印滚筒之间的印刷压力，对印刷质量的优劣将起着关键性的作用。

印刷压力或印版压力过小，印品上的网点容易不实，印刷品会缺乏层次感；压力太大，网点会发生变形，同样不能印刷出精美产品，还会使机器的运转阻力加大，造成不必要的磨损。因此，印刷人员在实际印刷中应学会精确计算印版压力和印刷压力。

1. 滚筒中心距与印刷压力

在平版胶印机滚筒的传动中，相互啮合齿轮存在着相互滚动的节圆，滚动齿轮以相等的角速度与滚筒一起转动，如果滚筒的表面线速度都相等，滚筒齿轮的节圆是相切的，滚筒的中心距 L 为滚筒齿轮节圆半径的 2 倍，即 L=2R 节。

显然，当中心距 L 增大时，R 节也随之增大。由于齿轮的节圆线是不可见的，滚筒间的中心距可由滚筒的滚枕直径计算。

不接触滚枕滚筒间的中心距：

$$L_{pb}=(D'p+D'b)/2+\triangle pb \tag{2-3}$$

$$L_{bi}=(D'b+D'i)/2+\triangle bi \tag{2-4}$$

接触滚枕滚筒间的中心距：

$$L_{pb}=D 分 + \triangle pb \tag{2-5}$$

式中，L_{pb}——印版滚筒与橡皮布滚筒的中心距（mm）；

L_{bi}——橡皮布滚筒与压印滚筒的中心距（mm）；

$D'p$——印版滚筒滚枕直径（mm）；

$D'b$——橡皮布滚筒滚枕直径（mm）；

$D'i$——压印滚筒滚枕直径（mm）；

$D 分$——滚筒齿轮分度圆直径（mm）；

$\triangle pb$——印版滚筒与橡皮布滚筒的滚枕间隙（mm）；

$\triangle bi$——橡皮布滚筒与压印滚筒的滚枕间隙（mm）。

印刷压力的获得是靠橡皮布滚筒上的橡皮布及包衬受压变形产生的弹性力。因此，在压印过程中，橡皮布滚筒和其他两个滚筒接触的地方并不是一条直线，而是一条宽度为定值的弧面，通常在生产中把橡皮布最大压缩变形值称为印刷压力，实际上最大压缩量（变形值）就是两个相压滚筒筒体的半径之和加上纸张、衬垫等的厚度与两个滚筒实际中心距之差，如图 2-58 所示。

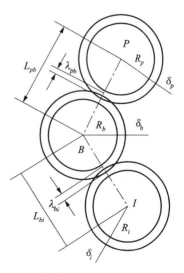

$$\lambda_{pb}=R_p+\delta_p+R_b+\delta_b-L_{pb} \tag{2-6}$$

$$\lambda_{bi}=R_b+\delta_b+R_i+\delta_i-L_{bi} \tag{2-7}$$

图 2-58 印刷压力

式中，R_p、R_b、R_i——分别为印版滚筒、橡皮布滚筒和压印滚筒的筒体半径（mm）；

    L_{pb}、L_{bi}——为橡皮布滚筒和印版滚筒分别与压印滚筒之间的实际中心距（mm）；

    δ_p、δ_b、δ_i——分别为印版及其衬垫的总厚度、橡皮布及其衬垫的总厚度、纸张的厚度（mm）；

    λ_{pb}、λ_{bi}——为橡皮布滚筒和印版滚筒分别与压印滚筒之间的最大压缩量（mm）。

综上所述可知，印刷压力是通过调节滚筒包衬厚度及滚筒间的中心距获得的。

（1）印版压力的计算

印版压力指印刷时印版滚筒上的印版、包衬及橡皮布滚筒上的橡皮布、包衬在印版和橡皮布相互接触时的实际变形量之和。

举例说明：假设印版厚度为 0.28mm，包衬厚度为 0.30mm，橡皮布及其包衬厚度之和为 3.15mm。已知橡皮布滚筒的缩径量（滚筒的滚枕高出滚筒体）为 3.20mm，印版滚筒的缩径量为 0.50mm，滚枕的共同压缩量为 0.08mm，则印版压力为 0.28+0.30+3.15-（3.20+0.50）+0.08=0.11（mm）。

如果使用质量较好的气垫橡皮布，这个压力数值较为合适。橡皮布使用一段时间后会产生一些小的压缩变形，此时可以适当调整橡皮布下面衬垫的厚度，原则上橡皮布表面的高度应低于滚枕 0.05mm 或与滚枕平齐。

（2）印刷压力的计算

在印刷过程中，操作人员要根据纸张的厚度和质量计算印刷压力，这个压力数值可以随时调节。在使用硬性包衬的情况下，印刷压力不要超过 0.15mm。

用套筒扳手调节印刷压力，转动印刷压力调节手柄，可以改变印刷压力的大小。顺时针转动可以增加压力，逆时针转动可以减小印刷压力。注意：印刷压力刻度盘上的数值与所印刷的纸张厚度相对应。当印刷的纸张由薄纸转换为厚纸时，必须减小印刷压力。如果出现操作失误，可能会损坏橡皮布。

下面举例说明印刷压力的计算方法：橡皮布与包衬的总厚度为 3.20mm，印刷纸张的厚度为 0.15mm，若刻度盘的读数为 0，则印刷压力值为 0.15-（3.20-3.20）+0=0.15（mm）。如果刻度盘上的读数为 0.10（刻度盘为红色），则印刷压力为 0.15-（3.20-3.20）+0.10=0.25（mm）。

2. 调压、离合压原理

将橡皮布滚筒（或印版滚筒）的轴承装在如图 2-59 所示的偏心套内孔中，O_1 为偏心套的外圆半径。当进行印刷需要使橡皮布滚筒与印版滚筒和压印滚筒合压时，用拉杆将偏心套机构从 O_1 点拉到 O_2 点的位置，此时，橡皮布滚筒拉到上方而实现合压；反之，将拉杆向反方向转动，橡皮布滚筒被拉向下方而实现离压。由于橡皮布滚筒装在印版滚筒与压印滚筒中间，因此，离合压比较方便。

    ⬚ **注意事项**

当中心距确定以后，印刷压力的大小是靠橡皮布滚筒和印版滚筒的衬垫的性质和厚度来决定的。由于橡皮布及其衬垫是弹性体，所以胶印机不能实现两个滚筒无相对摩擦的转动。

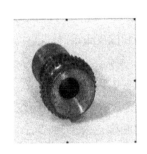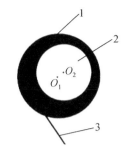

图 2-59 单偏心套离合压原理

1—偏心套；2—圆孔；3—离合杆

📂 2.2.5 计算并确定滚筒包衬数据

🔲 学习目标

了解胶印的印刷原理，熟悉胶印机组的结构，知道如何实施印刷压力的调整，会计算并根据实际工艺要求确定滚筒包衬数据。

🔲 操作步骤

①查看胶印机滚筒是走滚枕还是不走滚枕。走滚枕的胶印机可在合压情况下通过光照法或敷墨法来检查接触情况；不走滚枕的胶印机，应使滚筒齿轮在节圆相切位置啮合，通过压铅丝的方法来测量合压后两边滚枕间的间隙。

②用压铅丝的方法测量合压后印版滚筒与橡皮布滚筒、橡皮布滚筒与压印滚筒的间隙。

③计算各滚筒的包衬量。

④滚筒加包衬后，通过压杆法检验三滚筒间的压力，以及墨辊、水辊与印版滚筒的压力大小。

🔲 相关知识

按印刷工艺要求，合压后印版、橡皮布、压印三滚筒表面的圆周线速度必须相等，接触表面应为纯滚动，不产生滑动，否则会影响印品质量。滚筒包衬的厚度可根据滚枕、滚筒直径和滚枕下凹量的大小来计算。一般情况下，印版滚筒和橡皮布滚筒的滚枕直径相等，而压印滚筒的滚枕直径比其他两个滚筒的滚枕直径要小 0.30 ~ 0.70mm。若以 D_i、D_p、D_b 分别表示压印滚筒、印版滚筒和橡皮布滚筒的筒体直径，当滚枕接触（走肩铁）时，印版及其衬垫总厚度的理论值为 δ_p，则有：$\delta_p = (D_i - D_p)/2$（mm）　　　　　（2-8）

橡皮布滚筒的橡皮布及其衬垫总厚度的理论值为 δ_b，则有：

$$\delta_b = (D_i - D_b)/2 \text{（mm）} \tag{2-9}$$

若以理论厚度值 δ_p、δ_b 来包装衬垫，则三个滚筒间的印刷压力恰好等于零，所以不能印出图文。故印版滚筒经包衬后，其高度应比其滚枕表面高出 0.03 ~ 0.05mm，即衬垫厚度的实际值比理论值增加 0.03 ~ 0.05mm。

假设印版滚筒和橡皮布滚筒的滚枕下凹量分别为 0.5mm 和 3.5mm，印版及其衬垫和橡皮布及其衬垫的厚度应取 0.53mm 和 3.55mm。此时，印版滚筒和橡皮布滚筒间的印刷压力为

$$（0.53 + 3.55）-（0.50 + 3.50）=0.08（mm）$$

若滚枕不接触，实际衬垫的厚度还应增加，以保证合理的印刷压力。

表 2-3 为几种单张纸胶印机各滚筒的包衬厚度值，以及合压时印版滚筒滚枕与橡皮布滚筒滚枕的间隙 $\triangle pb$ 和橡皮布滚筒滚枕与压印滚筒滚枕的间隙 $\triangle bi$。

表 2-3　单张纸胶印机各滚筒包衬厚度（mm）

型号		印版滚筒			橡皮布滚筒			压印滚筒			合压时滚枕间隙	
		滚枕直径	筒体直径	印版及衬垫厚度	滚枕直径	筒体直径	橡皮布及衬垫厚度	滚枕直径	筒体直径	金属包皮厚度	$\triangle pb$	$\triangle bi$
J2108 型 J2203 型		299.8	299	0.6 ～ 0.8	300	293.5	3.25 ～ 3.45	299.5	300	—	0.2	0.2
JS2101 型		299.8	299	0.57	299.8	296	2.04	—	—	0.2	—	—
罗兰 RVK3B 型		300	299	0.7	300	293.5	3.25	299.5	300	—	0.1	0.25
海德堡	GTO 系列	180	179.94	0.10 ～ 0.15	180	174	2.95 ～ 3.0	179.3	179.2	0.30	—	—
	M 系列	220	219	0.60 ～ 0.65	220	213.6	3.15 ～ 3.20	219.3	219.4	0.30	—	—
	S 系列	270	269	0.60 ～ 0.65	270	263.6	3.15 ～ 3.20	269.3	270	—	—	—
三菱 ZD-4 型		260	259.66	0.4	260	255.6	2.2	520	520.4	—	0.1	纸厚 +0.05
小森 L-432 型		260	259.2	0.53	259.8	254.4	2.8	260	260.1	—	0.1	0.1

🗇 注意事项

应当采取一些工艺措施，尽量满足以上操作原则，不至于差别太大。一般有下面两项工艺措施。

①根据同步滚压条件，滚压时保持三滚筒的半径相等，但当印刷材料的厚度发生改变时，滚筒的包衬也必须做适当的调整。

②优先考虑印版、橡皮布滚筒。其优点是当印刷品厚度变化时，印版与橡皮布滚筒的包衬不用改变，印版滚筒与橡皮布滚筒的中心距也不用改变，仅改变压印滚筒与橡皮布滚筒的中心距即可，这样操作起来比较方便。

📂 2.2.6 排除由滚筒问题造成的印刷故障

📖 学习目标

了解胶印机构的组成，熟悉印刷工艺中各印版滚筒、橡皮布滚筒、压印滚筒的各项操作，能排除由滚筒问题造成的印刷故障。

📖 操作步骤

（1）套印不准

套印不准即图文和纸张之间位置配合不准确。纸张通过纸路传递，图文通过水路、墨路传递。纸路传送不准确，水路、墨路传递不准确，以及纸路同水路、墨路的配合不准确等都可能造成套印不准。

从纸路来看，套印准确就是纸张在印刷过程中的每一环节的位置不随时间、条件的变化而变化，只要其位置变化就会造成套印不准。纸路套印不准一般分为前后套印不准、左右套印不准、左右或前后同时套印不准，因此分析纸路套印不准时就要找那些造成纸张位置（前后、左右、前后及左右同时）变化的因素，然后采取以下相应措施加以解决。

①递纸牙和前传纸滚筒（或压印滚筒）之间的交接不准确。

a. 交接时间太短。调整相应开闭牙凸轮的位置。

b. 牙垫之间的距离不合适。重新调节，使其距离为纸厚 +0.2mm。一般此距离不调节。

②压印滚筒叼牙的叼力不足，纸张在压印滚筒内滑动。

a. 牙片的压力太小。增大牙片的压力。

b. 牙垫的摩擦系数太小。更换牙垫。

c. 油墨的黏度太大。加调墨油或撤黏剂降低油墨的黏度。

d. 橡皮布表面发黏。更换橡皮布。

e. 印刷压力太大。减小印刷压力。

③后传纸滚筒叼牙的叼力不足，纸张在叼牙内滑动。由于一般机器上的后传纸滚筒都参与了后半部分的印刷过程，所以对其要求与压印滚筒相同。其故障排除方法同调节压印滚筒叼牙的叼力一节。

④所有滚筒的轴向串动都会造成套印不准，限制滚筒的轴向串动一般用的都是双螺母机构。如发现轴向串动量超过规定要求（> 0.03mm），调整锁紧螺母，一般应使其完全锁紧后，再反转三分之一转即可。调完后，一定要把螺母锁紧。轴向推力轴承磨损也会造成滚筒的轴向串动，如有磨损应及时更换。更精确的话，可用百分表检测。

⑤纸路造成的局部套印不准。局部套印不准指的是纸张的局部位置在印刷过程中出现相对滑动。

a. 压印滚筒上个别叼牙的叼力不足。更换牙垫或增大叼纸力。

b. 局部印刷压力过大，造成纸张前进的阻力增大，从而造成该处的纸张滑动。检查橡皮布和衬垫，重校印刷压力。

c. 印版表面图文分布不合理，实际面积大的部位，纸张容易出现相对滑动，解决办法是调节油墨或减小印刷压力。

⑥水路、墨路造成的套印不准。

a. 由于印版松动，导致印迹的位置在印刷过程中是变化的，所以不可能套印准确。解决办法是调整紧固螺钉，卡紧印版。

b. 印版下面的包衬不合适，使印迹变大或变小，从而造成套印不准。重新检测衬垫的厚度，按技术说明书重新垫包衬。

c. 由于橡皮布松动，因而每次的印迹位置都有所变化，从而造成套印不准。解决办法是绷紧橡皮布。

（2）重影

重影就是在印品上出现两个或两个以上同样的印迹，而且其位置接近。因此进行重影故障排除就是要找到造成印迹错位的因素。

①印版松动。由于印版松动，印版在印刷过程中的位置不能保持固定不变，从而两次转移到印品上的新旧印迹位置不一样，因而在印张上就会出现重影。重新卡紧印版，周向、轴向两面的螺丝都要处于工作状态，这样可使印版的版卡子与印版滚筒的相对位置保持不变；调节版卡子上卡版间隙，确保印刷过程中印版与版卡子的相对位置不变；合压安装印版，这样可使印版紧密地包在印版滚筒上。

②橡皮布松动。由于橡皮布松动在与印版（或压印滚筒）接触过程中两次的位置不一样，从而在橡皮布上留下了新旧两种印迹，在向印张上转移时必然会出现重影。橡皮布的卡子卡装橡皮位置不正确，重新装卡，确保橡皮布与卡子上的靠塞紧密接触，而且紧螺丝时应先紧中间，后紧两边，这样可防止橡皮布中间游积；橡皮布的张紧力太小，用扳手转动蜗轮蜗杆机构使橡皮布张紧；橡皮布下面的衬垫不平整，造成有的地方橡皮布松，有的地方橡皮布紧。解决此问题的方法为更换衬垫。

③纸张在压印滚筒上滑动。多色印刷时印张完成第一色印刷后进入第二色印刷时，由于印张上的印迹未完全干燥，在与第二色橡皮布接触时，又把第一色的印迹转印到第二色橡皮布上。如果纸张的位置没有变化，而其他部位也处于良好的工作状态，则后续印张上的第一色印迹应与第二色橡皮布上的第一色印迹完全重合，应无重影；否则就会产生重影。压印滚筒上牙片的压力太小，加大牙片的压力；压印滚筒上的牙垫磨损严重，更换牙垫；压印滚筒叼牙的叼纸量太少，调节规矩，加大叼纸量；印刷压力太大，减小印刷压力；油墨的黏度太大，加调墨油或撤黏剂降低油墨的黏度；满版厚实地印刷时，换成软衬垫。

④滚筒的串动。印版滚筒、橡皮布滚筒等其他传纸滚筒的串动都会造成新旧印迹不重合，从而产生重影。仔细检查这些滚筒轴向限位装置，不合适的重新调整，一般其串动量控制在 0.03mm 以内。

（3）水杠、墨杠

水杠、墨杠就是印品在轴线方向（或者说横向）上出现的水线或墨线。水线就是由于水多造成墨没有印上或印得太少；墨线是由于墨大而造成墨印得太多。水杠、墨杠产生的原因比较多，而且也非常复杂。下面从不同的角度简单分析一下它们产生的原因和排除方法。

①印刷压力太大。由于印刷压力太大，滚筒在缺口和非缺口处转换时的冲击太大，致使滚筒产生振动，于是水辊、墨辊与印版滚筒表面也产生冲击，从而产生水杠、墨杠。解决的办法是减小印刷压力。

②滚筒齿轮磨损或加工精度太低。齿轮的精度被破坏后，滚筒在回转过程中就会出现不均匀性，从而使水辊、墨辊和印版之间产生相对滑动，形成水杠、墨杠。此时应更换齿轮或改变齿轮的啮合位置。

水杠、墨杠一旦出现，其后果是十分严重的，因而需要及时查明原因，并予排除。

（4）纸张起褶

纸张起褶就是纸张表面处于不水平状态，因而在印刷时凸出的地方被压平，形成褶子。有褶子的印品一般都是不能接受的。印刷压力太大是一个因素，由于印刷压力太大，致使个别叼牙处的纸张出现相对滑动，从而造成纸张表面不平。减小印刷压力或增大压印滚筒叼纸牙部位的摩擦力。

（5）墨色不匀

墨色不匀就是印张上的油墨分布不均匀。导致墨色不匀的原因：一是油墨走线上的相对接触面接触不良；二是墨斗调节不合适。

①压印滚筒的径向跳动太大。由于压印滚筒跳动，致使其与橡皮布滚筒的接触状况不能保持一致，因而导致墨色不匀。用百分表检测，如果其跳动超过 0.03mm，应仔细查找原因。压印滚筒跳动过大的原因：一是其本身的加工误差大；二是受到过强力挤压，造成滚筒挠曲变形；三是两边墙板内的衬套磨损。根据具体情况，采取相应的维修手段使其精度复原。

②压印滚筒表面有脏。印刷过程中，纸粉、油泥、油墨等杂质会黏附在压印滚筒上，导致印刷压力不均匀分布，从而造成油墨转移不均匀。尤其是印高质量的印件时更应该注意这一点。

③橡皮布滚筒的径向跳动太大。其造成故障的原因和检查方法与压印滚筒相同。但是由于橡皮布滚筒频繁地进行离合压，因而其两边的衬套磨损相对更严重一些；另外两边的离合压机构变形或不同步都会使橡皮布滚筒的离合压位置有所变化。

④橡皮布下面的衬垫不平。由于它们的厚度不一致，从而使印刷压力不一致，油墨的传递也就不均匀。用千分表检测橡皮布下面衬垫的厚度，安装好印平网或打满版实地进一步检查包衬的不平度。如有不平，则及时垫补或更换。

⑤印版滚筒径向跳动。其造成故障的原因及检查方法同压印滚筒。不过在检查印版滚筒的跳动之前应首先校正滚筒的平行度。以压印滚筒为基准，校正橡皮布滚筒的平行度，然后再校正印版滚筒与橡皮布滚筒的平行度。在有些设备上，印版滚筒也参与了离合压过程，因此此结构所产生的故障及排除方法与橡皮滚相同。

⑥印版和其下面的衬垫不平。由于它们的厚度不一致，从而使印版和橡皮布之间接触不均匀。用千分尺检查印版和其下面衬垫的厚度，不合格应予更换。

⑦水杠、墨杠也是造成墨色不匀的因素之一。其产生故障的原因及排除方法参见本节（3）。

（6）纸张撕口

纸张撕口就是纸张表面某部位被撕破。纸张撕口的本质原因是相互运动部件之间出现了相互干涉。其原因是纸张在滚筒上运动时，由于其离心力的作用，纸张的尾部要向外甩，尤其是在收纸滚筒上表现最严重，因此要对这些可能形成干涉的部件仔细调节。

（7）印版磨损

印版磨损在印刷过程中是不可避免的，但是如果采取规范性操作，则会使印版的磨损速度大大降低。造成印版磨损的本质原因是在印版与其他部件相互接触部位的相对接触面出现相对滑移，即摩擦力。因此减少印版磨损就是减少摩擦力。

①着水辊与印版之间出现相对滑移。

a. 着水辊与印版同着水辊与串水辊之间的压力不等。解决方法为重新调节使其压力相等。

b. 着水辊本身不圆。解决方法为用卡尺检测，超过规定要求应予更换。

c. 着水辊表面损坏，从而造成印版磨损。

d. 着水辊表面有硬点，如油墨固着在上面等。解决方法为清洗着水辊。

②印版下面的衬垫不平或有硬节点都会使印版上面相应位置磨损加快。解决方法为更换衬垫。

③印版滚筒上面有脏污或本身跳动超过要求也会造成印版磨损。解决方法为保持印版清洁，如有脏污应及时擦掉；检查印版滚筒的跳动是否符合要求，如超出允许值应及时查找原因，并予以排除。

④装上印版后的印版滚筒与理想的印版滚筒直径不符，从而使接触面的切线速度不相等，导致印版磨损。解决方法为重新选择滚筒的包衬，使它们的表面线速度尽可能一致。

⑤橡皮布滚筒本身的跳动造成印版磨损。解决方法为检查其两边的轴套磨损状况，如超出许可值应及时校正。

⑥橡皮布的不平度使印版磨损加快。解决方法为更换橡皮布。

⑦橡皮布滚筒包衬后的直径与理想直径不符，也会造成印版磨损。重新选择滚筒包衬。

⑧印刷压力大于标准压力会使印版磨损加快。减小印刷压力。

⑨橡皮布的黏性大也会造成印版磨损。更换橡皮布。

（8）网点滑移或印迹变形

网点滑移指的是印品上的网点变形超过正常要求。实际上任何一张印品，如果用尺子去量，都会发现其与版上的印迹长度不一致。造成网点滑移的原因与印版磨损的原因相似，其排除方法也基本上一致。不过网点从印版转移到橡皮布后，还要从橡皮布转移到纸张上。这最后一步的转移也存在着网点滑移的问题。此滑移与压印滚筒和橡皮布的接触状况有关，其故障排除方法可参照上述方法进行。

□ **相关知识**

1. 印版滚筒

卷筒纸胶印机的印版滚筒和单张纸胶印机印版滚筒结构不同，印版装夹及调整机构都不同。一般卷筒纸胶印机的印版滚筒根据滚筒大小能装1～4块印版，甚至更多。

在单幅及以下幅宽的机器中如果是小滚筒，印版滚筒可装一块印版；如果是大滚筒，印版滚筒在圆周方向可装两块印版。

在双幅及以上幅宽的机器中如果是小滚筒，一般是一个幅宽装一块印版，比如双幅小滚筒机，印版滚筒在轴向方向装两块印版。如果是大滚筒，一般是在圆周方向装两块印版。在轴向方向一个幅宽装一块印版，比如双幅大滚筒机则在圆周方向和轴向各装两块印版，共四块印版。

（1）印版滚筒的基本要求

装印版的数量不同，其结构和要求也不同。

①只装一块印版的印版滚筒。只装一块印版的印版滚筒应用较多，其特点和要求如下。

a.为了保证各机组之间套印准确，印版可以整体进行圆周方向调整、轴向调整以及对角调整（调整滚筒两端偏心套的相对位置，一般只有商业卷筒纸胶印机才有对角调整）。

b.印版滚筒调整机构的调整精度要求非常高。一般调整机构采用电动自动调整，在位置调准以后，不允许有自发性移动，保证位置准确可靠。

c.调整机构要灵敏、可靠、方便。

d.装卡印版方便、牢固、可靠。

②装两块或多块印版的印版滚筒。装两块或多块印版的印版滚筒多用于新闻卷筒纸胶印机及部分书刊卷筒纸胶印机，其特点和要求如下。

a.为了保证每块印版之间的套印准确，每块印版在滚筒体上能分别进行轴向和圆周方向调整。

b.在每块印版调整准确后，为了快速调准各机组之间的套印，滚筒体可以整体进行轴向和圆周方向调整。

（2）夹板式印版滚筒

如图2-60所示为夹板式印版滚筒的典型结构，只装一块印版。因为主要用于书刊印刷，所以只有圆周方向和轴向调整，没有对角调整。轴向调整机构是直接拉动印版滚筒轴向位移；周向调整机构是拉动滚筒齿轮，使其周向位移，利用其斜齿轮实现周向调整。

印版装夹机构如图2-60中的*A-A*及*B-B*所示。印版在装夹之前应先在弯版机上将版弯成符合要求的形状，将印版前端插入弹性版夹46与半轴47之间的缝隙中（见图2-60的剖面*B-B*）。拧动紧定螺钉41，半轴固定架45便向上移动，同时通过骑缝钉40带动半轴转动（半轴47不能上下运动，只能转动），使半轴上部向弹性版夹靠近，当半轴固定架45和定位螺钉43靠紧时印版就夹紧了。为了防止印版在印刷过程中松动，将螺栓44拧紧即可将紧定螺钉41夹住，半轴固定架45和紧定螺钉41不可能再有相对运动，因此印版就不会松动了。印版前端夹紧后点动机器，使滚筒体转一圈再把印版的尾端插入弹性版夹46和另外一个半轴的缝隙中，按上述方法将印版卡紧。

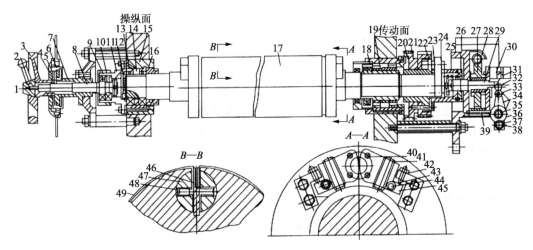

图 2-60　夹板式印版滚筒

1、10、16、18—锁紧螺母；2—手把；3—手轮；4—刻度盘；5、21、22、35、36、37—齿轮；
6—内齿轮；7—支座；8、29—轴；9—止推轴承；11、25—支架；12、26—压盖；13—轴承；14—隔套；
15、19—轴套；17—滚筒体；20—轮毂；23—小轴；24—拨块；27—涡轮；28—蜗杆；30—微动开关；
31—限位板；32—滚轮；33—销轴；34—扇形轮；38—线绕电位器；39、42—螺母；40—骑缝钉；
41、48—紧定螺钉；43—定位螺钉；44—螺栓；45—半轴固定架；46—弹性版夹；47—半轴；49—印版

（3）装四块印版的印版滚筒

如图 2-61 所示为典型的装四块印版的印版滚筒结构图。该图的右上和左下是印版的前端夹紧机构，左上和右下是印版尾端夹紧机构。两个前端及两个尾端的夹紧机构相同。印版装夹如左下方剖面图所示。

将已经弯好的印版的前端插入夹板 38 和弹簧片 37 之间，转动凸轮轴 25，凸轮轴凸边推动夹板 38 使其绕夹板轴转动，夹板 38 上端将印版前端夹紧。转动滚筒半周，将印版的尾端插入夹板 29 和弹簧片之间，然后转动凸轮轴 25，将凸轮轴 25 上的凸轮平面转到垫块 34 处，夹板 29 在弹簧 27 作用下，通过顶杆 26 使其绕夹板轴转动，夹板 29 的另一端即将印版拉紧并夹紧。

（4）卷轴式印版装夹机构

图 2-62 是一种较为常见的卷轴式印版装夹机构。印版按要求弯好后，先将印版前端钩住滚筒体，如图 2-62（a）所示，转动机器使印版滚筒转一周。将印版的尾端插入转轴斜槽内，如图 2-62（b）所示。印版插入转轴斜槽内之后，转动卷轴如图 2-62（c）所示，慢慢拉紧印版，卷轴在滚筒的端面装有棘轮、棘爪，如图 2-62（d）所示，待印版被拉紧之后，将棘爪压入棘轮齿间，印版即装好。

图 2-62（e）为海德堡 M-600 商业机的卷轴式印版装夹机构。在印版的尾端增加了弹簧压销，可以使印版安装更准确，不松动。

这种卷轴式装夹机构常用于一个滚筒装一块印版的印版滚筒上。圆周方向及轴向调整，可整体调整印版滚筒的位置。

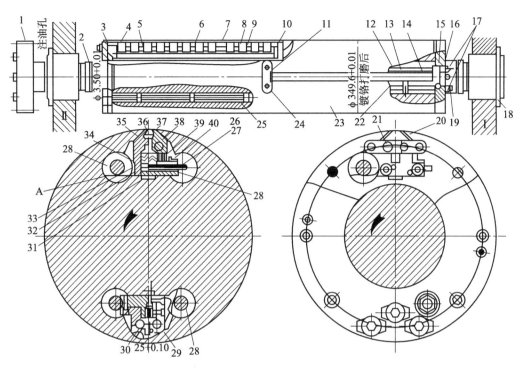

图 2-61　装四块印版的印版滚筒

1—滚筒齿轮；2—螺母；3—肩铁；4—轴承座；5—定位块；6—印版定位销；7—支撑座；
8—弹簧片；9、13、32—斜块；10、20—轴承座；11—镶块；12—前端夹板；14—铁杆；15—拨叉；
16—套；17、19—螺杆；18—偏心套及轴承；21—夹板轴；22—尾端夹板；23—滚筒体；24—螺销；
25—凸轮轴；26—顶杆；27、39—弹簧；28—底座；29、30、35、38—夹板；31—定位块；
33—楔铁杆；34—垫块；36、37—弹簧片；40—弹簧支撑

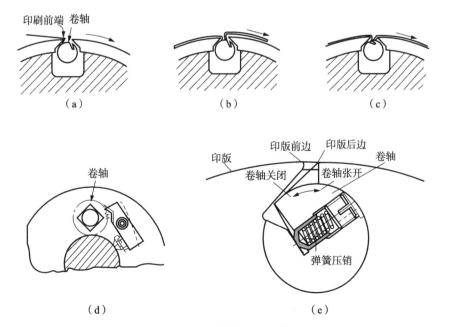

图 2-62　卷轴式夹板机构

（5）窄槽式印版装夹机构

如图 2-63 所示的为目前广泛应用的窄槽式印版装夹机构。这种装夹机构只是在滚筒体上开一个 1～1.5mm 的窄槽，将印版在弯版机上弯成前端小于 90°角（按窄槽的角度确定，一般为 45°），尾端大于 90°角。先将印版的前端钩住滚筒上窄槽与滚筒外圆夹角小于 90°的一边，转动印版滚筒，再将尾端插入滚筒的槽内，印版就装好了。

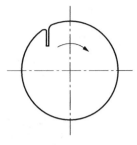

图 2-63　印版装夹机构

（6）无缝印版滚筒

无缝印版滚筒的基本原理是把印版做成一个圆形套筒，与无缝橡皮布滚筒类似。印版套筒是从滚筒的一头装卸的。最主要的是没有滚筒缺口，有利于提高印刷质量。

2. 橡皮布滚筒

在三滚筒型、卫星型卷筒纸胶印机中橡皮布滚筒只起转印的作用。而在 B-B 型卷筒纸胶印机中，橡皮布滚筒除了起转印作用以外，还承担着压印滚筒的作用。

在卷筒纸胶印机中，橡皮布滚筒常常起离合压和调压的作用。与单张纸胶印机一样，离合压和调压都是利用偏心套调整滚筒中心距来实现的。不过，卷筒纸胶印机常常采用一个偏心套，离合压和调压都用这个偏心套。较少使用双偏心套，用双偏心套时，一般外偏心套负责调压，内偏心套负责离合压。

（1）压板式橡皮布滚筒

图 2-64 为压板式橡皮布滚筒的结构图。这种结构采用一个偏心套，结构简单，精度高（减少了一个传动环节），应用比较广泛。

橡皮布夹紧机构如图 2-64（b）（c）所示。先将已经裁好并且固定好夹板的橡皮布 11 一端放入橡皮布滚筒槽内，将橡皮布滚筒转一圈，再将橡皮布另一端放入滚筒槽内，用垫圈和螺钉 12 将橡皮布夹板 13 压紧，橡皮布便紧紧地贴在筒身上。

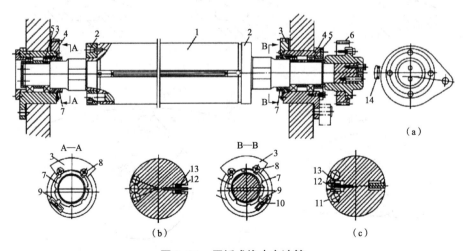

图 2-64　压板式橡皮布滚筒

1—滚身；2—滚枕；3—肩形铁；4—偏心套；5—轴承；6—滚筒齿轮；7—锁紧螺母；
8、10、12—螺钉；9—固定板；11—橡皮布；13—夹板；14—标尺

压板式橡皮布夹紧机构结构简单，但换橡皮布及调整比较费时间，而且要求橡皮布尺寸要裁切得非常准确。这种结构适合橡皮布滚筒直径小而其他机构不好安排的情况。

（2）卷轴式橡皮布滚筒

利用卷轴将橡皮布拉紧。可以用一个卷轴也可以用两个卷轴，如图 2-65 所示。卷轴式橡皮布滚筒应用也很广泛。

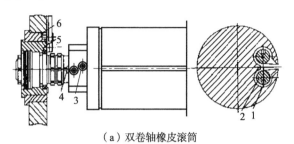

（a）双卷轴橡皮滚筒

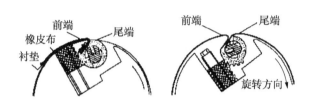

（b）单卷轴橡皮滚筒橡皮布装卡

图 2-65　卷轴式橡皮布滚筒

1—橡皮布；2—卷轴；3—螺杆；4—顶丝；5—内偏心套；6—外偏心套

双卷轴式橡皮布装夹机构的优点是橡皮布可以从两头拉紧，橡皮布受力较均匀、平整，并且紧紧地贴在滚筒体表面。缺点是占地方较大，对于小直径的滚筒不易安排。

单卷轴式橡皮布装夹机构比双卷轴橡皮布装夹机构简单，在滚筒直径较小时可将橡皮布卷紧。在滚筒直径太大时由于橡皮布与滚筒体的摩擦力较大，橡皮布不易卷紧。一般单卷轴机构适合滚筒直径较小的橡皮布滚筒使用。

（3）窄缝橡皮布滚筒

现在已经研发成功一种装上橡皮布后只有 1mm 的窄缝橡皮布滚筒。因其橡皮布和滚筒缺口处圆角的存在，这种窄缝橡皮布滚筒不能印刷的宽度已经减小到 6mm。

（4）无缝橡皮布滚筒

无缝橡皮布滚筒的基本原理是把橡皮布做成一个圆形套筒，如图 2-66 所示。橡皮套筒是从滚筒的一头装卸的。无缝滚筒不仅解决了不必要的白纸浪费，而且提高了印刷质量。如果印版滚筒和橡皮布滚筒都采用无缝滚筒，卷筒纸胶印机就可以像凹印机那样连续印刷了。

图 2-66　无缝橡皮布滚筒橡皮套

3.压印滚筒

压印滚筒只有在三滚筒型机或卫星型机上才有。卷筒纸胶印机的压印滚筒与单张纸胶印机不同之处，在于压印滚筒没有传递纸张的作用，故滚筒上没有叼纸牙，也没有缺口。它是一个圆柱体，因而结构要比单张纸胶印机的压印滚筒简单。图 2-67 为较典型的新闻卷筒纸胶印机的压印滚筒。

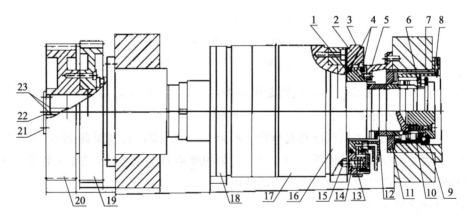

图 2-67　压印滚筒

1—轮环套；2—线带轮；3—线带；4—油封；5—支撑架；6—垫圈；7—轴套；8—油孔；
9—止推轴承；10—轴承；11—油封圈；12—螺母；13—弹簧；14—销轴；15—销孔；
16、18—滚枕；17—滚筒体；19、20—齿轮；21—压盖；22—螺钉；23—斜键

4.印刷尺寸可变的卷筒纸胶印机

以上介绍的都是印刷尺寸固定不变的卷筒纸胶印机。印刷尺寸可变的卷筒纸胶印机主要有以下三类。

（1）采用插件办法

类似表格胶印机的插件，根据常印印刷品的尺寸，做成所需要的不同滚筒直径的胶印

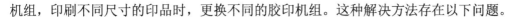

机组，印刷不同尺寸的印品时，更换不同的胶印机组。这种解决方法存在以下问题。

①印刷尺寸只能有级变化。

②插件多，成本高，更换和存放不方便。

③由于现在的折页机无法适应不同的裁切尺寸，只能在印刷后裁成单张纸或采用特殊形式的折页机折页。

（2）采用套筒技术更换滚筒

印刷尺寸变化时，更换不同尺寸印刷滚筒套筒（一般是将操作侧支撑拆下，从操作侧拆下和装上套筒），而水、墨系统不变。其着水辊、着墨辊向一定方向摆动一个角度，以适应滚筒直径的变化。这种解决方法显然比更换插件方便、成本低。但同样存在印刷尺寸有级变化和折页机的问题，并且由于水、墨位置不变，滚筒直径只能在一定范围内变化。

如果采用无缝印版和橡皮布滚筒，则可实现像凹印机一样的连续印刷。

（3）调整纸带

橡皮布滚筒只有一半装着橡皮布，对于印刷表格或支票的可变印刷尺寸的卷筒纸胶印机印刷长度只能小于橡皮布的长度。每一个印刷过程，不论印刷尺寸有多大，纸带前进的长度（步距）都等于橡皮布的长度（橡皮布滚筒展开长度的一半），纸带前进（步距）的长度和印刷品实际长度的差值。在没有包橡皮布的空当时间，由卷筒纸控制装置快速将纸带退回，准备下一次印刷。每一个循环均由纸带前进、退回（返程）两步组成。卷筒纸控制装置一般由计算机控制，根据印刷尺寸的变化自动计算每次退回纸带的长度和速度变化。

显然，调整纸带的方法是卷筒纸胶印机实现可变印刷尺寸最方便的方法，而且可以真正实现印刷尺寸的无级变化。但控制系统复杂，纸带控制机构和控制系统精度决定相邻两个印刷品的衔接精度。

这种调整纸带、实现可变尺寸印刷的原理也可以应用在机组式卷筒纸胶印机中。

5. 倍径滚筒

倍径滚筒顾名思义其滚筒直径为普通滚筒的两倍，具体地说倍径滚筒分为版倍径和胶倍径两种，即同一滚筒上装两块 PS 版或两张橡皮布，这种滚筒方式多在报纸印刷当中使用，如国外的罗兰、高宝机等，国内的北人也有同样的机型。

与单倍径滚筒方式相比，采用双倍径递纸滚筒方式可以减少纸张传递次数，实现稳定可靠的纸张传输，能解决纸张蹭脏和划伤问题，可以灵活地应对不同厚度的纸张。另外，利用操作台的触摸式面板，通过远程操控方式输入纸张尺寸，并实施简单的操作，即可轻松自如地完成纸张正反两面的印刷切换，能充分发挥一次过纸印刷方式的优点。

📄 **注意事项**

很多滚筒问题造成的故障都是相互联系的，因此进行这些故障排除的时候要综合考虑，即要把两路或两路以上联系起来分析。

📂 2.2.7　调节双面胶印机的纸张翻转机构

🗇 **学习目标**

了解胶印机的输纸机构，熟悉双面胶印机纸张翻转机构的工作原理，会调节双面胶印机的纸张翻转机构。

🗇 **操作步骤**

①根据印刷工艺要求设计纸路。

②根据纸路设置翻转机构。

③试印刷，调试翻转机构至顺利走纸。

④印刷。

🗇 **相关知识**

带翻转机构的单张纸双面多色胶印机，是将单张纸多色胶印机的传纸机构进行改进，成为既是单面多色印刷的传纸机构，也可以在需要双面印刷时成为纸张的翻转机构。一般双面多色胶印机有 1～2 套翻转机构，也可以配几套翻转机构。不翻转时，可以单面印刷 8 色印刷品，翻转时，可以双面印刷 4 色印刷品。

1. 翻转机构类型

翻转机构分三滚筒型和倍径单滚筒型两大类。

（1）三滚筒型翻转机构

三滚筒型翻转机构按滚筒直径比又可分为 1：2：1、2：2：1、2：2：2 三种类型，其翻纸原理基本相同。现以 1：2：1 的为例进行说明。

图 2-68（a）为海德堡公司胶印机的一种翻转机构。传纸滚筒从前面一个胶印机组的压印滚筒接过印张交给存纸滚筒，存纸滚筒叼纸牙带着印张前进到与翻纸滚筒相切时，印张不交接而继续前进，当印张的拖梢转到与翻纸滚筒相切时，翻纸滚筒的钳状叼纸牙叼住印张的拖梢，并从存纸滚筒的吸嘴处把印张分离，钳状叼纸牙叼住印张拖梢后，一边随翻纸滚筒转动，一边由如图 2-68（b）所示的自身翻转机构翻转 180°［翻转过程见图 2-68（a）］，在钳状叼纸牙转到与后面胶印机组的压印滚筒相切时，把印张交给压印滚筒，完成印张的翻转与传递。

在海德堡的三滚筒翻转机构中，为了保证印张拖梢交给翻纸滚筒钳状叼牙时能够保持平整，在存纸滚筒上有一排吸嘴，吸嘴可以绕其偏心轴转动，如图 2-68（c）所示。吸嘴吸住印张拖梢后，吸嘴转动，拉动印张使其在轴向和周向展平。

图 2-69 是高宝 Rapidal04 机的翻转机构。存纸滚筒的叼牙从传纸滚筒接过印张，其上的吸嘴吸住印张的拖梢，当拖梢转到与翻纸滚筒第一组叼纸牙相切时，如图 2-69（b）所示，第一组叼纸牙叼住印张，带着印张前进同时两组叼纸牙相向转动，在两组叼纸牙相遇时，第一组叼纸牙把印张交给第二组叼纸牙，第二组叼纸牙转到与后一个胶印机组的压印滚筒相切时，将印张拖梢交给压印滚筒，便完成了印张的翻转和传递。

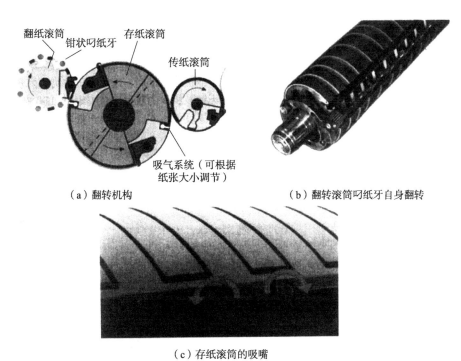

（a）翻转机构　　　　　　　　　　　　　（b）翻转滚筒叼纸牙自身翻转

（c）存纸滚筒的吸嘴

图 2-68　海德堡 1：2：1 翻转机构

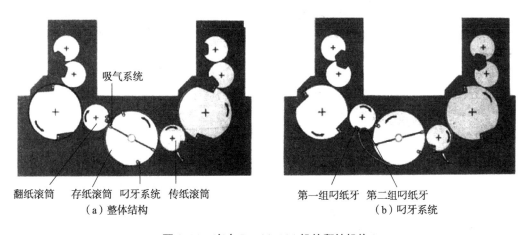

（a）整体结构　　　　　　　　　　　　　　（b）叼牙系统

图 2-69　高宝 Rapida104 机的翻转机构

（2）倍径单滚筒型翻转机构

如图 2-70 所示为倍径单滚筒翻转机构，这种机构只有一个翻纸滚筒。

图 2-70（a）是曼罗兰公司的罗兰 700 机的翻转机构。翻纸滚筒吸嘴吸住印张拖梢，将其传给反面印刷叼纸牙。同时，前一胶印机组的压印滚筒叼牙松开印张前叼口，如图 2-70（a）上图所示。正、反面印刷叼纸牙相向转动相遇时，反面印刷叼纸牙把印张拖梢交给正面印刷叼纸牙。正面印刷叼纸牙再将印张交给后一个胶印机组的压印滚筒，如图 2-70（a）下图所示，完成印张的翻转与传递。

图 2-70（b）是高宝 Rapida72 机的翻转机构。翻纸滚筒的吸嘴吸住印张的拖梢，同时，前一胶印机组的压印滚筒叼牙松开印张前叼口，如图 2-70（b）上图所示。翻纸滚筒上的吸嘴和叼牙相向转动，两者相遇时吸嘴把印张拖梢交给叼牙，翻纸滚筒叼牙带着印张前进，如图 2-70（b）中图所示，当与后一个胶印机组的压印滚筒相切时，将印张拖梢交给后一个胶印机组的压印滚筒，如图 2-70（b）下图所示，完成印张的翻转和传递。

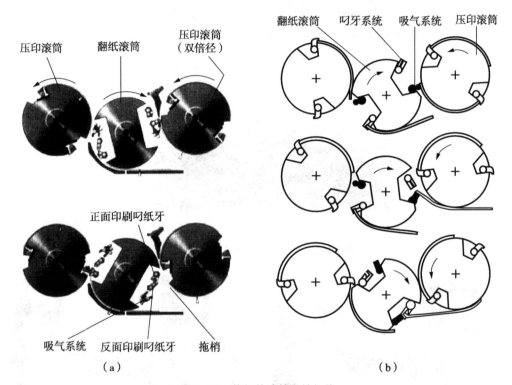

图 2-70　倍径单滚筒翻转机构

（3）比较两种翻转机构

三滚筒翻转机构一般传纸路径长，有利于油墨的干燥，操作空间较大。但纸张交接次数增加，因交接而出现问题的可能性增加。倍径单滚筒翻纸机构的优缺点正好相反。

2. 带翻转机构双面印刷的特点和翻转机构数目的选择

（1）优势及翻转机构数目的选择

带翻转机构的双面多色胶印机的最大优点是灵活。根据印刷需要，可以翻转也可以不翻转。印刷单面印刷品时不翻转可以印刷更多的颜色。需要双面印刷时，可以翻转来印刷颜色较少的双面产品。

翻转机构可以根据需要放在任何两个胶印机组之间，或一台机器配多个翻转机构。每两个胶印机组之间都配有翻转机构，机器的总印刷色数就可以灵活地印刷在纸张的两面，实现两面印刷色数的任意组合，既可以印刷单面 1～8 色印刷品，也可以印刷双面 4/4、5/3、6/2、7/1 的印刷品，实现各种各样的差别化印刷。即在需要时，可以印刷一面 5 ～ 7 色的高保真印刷品，另一面印刷 1 ～ 4 色的印刷品。这对于既要印刷高保真印刷品，又要印刷双面印刷品的客户无疑是一种较好的选择。具体如何选用，选用一套还是几套翻转机构，翻转机构放在哪两个胶印机组之间，当然应该根据用户常印产品的需要决定。

（2）劣势

带翻转机构的多色双面胶印机也存在着一些缺点。主要是由于双面印刷时，纸张在翻转过程中，叼口和拖梢掉头，即纸张拖梢变成叼口，因此会带来如下问题。

①印刷纸张交接次数多，机构复杂，精度要求高。只有各精度保证时，才能保证印刷质量。在机构磨损或调整不当时，可能套印不准或引起其他印刷质量问题。在单面印刷和双面印刷时，各滚筒的印张交接位置不同，纸张大小变化时，交接位置也发生变化，因此，在单面印刷变双面印刷时及双面印刷纸张规格变化时，都必须调整传纸滚筒与翻纸滚筒（在倍径单滚筒翻纸机构中是翻纸滚筒和压印滚筒）的相对位置。在纸张大小变化时，还要调整吸嘴位置。

②由于印刷正面的油墨未干，紧接着印刷反面，未干油墨可能沾在反面胶印机组的压印滚筒和传纸滚筒（从前一个胶印机组到后一个胶印机组的所有接触未干画面滚筒的统称，下同）上，从而可能出现粘脏、重影等印刷质量问题。为此，反面胶印机组的压印滚筒和传纸滚筒必须采取必要的措施，一般是在其压印滚筒和传纸滚筒上增加一个特殊护套或可更换的纤维套。

③纸张在翻转过程中，纸张叼口和拖梢掉头，即拖梢变成叼口。因此，印刷纸张长度的一致性要求提高（一般误差在 1 ～ 2mm），长度误差大，可能引起纸张交接和印刷质量等问题。

④纸张两边都留叼口，可能需要加大纸的长度，当印刷量大时，就会加大纸张成本。

🗇 **注意事项**

带翻转机构的单张纸双面多色胶印机，纸张翻转是前后翻转（滚翻），而用单面两次印刷时，纸张翻转是左右翻转（侧翻）。因此，使用时应该注意二者的区别。

①折手不同：两种印刷方式，纸张翻转方式不同，其页面排列要相应地有所变化。

②纸张要求不同：单面两次印刷，纸张只需一个叼口，对纸张长度要求不严。印刷正反面时通常分别使用左右两侧拉规定位，以便保证两面印刷用同两纸边定位。双面翻转印刷时，纸张要留两个叼口位置，对纸张的长度尺寸要求严。

③前规调节：为了保证正反面套印的精度，对于薄而软的纸张，所有的前规都要使用，否则纸张就有可能发生轻微歪斜，导致印刷图文的中心线不再与叼纸牙排平行，从而影响了正反面的套印精度。

2.3　收纸装置的调节

📁 2.3.1　单张纸印刷

2.3.1.1　调节收纸牙排

📑 **学习目标**

了解单张纸胶印机收纸装置的结构，熟悉收纸牙排的结构及工作原理，能根据印刷工艺的要求调节收纸牙排。

📑 **操作步骤**

（1）调节整排叼牙叼纸力

如图 2-71 所示，收纸牙排叼纸力大小由三根弹簧 9 控制，通过调整卡箍 13、14 的相对位置而达到调节目的。调整后，应使所有牙排上的弹簧 9 压力大小均匀一致。

（2）调节单个叼牙叼纸力

如图 2-71 所示，单个叼牙的叼纸力大小由弹簧 12 控制，通过调节螺钉改变弹簧 12 的变形程度进行调节。

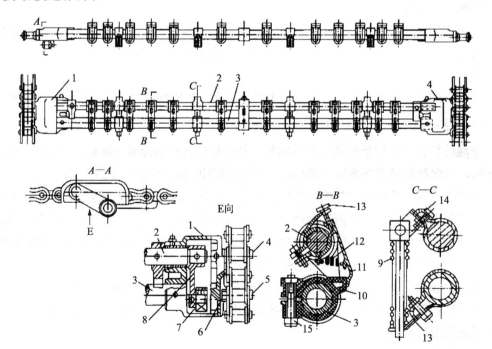

图 2-71　J2108 机收纸链条叼牙排结构

1—轴座；2—收纸叼牙轴；3—牙垫轴；4、5—销轴；6—滑块；7—开闭牙滚子；
8—摆杆；9、12—弹簧；10—牙垫；11—叼牙；13、14—卡箍；15—螺钉

相关知识

在日常工作中，输纸、规矩、压印、收纸各系统都要调整适当，纸张的正常传输与各系统都有密切的关系。一旦出现毛病，不要乱动，避免调节紊乱后带来一系列工艺故障，同时要根据胶印机使用说明书的机动关系表中所要求的数据进行合理调整，对于收纸机构收纸牙垫在叼纸传递时高低必须调整一致，收纸牙垫张闭时间、张闭大小必须一致，交接准确到位，要注意调节收纸牙排的叼力调节，使牙排上的所有叼力均匀一致。这些在故障调整过程中都是格外要注意的几个问题。

收纸链条叼牙排的结构，如图 2-71 所示，J2108 机上有 11 排收纸叼牙排，每个叼牙排由 2 根轴（收纸叼牙轴 2 和牙垫轴 3）支撑，收纸叼牙轴 2 上装有 12 个收纸叼牙。收纸叼牙轴 2 装在轴座 1 的轴承孔内，通过开闭牙滚子 7 传动收纸叼牙轴 2，使叼牙 11 开闭。牙垫轴 3 与轴座 1 相固定。

收纸链条叼牙排两端轴座上的销轴安装在两根套筒滚子链上，由其带动运行。如图 2-72、图 2-73 所示。

图 2-72　收纸牙排在链条上的安装
（有滚子一侧）

图 2-73　收纸牙排的安装
（没有滚子一侧）

注意事项

收纸叼纸牙装在收纸牙轴上，当收纸叼纸牙与压印滚筒叼纸牙在空当处相遇时进行印张的交接。为提高印张交接的平稳性，减小冲击，除应满足叼纸牙的一般要求外，还应特别注意以下问题。

①叼纸牙结构的轻型化。对于高速胶印机，这一点更为重要。

②控制叼纸牙叼纸力的大小。由于收纸叼纸牙的作用主要是叼住印张，将其传送到收纸台上。印张在传送过程中并不承受多大拉力，所以应尽量降低叼纸力，这是减小冲击与振动的主要措施之一。一般而言，收纸叼纸牙的叼纸力仅为压印滚筒叼纸牙的 1/5 ～ 1/4。

2.3.1.2　调节链条松紧度

学习目标

了解胶印机的收纸装置，熟悉收纸链条的结构及工作原理，能根据印刷工艺要求调节链条松紧度。

□ 操作步骤

①设备长时间使用后，收纸链条会被拉长，如果不将链条张紧，就会出现链条与防护罩碰撞，下纸时间不稳定等故障，必须要对链条张力进行调节，连接链条的张紧方法如图 2-74 所示，松开图 2-74 中的三个紧固螺丝，沿着箭头方向拉紧链条，然后将螺丝锁紧。

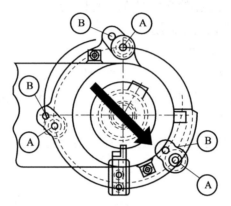

图 2-74　链条张紧方法示意

②收纸台上方从动链轮的位置可调，如图 2-75 所示，轴 4 上装有滚动轴承，滚动轴承上装有从动链轮 5，轴 4 装在机架 3 的长槽 2 内，通过固定螺母 1 和机架 3 相固定。拉杆 6 的右端和轴 4 固定，左端螺纹与调节螺母 7 固定。

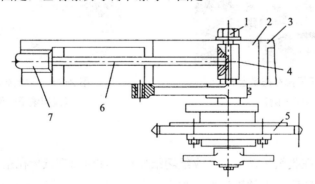

图 2-75　J2108 机收纸链条松紧调节机构
1—固定螺母；2—长槽；3—机架；4—轴；5—从动链轮；6—拉杆；7—调节螺母

③略松开固定螺母 1，转动调节螺母 7，通过拉杆 6 移动轴 4 的位置，从而使从动链轮 5 的位置随之移动，链条松紧得到调节。调好后，再拧紧固定螺母 1。

□ 相关知识

链条是保证收纸牙排能够准确从压印滚筒上取纸的一个重要环节，对其精度的要求是相当严格的。从运转的平稳性角度来看，必须使链排能始终如一地紧紧靠在收纸滚筒两边的链轮上，防止其跳动造成交接不稳，再一个就是尽量减小噪声。

①收纸牙排牙垫的速度和压印滚筒牙垫的速度相等，即在相对静止的状态下进行交接。

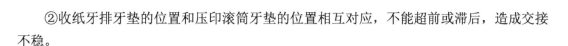

②收纸牙排牙垫的位置和压印滚筒牙垫的位置相互对应，不能超前或滞后，造成交接不稳。

③收纸牙排的牙垫应在一个平面上，即在交接时能保证纸张定位状态的前提条件，同时表面应具有较大的摩擦系数。

④收纸牙排的牙片开闭牙的动作应一致，即防止局部的摩擦传动被破坏，造成印迹滑移或撕口。

⑤收纸牙排的叼力应能满足印刷的要求。收纸牙排由于直接参与印刷过程，其叼力必须足够大，才能把纸张从橡皮布滚筒上取下来，否则就会黏在橡皮布的表面。但是如果牙垫的叼力过大，长时间冲击会造成牙垫位置变化，从而影响交接的稳定性。

解决这个问题的最好办法就是使纸张完全离开橡皮布滚筒后，再从压印滚筒传到收纸滚筒上，这样收纸牙排有很小的叼力即可。目前，有的设备把压印滚筒改成双倍径滚筒，有的设备在最后一组压印滚筒后又加了两个传纸滚筒。

从印刷工艺的角度来讲，最后一个胶印机组的印刷压力应适当减小，油墨的黏度也适当降低，从而减小印张分离所需的传动力，改善收纸牙排的工作环境。

⑥收纸牙排的链节数目为质数（只能被"1"或本身整除的数）。这样保证收纸牙排的所有链节全部处于均匀磨损，可以提高链条的整体寿命。

⑦收纸牙排的运转稳定性。收纸牙排的稳定性运转除了加工和安装保证外，从设计上也必须保证。两条牙排之间有一排是主动牙排，有一排应是处于辅助地位。主动牙排的两端位置必须绝对准确，而辅助牙排的位置在取纸处必须绝对准确，而在另一端则可处于自动调节状态，这样可防止两牙排之间有内部的作用力存在。开牙板应装在辅助牙排一侧，这样可起到一定程度的缓冲作用。

在链条脱离链轮的切点处，为减小冲击应设置链条导轨，对收纸牙排的运动进行导向。

由于在切点处是圆周运动与直线运动的转换点，必然产生力的急剧变化，从而引起叼纸牙轴的振动与冲击。假如圆周运动的离心加速度为 a，链轮的节圆直径为 d，链条的平移速度为 v，那么，$a \approx 2v2/d$，即 a 与链条平移速度的平方成正比。重力加速度为 g，则 $a \approx (0.22v2/d)g$。例如，$d=250mm=0.25m$，$v=240m/min=4m/s$，则 $a \approx 13g$，即产生相当于其自重 13 倍的离心力。

为了将力的急剧变化缓和下来，特在链轮的圆周运动与直线运动之间设置链条导轨。链条导轨的形式有以下两种。

①基本型。对于一般中速以下的胶印机，可采用基本型链条导轨，如图 2-76 所示。

链条导轨一般为钢制导轨，对链条起导向作用。由于链条在 2 处为直线部分，在运动中叼纸牙所受冲击较大，不适于高速印刷，这种结构目前很少采用。

②改进型。如图 2-77 所示。

链条导轨由直线部分与缓和曲线两部分组成，有效地减小了冲击，提高了运动的平稳性，在现代单张纸胶印机中得到了广泛应用。

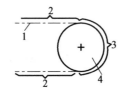

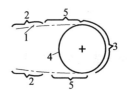

图 2-76　基本型链条导轨

1—链条；2—直线部分；
3—圆弧部分；4—收纸链轮

图 2-77　改进型链条导轨

1—链条；2—直线部分；3—圆弧部分；
4—收纸链轮；5—缓和曲线部分

🗐 注意事项

①链条松紧一般以收纸台上方直线部分的收纸链条能被人力提起 20mm 为宜。

②调节时应保持左右两根链条松紧一致。

2.3.1.3　调节收纸牙排叼牙与压印滚筒叼牙的交接时间和交接位置

🗐 学习目标

了解胶印机的收纸装置，熟悉收纸链条、压印滚筒的结构及工作原理，能根据印刷工艺要求调节收纸牙排叼牙与压印滚筒叼牙的交接时间和交接位置。

🗐 操作步骤

（1）调节收纸链条叼牙与压印滚筒叼牙交接的位置

如图 2-78 所示，若收纸链条叼牙牙尖与压印滚筒边口距离过大或过小，可以松开螺钉 1，通过改变齿轮 2 与齿轮座 3 的周向位置来调节。

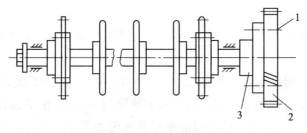

图 2-78　收纸滚筒简图

1—螺钉；2—齿轮；3—齿轮座

（2）调节收纸链条叼牙牙垫与压印滚筒叼牙牙垫的间隙

以压印滚筒叼牙牙垫为基准，调节收纸链条叼牙牙垫的高度。

（3）调节收纸链条叼牙与压印滚筒叼牙交接的时间

通过改变收纸链条叼牙闭牙凸块和压印滚筒叼牙开牙凸块的位置进行调节。

🗐 相关知识

收纸滚筒（图 2-79）与压印滚筒同速旋转。在收纸滚筒的轴端固定有收纸链轮，由链轮驱动收纸链条，完成印张的传送。

收纸滚筒为空心滚筒。由于收纸牙排接过来的印张印刷面向着收纸滚筒，为避免蹭脏印刷面，通常在支撑杆上安装星形轮，根据图文位置及墨量大小调整星形轮的轴向位置。

在收纸链条上装有叼纸牙轴，将收纸叼纸牙装在牙轴上。当压印滚筒叼纸牙与收纸叼纸牙相遇时，完成印张的交接，如图2-80所示。

图2-79　收纸滚筒

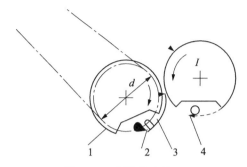

图2-80　印张的交接

1—收纸滚筒；2—收纸叼纸牙；
3—印张；4—压印滚筒叼纸牙

收纸滚筒为圆筒形带筋铝质结构，并设有空当，在空当处交接印张。

由于印张在交接过程中，其印刷面朝向收纸滚筒表面，为防止印刷面蹭脏，在收纸滚筒表面应设有防污装置。防污装置有以下几种主要形式。

（1）传统防污式

在收纸滚筒上设有防污支撑圆板或支撑轮。支撑圆板或支撑轮可沿其轴向进行调整。交接印张时，印张的印刷面与支撑圆板或支撑轮接触，因其与印张基本上属于面接触，故不适用于印刷大面积图像的印品。

（2）点接触防污式

将上述面接触改为点接触的防污装置，表面为密排防污球，防污球与印刷面的接触实际上属于点接触的集合实现防污目的，防污效果得到一定改善。但是，因其防污球的位置是固定的，不能根据印张图文位置对其进行调整，故这种防污装置的应用受到限制。

（3）表面特殊处理式

对收纸滚筒表面进行特殊电镀处理，滚筒表面形成良好的抗墨层。这种形式中，滚筒表面虽直接与印刷面相接触，但其防污效果较好，只是成本较高。

（4）气垫式收纸滚筒

上述防污装置属于面接触或点接触，在收纸中虽然可进行调整，但对于需要进行大面积图像印刷，特别是包装纸印刷、商标印刷以及海报印刷等场合，很难将支撑件调整到无图像的范围之内，这是造成蹭脏的主要原因之一。

气垫式的收纸滚筒为带筋铝质滚筒，外层包有透气罩，空气经吹送通过透气罩在滚筒表面与印张之间形成气垫区，靠空气的浮力支撑印张，使印张印刷面不与滚筒表面接触。这种形式的防污效果优良，但结构比较复杂，主要用于高速印刷。

注意事项

（1）收纸链条叼牙与压印滚筒叼牙交接位置的调节

①收纸链条叼牙与压印滚筒叼牙的交接位置是在两叼牙运动轨迹的切点处。

②交接时，收纸链条叼牙牙尖与压印滚筒边口距离约 1mm。

（2）收纸链条叼牙牙垫与压印滚筒叼牙牙垫间隙的调节

收纸链条叼牙牙垫与压印滚筒叼牙牙垫间隙为三张印刷用纸厚度。

（3）收纸链条叼牙与压印滚筒叼牙交接时间的调节

收纸链条叼牙在交接位置的前1°开始叼纸；压印滚筒叼牙在交接位置的后1°开始放纸。共同稳纸时间（交接时间）约2°。

2.3.1.4 排除纸张被叼破口的故障

学习目标

了解胶印机的收纸装置，熟悉收纸链条、压印滚筒的结构及工作原理，能排除纸张被叼破口的故障。

操作步骤

①开机走纸 20 张左右，将机器停下，掀开机组后面的盖板，检查收纸链排的纸张交接情况。

②点动机器观察，若某个链排的一个（或几个）叼牙的牙尖碰到纸张的前边口，则一定造成纸张前边口破损。

③点动机器，在交接点上，检查收纸牙垫与压印滚筒表面的间隙，根据需要进行重新调节。

④选一排交接时间标准（调节完毕）的牙排作为基准牙排，做好标记。

⑤降下收纸台，点动机器，使牙排转动到收纸台处开牙凸轮的下方，直到牙排刚好开牙（用 0.03mm 的钢片检查），记下开牙球与收纸开牙凸轮的相对位置或机器角度。

⑥点动机器，使存在故障的牙排转到上面标记好的凸轮位置或机器角度。

⑦松开牙排上收纸牙的固定螺钉，并重新固定叼牙，用 0.03mm 的钢片检查收纸牙的拉力，拧动调节螺钉进行微调（见图 2-81）。

相关知识

（1）纸张叼口被撕破的原因与排除

①压印滚筒叼牙与收纸牙排交接

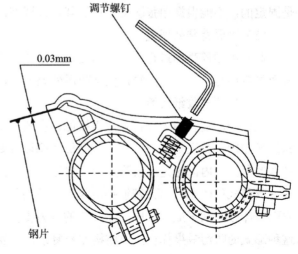

图 2-81 调节叼牙

时间过长。适当缩短两套叼牙交接时间。

②压印滚筒叼牙开闭牙不一样。调整压印滚筒叼牙为开闭一致。

③压印滚筒与收纸牙排不在切点上交接或偏离切点位置较大。调整为切点位置交接。

④收纸牙排叼牙开闭不一样。调整收纸牙排为开闭一致。

⑤收纸牙排叼牙边口离压印滚筒边口太近，或碰撞压印滚筒边口。调整收纸牙排叼牙边口与压印滚筒边口的距离，一般 1mm 左右为宜。

⑥压印滚筒开牙凸轮或收纸牙排开牙凸轮磨损，致使开牙张口较小而碰纸。更换压印滚筒或收纸牙排开牙凸轮。

⑦牙排叼纸在传输途中碰到托纸杆或其他障碍物使纸边口撕破。调整托纸杆和清除障碍物。

⑧除胶印机的调节失误和纸张交接不妥当引起收纸叼口撕破的原因之外，纸张本身的质量存在问题也容易出现叼口撕破纸的现象。如果纸张柔韧性差，纸张存储时间过长，太阳光照射，纸库环境干燥等原因，使纸张变黄、发脆，这样的纸张上机印刷，也将会使纸张叼口撕破纸。

（2）正常印刷过程中纸张叼口边被撕破现象的分析

在正常印刷过程中，如果发现有纸张叼口边撕破的现象，首先应该查找发生问题的原因，仔细检查纸张撕破的情况。一般来讲，叼口边撕破不外乎有三种现象：其一，纸张的叼口边被连续撕破并且位置不变；其二，纸张叼口边不是每一张都被撕破，而是中间要间隔几张未被撕破的纸张，且是有规律的；其三，纸张叼口边的破口时大时小，时好时破，没有规律性。现在就以上三种故障发生的原因和排除的方法分析如下。

①胶印印刷过程中纸张叼口边有规律地被撕破，而且中间间隔的张数刚好是收纸牙排的个数。这种情况一般是由收纸牙排调整不当引起的。

解决方法：将胶印机开慢车仔细观察收纸牙排每一个牙的张度是否一致，然后调整，再开车试走纸，看是否还有撕纸的现象。

②纸张叼口边被连续撕破，并且位置不变，如果发生此故障，我们就要在递纸牙和滚筒叼牙上找原因。

其一，开慢车仔细观察递纸牙和滚筒叼牙交接纸张的过程，看是否由于递纸牙张牙时间慢或张牙开度不够，造成纸边撕破。

解决方法：检查递纸牙的张牙凸块是否磨损，如磨损需要进行补焊或者更换新件，并仔细调整，要求是当递纸牙将纸张递给压印滚筒叼牙时，递纸牙和滚筒叼牙同时控制纸张的距离不得大于 3mm。

其二，由于滚筒叼牙的牙座被顶丝顶成圆坑，造成滚筒叼牙张牙开度不够，当递纸牙与滚筒叼牙交接纸张时，纸边碰到滚筒叼牙上而被撕破。

解决方法：如果只有一只或几只牙座被顶丝顶坏，可在机上进行补焊；如果顶坏的较多，则需取下更换新配件。

其三，滚筒叼牙的牙座轴与滑轮架的连接处松动，造成滚筒叼牙张牙时间慢或张牙开度不够而将纸边撕破。

解决方法：先检查连接处的销钉是松动还是被切断，如果只是松动可重新锁紧；如果是被切断，则需要重新配换新销钉。

其四，递纸牙的牙垫同压印滚筒的边距调整不当，距离太近使递纸牙垫同压印滚筒边相蹭，造成纸边撕破；距离太远使压印滚筒叼牙叼纸时将纸边撕破。

解决方法：仔细调整递纸牙牙垫同压印滚筒边的距离。一般二者之间的距离调整到 0.5mm 为宜。卡片纸印刷时应为纸张厚度的 2 ～ 3 倍。

其五，收纸牙的开牙凸块磨损，收纸牙开牙时间减慢，由于开牙距离太小造成纸张撕破。

解决方法：取下开牙凸块用电焊补焊或更换新件。

③纸张叼口边无规律破纸，并且破口时宽时窄。此现象一般是由于输纸机或前规调整不当引起的，应在输纸机上找原因。

a. 仔细观察输纸机的输纸线带松紧是否一致。

b. 将胶印机启动，开车运转看输纸线带轮是否都能灵活转动。

c. 胶印机慢车点动，看纸张到达前规的时间是否合适，一般要求是当前规到达接纸位时，纸边距前规还有 8 ～ 10mm 的距离为宜，如果不合适还需调整。

d. 仔细检查前规的高低是否符合要求。一般要求是当前规到达接纸位置时，刚好能放进所印纸张的三张纸，并且拉动时略有阻力为宜。

综上所述，在排除叼口撕破纸故障时，要注意递纸牙、滚筒叼牙、收纸牙牙垫、牙与牙之间的交接必须合理，必须按照机器使用说明书上的机动关系表中的要求数据来调整，一排牙的牙垫的高低必须调整一致。各牙的张闭时间、张闭大小必须一致。各牙的叼力用纸条测试其叼力均衡。

🗀 **注意事项**

调节牙排弹簧杆位置时若调节不当可能造成事故，调节数据允许存在较小偏差，但在闭牙时，必须确保弹簧杆位于导向套之内。在对牙排解体后重新组装时，必须重新确定弹簧杆的位置，弹簧杆导向套架由空心销定位，不需要调节位置。

🗀 **2.3.2 卷筒纸印刷**

2.3.2.1 根据产品要求调节干燥装置的温度

🗀 **学习目标**

了解卷筒纸胶印机的结构及各部分的工作原理，熟悉卷筒纸印刷干燥装置的调节，能根据产品要求调节干燥装置的温度。

操作步骤

①打开电源及风机开关，预热。

②根据印刷工艺要求设定所需要的温度。

③干燥结束后，先将风机关掉，再关闭电源。

相关知识

卷筒纸胶印机在收纸系统所用的干燥装置主要有以下三种。

（1）高速热风式干燥装置

在高速印刷中，经双面印刷的纸带进入热风干燥装置进行干燥，如图 2-82 所示。

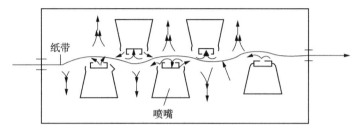

图 2-82　热风干燥装置

干燥装置分上、下两部分，分别置于纸带的上、下方，都装有数个排热风喷嘴，向纸带印刷面上喷出热风，热风的喷射速度一般为 60m/s，对纸带进行加热干燥，根据需要调整热风风量大小。

这种干燥装置由于热风风速较高，容易造成纸带起波现象，若印刷面碰到热风喷嘴还会产生蹭脏故障，所以在使用中应合理进行调整。

（2）火焰干燥装置

在纸带上、下方各配备数个火焰干燥器对纸带印刷表面进行烘干。所用的燃料有煤气、丙烷气等。

这种干燥装置对纸张的性能有较大影响，加之其干燥的均匀性较差，目前很少单独使用。

（3）火焰－热风并用式干燥装置

将火焰、热风干燥装置组合使用构成火焰－热风并用式干燥装置，如图 2-83 所示。

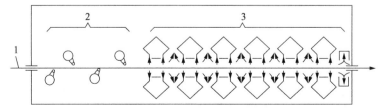

图 2-83　火焰－热风并用式干燥装置

1—纸带；2—火焰干燥部；3—热风干燥部

纸带首先由火焰干燥部对图文部分的墨层进行加热升温，接着依靠热风使溶剂挥发，达到墨层固化、干燥之目的。

这种干燥装置其干燥效果较好，但在使用中不仅应注意因出现断纸而造成着火现象，而且还要严格控制热风湿度，以减小高温下纸张的变形。

注意事项

①若干燥装置比较潮湿，要除去水汽。

②当第一次开机或者使用一段时间或当季节（环境温度）变化时，必须复核工作室内测量温度和实际温度之间的误差，即控温精度。

③干燥装置工作时必须将风机开关打开，使其运转，否则箱内温度和测量温度误差很大，还会因此引起电机或传感器烧坏。

2.3.2.2 根据产品要求调节冷却装置的温度

学习目标

了解卷筒纸胶印机的结构及各部分的工作原理，熟悉卷筒纸印刷冷却装置的调节，能根据产品要求调节冷却辊的温度。

操作步骤

①冷却器在定孔盘头盖端应留出足够的空间以便能从壳体内抽出管束，设备就位时应按吊装规范进行，待水平找正后拧紧地脚螺丝，连接冷热介质的进出管。

②冷却器启动前应放尽腔内的空气，以提高传热效率，其步骤分为以下三部分：

a. 松开热、冷介质端的放气螺塞，关闭介质排出阀；

b. 缓慢打开热、冷介质的进水阀，使热、冷介质从放气孔溢出为止，然后拧紧放气螺塞，关闭进水阀；

c. 当水温升高到 5 ～ 10℃后，慢慢打开冷却介质的进水阀（注意：切忌快速打开进水阀，因冷却水大量流过冷却器时，会使换热器表面长期形成一层导热性很差的"过冷层"），再打开热介质的出入阀，使之处于流动状态，然后注意调整冷却介质的流量，使热介质保持在最佳使用温度。

相关知识

纸带在干燥装置出口处的表面温度往往可达 120 ～ 180℃，这就需要对纸带表面进行降温，为此，在干燥装置后面设有冷却装置，如图 2-84 所示。

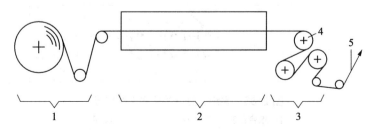

图 2-84 冷却装置
1—给纸；2—印刷、干燥部；3—冷却部；4—冷却辊；5—纸带

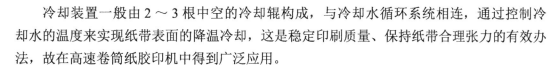

冷却装置一般由 2～3 根中空的冷却辊构成，与冷却水循环系统相连，通过控制冷却水的温度来实现纸带表面的降温冷却，这是稳定印刷质量、保持纸带合理张力的有效办法，故在高速卷筒纸胶印机中得到广泛应用。

🗇 **注意事项**

①冬季停用的冷却器应放尽腔内介质，以防冻裂设备。

②冷却器拆卸及重新装配按下列步骤进行：

a. 关闭进出油、水阀门，放出滞留的介质，然后把冷却器从系统中拆卸下来。

b. 卸开回水盖及分水盖，检查密封圈、冷却管破损及积垢等情况。如果只进行更换冷却管可随即进行，如果需要拔出冷却管束必须从固定管板方向移出，大型的冷却器可采用竖直（固定管板朝下）方向，然后用起吊设备吊起壳体即可露出管束。

c. 装配时按拆卸的逆过程进行，密封圈一般都应更换新的。

d. 安装后应分别进行先油侧后水侧的气密性试验，试验压力应大于实际工作压力的1.2 倍。

2.3.2.3 根据产品要求调节涂硅胶装置

🗇 **学习目标**

了解卷筒纸胶印机的结构及各部分的工作原理，熟悉卷筒纸印刷涂硅胶装置的调节，能根据产品要求调节涂硅胶装置。

🗇 **操作步骤**

①选择合适的硅胶，上料，设定干燥温度。

②根据印刷工艺要求调节涂布量。

③试印刷，调节。

④正式印刷涂布。

🗇 **相关知识**

在商业卷筒纸轮转胶印机中，采用给卷纸涂布一层薄薄的水包油的硅油乳化膜来防止产品在折页机中蹭脏。印刷后，硅油层下的油墨没有完全干燥，甚至几天后，若擦去硅油层，印刷油墨仍然可以被擦掉。

硅油涂布的均匀性和正确的涂布量直按影响涂布质量，涂胶量的大小还会影响材料端面的渗胶状况。所以，调节涂布量及涂布速度时要认真检验，选择那些涂胶量和涂硅量合适承印物及油墨的条件。

🗇 **注意事项**

上硅胶时注意以下几方面的调整。

（1）输墨系统

应注意保持各墨辊的精度，尤其是着墨辊。要定期更换、清洗墨辊，使系统匀墨均匀、印版着墨均匀。

（2）压印装置

压印滚筒、压印平台要经常清洗，保持其平整、光滑。压印滚筒、压印平台间的齿轮、链条要保持良好的啮合状态。这样才能保证正确的合压、离压和印刷套准。

（3）牵引系统

牵引装置的精度决定套印的精度，轮转机要保证传动齿轮的精度。

实际调整过程中要根据了解到的情况，先分析出现问题的原因，然后可通过修改生产工艺路线或改变材料种类来进一步完善印刷加工工艺。

2.3.2.4 根据不同开本调节折页装置

学习目标

了解卷筒纸胶印机的收纸装置，熟悉收纸装置各部分不同的作用，能根据不同的开本调节折页装置。

操作步骤

（1）纵切装置

纵切装置是沿纸带的运动方向进行裁切的装置，如图 2-85 所示。

在两个滚轮中间装有裁纸刀，紧贴于导纸辊刀槽的一侧，在连续旋转中将纸带沿纵向切开。当纸幅尺寸变化时，可通过固定螺钉和固定螺母来调整裁纸刀的横向位置。

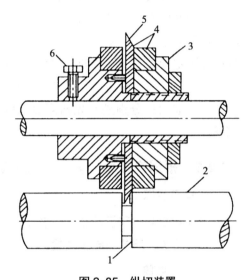

图 2-85　纵切装置

1—刀槽；2—导纸辊；3—固定螺母；
4—滚轮；5—裁纸刀；6—固定螺钉

（2）纵折装置

纵折装置是沿纸带纵向进行对折的装置，俗称折页三角板，如图 2-86 所示。

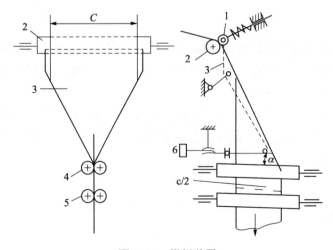

图 2-86　纵折装置

1、4—导纸辊；2—滚轮；3—三角板；5—拉紧辊；6—调节螺钉

①导纸辊和滚轮引导纸带进入折页三角板完成纵折，并通过导纸辊和拉紧辊给纸带一定拉力，同时将纸带折缝压成折角。

②调节螺钉可以调整三角板顶点的位置，改变三角板仰角的角度。仰角太大，纸带到达三角板顶点时会引起卷边或折缝现象；角度太小，纸边会沿纵切方向分离。

（3）裁切滚筒

裁切滚筒与第一折页滚筒配合完成纸带的横切工作，其基本结构如图 2-87 所示。

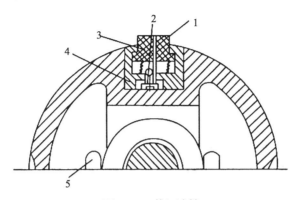

图 2-87　裁切滚筒

1—裁纸刀；2—调节螺钉；3—橡皮条；4—刀框；5—长孔

①在裁切滚筒的圆周上对称地装有两把裁纸刀。在连续旋转中，将从三角板传下来的纸幅裁切成四开尺寸。

②裁纸刀装在刀框的中间，两边用硬橡皮条夹持，由底部的埋头螺钉调节裁纸刀的高低，刀框用螺钉固定在裁切滚筒的凹槽内。

③两条硬橡皮条下部分别装有强力弹簧，在弹簧作用下，硬橡皮条平时高出滚筒外圆表面 4～5mm，而裁纸刀只高出滚筒表面 3～4mm，当它与第一折页滚筒接触时，橡皮条受压缩而下降，裁纸刀就嵌入第一折页滚筒的刀槽内，将纸幅沿横向切断，完成横切工作。

④如果裁纸刀与第一折页滚筒的刀槽配合不准时，可用传动齿轮与滚筒相固定的螺丝长孔进行调整，以调节裁纸刀的周向位置。

🗐 **相关知识**

折页装置是卷筒纸胶印机上将印完的纸带裁切、折叠的装置。折页装置按各部分的功能不同，主要包括纵切与纵折装置、裁切滚筒、折页滚筒和集合滚筒等。

一般而言，折页装置应满足以下要求。

①折页装置应与印刷滚筒的转速相协调，能准确、可靠地将印完的纸带进行裁切和折叠，以得到不同规格的折帖。

②为达到裁切、折叠精度要求，应设有必要的调整装置。

③当折帖规格变化时，能方便地进行调整，并便于维修。

④采用减噪和隔噪措施，以利于印刷环境的改善。

1. 折页工艺过程与折页装置的组成

折页装置是为满足一定的折页工艺要求而设置的。折页工艺要求不同，折页装置的基本构成也有所区别。一般情况下，书报两用卷筒纸胶印机的折页装置比较典型与完善，如图 2-88 所示。

纸带经印刷、干燥后进入折页装置。首先经折页三角板和纵折装置将纸幅为 840mm 的纸带折成 420mm 宽的纸带，然后送入横切和横折装置。横切和横折装置主要由裁切滚筒、第一折页滚筒（也称主折页滚筒）、输出滚筒、第二折页滚筒和集合滚筒等组成。根据印品的不同要求，采用不同的折页工艺。常用的折页工艺主要有以下两种，即单帖折页工艺和双帖折页工艺。

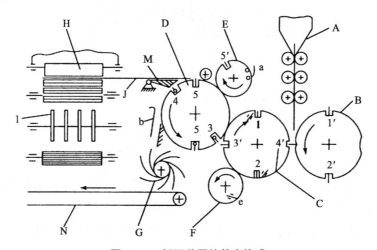

图 2-88 折页装置的基本构成

A—折页三角板；B—裁切滚筒；C—第一折页滚筒；D—输出滚筒；E—第二折页滚筒；F—存页滚筒；
G—叶片轮；H—行星折刀；I—16 开折帖输出装置；J—输送带；M—挑纸针；N—32 开折帖输送带

（1）单帖折页装置

单帖折页装置是将单张纸带进行裁切和折叠的装置。

单帖折页过程不使用存页滚筒，其折页方法有 32 开折页和 16 开折页两种形式。

① 32 开折页工艺。图 2-89 为 32 开折页工艺过程。

印刷后宽度为 840mm 的纸带由纵折装置沿图 2-89（a）中 A—A 折线逐渐压平折缝，完成第一折——纵折，将纸带折成 420mm 宽的幅面；然后送入裁切滚筒和第一折页滚筒之间进行切断，形成 550mm×420mm 的折帖，如图 2-89（c）所示。接着，通过裁切滚筒、第一折页滚筒、输出滚筒、第二折页滚筒将折帖沿 C—C 折线、D—D 折线折成 420mm×137.5mm 的折帖；最后再折成 210mm×137.5mm 幅面（32 开）的折帖，如图 2-89（e）所示。

② 16 开折页工艺。图 2-90 为 16 开折页工艺过程。

同上所述，纸带经折页三角板、裁切滚筒、第一折页滚筒和输出滚筒沿 A—A 折线、B—B 折线和 C—C 折线被裁切折叠成 420mm×275mm 幅面的折帖后，不经过第二折页滚筒而由挑纸针将折帖送到输送带上，然后由行星折切刀进行冲折，使折帖沿如图2-90所示的 *D—D* 折线折成210mm×275mm幅面的16开书帖，如图2-90（e）所示。最后，由16开书帖输出装置输出并进行堆积。

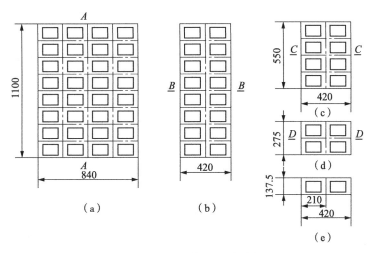

图2-89　32开折页工艺过程

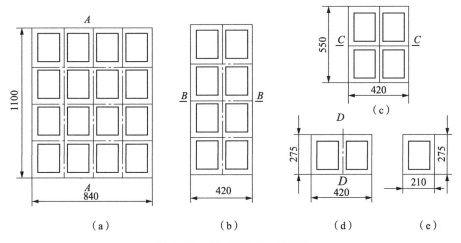

图2-90　16开折页工艺过程

（2）双帖折页装置

双帖折页也称重叠折页，是将两张纸带重叠后再进行折页的装置。根据需要，32开或16开均可进行双帖折页。

双帖折页与单帖折页的区别仅在于双帖折页必须经过存页滚筒将两张纸带进行重叠。所谓存页滚筒是指储存和叠配印张的滚筒，而其他装置与单帖折页装置相同，其折页工艺过程如下：经过纵折和裁切后的幅面为420mm×550mm的折帖（完成 *B—B* 裁切线的折叠后），由第一折页滚筒上的钢针带至集合滚筒处。集合滚筒的直径为第一折页滚筒的1/2，其上装有一排钢针，接受从第一折页滚筒上传来的折帖，并在旋转一周后，将折帖

交还给第一折页滚筒上的另一排钢针，此时，第一折页滚筒上已有两帖重合的
420mm×550mm 幅面的折帖，接着与输出滚筒配合完成 C—C 折线的折页工作。最后，再按 32 开或 16 开的折页要求，分别完成双帖折页工艺过程。

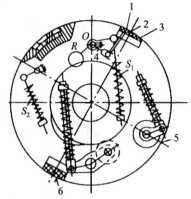

图 2-91　第一折页滚筒
1、2—钢针；3—曲柄；4—活动支撑板；
5—固定螺钉；6—调节螺钉；R—滚子

2. 折页装置

折页装置的机构比较复杂，下面介绍几种主要装置。

纵切和纵折装置前面已经叙述过了，这里就不重复了。

（1）第一折页滚筒

第一折页滚筒是折页装置的主折页滚筒，图 2-91 为其结构原理。

在滚筒圆周上对称地装有裁纸刀槽，刀槽由两块硬橡皮条组成。橡皮条中间穿出一排钢针 1、2，其作用是钩住切开后的纸带。钢针的伸缩运动由凸轮控制，当凸轮由低面转向高面时，通过滚子 R 使曲柄绕其轴心摆动，从而带动钢针缩回放开纸张。反之，钢针则伸出滚筒表面扎住纸张。

另外，在滚筒的圆周上，还对称地装有两把折刀，折刀装在滚筒圆周的凹槽内，在弹簧的作用下，折刀紧靠在活动支撑板上，当被折书帖的规格变化时，可用调节螺钉调整支撑板的位置，调整后用固定螺钉固定。

（2）输出滚筒

输出滚筒与第一折页滚筒配合对折帖沿 C—C 折线折叠，同时，还与第二折页滚筒配合沿 D—D 折线折叠，图 2-92 为其结构图。图中挑纸针是为 16 开折页时设置的。当 16 开折页时，把挑纸针放在虚线所示位置，以提前把折帖放在输送带上，然后经行星折刀冲折完成最后一折。当需要 32 开折页时，将挑纸针放在图示实线位置即可。

以上折页滚筒在裁切、折页过程中，都是由钢针把纸张钩住，结果在印张的空白处留下钢针刺过的痕迹。为此，可采用无钢针滚筒折页装置。

（3）无钢针滚筒折页装置

如图 2-93 所示，由折页三角板传下来的纸带，经过裁切滚筒将纸带裁切成单张纸 A、B，送到无钢针滚筒折页装置。

此装置由折页滚筒 I、II 组成。两滚筒的直径比为 3：2，即滚筒 II 转一周，滚筒 I 转 2/3 周。在滚筒 I 上装一夹板 4，当滚筒 II 转一周时，将滚筒 I 上重叠的纸帖夹帖一次。在滚筒 I 上设三组叼纸牙，并对应有 3 把折刀。每组叼纸牙由两个叼牙组成，分别叼纸张 B 和 A。图示位置为滚筒 II 的夹板与滚筒 I 的折刀相遇时的折页状态。此时折刀 3′向左移动，将重叠纸帖压入滚筒 II 的凹槽内由夹板压住，同时，叼纸牙组 3 上的叼牙放开纸张。在此过程中，第二组叼纸牙 2 上的叼牙叼住纸张 B，而第一组叼纸牙在已叼住纸张 B 的上面由另一叼纸牙叼住纸张 A。当滚筒 II 转一周、滚筒 I 转 2/3 周时，夹板 4 又转

到图示位置，而折刀 1′ 转到图示折刀 3′ 的位置，折刀 2′ 转到图示折刀 1′ 的位置，并由另一叼纸牙叼住纸张 A，折刀 3′ 转到图示折刀 2′ 的位置，其叼纸牙已叼住纸张 B，于是又开始第二次折页。这样，滚筒 I 每转 2/3 周，通过夹板与折刀配合，即可完成纸张 A、B 重叠后的折页工作。

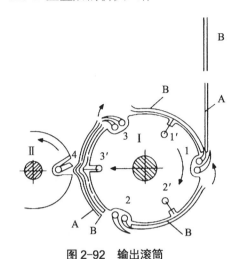

图 2-92 输出滚筒

1—挑纸针；2、3—活动夹板

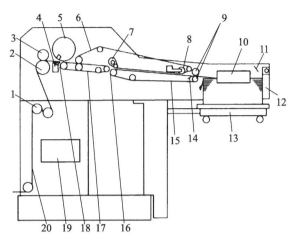

图 2-93 无钢针滚筒折页装置

1、2、3—叼纸牙；1′、2′、3′—折刀；4—夹板

3. 收帖装置

收帖装置是卷筒纸胶印机上收集折叠印张的装置。对于卷筒纸书刊胶印机而言，一般有两组收帖装置，即 32 开收帖装置和 16 开收帖装置，其作用是对书帖进行计数、收集、输出并堆积。

收帖装置一般由叶片轮、计数机构、输送带及其传动装置等组成。

叶片轮是将折好的折帖接收并按一定方向放在输送带上。每一个叶片接收一个折帖，若叶片轮有 4 个叶片，每转一周，即接收 4 个折帖。根据叶片轮的叶片数，来确定叶片轮轴的转速，即叶片轮轴的转速应与印刷滚筒保持一定的速比。显然，叶片轮的转速较低，有利于折帖平稳地落到输送带上。

🖰 **注意事项**

①折页装置应与印刷滚筒的转速相协调，能准确、可靠地将印完的纸带进行裁切和折叠，以得到不同规格的折帖。

②为保证裁切、折叠精度要求，应设有必要的调整装置。

③当折帖规格改变时，能方便地进行调整，并便于维修。

④采用减噪和隔噪措施，以利于印刷环境的改善。

2.3.2.5 调节折帖的折叠与裁切精度

🖰 **学习目标**

了解卷筒纸胶印机的收纸装置，熟悉收纸装置的各部分不同的作用，能根据不同的工

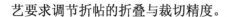

艺要求调节折帖的折叠与裁切精度。

⊡ **操作步骤**

（1）调节纵切装置

在两个滚轮中间装有裁纸刀，紧贴于导纸辊刀槽的一侧，在连续旋转中将纸带沿纵向切开。当纸幅尺寸变化时，可通过固定螺钉和固定螺母来调整裁纸刀的横向位置。

（2）调节纵折装置

导纸辊和滚轮引导纸带进入折页三角板完成纵折，并通过导纸辊和拉紧辊给纸带一定拉力，同时将纸带折缝压成折角。为此，拉紧辊的圆周速度应比纸带运行速度提高1%。为了能在纸张厚度变化时调整拉紧辊与导纸辊之间的压力，特在拉紧辊的支撑部位装有偏心套。

（3）调节裁切滚筒

裁纸刀装在刀框的中间，两边用硬橡皮条夹持，由底部的埋头螺钉调节裁纸刀的高低，刀框用螺钉固定在裁切滚筒的凹槽内。

两条硬橡皮条下部分别装有强力弹簧，在弹簧作用下，硬橡皮条平时高出滚筒外圆表面 4～5mm，而裁纸刀只高出滚筒表面 3～4mm，当它与第一折页滚筒接触时，橡皮条受压缩而下降，裁纸刀就嵌入第一折页滚筒的刀槽内，将纸幅沿横向切断，完成横切工作。

（4）调节第一折页滚筒

第一折页滚筒是折页装置的主折页滚筒，在滚筒的圆周上，还对称地装有两把折刀，折刀装在滚筒圆周的凹槽内，在弹簧的作用下，折刀紧靠在活动支撑板上，当被折书帖的规格变化时，可用调节螺钉调整支撑板的位置，调整后用固定螺钉固定。

⊡ **相关知识**

印刷后的纸带不进入折页机折页，而直接进入裁单张纸机把纸带裁切成单张纸，就像单张纸胶印机一样成堆收齐。可以直接使用或再进行离线印后加工。

（1）用途

①直接使用：一些不允许折叠的印刷品，如大幅宣传画、广告、招贴画，不能折叠而直接使用。

②特殊印后加工：可以利用单张纸折页机或手工折成特殊开本的书帖或进行其他加工，满足一些特殊要求，如上光、模切或用单张纸胶印机再印刷。

③印刷更厚的纸张：可以突破因为折页机的限制而无法印刷的较厚的纸张。目前，卷筒纸胶印机印刷的纸张定量一般不超过 $128g/m^2$，如果不折页，印刷 $180g/m^2$ 的纸是不成问题的。甚至还可以印刷 $250g/m^2$ 的纸张。

（2）裁单张纸机

纸带裁成单张纸的方法有两大类。

①裁刀往复运动型，即上刀上下往复运动，下刀固定，裁切时纸带要停止运动，因此，裁切速度低，一般不适于和卷筒纸胶印机配套，但可以离线单独裁切使用。

②裁刀旋转运动型，即上裁切刀旋转运动，下刀可以固定不动，也可以与上刀同时旋转。这类裁单张纸机的裁切速度较高，适宜和卷筒纸胶印机直接配套使用。

裁刀旋转运动型裁单张纸机也有不同的产品，图 2-94、图 2-95 是其中的两种。如图 2-94 所示的输送带式裁单张纸机价格便宜，但不适用于速度大于 300m/min 的机器。图 2-95 为一种适合于高速的无输送带裁单张纸机。

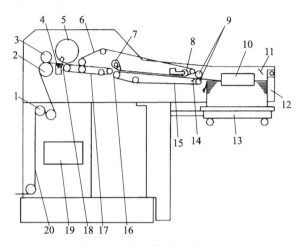

图 2-94　输送带裁单张纸机

1—调节辊；2—送纸辊；3—送纸轮；4—固定裁刀；5—裁刀；6、17—高速输送带；
7、8—压纸轮；9—输送带主动辊；10—齐纸板；11、14、16、18—吹气嘴；
12—挡纸板；13—纸台；15—低速输送带；19—无极变速器；20—纸带

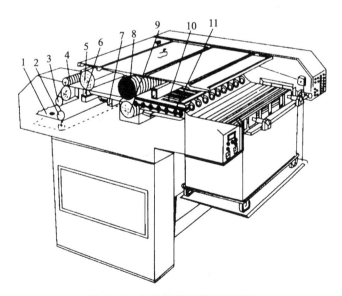

图 2-95　无输送带的裁单张纸机

1—纸带；2—调节辊；3—过纸辊；4—送纸辊；5—上刀辊；6—下刀；
7—过桥；8—吸纸辊；9—制动辊；10—吹气嘴；11—导纸制动

□ **注意事项**

①纵切、横切的切口应精确和利落。

②折帖的位置应精确，不应当有褶皱。

③书帖不应成为不能顺利排出空气的口袋形。

④裁切与折页过程中不应蹭脏已印的图文。

⑤折页装置工作时噪声、振动尽可能小，不影响折页质量。

⑥能够方便调节机件以改变所折书帖的规格。

2.3.2.6　调节三角板装置

□ **学习目标**

了解卷筒纸胶印机的收纸装置，熟悉收纸装置的各部分不同的作用，能根据不同的开本调节三角板装置。

□ **操作步骤**

三角板的安装与调节，如图 2-96 所示。三角板 1 的反面固定在支架上，通过螺钉 5、螺杆 2 和螺母 3、螺母 4，可以调节三角板的位置和仰角。

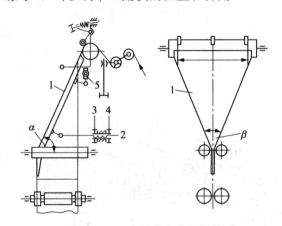

图 2-96　三角板的安装与调节

1—三角板；2—螺杆；3、4—螺母；5—螺钉；α—仰角；β—张角

纵折的准确性与三角板的仰角 α 有关，仰角就是三角板平面与导纸辊轴线之间的夹角，仰角过大，即三角板的倾斜度大，"鼻尖"处纸带过松，折缝处容易产生皱褶；仰角过小，折缝处易断裂。

三角板的张角 β 由制造厂设定，使用时只要调节仰角 α，即转动螺母 3 和螺母 4，通过螺杆 2，改变机架与三角板"鼻尖"的距离。有些机器标明仰角的调整要求，如PJSl880-01 机的仰角为 65°35′，也有的机器标明的是"鼻尖"到墙板内侧面的距离。

□ **相关知识**

三角板是纸带第一纵折机构的主要机件，其结构形式很多，有整体型三角板、可调型三角板、气垫式三角板、框架式三角板等。卷筒纸书刊胶印机和低速卷筒报纸胶印机大部分采用整体型和可调型三角板。三角板必须保证纸带能够顺利地在其上面对折。

三角板两侧及"鼻子"上设有气孔，若与气泵相接，气垫可将纸带托起防止蹭脏及减少静电产生。

注意事项

三角板张角的大小与折页的准确性有一定的关系，张角小，纸带纵折的过程就长，走纸比较平稳，折页准确性高。缺点是三角板较长，使折页装置增高。

本章复习题

1. 前规与侧规操作步骤是什么？

2. 常见的输纸故障及其解决方法？

3. 根据进纸机构的运动特点和进纸方式不同，可分哪几种类型？

4. 卷筒纸印刷中怎样设定和调节纸带张力？

5. 排除换纸和黏结纸带的故障操作步骤？

6. 根据具体的印刷工艺要求设计纸路？

7. 调节递纸牙叼牙的注意事项是什么？

8. 调节压印滚筒叼牙的叼力的方法？

9. 怎样测量、调节滚筒中心距和印刷压力？

10. 怎样计算并确定滚筒包衬数据？

11. 调节收纸牙排注意事项有哪些？

12. 卷筒纸印刷中怎样根据产品要求调节干燥装置的温度？

第3章 印刷作业

3.1 试运行

📂 3.1.1 根据付印样确定和调节印刷色系

📂 学习目标

了解印刷中由于油墨影响印刷颜色的因素，能根据具体印刷工艺要求和付印样确定和调节印刷色序。

📂 操作步骤

①根据油墨的性质确定印刷色序。油墨透明度对比顺序一般如下：黄＞品红＞青＞黑，因此透明度差的油墨先印，透明度高的油墨后印。四色油墨中，每一个品种油墨的黏度不同，一般黏度对比如下：黑＞青＞品红＞黄，因此在四色胶印机中一般采用黑、青、品红、黄的印刷色序。

②根据印刷原稿确定印刷色序。

③根据版面墨量大小确定印刷色序。可按先印浅墨量，后印大墨量的印刷色序。

④根据套印的要求确定印刷色序。

a. 四色套印。单色机印刷可采用黄、品红、青、黑的印刷色序；双色机应采用青、品红和黑、黄色版组合的印刷色序，效果较为理想。

b. 印金印银。金墨和银墨吸附力很小，尽可能放在最后一色印刷。

c.实地版上印黑文字。在印刷中经常会碰到，先印黑文字后印品红、黄，或专色版文字偏红或泛黄，应选择先印实地底色后印黑文字版的印刷色序。

⑤根据纸张的性质不同确定印刷色序。彩色印件所选用的纸张不同，纸张的白度、平滑度、吸墨性、纤维松散、脱粉掉毛程度不一；铜版纸的性质较为稳定，其他纸张如胶版纸、书写纸、白板纸、布纹纸等表面粗糙、抗张力差，为了弥补纸张表面的不足，可先印黄版打底。

相关知识

（1）根据油墨的性质确定印刷色序

①油墨的透明度和遮盖力取决于颜料和连结料的折光率之差。透明度高的油墨多色叠印后，下面墨层的色光能透过上面的墨层，达到较好的颜色混合效果，得到鲜艳的色彩。油墨透明度对比顺序一般如下：黄＞品红＞青＞黑，因此透明度差的油墨先印，透明度高的油墨后印。

②以油墨的黏度考虑印刷色序。四色油墨中，每一个品种油墨的黏度不同，一般黏度对比如下：黑＞青＞品红＞黄，因此在四色胶印机中一般采用黑、青、品红、黄的印刷色序，增加叠印的牢固性，防止"串色"现象，油墨色相被改变，会引起画面模糊、色彩灰暗、无光泽。双色机采用青、品红和黑、黄的印刷色序，油墨吸附性强、易干燥、防蹭脏。

（2）根据印刷原稿确定印刷色序

根据印刷原稿的内容，遵照突出画面主色的原则，以防止主色被遮盖，一般主色版最后才印，如以人物画像、满山红叶、秋季景观的画面，需要加强暖色调先印黑、青，后印品红、黄；如春色风景、山水或雪山的画面，要加强冷色调，则先印黑、品红后印青、黄。

（3）根据版面墨量大小确定印刷色序

不管是单色机或多色机，多色印刷总是印完一色再印下一色，如果大面积实地版安排在第一色印刷，再印其他浅墨量印版，印刷效果肯定不理想，容易刮花、吸墨性差、网点花、难干燥。可按先印浅墨量，后印大墨量的印刷色序。

双色机的色版搭配也应遵循印版大、小墨量搭配印刷的原则，大墨量的印版放第二色组，可防止"串色"。

（4）根据套印的要求确定印刷色序

①四色套印。因纸张吸水变形或其本身抗张力等因素，以及制版存在的问题而影响套印。比如版面黑色文字误作四色字，单色机印刷可采用黄、品红、青、黑的印刷色序，可补充灰平衡和加强画面轮廓；某些原稿经常出现青、品红实地文字叠印，一旦套不准则十分不美观，若品红与黄叠印的金红文字因套印的问题表现不是很明显。在双色机应采用青、品红和黑、黄色版组合的印刷色序，效果较为理想。

②印金印银。金墨和银墨吸附力很小，尽可能放在最后一色印刷；但两种油墨的遮盖力极强，实地版会把底色全部遮盖。必须考虑制版问题，金或银版色块压四色印的文字、

或图像是否镂空处理，未镂空时则先印金或银版，若未注意此类问题，则会出现文字丢失现象。

③实地版上印黑文字，在印刷中经常会碰到，先印黑文字后印品红、黄或专色版则文字偏红或泛黄，应选择先印实地底色后印黑文字版的印刷色序。

（5）纸张的性质不同应考虑的色序

彩色印件所选用的纸张不同，纸张的白度、平滑度、吸墨性、纤维松散、脱粉掉毛程度不一；铜版纸的性质较为稳定，其他纸张如胶版纸、书写纸、白板纸、布纹纸等表面粗糙、抗张力差，为了弥补纸张表面的不足，可先印黄版打底。

（6）视觉效果中的印刷色序

在过去单色机印刷往往安排黄版在第一色印刷，在光线下黄墨在视觉上较弱、墨量不好掌握。可选择强色墨放在第一色印刷，如青、品红、黄、黑的印刷色序，对视觉或更换墨色较为方便，同时防止因间隔时间过长，黄版快速干燥，而产生墨迹玻璃化现象。

在生产过程中，对于印刷色序应总结经验，针对不同的印刷设备、纸张、油墨和不同的原稿，通过参照样张、检查印版、选择正确的印刷色序，最终会得到满意的叠印效果。

（7）确定印刷色序遵循的原则

①根据三原色的明度排列色序：三原色油墨的明度反映在三原色油墨的分光光度曲线上，反射率越高，油墨亮度越高。所以，三原色油墨的明度是：黄＞青＞品红＞黑。

②根据三原色油墨的透明度和遮盖力排列色序：油墨的透明度和遮盖力取决于颜料和连结料的折光率之差。遮盖性较强的油墨对叠色后的色彩影响较大，作为后印色叠印就不易显出正确的色彩，达不到好的混色效果。所以，透明性差的油墨先印，透明性强的后印。

③根据网点面积的大小排列色序：一般情况网点面积小的先印，网点面积大的后印。

④根据原稿特点排列色序：每幅原稿都有不同的特点，有的属暖调，有的属冷调。在色序排列上，以暖调为主的先印黑、青，后印品红、黄；以冷调为主的先印品红，后印青。

⑤根据设备的不同排列色序：一般情况下单色或双色机的印刷色序以明暗色相互交替为宜；四色胶印机一般先印暗色，后印亮色。

⑥根据纸张的性质排列色序：纸张平滑度、白度、紧度和表面强度各有不同，平、紧纸张先印暗色，后印亮色；粗、松的纸张，先印明亮黄墨，后印暗色，因为黄墨可以遮盖掉纸毛和掉粉等纸张缺陷。

⑦根据油墨的干燥性能排列色序：实践证明，黄墨比品红墨的干燥速度快近两倍，品红墨比青墨快一倍，黑墨固着性最慢。干性慢的油墨应先印，干性快的油墨后印。单色机为防墨层玻璃化，一般最后印黄色以便迅速结膜干燥。

⑧根据平网和实地排列色序：复制品有平网和实地时，为取得好的印刷质量，使实地平服、墨色鲜艳厚实，一般先印平网图文，后印实地图文。

⑨根据浅色和深色排列色序：为使印刷品具有一定的光泽而加印浅色的，先印深色，

后印浅色。

⑩风景类产品的青版图文面积远大于品红版，依据图文面积大的色版后印的原则，宜采用黑、品红、青、黄色序。

四色印刷的印刷色序，可以有 24 种不同的排列组合，选择符合油墨特点和叠印规律的印刷色序，才能使印刷品的色彩更忠实于原稿，才能使图像层次清楚、网点清晰，实现正确的灰平衡。所以要合理地安排印刷色序，最大限度地消除相互叠印、油墨本身的缺陷以及纸张质量等不利因素，才能获得高质量的印刷品。

注意事项

在生产过程中，对于印刷工艺方案的制定，印刷材料的选取应总结经验，针对不同的印刷设备、纸张、油墨和不同的原稿，综合考虑实际印刷中的各项因素才可以达到满意的效果。

3.1.2　对联机上光和 UV 复合印刷设备进行调节

学习目标

了解上光和 UV 复合印刷设备的结构及工作原理，熟练掌握上光和 UV 复合印刷设备的操作，能根据实际印刷工艺要求对联机上光和 UV 复合印刷设备进行调节。

操作步骤

①检查纸带是否运转平稳正常。

②根据印刷工艺选择上光油。

③正确调节上光辊，确定适当的涂布量。

④试运行。

⑤调节涂布量至正常涂布。

⑥正式印刷。

相关知识

联机上光设备是将上光机组连接于胶印机组之后组成整套印刷上光设备。当纸张完成印刷后，立即进入上光机组上光。这种上光机组由多色印刷部分（一般为胶印）和上光部分组成，其结构如图 3-1、图 3-2 所示。

印刷部分与多色胶印机的结构原理基本相同，而上光部分以上光涂料的供给方式不同，又分为下列两种上光装置。

（1）两用型联动上光装置

这种上光装置是将胶印机的版面润湿装置，加上一组涂料控制机构而改造成为联机上光装置。

它既能在正常印刷时进行润版，需要时，又可用来上光。其结构和工作原理与平版胶印机连续给水方式的润湿系统基本一致。上光涂布时，水斗辊从贮料斗中将涂料带起，由计量辊按上光要求控制涂料供给量，再由串水辊将涂料经印版滚筒传至橡皮布滚筒，然后由橡皮布滚筒将其涂布到印刷品的表面上。

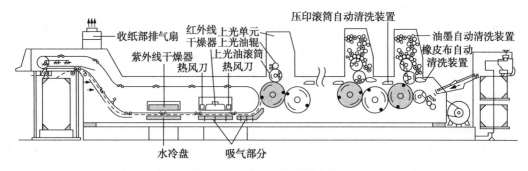

图 3-1　平版胶印机联机上光

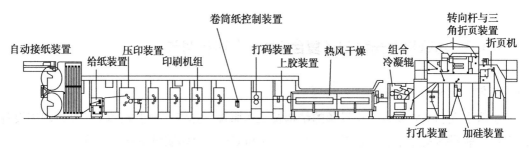

图 3-2　卷筒纸胶印机联机上光

涂布量是通过改变水斗辊的转速，以及调整计量辊与水斗辊之间的间隙来实现的。这种上光装置的优点是上光涂料的供给连续性强，均匀度高。

（2）专用型联动上光装置

在胶印机组之后，安装一组专用上光涂布机构，这部分结构及工作原理如图 3-3 所示。

图 3-3　辊式上光装置

上料辊将涂料从料斗带出，由计量辊按上光要求控制涂料量，再由传料辊将涂料传递到橡皮布滚筒的涂布辊上，而后涂布（压印）到印刷品表面。

专用型上光装置的优点是结构简单，操作使用及维修均十分方便，成本及原始投资较低。由于用橡皮布滚筒做涂布辊，不但能将上光涂料理想地涂敷到印刷品表面，而且依靠涂布辊自身的弹性作用力，即使对表面平滑度差的印刷品，也同样能够获得满意的上光效果。

注意事项

①对于紫外线干燥涂料所用紫外线干燥装置的光线波长应控制在 300nm 以上，防止产生臭氧，干燥装置采用通风设施，防止臭氧对操作人员和机器产生影响。采用惰性气体封闭印刷品表面以消除氧对干燥的抑制作用。紫外线干燥涂料的一些单体刺激皮肤，操作时要注意安全。紫外线辐射部分有少量 X 射线，需装备可靠的防辐射屏蔽装置。

②利用上光装置，可以在纸带上涂布水性上光油墨或 UV 上光油，也可以在纸带上涂布再湿润胶，若使用含有特殊添加物的胶水，添加含香水或香料的微胶囊，应注意涂布压力；使用 UV 上光油时要注意涂布前防固化，涂布完成后要尽快完全固化，选择好光源。

3.1.3　制定特殊油墨的印刷工艺方案

学习目标

熟悉印刷工艺，了解各种特种油墨的印刷适性，能根据具体印刷要求制定金墨、银墨、功能性油墨、光学性油墨、防伪油墨等特殊油墨的印刷工艺方案。

操作步骤

①分析油墨的印刷适性。

②根据油墨印刷适性选择印刷工艺。

③根据印刷工艺及条件选择合适的印刷设备、承印物。

④试印刷。

⑤调整方案。

⑥正式印刷。

相关知识

目前主要应用的特种油墨除专色油墨外还有以下 8 种。

①磁性油墨，适用于钞票、发票、支票等印品。此油墨在专用工具检测下，可显示其内含的信息或发出信号，以示其真伪。

②可逆变色油墨，适用于钞票、商标、标记、包装印刷，也可用于塑料印刷。此技术有很好的隐蔽性，难以破译，其原理是当视角改变 60°时，由于光的不同波长，可以很明显地看到原来图案的颜色发生了变化，因此具有用眼就能识别的直观性。这一技术的好处在于可不损害印品的完整图文，又具有防伪作用。

③荧光与磷光油墨，这类油墨分为无色（隐形）荧光和磷光油墨、有色荧光和磷光油墨。无色荧光和磷光油墨适用于钞票、票据、商标、标签、证件、标牌等印刷品。这种油墨加入了一定的发光材料，印品在紫外灯照射下，就可显示发光的暗记，以达到识别真伪的目的。没有光照时，油墨为隐形无色的，因此不影响画面的整体外观，隐蔽性极好，现已被广泛采用。有色荧光和磷光油墨与无色荧光和磷光油墨的用途一样，只是印品某一颜色的油墨在紫外灯照射下荧光、磷光色明显显示，不照射时显示本色。因此隐蔽性强，不

易仿制。

④热变（温度、热敏）和红外油墨，热变油墨也是一种无色油墨，有可逆和不可逆两种。可将暗记用这一油墨印在印品的任何位置，颜色有变红、变绿和变黑三种。它的鉴别方法简单，用打火机、火柴，甚至烟头就可使暗记发生一次性呈色反应，而无须采用专用工具识别。可逆的则在降温后自动褪色，恢复原样。此技术现已广泛用于商品防伪标贴的印刷。用红外线鉴别时会显形和发光的红外油墨，分有色、无色两种。用于票据、证券等的防伪印刷。

⑤防涂改油墨，此技术适用于各种票据、证件。用这种油墨印的防伪印品一旦被涂改，就会使纸张变色，或显示隐藏的文字，使涂改的票据作废，起到防止涂改的作用。

⑥金属油墨，此油墨适合于各种商标、标志的防伪印刷。把这种有色或无色的金属油墨印在特定位置上，鉴别时用含铅、铜等的金属制品一划，就可显出划痕，以辨真伪。

⑦湿敏油墨，此油墨主要特点是在承印物上呈现黑色，一遇湿将改变颜色，而干后还能恢复原色。这种油墨识别时无须鉴别工具，用水即可，便于普及使用。

⑧碱性油墨，此油墨适用于一次性使用的防伪印品，如各种车票等。使用这种油墨印的产品识别时用特制的"笔"划过印品，观其色变以辨真伪。此外还有用指甲摩擦特定部位能产生香味的香味油墨印刷等。

⊟ **注意事项**

不论是普通油墨还是特种油墨，都是由颜料、连结料及助剂三部分组成，不同的是其中一部分或几个部分的材料选取不同而使其印刷适性及功能有所区别，针对特种油墨的印刷应该注意以下几点。

①油墨的颗粒度大小。一般来说油墨的颗粒度都比较小，可以适用于各种印刷方式，但有的油墨颜料经过特殊处理，颗粒度比较大，如金银油墨、微胶囊油墨等。这些油墨的颗粒比较大，在进行平版胶印时有些组分可能会被破坏，所以应选用印刷压力较小的柔性版印刷或丝网印刷。

②油墨的黏度。油墨的黏度直接与油墨在胶印机上的转移有关，与印刷色序也有一定关系，印刷过程中，如果油墨的黏着性和承印物的性能、印刷条件不匹配，则会发生纸张的掉粉、掉毛，油墨叠印不良，印刷版脏污等印刷故障。有的特种油墨黏度过大或过小，都会造成各类印刷故障，要根据实际情况用调墨油、撤黏剂等进行调整，将油墨的黏度、黏着性调整到适当的范围内。

③油墨的干燥。油墨干燥不良，将会引起印张背面蹭脏、粘页、墨膜无光泽、油墨"晶化"等印刷故障，在多色印刷中油墨的干燥速度还会影响到油墨的转移量，特种油墨中有的油墨干燥速度很快，有的干燥速度比较慢。为了加快油墨的干燥速度，可以在油墨中加入催干剂，常用的催干剂有钴燥油、锰燥油、铅燥油等；为了降低油墨的干燥速度，可以在油墨中加入干燥抑制剂。

📂 3.1.4　制定特殊纸张的印刷工艺方案

🗐 学习目标

熟悉印刷工艺，了解各种特种承印物的印刷适性，能根据具体印刷要求制定合成纸、层合纸、玻璃纸、防伪纸等特殊纸张的印刷工艺方案。

🗐 操作步骤

①分析特种纸张的印刷适性。

②根据承印物具体印刷适性选择印刷工艺。

③根据印刷工艺及条件选择合适的印刷设备、油墨。

④试印刷。

⑤调整方案。

⑥正式印刷。

🗐 相关知识

特种纸的种类繁多，设计效果也不尽相同，本文只介绍几种常用特种纸的应用。

1. 植物羊皮纸

植物羊皮纸（硫酸纸）是把植物纤维抄制的厚纸用硫酸处理后，使其改变原有性质的一种变性加工纸。呈半透明状，纸页的气孔少，纸质坚韧、紧密，而且可以对其进行上蜡、涂布、压花或起皱等加工。其外观上很容易和描图纸相混淆。

因为是半透明的纸张，植物羊皮纸在现代设计中，往往用作书籍的环衬或衬纸，这样可以更好地突出和烘托主题，又符合现代潮流。有时也用作书籍或画册的扉页。

2. 合成纸

合成纸（聚合物纸和塑料纸）是以合成树脂（如 PP、PE、PS 等）为主要原料，经过一定工艺把树脂熔融，通过挤压、延伸制成薄膜，然后进行纸化处理，赋予其天然植物纤维的白度、不透明度及印刷适性而得到的材料。一般合成纸分为两大类：一类是纤维合成纸，另一类是薄膜系合成纸。

合成纸在外观上与一般天然植物纤维纸没有什么区别，薄膜系合成纸已经打入高级印刷纸的市场，能够适应多种胶印机。现在市场上所用的合成纸仅是指薄膜系合成纸。用合成纸印刷的书刊、广告、说明书等如果不标明，一般消费者是看不出它与普通纸有什么区别的。

合成纸有优良的印刷性能，在印刷时不会发生"断纸"现象；合成纸的表面呈现极小的凹凸状，对改善不透明性和印刷适性有很大帮助；合成纸图像再现好，网点清晰，色调柔和，尺寸稳定，不易老化。值得注意的是，胶印时，应采用专业的合成纸胶印油墨。

3. 压纹纸

（1）压纹纸的特点

压纹纸的特点是采用机械压花或皱纸的方法，在纸或纸板的表面形成凹凸图案。压纹纸通过压花来提高它的装饰效果，使纸张更具质感。近年来，印刷用纸表面的压纹越来越普遍，胶版纸、铜版纸、白板纸、白卡纸、彩色染色纸张等在印刷前压花（纹），作为"压花印刷纸"，可大大提高纸张的档次，也给纸张的销售带来了更高的附加值。许多用于软包装的纸张常采用印刷前或印刷后压纹的方法，提高包装装潢的视觉效果，提高商品的价值。因此压纹加工已成为纸张加工的一种重要方法。

（2）压纹纸的加工方法

压纹纸的加工方法有两种。一为纸张生产后，以机械方式增加图案，成为压纹纸；二为平张原纸干透后，便放进压纹机进一步加工，然后经过两个滚轴的对压，其中一个滚轴刻有压纹图案，纸张经过后便会压印成纹。由于压纹纸的纹理较深，因此通常仅压印纸张的一面。

（3）压花种类

压花可以分为套版压花和不套版压花两种。所谓套版压花，就是按印花的花形，把印成的花形压成凹凸形，使花纹鼓起来，可起美观装饰的作用。不套版压花，就是压成的花纹与印花的花形没有直接关系，这种压花花纹种类很多，如布纹、斜布纹、直条纹、雅莲网、橘子皮纹、直网纹、针网纹、蛋纹纹、麻袋纹、格子纹、皮革纹、头皮纹、麻布纹、齿轮条纹等。这种不套印压花广泛用于压花印刷纸、涂布书皮纸、漆皮纸、塑料合成纸、植物羊皮纸以及其他装饰材料。国产压纹纸大部分是由胶版纸和白板纸压成的。表面比较粗糙，有质感，表现力强，品种繁多。许多美术设计者都比较喜欢使用这类纸张，用其制作图书或画册的封面、扉页等来表达不同的个性。

4. 花纹纸

设计师及印刷商不断寻求别出心裁的设计风格，使作品脱颖而出。许多时候花纹纸就能使它们锦上添花。这类优质的纸品手感柔软，外观华美，成品更富高贵气质，令人赏心悦目。花纹纸品种较多，各具特色，较普通纸档次高。花纹纸可以分为以下几种。

（1）抄网纸

抄网是使纸张产生纹理质感的最传统和常用的方法。这个工序一般加插在造纸过程中，湿纸张被放在两张吸水软绒布之间，绒布的线条纹理便会印在纸张上。这一工序分单面或双面印纹。像刚古条纹纸等抄网纸的线条图案若隐若现、质感柔和，有些进口的抄网纸均含有棉质，因此质感更柔和自然，而且韧度十足，适宜包装印刷。

（2）仿古效果纸

不少客户及平面设计师对优质、素色的非涂布纸情有独钟，最爱这类纸温暖丰润的感觉。此外，书籍出版商也要求较耐用的纸张，更希望纸质清爽硬挺，确保印刷效果稳定一致。用仿古效果纸设计出的产品古朴、美观、高雅。

（3）掺杂物及特殊效果纸

环保潮流大行其道，斑点纸应运而生，为了达到天然再造的效果，纸浆中加入了多种杂物。所掺杂质的分量、大小等都要控制得适宜，假如纸张的杂点数目太多，便会破坏图文效果，太少则会给人粘脏的感觉。现今市场上备有多种掺杂质的纸张供用户选择，有的环保再生纸加有矿石、飘雪、花瓣等杂质。其抄造技巧则包括在施胶过程中添加染料，使纸张形成斑点或营造羊皮纸效果。这类纸张深受消费者欢迎，更是各种证书、书籍封面及饭店菜谱及酒水单的首选。由于具备特殊效果的纸张外观，设计师则经常用于简单的印刷品及枯燥无味类文稿印刷的首选纸。例如，上市公司年度报告的各种财务报表等，它能使版面活跃起来，吸引眼球。

（4）非涂布花纹纸

印刷商和设计师都推崇美观且手感良好的非涂布纸，为了使印刷品达到美好的视觉效果，更具有高档华丽的感觉。非涂布抄网纹纸的自然质感和涂布纸的印刷适性效果兼收并蓄。这种纸的两面均经过特别处理，使纸的吸水率降低，以致印墨留在纸张表面，使油墨的质感效果更佳。而金属珠光饰面系列纸，可随着人眼观看视角的不同而发生变化，印刷后的效果更佳。

（5）刚古纸

刚古品牌的特种纸，创于公元 1888 年，最初采用 CONQUEROR 伦敦城堡水印，直至 20 世纪 90 年代初才改为骑士加英文水印。这个饶有特色的水印举世闻名，至今已成为高品质商业、书写、印刷用纸的标志和代号，行销全球 80 多个国家和地区，深受各地酒店、银行、企业甚至政府机构喜爱。刚古纸分为贵族、滑面、纹路、概念、数码等几大类。

（6）"凝采"珠光花纹纸

纸张的色调可根据观看角度的变化而产生不同的色彩感觉。它的光泽是由光线弥散折射到纸张表面而形成，具有"闪银"效果，因此印刷具有金属特质的图案将会非常出色。它适合制作各类高档精美富有现代气息的时尚印刷品，如高档图书的封面或精装书的书壳。纸面平顺亮滑，适合各类印刷工艺及加工手段，如四色胶印、模切、烫印等。建议采用氧化结膜干燥型油墨。

（7）"星采"金属花纹纸

金属"星采"花纹纸是一种突破传统、全新概念的艺术纸。它不仅保持了高级纸张所固有的经典与美感，还独具创意地拥有正反双面的金属色调，华贵而不俗气，稳重而不张扬，使其显现出迥异于一般艺术纸的强烈气质。

金属"星采"由于采用了新工艺，其金属特质绝不脱落，纸面爽滑，反而为印刷效果增添了无穷的魅力，它适用于各类印刷技术及特殊工艺，尤其是烫印工艺的表现。印刷时建议网线在（130～150）线／英寸，在深色金属花纹纸上印刷时应将墨色加重。

金属"星采"可制作各种高档印刷品，如用作产品样本的纸张、年报和书籍的封面及供各种包装盒使用。

（8）金纸

金纸与传统金箔具有质的差别，传统金箔只能借助于透明材质形成印刷品，不能直接着色印刷。用 24K 黄金为材料，运用纳米高科技研制的金纸，既能使彩色图像直接印刷于黄金之上，又能保留黄金的风采，具有抗氧化、抗变色、防潮、防蛀的特性，避免了传统纸张书籍易霉变和虫蛀的缺点，理论上可存放万年之久。《中华盛世》所用金纸是最新研制的新一代产品，具有更高的科技含量和文化含量，其表状更类似古代宣纸与新闻报纸，特别是其阻燃性首次获得重大突破。正文 20 个金版以《经济日报》版式四色印刷，图文并茂，共计近 16 万字，300 张人物、风光等金版图片，金纸用量和版面之大前所未有，这在金版印刷史上规模空前。

另外，特种纸除了不同的纸张类型以外，也被染成各种不同的颜色，装饰效果非常强。特种纸有许多优越性，但特种纸也有美中不足之处。

第一，价格较贵。普通的压纹纸要比同定量的同类纸张贵很多，因此大批量用压纹纸印刷的画册因价格因素客户不能承受，所以一般只用于封面或重要资料的设计及印刷。

第二，大多数特种纸的吸收性好、渗透力强，但因有凹凸不平的纹路，使得在印刷时油墨渗透在缝隙中，特别是大面积的实地版，很难干燥，容易粘脏。在印刷四色叠印的人物图像时，调子比较沉闷。有些消费者不理解为什么特种纸印刷出来的产品颜色不够鲜艳，所以在采用特种纸印刷时，一定要把印刷效果的问题与客户沟通，以免造成不必要的损失。

第三，有色特种纸在印刷时，要注意深色韵特种纸张表面是不能印四色图像的。只能印刷金属光泽或专色调配的油墨，如金、银、专色等。如在浅米色、浅绿色、浅蓝色、浅粉色等浅色调特种纸的表面印刷四色网目调图像，就会出现偏色的现象，一般情况调子会偏向纸张表面的颜色。因此，设计时最好不要使用有颜色的纸张印刷网目调图像。但如果能正确使用不同风格和不同颜色的特种纸设计出作品，会有意想不到的特殊效果，会为作品锦上添花，增色不少。

第四，在特种纸表面采用各种印后加工的方法也会产生不同的风格。比如在特种纸表面烫印和凹凸压印等，都有非常好的效果。

□ 注意事项

随着印刷种类的增多，印刷中使用的承印物包罗万象，有纸张、塑料薄膜、木材、纤维织物、金属、陶瓷等。目前国内主要使用的特种纸张有合成纸、水印钞纸、安全纸、荧光纸，适用钞票、证件、票据的防伪纸张等，使用特种纸张印刷要注意以下问题。

（1）表面强度

纸张在印刷过程中，受到油墨剥离张力作用时，要具有一定的抗掉粉、掉毛、起泡以及撕裂的性能，特别是在高速胶印机或用高黏度的油墨印刷时，应选用表面强度大的纸张印刷，否则易发生纸张掉毛、掉粉的故障，从纸面上脱落下来的细小纤维、填料、涂料粒子，将印版上图像的网纹堵塞或堆积在橡皮布上，引起"糊版"并使印版的耐印力下降。

（2）表面平滑度

采用表面较平滑的纸张进行印刷，印版或橡皮布上的油墨，能以较大的面积与其接触，从而在纸张上得到图文清晰、墨色饱满的印迹。对于带网点的印刷品，只有使用高平滑度的纸张，才能使画面的网点清晰、阶调丰富、色彩艳丽。而有些合成纸、特种纸表面平滑度较低，在印刷中要适当增大印刷压力，选用高黏度油墨进行印刷。

（3）纸张的含水量

对于有些吸湿变形比较大的特种纸，一定要保持稳定的含水量，减少纸张对水分的敏感程度，避免由于吸湿变形给印刷带来的不便。

（4）纸张的定量

一般来说纸张的定量越大，纸张的厚度就越大，挺度也大，对于印刷而言印刷适性越好。对于有些定量较小的特种纸张可选用柔印、丝印。对于透光性较大的特种纸还要根据产品的要求，考虑选用遮光性能好的油墨或进行打底处理。

除此以外，特种纸张在印刷时还要综合考虑纸张各项性能及油墨的印刷适性、胶印机性能来具体制定印刷方案。

📂 3.1.5 使用控制台存取数据

🗒 学习目标

熟练掌握胶印机的各项操作，熟悉 CPC 控制系统的操作，能通过 CPC 控制系统控制检测实时印刷过程，能使用控制台存取数据。

🗒 操作步骤

（1）显示屏结构和操作方法

当胶印机电源打开后，CP2000 界面自动显示在中央控制台，不可以单独开启 CP2000 视窗。

当 CP2000 界面启动时，如果出现错误，关闭印刷电源再重新启动。如果仍有错误，请进行检修。

CP2000 控制系统界面如图 3-4 所示，图中数字的意义如下：①——菜单栏；②——主页；③——任务基本数据按键；④——胶印机状态显示；⑤——胶印机错误信息（故障）；⑥——帮助按键；⑦——计数器按键；⑧——印刷速度显示；⑨——走纸运行按键；⑩——印刷功能按键；⑪——水、墨控制按键；⑫——套准控制按键；⑬——自动清洗按键；⑭——纸张计数器开 / 关。

菜单栏的菜单选项构成 CP2000 操作界面的第一等级。

按下菜单栏上的按键后，主面上出现副菜单（图 3-4/ ②），并构成 CP2000 操作界面的第二等级。按下相关按键，可选择操作功能，机器预设或输入数据。功能按键被选中后发亮。

退出子菜单有三种方法：如果有 OK 键或删除键，可使用此键达到退出功能；按下返回键，可显示前一页；按下菜单栏任何一键。

走纸⑨到清洗 ⑬ 这五个按键特别重要，它是所有高档胶印机界面操作的基础，必须引起操作者的高度重视。

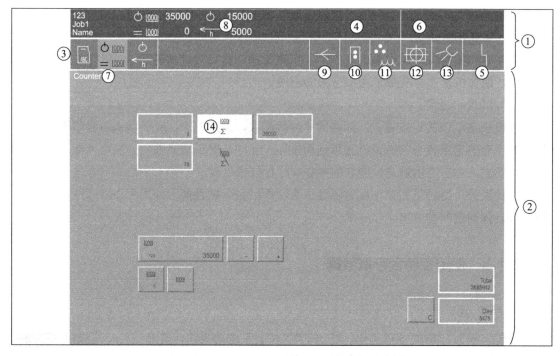

图 3-4　CP2000 控制台系统结构

现在新出的海德堡 CD-102（6+1LX）型胶印机菜单栏两行内容并成一行内容，仅形式上做了调整。

（2）数字键

屏上显示了数字键，通过操作这些按键，可输入不同的数值，如印数。要使用数字键将数值输入控制系统内。

①使用数字键输入数值（图 3-5/②），显示屏上将显示此数值（图 3-5/①）。

②删除输入内容按取消键（图 3-5/③），显示屏上数值变为 0，视窗依旧呈打开状态，可输入新数值。

按下 OK 键（图 3-5/④），视窗关闭，输入的数值传送至 CP2000。若要放弃整个操作过程，按下删除键（图 3-5/⑤），视窗关闭。

有个别子菜单中胶印机组菜单后面有一个 SUM（汇总）按键，标记为 2。通过 SUM 按键，操作者可同时选中几个印刷单元并激活其功能（根据在"胶印机设置"子菜单中对胶印机预选）。

（3）关闭胶印机电源

为了安全关闭控制台的计算机，必须通过触摸屏上"关闭胶印机"按键来关闭胶印机。否则，可能会导致软件损坏。

①首先按下菜单栏"故障"键（图 3-6/①），然后按下"维修"键（图 3-6/②），显示屏上出现"维修"菜单。

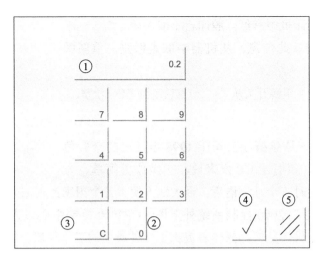

图 3-5　数字键

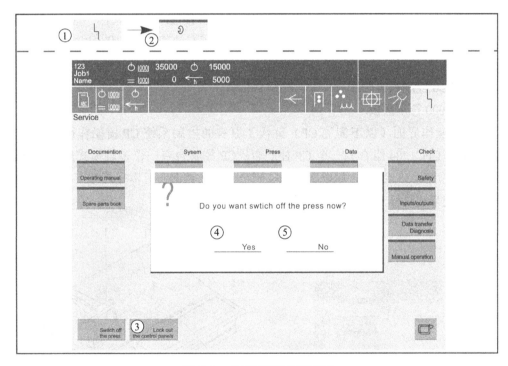

图 3-6　关闭计算机电源按键

②按下"关闭胶印机电源"键（图 3-6/③），如图 3-6 所显示的对话框出现在屏幕上。

③按下 NO 键（图 3-6/⑤），控制系统将停止所有运行命令，下列注释出现在屏幕上："胶印机停止运行，控制台计算机可以关闭。"此注释在屏幕上停留数秒后消失，主电源开关跳位（图 3-7/②），机器断电。

如果机器中还有纸张，机器不能关闭。按下 YES 键后（图 3-6/④），下面注释将会出现在屏幕上："胶印机中有纸，胶印机不能关闭。"

按下 OK 键，确认此信息。从机器中取走纸张，重新关闭机器。

重启胶印机：将主电源开关从"+"位置转动到"O"位置。

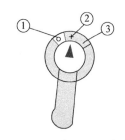

图 3-7　重启胶印机按键

🗂 **相关知识**

CP2000 控制系统是海德堡公司于 1998 年推出的全彩色触摸屏式操作系统，相对于 CP 窗来说，它操作更简单、方便，功能更强大，同时有十几种语言，极大地方便了各个国家的使用者。

如图 3-8 所示是 CP2000 控制系统外形图。CP2000 控制中心以人为本的人性化设计理念，人体工程化的设计风格为操作者提供了一种最佳的工作环境。它的所有设置，胶印机的当前状态及所做的调整都显示在触摸屏这个用户界面上，且触摸的高度和角度都可以调整。这个和谐的界面里有图形、符号和文字，让操作者能够轻松、快速地进行操作，而无须使用键盘和鼠标。在线帮助和在线操作指南能够直接显示在屏幕上，确保了疑难问题能够及时解决。CP2000 控制中心里还集中了胶印机所有外围设备和操作方法及工作过程的示意图说明。

1. CP2000 控制系统介绍

（1）CP2000 控制面板

CP2000 操作界面（以下简称 CP）替代了原有的控制系统 CP 窗操作面板。原来使用的 CP 窗和 CPC1-04 组合为一个 CP 控制台。CP 控制台有一个带触摸式屏幕的显示器（屏幕斜角宽度为 38.4cm）。如果要操作控制台或输入数据，只需轻轻按下屏幕上相应的按钮，无须键盘或鼠标，如图 3-9 所示。

图 3-8　CP2000 控制系统外形

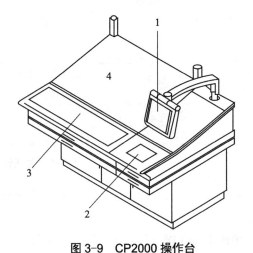

图 3-9　CP2000 操作台

1—触摸屏；2—面板；3—墨区控制面板；4—看样台

操作人员可通过触摸屏 1 对胶印机输入各种指令和更改胶印机各项设置；2 为启动面板，上有生产、停车、走纸等指令按键；3 为墨区控制面板，可设置墨量；4 为印刷样张的看样台。

（2）CP2000 控制台上的指令控制按键

CP2000 控制台启动面板上有如图 3-10 所示的控制键，其代表的含义如下。

①印刷键，具有输纸和合压功能（按下呈绿色）。

②停车键（按下呈红色）。

③废纸计数器开 / 关（开启时，按键灯亮）。

④印刷增速键。

⑤印刷减速键。

⑥启动运行键。

⑦飞达打开 / 关闭键（打开灯亮）。

⑧走纸键（打开灯亮）。

⑨紧急停车键。

⑩锁死控制面板键（锁死后，按键灯亮），锁死后按键功能暂时不能使用。

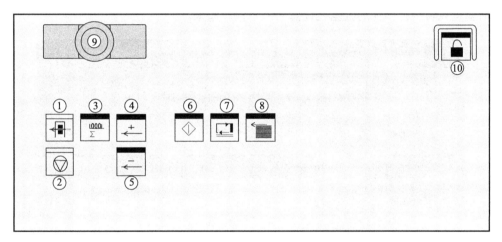

图 3-10　CP2000 启动面板控制键

（3）显示屏幕

CP2000 胶印机控制中心的监视器屏幕能够按照用户的需要朝着任何方向移动，包括水平方向、垂直方向的旋转及角度的调节。

CP2000 的软件有三个控制程序界面，它们在显示屏上有着不同的显示背景，便于识别。

印件准备——紫色。当胶印机正处在当前印件的印刷过程中时，操作人员就可以为下一个印件输入和存储数据并进行胶印机的预先设置和印前准备工作。一旦当前的印件印刷完毕，就可以将已经存储起来的印件数据安装到胶印机中去。

与当前印件相关的设置 / 变动——灰色。在这个程序层面上，所有的操作和设置都与当前上机的印件相关，任何变动都会对胶印机的设置起到直接的作用。

在线帮助功能——绿色。在这个在线帮助功能中，操作人员可以按动显示屏幕上的相应位置以显示有关不同按钮和显示内容的相关信息，而且这样做，不会影响当前胶印机的设置。按动标题行中的"海德堡"按钮来启动在线帮助功能，再次按动这个按钮即可退出在线帮助功能。

（4）CP2000主操作平面

主操作平面是一个液晶触摸屏，接通胶印机电源后，CP窗操作界面出现在屏幕上，它包括两个部分：菜单栏和主页。菜单栏在显示屏上为固定格式，不管主页上显示何种状态的菜单，菜单栏总显示在屏幕上方，如图3-11所示。菜单栏顶部左侧显示内容依次为印件名称、记数器、速度；中间部分是状态显示内容，有许多不同的标志符，向操作人员显示的是当前胶印机所运行着的程序；右上方为海德堡"HEIDEIBERG"字样，这个按钮可以用来启动在线帮助内容。

2. CP窗 2000 控制中心基本操作

（1）印件菜单的设置

如图3-11所示，印件Job菜单中包含着当前印件的数据和输入等内容。输入这些数据之后就可以将当前印件的数据在任意名称下保存起来。

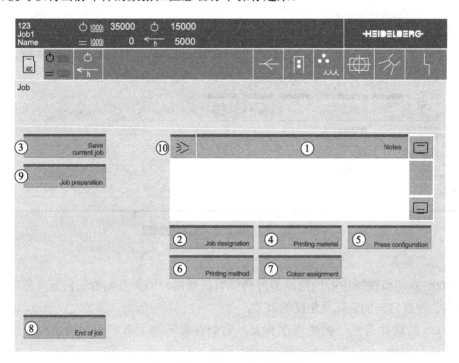

图3-11　CP2000主操作平面

（2）润湿装置的预设

如图3-12所示，在屏幕上方栏中按下①——故障键，然后在"故障"菜单中再按下②——维修按键，打开维修菜单，在"维修"菜单中，按下③——基本设定按键，进入基本设定菜单，再按下④——印刷功能键，打开印刷功能菜单，按下⑤——返回按键；⑥——单个印刷单元选择键；⑦——群组印刷单元选择键。

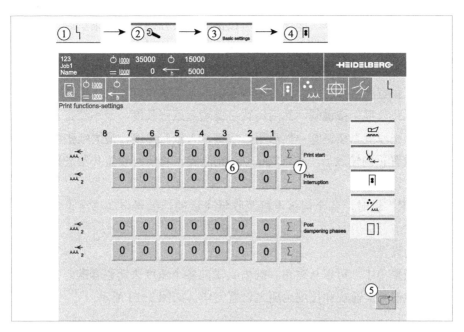

图 3-12　润湿装置预设界面

（3）印刷材料特性设置

如图 3-13 所示，在"印刷材料"菜单中输入纸张幅面数据和质量，下列功能将被自动执行：吸气头高度、吸气头定位、纸堆侧挡板、飞达台板上的压纸轮、拉规、前规高度、调整印刷压力、纸张制动器、侧齐纸装置、喷粉装置、纸张尺寸。

图 3-13 中各符号代表的含义和作用如下。

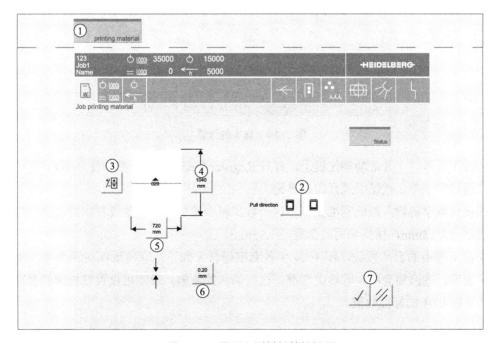

图 3-13　界面印刷材料特性设置

①在印刷工作菜单中按下"印刷材料"按键①，打开印刷材料菜单。

②按下"拉规方向"按键②来选择拉规在定位时的拉纸方向：向传动面或向操作面。

③按下"中心偏移"按键③，然后用数字键输入偏离中心的数值。

④按下"纸张宽度"按键④，然后用数字键输入纸张宽度，最小纸张宽度：420mm。

⑤按下"纸张长度"按键⑤，然后用数字键输入纸张长度，最小纸张长度：500mm。

⑥按下"纸张厚度"按键⑥，然后用数字键输入纸张厚度，最大纸张厚度：1.0mm。

⑦当所有设置正确输入后，按下⑦确认/删除键，将所有设置传给胶印机去执行，或者删除所有的设置。

当按下"OK"键时，各个伺服电机及收纸飞达的挡纸器自动移至设定的尺寸，翻转变换也会执行。

（4）套准的设置

在套准功能菜单中，可以从对角、圆周、横向各个角度来调整套准。在此菜单下，还可打开自动套准控制，前规和拉规也随之设置完毕，如图3-14所示。

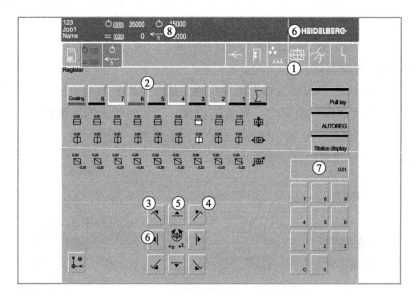

图 3-14　套准的设置

①按下菜单栏上套准功能按键①，打开 Register functions（套准功能菜单）。

②通过印刷单元按键②选择印刷单元。

③使用数字键输入新的套准数值，这个数值将会被加到以前的设置中去。调整范围：对角套准 ±0.15mm，横向和周向套准 ±1.95mm。

④按下选中的套准按键，图3-14中各套准键含义如下：③传动面对角套准，④操作面对角套准，⑤圆周套准，⑥横向套准。根据输入的数据，胶印机设置好相应的套准，显示屏⑦返回 0.01 的标准数值。

（5）故障诊断

胶印机如果在运行过程中出现故障，菜单栏上的故障按键指示灯亮起。

按下故障按键，出现故障菜单，如图 3-15 所示。

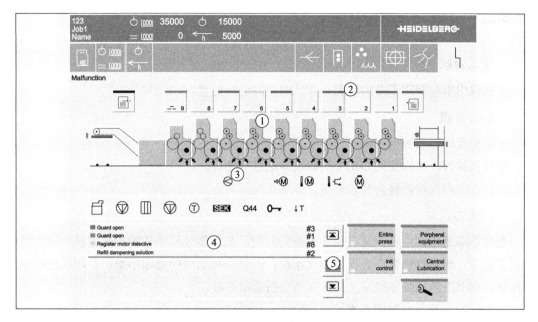

图 3-15　故障诊断

根据故障的不同类型，显示屏上的故障标符呈现不同的颜色。红色：胶印机故障（胶印机不能运行）；黄色：生产故障（警告）。出现故障的位置有如下几种告知方法。

①在胶印机轮廓图上，故障出现的位置以红色表示。（如护罩打开，图 3-15 ①）

②在胶印机轮廓图上方的一排印刷单元按键中（图 3-15 ②），以红色或黄色的小方块表示。

③胶印机出现故障的位置。（如印刷单元、飞达或收纸装置）

④在胶印机轮廓图下方，故障标符显示了故障的种类。（图 3-15 ③）

⑤在屏幕下方的文本栏显示了红色和黄色两种不同的故障类型，并有简单的描述。（图 3-15 ④）

🗐 注意事项

①如果按键未被激活，在自动模式下的手动设置也是可接受的，并另存为新的设置点。

②清洁控制台时要注意用专用清洁工具，避免对控制台表面造成损伤。

③存储数据时，严格按照工作流程操作，避免数据存储失败。

④记忆卡不要接触灰尘或污垢，避免接触磁、热、振动，这些原因会引起记忆卡损坏。

3.2 正式运行

📁 3.2.1 套印不准故障及处理

📌 **学习目标**

能够找出引起套印不准的原因，并针对故障进行处理。

📌 **操作步骤**

①分析套印不准的情况。

②找到原因，根据相关知识中的解决办法进行处理。

③开机印刷，重新检查套印情况。

📌 **相关知识**

套印不准是印刷中既常见又相对复杂的问题。在印刷过程中它的出现主要与三个方面的因素有关：制版过程导致的原版图文不准；纸张伸缩造成的套印不准；在印刷过程中由于操作、调节不当或胶印机发生故障而产生的套印不准。

1. 制版过程导致的套印不准

（1）拼版拼得不准

印刷时以十字线或角线为基准线，拼版时也是以十字线或角线为基准。如果图文与规矩线之间的位置配合不准确，则印刷时要套印准确是极其困难的，有时甚至是不可能的。因而应最大限度地提高拼版的精度。

（2）晒版时晒得不准

如果是一晒的话，一般不存在这个问题。两晒或两晒以上的话就容易出现这样的问题。因而应尽量避免两晒以上的活。如必须这样做，则应先晒台纸。

2. 纸张因素造成的套印不准

（1）纸张伸缩

纸张在周围环境温湿度的影响下会发生伸缩现象。当环境相对湿度增高时，纸张四周吸收水分而伸长，纸张的中间仍保持原有水分，纸边呈波浪形，称为"荷叶边"现象。当环境空气干燥时，纸边向外散发出水分而收缩，使纸边的水分低于纸张中间的水分，就产生了"紧边"现象。纸张的"荷叶边"或"紧边"现象，在印刷过程中，纸张通过压印滚筒与橡皮布滚筒之间时，被碾压而使纸张尾部发生套印不准，而且可能产生皱褶。

解决方法：在车间里安装调湿装置，控制车间温湿度。一般情况下，胶印车间环境温度在 18 ～ 22℃，相对湿度在 70% 左右。有条件的情况下，达到恒温、恒湿控制。印刷环境起码的条件应当是：在印刷同一批印品时，从白纸上机到印刷完成，车间的温湿度不应有大的变化。

（2）纸张丝缕

纸张是纤维互相结合交织而成的。周围环境温湿度发生变化时，纸张的膨胀和收缩在横向丝缕方向比纵向丝缕方向明显。一般横向丝缕为纵向丝缕伸缩率的 2～8 倍。在印刷过程中，纸张受胶印机滚筒的挤压和剥离张力的作用，横向丝缕的纸张变化大。

解决方法：一般印刷工艺中采用纵向丝缕的纸张，以减少由于纸张变形而引起套印不准的故障。对于书刊印刷品，也有利于后续装订工艺的进行。

（3）纸张静电

当空气湿度较小，特别在干燥的冬季，纸张容易出现静电现象。带静电的纸张在输纸过程中不自然、不流畅，到达前规处歪斜不正、定位不准，容易造成套印不准的故障。

解决方法：控制车间的空气相对湿度在 60%～65%。

（4）纸张裁切

纸张裁切分为单张纸切纸机和卷筒纸分切机裁切，一般单张纸切纸机比卷筒纸分切机尺寸精度高，纸堆的裁切面更平整。如果纸张的两个定位边裁切得互相不垂直，尺寸误差大，纸张进入胶印机后必然会造成套印不准。因此，必须严格控制裁切尺寸的准确性。

3. 机械因素造成的套印不准

机械因素造成的套印不准一般可以分为纵向套印不准和横向套印不准两大类型。

（1）纵向套印不准

①单边走不到位。这种现象是指印刷品上的纵向十字线套印不准，而且套印不准的十字线都在标准线的叼口方向，常见的几种原因如下。

a.毛刷轮压力不够或没有压住纸面。输纸板上毛刷轮的作用是保证纸张进入前规时稳定和准确。它在纸面上的压力既不能过重，又不能过轻。压力过重容易造成印品背面蹭脏；压力过轻毛刷轮浮在纸面上，失去它应有的作用，容易导致纸张走不到位的故障。有时两只毛刷轮一只压力适当，另一只压力不够，压力不够的一侧就会因为运动速度较慢而产生单边走不到位的现象，有时甚至没压着纸面，则故障更明显。

解决方法：使两只毛刷轮的压力保持一致，调节时可以先将调节螺钉拧松，然后将毛刷轮压下，再将螺钉向下拧一两转即可。

b.拖梢定位毛刷失去作用。拖梢定位毛刷的作用主要是防止纸张进入前规后再被弹出来。它失去作用可能是以下原因造成的。

ⅰ.遇到输纸歪斜造成走纸停止时，为了取出输纸板上的纸张，框架翻上和放下动作不当，造成毛刷翘起或翻转。

ⅱ.毛刷长期固定在一个位置上，使用时间过久，它中间同纸边摩擦的部位已被损坏，从而失去了作用。

ⅲ.毛刷压住纸张的部位不正确，纸边与毛刷的接触部位在毛刷尖上或根部。

解决方法：可将毛刷卸下，然后将毛刷按原来的斜度，在烧红的铁板上轻轻烫平，如果磨损较大，可多烫几次，直至烫平为止。毛刷是不宜用剪刀修整的。

c.进纸定位时间太晚。纸张到达前规太慢，侧规一边的纸张被侧规压住无法前进，另一边尚能前进到达前规。

解决方法：调整输纸机的动作时间与定位时间的关系，具体做法可先松开万向轴调节盘上的微调螺丝，再将机器倒转少许，拧紧螺丝后复试一下，直到符合要求为止。

d. 一只前规的挡纸舌位置太低。在纸张输纸定位时，前规挡纸舌的高度应该为所印纸张厚度的 3 倍，当前规的挡纸舌低于纸张厚度的 3 倍时，纸张进入前规就会受阻而走不到位。

解决方法：先松开调节螺丝，将 3 张印纸垫入，拧紧调节螺丝后再复试一下，调整使得 4 张纸能进出自如，5 张纸插不进去即可。

e. 侧规的工作时间太早。侧规的工作时间是指拉纸压球从落下到抬起时的一段时间。这段时间延长或缩短都会产生不同的弊病。侧规正常的工作是其落下时间应该在走纸正常输送并到达前规以后，而抬起时间应该在叼纸牙咬紧纸张并开始运动的瞬间，这里侧规工作时间太早的含义是指正常输送的纸张尚未到达前规，拉纸压球就过早地落下压住纸张，致使纸张走不到位，印出的产品会产生套印不准。

解决方法：侧规一般是由凸轮控制的，凸面是抬起，凹面是落下。侧规工作时间过早，就说明凸轮工作零点没调好。此时，可将定位螺丝松开，然后通过旋转凸轮来调整其工作时间，拧紧螺丝后再做复试，直到符合要求为止。调节凸轮时应该特别注意不要使凸轮产生轴向位移。如果凸轮产生了轴向位移，就会改变拉纸压球工作时间的长短，从而又会带来一些其他的故障。

f. 侧规拉纸压球抬起太慢。侧规的拉纸压球抬起太慢造成套印不准，其原因在于摆动叼纸牙叼住纸张开始向前运动时，拉纸压球抬起太慢，仍压着纸张，这时纸张在侧规处产生了拉力，把纸张从摆动叼纸牙中拉出一些。

解决方法：对侧规的控制凸轮进行校正，校正前，应注意区分两种不同的情况。

i. 如果是因为拉纸压球落下时间太慢，只要将凸轮调整使拉纸压球落下得快一些就能解决问题。

ii. 如果拉纸压球落下时间正确，而抬起时间太慢，这说明是拉纸压球的工作时间太长，这时可将控制凸轮定位螺丝松开，将凸轮向小滚子方向移动一些，然后再将凸轮拨快一些。操作要注意调整动作不要过量，宁可调整不够量再进行进一步的调整。

g. 叼纸牙叼力太轻。叼纸牙叼力太轻和叼力不均匀就容易造成套印不准。

解决方法：应先判断问题的性质，如果是属于撑簧或拉簧问题，应更换新的。如果属于摆动叼纸牙的牙垫降低了，应整套更新，装上去后可用整体调整的方法将胶印机点动至压印滚筒和摆动叼纸牙的交接处，在圆周相切线上调整牙垫高低，以压印滚筒咬口处平面为准，牙垫距离滚筒面 0.3mm。整体调整时，可松开牙垫整体的铁板，调节摆动轴上的螺母，顺时针转是牙垫升高，逆时针转是牙垫降低，直至符合标准为止。

②单边走过位。此现象是指纵向十字线操作面或传动面一侧套印不准，而且套印不准的十字线都在标准线的拖梢方向。常见原因有下列几种。

a. 输纸歪斜。输纸时出现较大的歪斜会使得输纸机停止运转，但当进纸定位距离小于

6mm 时，纸张前端就有可能冲过位，输纸机和线带不会停止运转，造成纸张前端整个走过位，从而造成套印不准。

解决方法：当进纸定位距离不到 6mm 时，调整定位距离到 6 ～ 8mm。

b. 毛刷轮太重。高速机输纸板上的毛刷轮对套印准确与否发挥着重要的作用，但在印刷 80g/m² 以下的纸张时，应该严格控制它在纸面上的压力。因为它安装在线带上工作时，会使纸张产生较大的前冲力，由于较薄的纸张撑力较小，因而使纸张的叼口方向卷曲，造成走过位的故障，严重时甚至造成纸张褶皱，使产品作废。

解决方法：需要印刷 80g/m² 以下的纸张时，应先将毛刷轮在纸面上的压力调轻。调节时，可将其调节螺钉退回使其不转，然后再按照顺时针方向拧紧一两转，使毛刷轮能在纸面上轻轻转动即可。

c. 压纸球压住拖梢纸边。前后批印件纸张尺寸不同，当后一批印件纸张尺寸稍大或者因为同批印件纸张大小不一，压纸球压在纸张拖梢边上，产生一股前冲力，造成走过位，使套印不准。

解决方法：只需要将压纸球向后挪动，离开纸边 3 ～ 5mm 即可。

d. 进纸定位距离太短。高速机的前挡纸舌落下定位后，纸张距前规挡纸舌的距离要求保持在 6 ～ 8mm。小于 6mm 时，就有可能造成单边定过位的故障。因为纸张输送时不可能保持绝对的平行，总有一些纸张会因种种原因而产生少量歪斜，这些歪斜的纸张，快的一头进入前规时由于进纸定位的时间短，前规尚未落足，纸已经走过位，从而造成套印不准，并且留下纸边压碎的痕迹。

解决方法：将进纸定位距离调节到 6 ～ 8mm 即可。

e. 一只前规挡纸舌太高。当挡纸舌的高度大于纸张厚度 3 倍以上时，就有可能产生与走过位现象相同的套印不准。

解决方法：调低前规挡纸舌的高度，应先松开调节螺钉，将 3 张纸垫入挡纸舌底下，然后拧紧螺钉，复试一下，3 张纸能轻轻拉出，4 张纸比较紧，而 5 张纸则插不进去即可。

③单边无规律套印不准。此现象是指纵向十字线操作面或传动一侧套印不准，而套印不准的十字线，有时在标准线的拖梢方向，有时在标准线的叼口方向。常见原因有下列两种。

a. 输纸歪斜。机器的输纸机部件的线带和压纸球等调节不良，往往会造成输纸歪斜及纸张到达前规时快慢不一，这种输纸状况又有可能造成单边无规律套印不准。

解决方法：先进行仔细检查，判别情况，再做处理。具体实施可先打开风泵，然后摇动手柄使输纸机转动，从吸纸嘴吸纸开始逐项检查压纸吹嘴和送纸吸嘴等动作是否协调正常，如果发现问题应予以解决；然后再检查前挡纸牙仰角是否正常，两只输纸轮压力是否一致，压下时间是否相同，若有问题可进行调整；检查时发现输纸轮轴心磨损严重或输纸轮不圆，此时应更换新的；最后检查 4 根线带绷紧程度是否一致以及固定线带的轮是否转动灵活。

b. 规矩部件同时出现故障。

ⅰ. 前规挡纸舌低，纸张进入前规有困难，有的操作者便加大扁毛刷轮压力，有的甚至将拖梢压纸球故意压在纸边上以提高输纸速度，致使纸张输出过程中既出现走不到位又出现走过位的现象。

ⅱ. 摆动叼纸牙叼力不足，纸张被拉出来。

ⅲ. 侧规抬起太慢，将纸张从摆动叼纸牙中拉出来，容易当成走不到位来处理。结果原来的问题没有解决，反而造成单边无规律套印不准的新问题。

解决方法：当发生单边无规律套印不准的故障时应首先使输纸正常，并将毛刷轮压力、拖梢毛刷、拖梢压纸球等调整好。然后再检查进纸定位时间是否符合要求，若不符合要求应将其调整正确。最后再逐个检查规矩部件。

④双边对称走不到位。双边对称走不到位是指操作面和传动面两侧同时产生的套印不准。在同一印张上，套印不准的十字线都在标准线的叼口方向，而且距离一致。常见原因有下列三种。

a. 摆动牵手上的横销轴磨损严重。摆动牵手上的横销轴在往复运动中较容易出现偏向性的磨损，致使摆动叼纸牙送纸时产生落后的现象，从而引起双边对称走不到位的故障。

解决方法：应先进行检查，如果发现横销轴磨损严重，应拆下牵手，重换上新的横销轴或镶轴套。

b. 摆动牵手上的滚子轴承磨损严重。摆动牵手上的滚子是较容易损坏的部件之一，它的运动量大，受力较重且不规则。不仅表面易磨损，内圆的轴承滚球也极易坏，从而造成双边对称走不到位的故障。

解决方法：可打开传动面罩壳，对牵手上的滚子进行检查。检查时，将机器点动至大凸轮和滚子接触的小面，这时滚子可以拨动。如果发现滚子表面粗糙、有线形凹槽等，说明滚子外圆已磨损很严重，应拆下来重换一只。滚子的内圆装有两只轴承，如果发现松动或者转动不灵活，说明轴承磨损严重，应更换新的。

c. 摆动凸轮送纸部位不准。如果是原配凸轮的话，则故障主要是由凸轮磨损造成的。有时换上加工的新凸轮也有可能因为加工不符合原设计的要求而造成套印不准。

解决方法：遇到这种情况，可外购凸轮备件或按原图纸再加工新凸轮。

⑤双边对称走过位。双边对称走过位是指套印不准的十字线都在标准线的拖梢方向，而且距离一致。常见原因有下列三种。

a. 前规抬起过早。前规抬起过早，纸张尚未被叼纸牙咬紧就失去了控制，下面一张纸在继续前进，在摩擦力的作用下，上面一张纸受到的前冲力较大，就容易产生走过位的故障。

解决方法：校正时先松开控制凸轮的紧固螺丝，然后将凸轮向反方向拨动一些，移动时不宜调节过量，直至调节到符合抬起时间的要求为止。

b. 摆动大拉簧太松。摆动大拉簧迫使牵手上的滚子始终紧贴着凸轮运动，当大拉簧太松或金属疲乏失去足够的拉力时，就有可能失去控制而使滚子在某段时间内离开大凸轮抖动，造成双边对称走过位的故障。

解决方法：可先松开上面的螺母，然后将下面螺母拧紧几转即可。如果大拉簧簧节上有裂口或扭曲现象，则应拆下来换上新的。

c. 摆动凸轮送纸部位磨损。摆动凸轮的送纸部位由于受力较大，容易磨损。当送纸凸轮的前半部产生一道道凹凸不平的形状时，摆动叼纸牙在同压印滚筒叼纸牙交接时就会产生微量抖动，造成双边对称走过位。

解决方法：应先做检查，当发现送纸凸轮磨损严重时，应更换新的凸轮；对于磨损轻微的可拆下来用锉刀和砂纸修平。

⑥双边无规律套印不准。双边无规律套印不准是指操作面和传动面同时产生的套印不准，在同一印张上，套印不准的十字线同标准线相差的距离两侧不一定相同。常见原因有下列几种。

a. 两前规不在一条直线上且叼纸幅度两侧悬殊，这是操作不当所产生的。前规控制着叼纸牙的叼纸幅度，最好两边都保持在 5mm 距离，然后在装校印版时采取拉版的方法来到达图文定位的尺寸规格，这才是正确的操作方法。如果操作失误，不去拉版而去动前规，致使两只前规的叼纸幅度相差悬殊，就会引起无规律套印不准。

解决方法：应先将前规叼纸牙重新校正到 5mm 的标准幅度，且两只要保持一致，然后重新拉版解决。

b. 摆动叼纸牙静止时间太短。高速机的摆动叼纸牙在叼纸时，要求动作应在静止状态下进行，以确保叼纸的准确性。静止时间是由靠山上的调节螺丝控制的。当摆动叼纸牙与靠山接触时，牵手上的滚子应处于凸轮的最小面，按标准应有一定的间隙，如果间隙过小或者根本没有间隙，说明叼纸牙静止时间太短或者根本没有静止时间，这样就处于不稳定状态，极容易造成双边无规律套印不准的故障。

解决方法：可通过校正靠山上的调节螺丝，使滚子在凸轮的最小面时有符合要求的间隙。校正调节螺丝时，要将两只传动面靠山螺丝同时校正，先将锁紧螺母松开，然后将调节螺丝顺时针方向转动少许，同时用厚薄规在凸轮和滚子之间插试，直至可以较紧地插得进为止。为了防止两只靠山螺丝轻重不一，应当开动机器复试一次，两头用相同厚薄的牛皮纸放在靠山螺丝上，让机器慢慢回转，在两头同时离开牛皮纸条时，试拉牛皮纸条轻重一致即可。

c. 摆动叼纸牙同压印滚筒叼纸牙的交接距离太短。高速机摆动叼纸牙滚子接触凸轮时间非常短，在高速运转下完成的交接其时间也非常短暂。不过，交接时间可以适当延长一些，但应以不撕破纸张为前提。如果交接距离再小些的话，就有可能出现摆动叼纸牙已经开始放开纸，而压印滚筒叼纸牙还未开始叼纸的现象。有时慢速交接时看不出问题来，但高速运转时由于振动等因素而使交接不好，从而会产生套印不准的现象。

解决方法：以压印滚筒叼纸牙为基准，将摆动叼纸牙的张开时间尽量延长些。其方法是将摆动叼纸牙的开牙凸轮调慢一点，使双边咬合后压印滚筒能转动 3 ～ 5mm 的距离，以保证交接的稳定性，开印后以不撕破纸张和套印为好。

d. 压印滚筒叼纸牙和摆动叼纸牙的开闭牙滚子轴承磨损。高速机的压印滚筒叼纸牙开闭牙滚子轴承用两只轴承串联在一起，两只轴承分别与两片重合的凸轮接触，控制开闭牙时间。由于开闭牙滚子轴承外圆直接与凸轮接触，在实际使用中，轴承损坏和碎裂的现象时常发生，从而造成套印不准。此外，摆动叼纸牙的开闭牙滚子的磨损也有类似情况。

解决方法：当出现较严重的双边无规律套印不准时，应首先检查压印滚筒叼纸牙和摆动叼纸牙的开闭牙滚子轴承，如果磨损或碎裂，应将它拆下换上新的。

e. 摆动叼纸牙和压印滚筒叼纸牙轴摆杆上销钉松动或断裂。高速机上的摆动叼纸牙轴和压印滚筒叼纸牙轴端安装有开牙摆杆，摆杆和轴用销钉紧固。这只销钉所承受的力是比较大的，因此较容易产生松动或断裂，从而导致套印不准。

解决方法：在检查此处时，应先用布擦干净，然后用小撬棒撬动摆杆，查看该处销钉情况，同时观察叼纸牙是否跟着运动。若撬动摆杆时叼纸牙不跟着运动，就可以确定销钉断裂，有时销钉孔大，撬动摆杆时可以明显看得出来。发现以上故障，可将销钉孔用铰刀铰过以后再装上新的。

f. 压印滚筒叼纸牙轴或轴套磨损。压印滚筒叼纸牙轴、摆动叼纸牙轴或轴套磨损后，使叼纸牙在叼纸过程中处于不稳定状态，从而产生无规律套印不准。

解决方法：当此处发现问题时，应该将叼纸牙轴及轴套拆下，重新加工轴套并镶正。

g. 叼纸牙碰靠山。校正压印滚筒叼纸牙叼纸力以前，事先应在靠山上垫入厚度为0.3mm 的纸条或厚薄规。当叼纸牙校平、压力校均匀后，将靠山处所垫的纸条取出，这时，靠山与靠山螺丝应当不会相碰，这一点是保证叼纸牙叼纸正确的条件之一。但有时因牙垫磨损、叼纸牙校正不当、修机器时误转动等因素，造成靠山同靠山螺丝相碰，影响叼纸牙叼力，造成套印不准。

解决方法：当发现以上情况时，应该先查出是属于靠山螺丝的因素还是叼纸牙的因素，然后分别对待。例如，如果是修机器时靠山螺丝移动没校正好，应着重调整靠山螺丝来解决。如果叼纸牙牙垫磨损低于滚筒表面 0.3mm 以上，摆动叼纸牙牙垫低于 0.15mm 以上时，则应抬高或更换牙垫来解决。如果是叼纸牙校正错误，造成叼纸牙碰靠山，应当重新校正叼纸牙。

（2）横向套印不准

①纸张拉不到位。纸张拉不到位是指侧规工作时拉纸压球不能将纸边拉到定位规矩板，套印不准的十字线在标准线的侧规一边，统称纸张拉不到位。常见原因有下列几种。

a. 高速机扁毛刷轮压纸太重。如果输纸板上的扁毛刷轮压纸太重，会给侧规工作增加阻力，导致纸张拉不到位。

解决方法：将扁毛刷轮的调节螺丝逆时针方向转动，直至毛刷轮停止转动，然后再顺时针方向转动 1～2 转，使毛刷轮能在纸面上转动自如即可。

b. 拖梢压纸球压着纸边。输纸板上的纸张进入前规后，拖梢压纸球应该离开纸边。有时因纸张裁切相差过大，致使拖梢压纸球压着纸边，给侧规工作增加了阻力，造成纸张拉不到位的故障。

解决方法：将两只拖梢压纸球向后移动一些即可。一般应留 3～5mm 的间距。

c. 高速机弹子压球架歪倒。这是操作不注意引起的。主要是因为操作者取纸后将框架放下太重，致使弹子压球架受到剧烈震动而歪倒在纸面上，这样增加了侧规工作时的阻力，而造成纸张拉不到位故障。

解决方法：为避免此故障，框架放下时尽量要轻，同时应将弹子压球架的紧固螺丝拧紧。

d. 进纸离侧规太远。由输纸机送过来的纸张距离侧规有 10mm 以上时，容易产生纸张拉不到位的故障。这一问题看起来十分简单，但在操作中却是经常发生的问题，因此需要引起足够的重视。故障产生的原因一是装纸不齐；二是挡纸板不垂直，使纸堆上下有歪斜。

解决方法：应将挡纸板校正垂直，纸堆两边的进纸规矩都应靠紧纸堆。在操作中，往往产生一头的进纸规矩靠不紧的现象，这是必须注意的。输纸机送过来的纸张离侧规 4～6mm 为宜。

e. 侧规拉纸球不转。当侧规拉纸球的轴心沾上水滴后，加上输纸板上纸毛和粉尘的污染，就容易生锈咬紧，致使压球不转，产生纸张拉不到的故障。

解决方法：将压球拆下，用煤油洗净后装上，拨动压球使其能转动即可。但必须注意，在压球上不可加机油，否则会产生油垢，影响压球转动。

f. 侧规挡纸舌太低。侧规挡纸舌的高度以所印纸张厚度的 3 倍为宜，当挡纸舌低于所印纸张的 3 倍时，就有可能产生纸张拉不到位的故障。

解决方法：先将调节螺丝顺时针方向转动一些，然后将 3 张纸插入挡纸舌底下，能轻轻插入即可。拧紧锁母时 3 张纸仍垫在底下，调好后应复试一下，以防拧紧锁母时走动。

g. 侧规拉纸球压力太小。侧规拉纸球的压力用其后面的撑簧控制。在更换厚度相差较大的纸张时，应更换粗细不同的撑簧。印刷厚纸时应换上较粗的撑簧，印刷薄纸时应换上较细的撑簧。另外，撑簧松紧的调节也很重要，它关系到拉纸球压力的大小。一般纸张拉不到位的原因都是撑簧力量不够造成的。

解决方法：可用调节螺丝按顺时针方向转动收紧，使所拉纸张的最大拉程（拉纸球工作距离）达到 10～12mm 为好。

h. 侧规底部扇形板太低。侧规底部扇形板低于铁板平面时，拉纸压球压下去以后，纸张出现凹陷现象。这样势必在该处铁板上受到较大的摩擦力，使纸张受到阻碍，从而产生纸张拉不到位的现象。

解决方法：扇形板下面的支点是偏心小轴，可将偏心小轴的凸面扭转一些，调节到扇形板同铁板平面相等为好。

侧规底部扇形板工作距离太短。扇形板的工作距离应在 15mm 以上，方能满足拉纸压球的工作要求。小于 15mm 时，应做调整，否则容易造成纸张拉不到位的故障。

解决方法：可以校正控制扇形板的小滚子与偏心的接触面，使小滚子靠紧凸轮。有时调整后还不符合要求，主要是小滚子表面磨损严重，应拆下换一只新的。另外，当控制小滚子的凸轮凹凸面磨损严重时，也会影响扇形板工作的距离，这时要更换新凸轮。

②纸张拉过位。当侧规的拉纸压球工作时，由于种种原因致使纸边超过了侧规的规矩，造成套印不准的十字线在标准线的侧规相反方向一边，通称为纸张拉过位。常见原因有下列几种。

a.纸边卷曲。当印刷 60g/m² 以下的纸张时，由于纸张较薄、竖丝缕、水分较大等原因引起纸边上翘卷曲，容易造成纸张拉过位的故障。

解决方法：纸张在上机印刷前，应先进行反敲纸处理。拉纸处要敲得硬一些。在印刷过程中版面水分要控制得小些，并可适当增大水斗溶液中的酸性以防止版面起脏。

b.高速机进纸距侧规太近或超过侧规。高速机的侧规工作完毕向上抬起，所以若进纸距侧规太近，甚至超过侧规时，不会使输纸机停止运转。这就是通常所说的纸张硌在侧规底下，这种故障经常发生而且容易造成损失。主要原因是装纸不齐，又缺少检查。另外，也有可能是纸堆挡板倾斜，印刷中途又没有调整所致。

解决方法：应注意在机器运转过程中多做检查工作，装纸应齐整。如果纸堆挡板倾斜，要校正垂直。另外，纸堆前缘两边的两只挡纸板需靠紧纸边。

c.侧规矩板同纸边不平行。侧规工作时，要求纸边接触规矩板时呈线的形状而不是点的形状。要想达到这个要求，要使规矩板同纸边平行或者接近平行。当规矩板歪斜时，纸边接触时就呈点形，由于纸张受的力集中于一点，该处纸边易产生破碎或卷曲，造成纸张走过位的故障。

解决方法：可以在前规与侧规成 90° 角的位置上调整纸张。高速机可先将挡纸舌拆下，然后校正，校正时先将前规落下，放上所印的纸张，慢慢使纸张靠向规矩板。然后松开上部的调节螺丝，将不接触纸边的一方向纸边移动，直至整块规矩板都接触纸边为止。最后拧紧调节螺丝并复试一下，没有位移即可。在校正时要将不接触的一方移向纸边主要有两点考虑：一是这样校正快速正确；二是考虑到操作者松开调节螺丝后，往往随手用扳手敲击规矩板使它移动，若敲击与纸张接触的工作面，极有可能将其敲毛，若在背面进行敲击，工作面不会受损伤，所以要尽量这样做。

d.侧规挡纸舌太高。高速机侧规挡纸舌的高度超过所印纸张 3 倍以上时，压球压纸时纸边容易产生卷曲现象，致使纸张拉过位。它的特点是过位 1～2 线（0.01mm），不会超过太多。

解决方法：高速机侧规挡纸舌的调节螺丝在侧规的上部，松开螺母后，将调节螺丝逆时针方向轻轻转动，直至符合 3 张所印纸张的厚度要求为止。拧紧螺母后，应复试一下，以防止走动。

e.侧规拉纸压球压力过大。撑簧收得过紧或者撑簧太粗，都是造成拉纸压球压力过大的原因，特别是印刷 60g/m² 及其以下的纸张时，应放松撑簧或换上细撑簧。否则压力过大容易造成纸张拉过位的故障。

解决方法：将锁紧螺母松开，然后将调节螺丝逆时针方向转动数圈，直至拉纸工作正常为止。当把调节螺丝松开还不能达到上述要求时，应更换细撑簧来达到工作正常的目的。

注意事项

①现在对印刷套印精度要求较高，在进行操作时，应精益求精。

②在对部件进行检查时，应小心谨慎，不要损坏其他部件，能够通过修理解决的问题，尽量做到不更换部件。

📁 3.2.2 按照印刷灰平衡调节各色墨量

学习目标

理解印刷灰平衡的概念，能够按照印刷灰平衡的要求调节各色墨量。

操作步骤

①测量三色油墨主副密度值，或是进行试印获得灰平衡数据。

②根据主副密度数值计算墨量。

③正式印刷。

相关知识

1.印刷灰平衡

（1）灰平衡的定义

灰平衡是指在一定的印刷适性（一定性能的纸张、油墨、打样或印刷条件）下，黄、品红、青三原色版从浅到深按一定网点比例组合叠印获得不同亮度的消色（白、浅灰、灰、深灰、黑），即得到视觉上的中性灰的颜色，这个过程叫灰色平衡。该点的黄、品红、青的网点百分数为该点的灰平衡数据。从理论上讲，对于理想的三原色油墨，只要等量相加或叠印，便可获得中性灰色。然而，实际油墨都含有副密度，所以等量三原色墨叠印得不到中性灰。在印刷工艺中控制灰平衡，对忠实再现原稿、得到高质量的印刷品具有重要意义。灰平衡的作用就是通过对中性灰的控制，来间接控制整个画面上的所有色调。中性灰是衡量分色制版和颜色叠合是否正确的一种尺度，是复制全过程中各工序进行数据化、规范化生产共同遵守和实施的基准。

（2）灰平衡的原理

从理论上来讲，如果两个颜色是互为补色，那么这两个颜色以适量的比例混合后，颜色将变为中性灰色，这就表明，当两个颜色互为补色时，它们的混合也有个平衡的问题。否则，也不会呈现中性灰色。不过不是三个原色的平衡，而是两个互补色在量上的平衡。其实，两个互补色以适量混合以后转化为中性灰色，是一切灰色平衡的基础，三原色的灰色平衡，也是采用颜色合成的办法最后把它们归结为互补色的平衡。即：

$$Y+M=R \quad R \text{ 与 } C \text{ 为互补色}$$
$$M+C=B \quad B \text{ 与 } Y \text{ 为互补色}$$
$$C+Y=G \quad G \text{ 与 } M \text{ 为互补色}$$

（3）影响灰平衡的主要因素

不少因素会影响印刷灰平衡，既有印刷工艺方面的原因，也与印刷材料和设备有关。主要因素如下。

①油墨特性。不同厂家生产的油墨因配方和生产工艺的差异导致色彩再现能力的不同，并进而形成自己特有的灰平衡关系。为此在制定印刷工艺和制作印版前需要对油墨的基本特性、油墨的理化特性进行测量，获得正确的灰平衡关系，印刷和制版时对这些因素作统一考虑。此外，油墨的印刷适性也将影响灰平衡。例如，油墨的黏度、流变特性和墨层厚度等因素的改变均会影响原稿的色彩再现，导致灰平衡遭到破坏。

②纸张特性。不同类型的纸张对相同油墨显色能力有较大的差别。例如，平版胶印常用的铜版纸和胶版纸由于对青、品红、黄油墨的显色能力不同导致灰平衡参数的差异。纸张影响灰平衡的第二个主要指标是白度，因为彩色原稿在纸张上的颜色和层次还原能力取决于黑色和白色间差别程度，黑色和白色的差距拉得越开，则越能表现更多的层次，灰平衡关系也会因纸张白度的不同而产生差异。纸张影响灰平衡关系的其他指标还有平滑度、吸收特性、光泽度、不透明度和酸碱度等，上述因素的变化都会影响灰平衡的正确实现。

③晒版条件。印版品种、感光层的成分与特性、砂目的粗细、晒版光源特性以及曝光和显影条件等工艺要素若控制不好，则任何一种条件的改变均对最终的灰平衡产生影响。

④印刷条件。印刷条件对印刷灰平衡的影响主要表现在胶印机和润湿液两个方面。

现代胶印机的套印精度、自动化程度和工作速度越来越高，但工作性能的提高并不意味着可以获得稳定的灰平衡，因为胶印机需与一定的印刷材料配合起来使用才能发挥作用。总体上可以列入与胶印机有关而影响灰平衡的因素包括：橡皮布类型和厚度、包衬种类、印刷压力、印刷速度、胶印机种类和精度。

润湿液是胶印实现水墨平衡的重要物质条件，影响灰平衡的因素包括润湿液的配方、用水量、润湿液的表面张力和 pH 值、水温、润湿液与油墨的乳化程度等。

2. 各色墨量的调节

（1）利用灰平衡控制墨量需要的基础数据

①在打样机或胶印机上打出 C、M、Y、K 四色单色网点梯尺，并选择再现性较好的一组 C、M、Y、K 样张进行测量。

②在四色样张的每一梯上测量出在 R 滤色片、G 滤色片、B 滤色片下的密度值，每一梯测量 3 次，求取平均值。

（2）印刷灰平衡方程

灰平衡方程为

$$\varphi Ye DYB + \varphi Me DMB + \varphi Ce DCB = DeB \qquad (3-1)$$

$$\varphi Ye DYG + \varphi Me DMG + \varphi Ce DCG = DeG \qquad (3-2)$$

$$\varphi Ye DYR + \varphi Me DMR + \varphi Ce DCR = DeR \qquad (3-3)$$

式中，DeB、DeG、DeR——蓝、绿、红滤色片所测的中性灰密度值；

φYe、φMe、φCe——构成中性灰密度时黄、品红、青色油墨的比例系数；

DYB、DMB、DCB——Y、M、C 三色油墨在蓝滤色片下测得的密度；

DYG、DMG、DCG——Y、M、C 三色油墨在绿滤色片下测得的密度；

DYR、DMR、DCR——Y、M、C 三色油墨在红滤色片下测得的密度。

由此可知，在灰平衡方程中，只有比例系数 φYe、φMe、φCe 为待求数值。

因此，可求出网点梯尺各级比例系数 $(\varphi Me)_i$、$(\varphi Ye)_i$、$(\varphi Ce)_i$，并将其与对应的主密度相乘，从而得到构成各级中性灰密度所需要的适量的黄、品红、青的密度值：

$$(DYe)_i = (\varphi Ye)_i (DYB)_i \tag{3-4}$$

$$(DMe)_i = (\varphi Me)_i (DMG)_i \tag{3-5}$$

$$(DCe)_i = (\varphi Ce)_i (DCR)_i \tag{3-6}$$

式中，$(DYe)_i$、$(DMe)_i$、$(DCe)_i$——构成各级中性灰密度所需要的黄、品红、青的密度；

$(DYB)_i$、$(DMG)_i$、$(DCR)_i$——构成各级中性灰对应的三色主密度。

（3）各色墨量的控制

要想达到灰平衡，在印刷过程中，必须通过灰平衡数据来控制各色版的墨量，但是由于印刷过程中造成灰平衡失调的因素很多，所以在确定灰平衡数据时，一定要在确定的工艺条件下测定三原色油墨的主副密度值，或者进行试印测得灰平衡数据。

注意事项

在实施灰平衡的过程中，还应注意以下几点。

①稳定印刷适性条件。这是最基础的问题，从打样或印刷方面讲，首先希望印刷适性条件良好并且稳定。如果纸张、油墨、印版、橡皮布、车间环境等条件经常发生较大变化，印刷灰色平衡的实施就难以保证。

②确定打样或印刷的色序。色序不同、各版在灰色平衡曲线上的网点面积就不同，色序不固定，分色、晒版就失去了根据。

③确定图像各阶调的网点百分比。实地密度值是控制暗调的重要指标，亮调最小网点来齐部位是控制亮调的重要指标，网点增大值则是控制中间调的重要指标。

④确定相对反差值，这也是控制中间调至暗调的重要指标。

⑤还要稳定车间的环境条件，如温、湿度和观样台光源等，这是不可缺少的条件。

3.2.3 油墨过度乳化故障及处理

学习目标

了解乳化的概念，能够知道引起乳化的因素，在造成工艺故障时能够进行排除。

操作步骤

①分析产生油墨过度乳化的原因。

②根据相关知识中的解决办法进行处理。

③开机印刷，重新检查印刷情况。

◻ **相关知识**

印刷过程中，在一定条件下，水以细小的液滴分散在油墨中，或者油墨以细小的液滴分散在水中便生成乳化液，这种乳化液的生产生成过程，称为油墨的乳化。

1. 油墨过度乳化的工艺故障

①彩色平衡遭受破坏。用网点面积相同的黄、品红、青三原色梯尺，经套印重叠后，应为：低网点部位呈现黑色调，高网点部位呈现亮灰色调，中间调网点部位呈现中性灰色色调，这种平衡，称为彩色三原色油墨的彩色平衡。在印刷过程中，乳化后的油墨由于含有许多细小液滴，使油墨灰度增加，网点并列、重叠后出现色调偏移。

②网点面积变形。由于乳化墨着色力、饱和度等下降，色彩变浅，为符合原样要求，不得不增加墨量来弥补。墨量的增加势必造成实地密度值的增加，于是网点面积扩大增值，有时网点变形带毛刺不光洁，严重时网点合并糊版，层次混浊不清。

③产品墨色易忽大忽小不稳定，造成签字印样实地密度值的变化与印刷产品的色彩误差，尤其批量间产品墨色不一致。

④墨色暗淡无光泽。

⑤印迹墨层干燥速度减慢。

⑥易出现花版、掉版、浮脏、糊版等工艺故障。

⑦加速金属串墨辊脱墨。

⑧产品背面严重粘脏。

2. 引起油墨过度乳化的因素及解决方法

在印刷过程中导致油墨严重乳化的因素有油墨的特性、承印材料的性能、润湿液浓度、车间温湿度以及印刷速度等。

（1）油墨特性

油墨黏度是产生乳化的主要因素，无论黏度大小，都能产生不同程度的乳化。油墨黏度大，其分子内聚力大，抗水性强，乳化值就小；反之，如果油墨黏度小，流动性强，分子间的内聚力小，抗水性差，就容易乳化。一般情况下，油墨黏度与乳化成反比，而流动性与乳化成正比。

颜料本身斥水能力的不同也会引起油墨乳化值的变化，比如黑墨、红墨的抗水性就比孔雀蓝墨好，乳化值也较小。

解决方法：①选用抗水性能好的油墨；②对于容易乳化的油墨，可适当加入0号调墨油，增加油墨的黏度，尽量不通过添加6号调墨油来降低油墨的黏度；③换用新墨。

（2）纸张性能

由于纸张如某些胶版纸、铜版纸、白板纸，其表面的胶料、涂料或其他填充物中或多或少地含有一些表面活性物质，它们具有一定的水溶性，若与纸张结合得不牢，在印刷过程中经润湿液的浸湿并经过橡皮布挤压和剥离，这些表面活性物脱落并通过印版传递到墨辊、水斗上，与油墨相融合，使油墨的黏度大为降低，吸水性增大，抗水性受到影响，引起油墨乳化过度。版面水分越大，溶解的填充物就越多，乳化越严重；施胶不好、纸质疏松，掉粉、掉毛越严重的纸张，越容易乳化过度。

解决方法：①改用质量较好的纸张，从根本上杜绝因纸张引起的油墨过度乳化；②勤洗橡皮、印版，及时清除掉落的纸粉、纸毛；③在油墨中加入少量添加剂，并减小版面水分和减轻水辊的压力，以减少纸张脱粉掉毛。

（3）润湿液浓度

润湿液的分散是引起油墨乳化的条件之一，印版表面的水膜，在机械力的挤压作用下，形成微小的液滴分散渗进油墨中，引起油墨乳化，因此润湿液量过大，印版水膜过厚，沿着墨辊传布的水分增多，经过滚筒、墨辊的相互挤压，就促使油墨乳化加速和过度乳化。水量越大，水膜越厚，润湿液的 pH 值越小，油墨过度乳化越严重。

解决方法：①控制好润湿液量，在保证印版不上脏，印迹符合层次、密度、色彩等质量要求下，减小墨量，减小水量；②控制好润湿液配比，pH 值不宜过小，最好尽量使用醇类润湿液。

（4）冲淡剂和干燥剂

常用的冲淡剂主要有撤淡剂、白油、白墨、维力油等，其中撤淡剂是一种两性氧化物，吸湿性强，撤淡剂的乳化值较大，白油的乳化值也较大，极易引起油墨的乳化。如果在油墨中添加这些冲淡剂，必然使油墨乳化加速。催干剂如白燥油、红燥油，其乳化值较大，加入适量的催干剂可以加快油墨干燥，但如过量添加，反而会降低油墨的干燥速度，同时会使油墨乳化加剧。

解决方法：要根据具体情况添加冲淡剂或干燥剂，不能盲目乱加，尽量控制在一定量内，一般在 2% ～ 3%，不能超过 5%。

（5）其他因素引起的油墨过度乳化

其他因素如车间温度、湿度、车速以及水辊、墨辊的压力等因素，也会对油墨乳化产生一定影响。车间温度越高，油墨流动性越大，使黏度变小，抗水性减弱，加之印刷速度快，剥离力增大，墨辊表面温度升高，极易造成油墨的过度乳化。另外，当车间湿度较高时，特别是在南方的梅雨季节，机器表面经常出现"冒冷汗"的现象，这些冷凝水沿着机器的表面滴到墨斗中必然导致油墨乳化。

解决方法：①车间尽量安装空调，把车间温度控制在 20 ～ 26℃，湿度控制在 53% ～ 65%；②注意调整水辊、墨辊的压力，使之在合适的范围内，确保输水、输墨顺畅；③在停机空转时，应停止供水、供墨，避免水大墨大加速油墨乳化。

　🔲 注意事项

影响油墨乳化的因素是多方面的，而许多时候，引起油墨过度乳化的原因往往是几个因素共同起作用，比如图文面积小，耗墨量少，油墨长时间与水接触容易产生乳化；如果油墨的抗水性差、水量过大，更容易出现油墨过度乳化。因此，对于油墨乳化问题，应该从多方面进行逐一分析和排除，必须树立防患于未然的思想，重在预防，除了在原材料上要把好质量关外，平时也要养成良好工作习惯，规范工艺操作，比如做好"三平""三勤"工作，及时发现和解决问题，并注意积累经验，尽可能把握适度的油墨乳化，控制好水墨平衡，印出网点清晰、层次分明、色彩鲜艳的高质量印刷品。

📂 3.2.4 水辊和墨辊条痕故障及处理

🗇 学习目标

能够找出造成水辊和墨辊条痕故障的原因，并能够将故障排除。

🗇 操作步骤

①分析产生故障的原因。

②根据相关知识中的解决办法进行处理。

③开机印刷，重新检查印刷情况。

🗇 相关知识

水辊和墨辊条痕故障主要表现为杠子，是印刷时印品上所出现的与滚筒轴线平行的，且与周围密度不同（颜色深浅不同）的条状印迹。它是因为靠版墨辊与印版滚筒之间、印版滚筒和橡皮布滚筒之间，或者橡皮布滚筒与纸张之间产生微小滑移等原因产生的。在油墨转移过程中这一微小滑移改变了墨膜厚度或网点的形状和大小，形成了条状墨色变化，这就是杠子。

根据外观，杠子分为黑杠（墨杠）和白杠（水杠）两种，其根本原因是由于机械磨损、压力突变、线速不匀、接触面光滑、齿轮加工精度不高等，致使橡皮布、墨辊、水辊等与印版表面在滚压过程中产生瞬间滑动，导致与印版滚筒轴线平行的某一直线上的图文发生了变形，并改变了油墨堆积的厚度，形成与前后两色深浅不同的杠子。

1. 墨杠

（1）着墨辊对印版的压力过大

着墨辊从空当部位碰到印版的咬口边缘时，会产生冲击跳跃，当然第一根着墨辊产生的冲击会在印版边的空白位置，但当第二根着墨辊碰到印版咬口边缘产生冲击跳跃时，跳跃产生的振动会通过下串墨辊传递给已位于图文部分的着墨辊，形成墨杠。这种墨杠的特征是一般靠近咬口处，位置上下不定。

解决方法是：首先要调节好着墨辊对印版的压力，其次还要注意着墨辊的橡胶硬度，硬度越高，越易出现墨杠。

（2）印版滚筒与橡皮布滚筒之间的压力过大

橡皮布在压力挤压作用下会产生较大的滑动摩擦，造成网点变形以至形成墨杠，这种墨杠大多是在固定区域出现，位置往往不变。

解决方法：进行印版和橡皮布的包衬时，应根据厂商提供的指导数据进行。印版衬垫厚度应控制在标准数值的 ±0.02mm，橡皮布下的衬垫厚度应使压力尽可能在理想的压力范围内。如果按照指导数据进行衬垫时感到压力还达不到要求，不能只考虑增加橡皮布的衬垫，应当检查滚筒的中心距是否恰当。若滚筒中心距有变化，应当校正到标准数值，并使两侧保持一致。

（3）着墨辊与串墨辊之间的压力过大

着墨辊与串墨辊之间的压力大于着墨辊与印版之间的接触压力，使得着墨辊两侧的压力相差过多，这样着墨辊的转动主要依靠串墨辊的带动，从而使它在印版表面产生滑动摩擦，尤其是后一组着墨辊容易形成墨杠，这种墨杠位置不固定，也可是单侧出现墨杠。

解决方法：检查时应先校正着墨辊与印版滚筒的压力，若故障现象仍然存在，就应再检查它与串墨辊之间的压力。检查着墨辊与串墨辊之间的压力的办法有插钢片和检查压杠宽度的办法。检查压杠宽度应注意使着墨辊两头的墨迹宽度一致。对于变形较大的墨辊可予以更换。

（4）滚筒齿轮磨损严重，齿轮间无法精确啮合

在滚筒受压时，由于齿轮的啮合不准而发生颤动，使得相接触的滚筒表面发生滑动摩擦，这时版面网点就会由于这种滑动摩擦而在转印时变形，形成一条条与齿轮节距相等的周期性的墨杠。

解决方法：首先，若机器设计允许的话，可以考虑适当缩小滚筒中心距；在不出现顶齿事故的前提下，调整齿轮的啮合间隙为 0.10mm 左右，以减轻墨杠的严重程度。其次，可考虑改用软性衬垫，并重新调整压力至理想的状态。印版滚筒与橡皮布滚筒之间的压缩量为 0.15 ～ 0.20mm，橡皮布滚筒与压印滚筒之间的压缩量为 0.25 ～ 0.30mm 即可。

（5）滚筒轴承磨损严重

滚筒轴承磨损严重，造成滚筒轴颈与轴套之间的间隙过大，套合松动，咬口处受压后离让值大，产生滑动摩擦，形成比较宽的墨杠。

解决方法：首先可以考虑的是在橡皮布下垫衬纸时，可以将叼口处垫成梯形，以减少叼口合压时产生的撞击力（增强缓冲性）。如果上述方法仍难以缓解故障，则应更换新轴套。

（6）印版滚筒和橡皮布滚筒的包衬配置不当

印版滚筒和橡皮布滚筒的包衬配置不当，造成两者在滚压过程中，压印面存在较大的滑动现象，形成墨杠。

（7）滚筒在匀速转动的某一瞬间产生振动

滚筒在匀速转动的某一瞬间产生振动，使印版滚筒、墨辊、橡皮布滚筒和压印滚筒产生微量的晃动，从而产生墨杠，这种墨杠的规律性不强，在印品上随机出现。

2. 白杠

白杠主要是由于输水部分故障引起的，主要有以下几点。

（1）着水辊与印版表面接触压力过大

着水辊与印版表面接触压力过大，运转时印版叼口处在撞击下容易出现较大的跳跃，而且后一根着水辊的跳动会影响到前一根，此时前一根着水辊会对印版图文产生摩擦作用，这样在往复摩擦下，图文网点会遭到破坏，无法吸收足够的墨量而形成白杠。这种白

杠常出现在叼口处。

解决方法：重新调整着水辊的压力，要特别注意使着水辊两侧的压力均匀一致。调整着水辊压力后，若着水辊仍然有较强的跳动现象，则需要检查着水辊机件是否损坏以及着水辊调整是否偏心，再进行针对性的修理及调整。

（2）串水辊传动齿轮磨损

串水辊传动齿轮磨损严重，运转中产生振动，并传给着水辊而引起白杠。这通常在印刷满版图文或实地时在某一区域内出现。

解决方法：首先检查着水辊同串水辊和版面之间的压力情况，为了缓解齿轮磨损带来的影响，在不影响印刷质量的前提下，可将着水辊两侧的压力调轻一点，若此法效果不明显，则需要更换新的齿轮。

（3）传水辊摆动时间不正确

传水辊向串水辊供水时，着水辊应当在印版滚筒的空当处，如果传水辊摆到串水辊时，着水辊刚好处在印版图文部分，这样会引起着水辊和版面间产生瞬间的重压摩擦，导致白杠，这种白杠通常出现在固定部位。

（4）着水辊与串水辊接触压力过大

着水辊与串水辊接触压力过大时，着水辊容易跟随串水辊产生串动，使着水辊与印版之间发生摩擦而引起白杠；着水辊与串水辊之间压力大于着水辊与印版之间的压力时，若串水辊与印版表面的线速度不一致的话，着水辊便会随着压力大的一侧即串水辊一侧同步运转，而着水辊与印版表面之间可能产生滑动，引起白杠。这种白杠前轻后重且间距较宽，其位置不固定，有时在单边出现。

🗇 注意事项

对于水辊和墨辊条痕故障的问题，必须树立防患于未然的思想，重在预防，除了注意机器设备的保养和维修外，平时也要养成良好的工作习惯，规范工艺操作，印出高质量的印刷品。

📁 3.2.5 糊版、花版、浮脏、掉版、掉粉和掉毛故障及处理

🗇 学习目标

能够找出糊版、花版、浮脏、掉版、掉粉和掉毛故障的原因，并能够将故障排除。

🗇 操作步骤

①分析产生故障的原因。

②根据相关知识中的解决办法进行处理。

③开机印刷，重新检查印刷情况。

🗇 相关知识

1. 花版

花版是指印刷过程中印版上图文网点逐渐缩小，高调部分小网点丢失，实地部分出现

花白的现象，花版降低印版耐印力，影响印刷质量。

高速多色胶印机经常会承印大面积平网和实地的彩色印刷品，因为所用的油墨量多、面积大、黏性大且干燥慢，很容易出现印刷发花。导致印刷发花的因素很多，主要是压力不当、润湿液酸性强弱不合要求、油墨黏性太大或太小、PS 版制作不当、橡皮布包衬不适及印刷工艺操作等问题造成的。

（1）印刷工艺造成发花故障及排除

①印刷压力。

a. 印版滚筒与橡皮布滚筒之间的压力。

故障原因：印版滚筒的压力调节不当，印版滚筒与橡皮布滚筒之间压力过大，在挤压力的作用下，图文墨层挤铺，网点变形拉长，图文、线条并糊，层次不清，版面发花糊版，引起印刷发花。

解决方法：按标准调整滚筒包衬，在图文印迹足够结实的基础上，均匀地使用最小压力。

b. 水辊与印版压力。

故障原因：水辊与印版滚筒压力调节不当，过重时，水辊接触到印版时产生跳动和摩擦，印版图文基础及亲水层遭受磨损引起花版；过轻时，造成供水困难，版面得不到足够的水分，失去水墨平衡引起发花糊版，造成印刷发花。

解决方法：按标准调节水辊与印版滚筒之间的压力，清洗辊，清除残存油污，必要时应更换新的水辊。

c. 墨辊与印版滚筒压力不当或墨辊表面老化。

故障原因：墨辊与印版滚筒之间的压力调节不当，过重时，印版砂眼磨损，亲水基础受到破坏，版面糊版；过轻时，则油墨传递不良。同样，墨辊老化，也失去良好的传墨性能，使版面受墨不足而花版，这些因素造成印刷发花。

解决方法：调整墨辊压力，使其保持良好的传墨作用。墨辊表面老化时，应将表面老化层擦去。老化严重并龟裂时，应放在磨床上磨一层或更换。

②润湿液。

a. 润湿液酸性太强。

故障原因：酸性太强，版面图文部分及砂眼遭到磨蚀，在挤压力的作用下，版面亲油基础被破坏，失去水墨平衡而花版。另外，酸性太强，版面上无法形成无机盐层，破坏了水墨平衡而糊版，造成印刷发花。

解决方法：调整润湿液的 pH 值，使其在 5 左右。

b. 润湿液酸性太弱。

故障原因：印版表面无法形成磷酸盐沉淀物，无机盐层得不到及时补充，溶液缺乏应有的抗油性，版面不能形成水墨平衡状态，图文部分向空白部分扩散而引起花糊版，造成印刷发花。

解决方法：适当增加润湿液酸性，以使版面保持水墨平衡。

c. 润湿液中胶液加入量过多。

故障原因：遇到天热季节，为确保空白部分的稳定，提高润版液的比例，这无疑对版面水墨平衡是有益的，添加比例过高会使墨辊表面亲水抗油而脱墨，辊面失去传墨性能，版面得不到足够的墨量而花版，造成印刷发花。

解决方法：减少版面水分，减少胶液加入量，必要时铲去墨辊上的旧墨或清洗墨辊。

③油墨。

a. 油墨调配过稀。

故障原因：油墨调配过稀，质地疏松，其内聚力差，分子之间的吸附力就小，在滚筒挤压力下，墨层印迹容易向外铺展，使网点、线条明显扩大而糊版，造成印刷发花。

解决方法：油墨中加放适量的 0 号调墨油，增强油墨黏度和黏附力。

b. 供墨量过多。

故障原因：因供墨量大，造成版面墨量过多，墨层过厚，在挤压下，图文网点铺展并糊，印迹层次不清引起糊版，造成印刷发花。

解决方法：根据不同产品掌握供墨量。一般实地产品稍偏多，精细印件不可偏多；纸张表面粗糙可稍偏多，表面光滑则不能过多。

c. 油墨黏性太大。

故障原因：油墨黏性大，其内聚力也大。油墨黏性过大，当墨层在版面和橡皮布表面之间转印后分离时，版面对油墨的吸附力不能克服油墨的内聚力和惯性力，使匀墨发生困难，墨层必然在吸附力较小的一面断裂。如果墨层在印版表面断裂，则会造成印版版面墨层不足而花版，造成印刷发花。

解决方法：适当减少油墨辅助剂加入量。

d. 油墨黏性太小。

故障原因：油墨黏性小，其内聚力也小，分子间的黏附力也就小。在墨层转移过程中，油墨中的颜料颗粒不能正常转移而堆积在版面，在挤压力下，图文网点铺展，印迹模糊，层次不清而引起糊版，造成印刷发花。

解决方法：适当增加油墨的辅助剂。

e. 干燥剂加入量过多。

故障原因：油墨中干燥剂加入过量，会使油墨加快干燥，黏度和极性增加，油墨颗粒变粗堆积在版面，对空白部分的感脂性增强，在挤压力下墨层印迹铺展而引起糊版，造成印刷发花。

解决方法：减少油墨中的干燥剂比例，清洗墨辊。

④PS 版。

故障原因：用阳图软片晒版，非图文部分的感光层见光分解，在显影液中溶解除去，露出版基形成空白部分，而未受光部分的感光层，留在版基上形成图文部分，PS 版晒版时抽气不足，造成 PS 版耐印力差，空白部分砂眼磨损或图文部分感光层磨损等问题都会造成印刷发花。

解决方法：检查真空泵密封件是否磨损，橡胶管是否破损，晒框弹性橡胶密封布垫是否漏气。

⑤橡皮布。

故障原因：橡皮布质量差以及橡皮布滚筒压力、包衬等因素造成印刷发花。

解决方法：清洗橡皮布，必要时更换新的橡皮布以及调整压力、包衬厚度等。

（2）纸张因素造成印刷发花及排除

①纸张的均匀度。均匀度是指纸张或纸板结构中的纤维分布及其纵横向交织厚薄均匀的程度。纸张中发现有发亮或发暗的地方，说明纸张中纤维不够均匀，并且纸张的厚度也不均匀，纸张较厚的部分染色比较深，而薄的地方染色较浅，在印刷过程中吸墨性不均匀，造成印刷发花。

②纸张的纤维排列。纸张的纤维排列也在不同程度上影响纸张的质量。比如将两种木浆混合时，即使是纯木浆纸，也会有不同情况。由于纤维的性能不同，搅拌不匀时，纤维横、纵向排列不规则，吸水时横向膨胀很多，纵向膨胀较少，造成纸张对油墨吸收性的差异，这也会造成印刷发花。

在造纸过程中，影响纸张的均匀度和纸张的纤维排列的因素是很多的。例如，使用的纤维浆料的种类和打浆特点，浆料中是否有填料和胶料，上网浆料浓度和此浓度的稳定性，上网速度与网速的比例，网案的摇振条件，上网纸料的温度，抄造时介质的 pH 值，纸机网案的结构特点等。这些因素必须严格控制，才能保证纸张质量，避免印刷发花故障。

2.掉版、糊版

掉版是指印版上的图文感脂性下降，使版面亲墨性减弱，网点面积变小甚至丢失；糊版则是指版面网点面积扩大变形，空白区域黏上油墨使印迹变粗，油墨黏附在空白部分，印出的图文模糊不清。引起掉版、糊版的原因是多方面的，主要有压力过重、设备老化、润湿液调整控制不当、橡皮布不平整以及老化变硬等原因。在印刷的过程中一定要认真查找原因，以减少或避免掉版、糊版现象的产生，确保产品印刷质量。

（1）印刷压力

①印版滚筒与橡皮布滚筒压力。

故障原因：印版滚筒与橡皮布滚筒压力过重。压力是实现印迹转移的必要条件，只有适度的压力才能有效地保证印迹的转移效果。压力过重，使橡皮布对印版表面的摩擦力增大，压印时加剧了印版表面亲墨膜层的磨损，容易产生掉版现象，使印迹变淡，甚至使图文印刷不清晰或出现缺笔断画现象。另外，如果印版滚筒与橡皮布滚筒间压力过大，还容易使印迹在转移过程中因存在挤压现象而出现扩大变形，造成糊版。

②压印滚筒与橡皮布滚筒压力。

故障原因：当压印滚筒与橡皮布滚筒间的压力过重时，橡皮布表面上的印迹受到挤压而铺展，造成糊版。

③着墨辊和着水辊与印版间的接触压力。

故障原因：着墨辊或着水辊与印版的压力过重，将对印版表面产生过大的挤压摩擦，使印版的亲墨和亲水基础受到破坏，以致产生掉版或糊版现象。

解决办法：调整好各滚筒之间的压力，必要时可以借助滚筒塞尺等工具进行辅助调节。

（2）着墨辊和着水辊

①着墨辊和着水辊轴头磨损变形或轴承损坏。当着墨辊或着水辊的轴头因润滑不良产生磨损，以及轴承出现损坏情况时，一方面因产生跳动和滑动现象，对版面构成不正常的摩擦，从而破坏版面的亲墨和亲水基础；另一方面因辊转动不均匀，影响版面获得均匀、充足的供墨和供水，也容易造成掉版、糊版现象。

②着墨辊胶体偏硬或老化。着墨辊胶体偏硬或表面出现龟裂老化现象时，一是会增加对版面的摩擦力；二是上墨过程中容易出现滑动情况；三是对油墨的吸附性能下降，不能保持较好的上墨效果，影响版面均匀、正常的供墨，从而增加掉版发生的机会。

③着墨辊或着水辊存在偏心现象。当着墨辊或着水辊的辊体出现偏心现象时，辊在滚动过程中，半径大的一面对印版版面的摩擦力加大，使印版膜层受到破坏，容易造成掉版、糊版现象。

④水辊老化。当水辊老化或磨损，以及水辊附有墨迹、杂质等，都会影响水辊的正常吸水和传水性能。在供水不正常的情况下，版面的亲水膜层容易吸附墨迹，使文字、线条或网点边缘的墨迹扩展而造成糊版现象。

解决方法：做好设备的维护和保养，定期检查机器的辊体、轴承以及轴头等易磨损部件，对于磨损严重或损坏的部件及时更换。

（3）纸张质量

故障原因：纸质不好，纸张表面强度差，印刷过程中易出现掉粉、拉毛现象，纸粉、纸毛黏附到墨辊或水辊上，一方面影响正常的吸墨、上墨、吸水和传水效果；另一方面附着在墨辊或水辊上的杂质会增加对印版的摩擦力，甚至黏附于印版上，导致掉版和糊版弊病。

解决方法：在条件允许的情况下，尽量使用质量好的纸张，如果不能更换纸张，可以通过调节油墨的黏度、印刷压力以及印刷速度等方法，尽可能地解除纸张拉毛及掉粉问题。

（4）橡皮布

①橡皮布不平整。当橡皮布的衬垫不平或包勒不紧出现虚松情况时，其表面产生隆起现象，压印时产生不正常的摩擦而破坏印版膜层，从而引起掉版、糊版现象的产生。

②橡皮布使用老化变硬。橡皮布使用久了，会产生材质硬化，压印时对版面的摩擦力增大，使版面膜层受到破坏，也会引起掉版、糊版现象的产生。

③橡皮布丝缕方向错用。橡皮布的横向丝缕容易被拉伸而出现变形情况，若用于滚筒体周向包勒，印刷过程中就容易因挤压伸长而出现虚松情况，橡皮布隆起的部位与滚筒接触不紧密，压印时就容易产生滑动摩擦和挤压现象，导致掉版、糊版和重影故障的发生。

解决方法：在包勒橡皮布时包紧，将伸长率小的方向作为周向使用，减小橡皮布在印刷过程中的松动和变形；控制好润湿液的 pH 值，减缓橡皮布的老化，如果橡皮布老化严重，要及时更换。

（5）润湿液调整、控制不当

①润湿液的酸碱度调整不当。润湿液的酸性太弱时，不能形成足够的无机盐来补充版面不断被磨损消耗的亲水基层，这样，版面空白部分的抗油性能就将逐渐减弱，使图文部分的网点向外扩展而形成糊版现象。反之，润湿液的酸性过强时，则容易腐蚀印版的图文部分及其版面砂目，使网点、图文的吸墨性减弱，感脂能力降低，亲油基础受到破坏，以致产生掉版现象。

②版面水分大小控制不当。版面水分过大，将使版面及墨辊带有一层较厚的水膜，进而影响油墨的正常均匀转移，这样就容易引起掉版现象；而且版面水分过大还会使印刷墨色偏淡，对此若盲目采取增加输墨量来提高墨色浓度的话，则会因水大墨大造成乳化过度。若版面水分偏小，则无法与油墨抗衡，使版面油墨层铺展，也会引起糊版现象。

解决方法：在印刷过程中，润湿液 pH 值会发生改变，纸张是其中的影响因素之一。影响 pH 值发生改变的因素很复杂，因为润湿液在与水辊、油墨、印版、橡皮布及纸张的接触过程中，均会使润湿液的 pH 值发生变化。因此，调整好润湿液的酸碱度，使其 pH 值在 5 左右，必要时可以使用 pH 为 4～6 的试纸进行量测。同时，控制版面的水分大小，减少掉版、糊版现象的发生。

（6）油墨辅助材料使用不当

故障原因：干燥剂或其他助剂加入量过多。印刷时，为了调整油墨的印刷适性，提高油墨的印刷效果，通常在油墨中加入燥油、亮光油、亮光浆、去黏剂和防黏剂等类助剂。但是，若燥油的加入量过多，会使油墨颗粒变粗，黏性增加，从而出现糊版现象。若亮光油、亮光浆、去黏剂等加入太多，则将使油墨的油性增加，印刷时在挤压力的作用下，也会产生糊版弊病；防黏剂若加入太多，则会因防黏剂中的粉状物而引起糊版现象的发生。

解决方法：辅助材料加放时要适量，如果一次加不好，可以试用一下再补加。

3. 浮脏

印刷中由于使用油墨的内聚力偏小，或由于油墨乳化严重导致内聚力变小，使得浮在空白部分水膜上的细小墨点无法被着墨辊收清，从而造成印张空白部分会有不固定的点状或丝状脏点，这种现象称为浮脏。浮脏在印张上的位置往往是不固定的。产生浮脏的原因主要有以下两个方面。

（1）油墨乳化严重

故障原因：润湿液导电率过高，润湿液配比问题，水墨平衡控制失当，润湿液参数控制不当，水、墨辊表面老化损坏等，导致墨辊上的油墨乳化严重，造成墨辊对油墨的黏附力降低，一些油墨颗粒便从墨辊散落到印版表面，形成浮脏。

解决方法：针对故障清洗水箱、重新配比润湿液、正确设置水分、控制润湿液参数、更换水墨辊等。

（2）油墨过稀

解决方法：加入适量燥油来提高油墨的内聚力。

4. 掉粉、掉毛

有些纸张由于其表面强度差，在印刷过程中，常常出现掉粉和掉毛等故障。掉毛是指纸面的单纤维、纤维束或某些原料中特有的细胞在印刷时从纸面上被剥落下来。掉粉是指纸张中与纸面结合较弱的粉状物质一般为填料和颜料，在印刷中受胶黏作用的影响，从纸面上被剥落下来。从印刷质量角度讲，使用表面强度高，质量好的纸，是避免纸面掉粉、掉毛质量故障，提高产品质量的最好选择。但是，采用什么纸进行印刷，往往不是印刷厂单方面所能决定的。有些普通的产品，客户只要求使用低档纸进行印刷，这就要求从印刷工艺方面采取一些必要的措施，以达到确保印刷质量的目的。

纸张的掉毛、掉粉的原因有两点。第一，是印刷操作工艺不当造成的，如油墨黏度、印刷压力、印刷速度、润湿液调节使用不当等。第二，是纸张本身所造成的，如表面强度差、带静电等。

（1）印刷工艺不当造成掉毛、掉粉故障

①调整油墨的黏度。

故障原因：纸张表面强度差，采用高黏度的油墨印刷，产生掉毛、掉粉质量故障。

解决方法：选择适合印刷工艺条件的助剂，对油墨的流动性和黏度进行调整，以降低印刷过程中油墨层对纸面的黏力和剥离张力。

②调整印刷压力。

故障原因：印刷压力过重，破坏纸面上的涂布层和纤维结构，引起掉毛、掉粉质量故障。

解决办法：使用均匀、适当的印刷压力。

③调整印刷速度。

故障原因：以较高的速度印刷表面强度差的纸张，增加了剥离张力。剥离张力是油墨、橡皮布和纸张三者之间的作用力，印刷速度越快，惯性力越大，印刷滚筒半径越小，剥离张力越大。出现掉毛、掉粉质量故障。

解决办法：印刷表面强度差的纸张，采用较低的速度进行印刷。

④合理安排色序。

对于表面强度差的纸张，印刷时应尽量采用：先印背面（双面印的产品）后印正面；先印小版面后印大版面；先印低黏度的油墨后印高黏度的油墨（非叠色版面的产品）。如果胶印机存在多余的色组，则可不用前面的色组，让纸张空着经过前面的色组将纸张空压印一遍，这样可大大减少印刷时掉毛和掉粉现象。

（2）纸张的原因造成掉毛、掉粉故障

①切纸操作。

故障原因：切纸机的刀刃磨损而不快，上下刀刃不吻合，纸张切割时，微小的移动导致从纸面或边缘脱落下来的细小纤维碎屑等，都可以产生纸粉。纸粉一般由几根或几十根纤维组成，常见于纸的端边。

解决方法：必须及时更换切纸刀，才能避免这类问题。

②静电。

故障原因：在印刷过程中，使用带静电的纸会引起严重的问题，因为纸页粘连会造成自动输纸歪斜或双张现象。更严重的是纸粉就会黏附在纸上。

解决方法：必须采取静电消除装置消除静电。另外，对纸张进行吊晾，可以使附着于纸面上的纸屑、纸粉和纸毛散落下来。印刷之前将纸张拿起来抖松、撞齐，也可以使纸面上的纸毛和纸粉等散落下来。通过这样的处理，使印刷时减少掉毛、掉粉的故障。

🗇 注意事项

许多时候几种故障是同时出现的，因此必须树立防患于未然的思想，重在预防，除了在原材料上要把好质量关外，平时也要养成良好的工作习惯，规范工艺操作。

📂 3.2.6　背面粘脏、蹭脏、油墨不干和粉化故障及处理

🗇 学习目标

能够找出背面粘脏、蹭脏、油墨不干和粉化的故障原因并能够进行处理。

🗇 操作步骤

①分析产生故障的原因。

②根据相关知识中的解决办法进行处理。

③开机印刷，重新检查印刷情况。

🗇 相关知识

背面粘脏、蹭脏及油墨不干通常是伴随出现的。背面蹭脏是指在承印物上的图文油墨，堆垛时沾在上一印张背面而造成的蹭脏。背面蹭脏轻者影响产品画面的质量，重者则导致印刷品报废。

1. 导致印品背面蹭脏的因素

（1）纸张因素

①纸张的施胶度不好，纸质疏松，纸面表面填料、胶料的质量较差。

②纸张吸墨性差，纸张吸墨过慢，影响油墨的渗透凝固和氧化聚合作用，导致油墨固着速度降低，油墨转移到纸张上之后，不会很快被纸张吸收，这样就会产生纸张背面蹭脏现象。

③纸张的 pH 值。纸张的 pH 值是影响印刷油墨氧化结膜干燥速度的重要因素。纸张 pH 值低，阻止了油墨氧化结膜，降低了油墨的干燥速度。当纸张的 pH 值低于 5 时，可能造成干燥完全停止，使印刷品出现干燥不良和背面蹭脏现象。pH 值过高，印刷过程中，纸张中的碱性物质会不断地溶解并传递到润湿液当中与弱酸性的润湿液发生中和反应，使润湿液的酸碱度发生改变，使油墨发生乳化，影响干燥速度，也会导致背面蹭脏现象。

（2）油墨因素

①油墨的固着。油墨的固着主要是通过纸张对溶剂的吸收实现的，溶剂向纸张渗透的

快慢决定了油墨固着的难易。固着是指初步固定的意思，而不是指完全硬化固结的状态。因此。用手使劲搓动时，油墨还是会被蹭掉的。单张纸胶印机印品叠放的情况下，如果堆码的印品上不发生油墨脱落，即不发生油墨蹭到另一张纸上的现象，就表示油墨的固着程度已满足了实际的需要，否则就会发生背面蹭脏现象。

②油墨的黏度。油墨黏度是产生油墨乳化的主要因素。油墨黏度太小，流动性强，分子间的内聚力小，抗水性差，容易乳化，就会造成纸张背面蹭脏现象。

③冲淡剂和干燥剂因素。油墨中的冲淡剂按其组成和作用，分为亮光型冲淡剂、撤淡剂、透明油、白油和白墨等品种。其中，撤淡剂是一种两性氧化物，吸湿性强、乳化值大。白油的乳化值也较大，容易引起油墨的乳化。在油墨中添加过多的冲淡剂，就会加快油墨乳化现象。如果过量加入白燥油、红燥油等催干剂，反而降低油墨的干燥速度，使油墨乳化更严重。

（3）润湿液因素

① pH 值。润湿液一般呈酸性。如果酸性太大，油墨干燥将受到影响。润湿液酸性过强，油墨的干燥时间就延缓，容易出现背面蹭脏现象。

②印版上润湿液供给量过大。印刷过程是动态的，水和油墨都受到水辊、墨辊的挤压，在机械力的作用下，水和油墨必然产生互相浸润、分散，最终两者融合在一起。如果水墨失去平衡，水分过大，引起油墨乳化，影响印刷油墨的干燥速度，造成背面蹭脏现象。

（4）温湿度因素

车间温度越高，水辊、墨辊表面温度越高，油墨越稀，抗水性就减弱，油墨容易乳化。车间湿度也会影响油墨干燥。湿度大，干燥则慢，同样会引起油墨乳化，造成背面蹭脏现象。

（5）印刷压力

印刷压力调节以及墨辊与印版滚筒之间压力调节不当，同样会造成背面蹭脏现象。

2. 防止纸张背面蹭脏的措施

（1）纸架

刚印出的成品或半成品，按一定的数量，用特别的木架为支撑物，一格一格隔开堆放。

（2）喷粉

喷粉是在没有办法解决背面蹭脏的情况下才使用的方法。喷粉的作用是减少因油墨干燥慢而引起的背面蹭脏现象。

（3）防黏剂

新型的防黏剂是一种复合助剂，主要用于取代目前胶印中的喷粉作业，以达到提高质量、降低成本、改善环境的目的。

防黏剂有粉状和液状两种，粉状防黏剂是精制淀粉（玉米粉）及沉淀碳酸钙，液状是硅油溶剂。淀粉和碳酸钙是白色粉末，使用时可直接调入油墨中搅拌均匀。这种防黏剂的颗粒较粗，容易产生堆版及糊版现象，并影响印刷品的墨色和光泽。这种防黏剂用量不宜过多，一般控制在 2% 以内。防黏剂使用后，并不能完全解决粘脏问题，还必须采取相应的工艺措施进行配合，才能达到防止粘脏的目的。

（4）印刷操作

严格遵守印刷操作规程，正确控制水墨平衡和印刷压力。在多色机安排色序时，也应考虑到防止印品背面蹭脏以及混色等问题。

（5）安装红外线仪

在收纸部分安装远红外线干燥装置，以给纸张提供一定的热量，促使纸张水分蒸发，加快干燥速度，也有利于防止背面蹭脏问题的解决。

（6）采用 UV 油墨

采用 UV 油墨进行印刷，安装 UV 装置，解决印刷背面蹭脏。为了解决纸张印刷背面蹭脏故障，只有适当调节油墨黏度或改变印刷工艺参数达到印刷适性的要求，才能保证印刷品质量。

注意事项

有时引起故障的原因是多种因素造成的，因此必须注意鉴别。但是重点还是树立防患于未然的思想，重在预防，除了在原材料上要把好质量关外，还要将车间的温湿度等控制好，平时也要养成良好工作习惯，规范工艺操作。

3.2.7 非吸收性纸张油墨附着力故障

学习目标

了解印刷工艺中常用的非吸收性纸张的种类，能够排除非吸收性纸张的油墨附着力故障。

操作步骤

①找到引起故障的原因。

②参照相关知识中提出的解决方法进行处理。

③开机印刷，重新检查印品情况。

相关知识

金卡纸、银卡纸、激光纸、特种不干胶纸、铝箔纸属于非吸收性纸张，而表面的非吸收性质直接影响了油墨的附着力和墨层的干燥形式。

1. 导致故障的原因

我们知道，油墨在普通纸张上的渗透、凝固和聚合、氧化结膜是墨层附着干燥的主要形式。但墨层印到纸张上就其干燥作用的时间而言，墨层在纸张上渗透而显示的附着干燥作用是迅捷而明显的，而由墨层中的干性植物油通过与氧气的接触，逐渐结成膜层的氧化、聚合形式的附着干燥，是一个十分缓慢的过程。它需要经过一段时间才能完成其化学、物理反应的全过程。由此可见，这两者的共同作用，形成了印品完整附着干燥的最终结果。而在非吸收性纸张上印刷时，情况就不同了，这主要是其附着干燥的形式发生了显著的变化。由于非吸收性纸张不能或基本不能吸收油墨中的溶剂，使油墨连结料中的干性植物油、高沸点煤油等溶剂无法渗入纸张内部而不得不滞留在纸张表面的墨层内，使墨层不能较快地变稠和固着，因此，墨层就失去了初期附着干燥的时机。这也就是说，墨层缓慢地聚合、氧化结膜的附着干燥过程成了非吸收性纸张墨层的主要附着干燥形式。滞留在墨层中的溶剂不但未能使油墨迅速变稠，而且反过来又阻碍着墨层聚合、氧化，从而使其附着干燥速度更加缓慢。这种现象通常称之为"不干"。非吸收性纸张本身的性质决定了墨层不能很快附着干燥的特性。

非吸收性纸张的另一个特性是平滑度高、吸附性差，印品在印刷后非常容易出现粘脏现象。一旦这种情况发生，印下来时较为光洁平整的墨层瞬间会变得支离破碎或残缺不全，严重影响产品的视觉效果，甚至成为废品。

前面所说的"不干"现象又诱使粘脏现象显得更加突出。因此，可以这样说，"不干"现象和"粘脏"现象是一对孪生兄弟，互相影响、互相关联，并成为我们在非吸收性纸张印刷过程中自始至终需十分注意和关心的重要内容。围绕着这两个问题，采用与之相应的工艺措施和要求是十分必要的。

2. 相应的处理措施

（1）保证车间的温湿度

为了使墨层"不干"现象不至于过分严重，非吸收性纸张印刷时对温度有一定要求。理想的环境温度是在25℃以上。在这样的温度条件下印刷，有利于墨层的干燥，操作起来较为方便。倘若自然温度（如冬季）达不到一定要求，则可动用必要的升温设施。因为较高的环境温度能加快墨层内物质分子运动的速度，有利于墨层内植物油和氧气接触而生成膜层，从而增快氧化、聚合反应的速度而达到加速墨层干燥的要求。另外，由于墨层附着干燥的过程亦是一个放热反应过程，其反应产生的热量又进一步促进了墨层的附着干燥，从而形成了墨层加速结膜的良性循环。这对印迹附着干燥、墨层完整转移是大为有利的。非吸收性纸张最好在较为干燥的环境中进行印刷，这对印品的干燥，防止粘脏有好处。

墨层中水分蒸发的速度与其所处的环境湿度具有直接的关系，因为只有待水分蒸发后，墨层才能有效地进行氧化、聚合反应，直至最后干燥成膜。当环境湿度增高即空气较为潮湿时，墨层中水分蒸发的速度就变得缓慢，墨层干燥时间就增加。反之，当环境湿度降低，即空气较为干燥时，墨层中水分蒸发速度就相应加快，墨层干燥时间就相应缩短。另外，在较为潮湿的环境中进行印刷，空气中氧气的活动性就显得不那么活跃，会直接影响墨层对氧气的吸入，导致氧化结膜过程即干燥过程缓慢。

（2）采取防粘脏措施

①增加燥油放入量。在印刷非吸收性纸张的时候，油墨中应适当增加燥油用量，利用其对油墨的催干作用，加速墨层的氧化、聚合反应，促使墨层干燥凝固，防止粘脏故障的发生。

②掌握好印品的堆放量。由于非吸收性纸张印品极易粘脏，印品湿润的墨层在纸张自

身重力的作用下更易发生此类故障，故掌握好印品的堆放量是一个很重要的环节。一般来说，应采取晾夹板措施，以尽量减少每沓纸张因重力而形成的对墨层的压力，防止出现纸张表、背面粘脏现象。在通常情况下，一沓纸每次的堆放量一般掌握在 30 张左右为宜。

③版面保持最小量的水分。纸张对水分的吸收是胶印印版上水分消耗的主要途径，非吸收性纸张在不太吸收油墨的同时也显得不太吸收水分。因此，在印刷非吸收性纸张时，水斗内所消耗的水量是很少的。为此，可在版面不粘脏的前提下保持版面最少量的水分，以免冲淡墨色及印下来的墨层"不干"而粘脏的弊病发生。同时，版面较少的水分，对保持墨色鲜艳，提高产品质量也是非常有利的。

（3）印刷油墨不宜过稠

与普通纸相比，非吸收性纸张表面光滑得多，其对油墨的吸附性能也明显差于普通纸张。因此，当印版上的油墨经橡皮布最终转印至纸张上时，如果所使用的油墨较稠厚，常常会发生油墨在纸张上"印不上"或"印不足"现象，这主要是油墨与橡皮布的吸附力远远大于油墨与纸张的吸附力之缘故。在这种情况下，可以使用调墨油把油墨适当稀释，通过增加油墨的流动性来降低橡皮布与油墨之间的吸附力，使之能在压力的作用下顺利地转印到纸张上。

（4）印品处理

前面已述，非吸收性纸张特有的平滑度及其非吸收性的性质使之失去墨层初期附着干燥的过程，墨层只能附着在纸张表面期待着较为缓慢地氧化结膜，这就决定了墨层在刚印到纸张上后，在相当短的一段时间内不会附着和干燥的特性。这个性质不得不使人们在这一段时间内不能去搬动或者搓动刚印下来的纸张，否则极易造成纸张表、背面粘脏。再则，即使在墨层已附着在纸张上的一段时间内，因其还没有彻底氧化结膜，也要避免纸张间的相互搓动。如在这段时间内搓动纸张，墨层虽不会被粘脏，但随即会出现搓动擦痕，这种情况同样会使墨层受损。只有待墨层基本附着，结膜干燥后，此类状况才会消除。

▣ **注意事项**

在进行非吸收性纸张印刷时，保持好车间的温湿度，采取相应的防粘脏措施，规范操作，保证印出精美的产品。

▱ 3.2.8 滚筒之间因塞纸造成的故障及处理

▣ **学习目标**

能够分析故障产生的原因并能进行排除。

▣ **操作步骤**

①找到引起故障的原因。

②参照相关知识中提出的解决方法进行处理。

③开机印刷。

相关知识

胶印机在正常印刷中，由于多张纸或其他异物进入滚筒，使高速运转的机器一下子突然被轧停，轧停后，一时无法撤出纸张或异物，这种现象即为闷车，也称轧滚筒。故障产生原因主要有以下几个方面：

①双张停纸控制器没有调节好，或触点空隙走位变大及电器失灵，遇到双张、多张纸输入，不能自动停纸，而进入滚筒，把机器轧停。

②前规自锁失灵。在自锁信号指令下，前规能自锁，不使纸张继续进入滚筒。但由于自锁突然失灵，原来锁定在前规处的纸张因突然开启使多张纸一次性进入滚筒把机器轧停。

③机器底部下落的纸张积聚太多，没有及时清除，被印刷中的纸张一起带进滚筒。进入滚筒的纸张大多是折叠、重叠的，造成机器轧停。

④其他异物进入滚筒，如塞木块、拆纸条等，把机器轧停。

一般滚筒轧进几张纸即较轻微时能用常规方法退出纸张。排除方法有：

a. 点动机器离压或手摇机器离压；

b. 用六角扳头转动离压；

c. 调大滚筒中心距离压；

d. 拉动滚筒偏心套离压。

如果滚筒内轧进纸张或异物的情况较严重，上述方法排除无效时，可以采用滚筒转法来排除闷车现象。

（1）顶转排除方法

用液压千斤顶加螺纹顶杆，在被轧滚筒的空当处，将顶杆安放在与滚筒中心成90°切线处。使用千斤顶，但必须是受压纸张的反转方向。将滚筒顶向反转，而使受压纸张逐步退出，从而排除闷车。

（2）准备材料和操作要点

①先将轧停机器纸张非受压部分的纸撕掉。

②在用千斤顶做顶着面时，要找准滚筒的非工作面即滚筒的空当两端处。

③一定要顶在轧进滚筒的其中一只上，禁止使用第三只滚筒去带动被轧的其他滚筒。因为用第三只滚筒去带动被轧进纸的其他滚筒，这样齿轮受力很大，会造成齿轮受损。

④在安放千斤顶的底座时，这一支点一定要在本机机座上，不然会顶动机身而走位。

⑤在进行顶转滚筒作业的同时，用人力配合方向摇动机器，其效果更好，但绝对要认准同方向旋转，不然两力抵消，作用在齿轮上，甚至会损坏齿轮。

⑥备一副150mm×250mm、厚15mm的钢板铰链做千斤顶底座支撑，角度调节使用。因为轧停时是不定点的（指滚筒的非工作面），在进行顶转作业时，支撑处的顶杆一定要使顶杆和滚筒径向成90°方能进行顶转作业。此时，千斤顶底座和机面不一定能成90°，顶转作业时千斤顶就有打滑的可能，这副钢板铰链就调节补充这一缺陷，使顶转作业平稳。

⑦备带螺纹丝杆的顶杆。外管长300mm、丝杆长100～150mm的多根直径不等并带套帽的顶杆与千斤顶连接，丝杆可做长短任意调节。

注意事项

发生闷车事故时，一定要迅速排除，以免滚筒过压时间一长对滚筒轴径和滚筒表面造成不可恢复的损伤；不能用力过大或过猛，避免使用加长工具的方法操作；排除时可根据情况试动。排除后，要用千分表检查滚筒径向跳动的情况，以便判断零部件损坏程度，决定是否再用。最后一定要重新校正滚筒间压力值。

一般闷车事故很容易对机器造成很多伤害，严重的时候甚至会造成整台机器的报废。所以防患于未然非常重要，应该定期检查机器的检测系统，保证其正常工作，并在操作中合理操作，真正避免闷车事故才是最终目的。

3.3　印刷质量检验

通过本节的学习，掌握检验图文质量的方法，并能够使用辅助设备检验套印情况。

3.3.1　检测正反面实地密度

学习目标

了解密度计的原理及印刷测控条的组成和种类，掌握密度的检验方法和相应的标准，学会使用密度计检验印刷品正反面的密度。

操作步骤

①根据标准进行抽样或随机抽样。

②将密度计校准并设置好相应的参数，如响应方式。

③使用反射密度计测量印刷签字样张的正、反面测控条上的C、M、Y、K实地块的密度值，并记录。然后测量抽样的印刷品上相同部位的密度值，并记录。

④将抽样样品的正、反面的密度值与印刷签字样的正、反面的相同部位的密度值进行对照，得出复制的印刷品的质量状况。

相关知识

1. 印刷测控条

（1）测控条的分类

测控条是由网点、实地、线条等已知特定面积的各种几何图形测标组成的用以判断和控制晒版、打样和印刷时信息转移的一种工具。配合仪器测量与视觉判断来监控晒版、打样和印刷过程中图文信息的转换和转移，进而达到测控产品质量的目的。

测控条分为两大类：信号条和测试条。

信号条主要用于视觉评价，功能比较单一，只能反映印刷品的外观质量信息。它是实施印刷质量数据化测定和控制的一种手段，主要用于评价印刷品的色彩和阶调再现，为印刷质量的控制与管理提供客观标准。还可用来检测套印精度、重影、晒版曝光量及显影条件、印版分辨力等。其特点是：

①只需一般放大镜或人眼就能察觉质量问题，无须专门的仪器设备；

②使用方便，容易掌握，结构简单，成本低；

③只能定性地提供质量情况，无法提供精确的质量指标数据。

测试条由若干区、段测试单元（块）和少量的信号块组成，它不仅具有信号条的功能，还能通过专门的仪器设备（如带偏振装置的彩色反射密度计、色度仪以及带刻度的高倍放大镜等）在规定的测试单元上进行测量，再由专用公式计算出印刷质量的一些指标数值（如叠印率、网点面积、相对反差等），供评判、调节和存储之用。它适用于高档产品印刷质量和控制、测定和评价。

把信号条和测试条的视觉评价和测试组合在一起的多功能控制工具称为测控条。

随着测控条结构和内容的演化，其功能在不断增加。不同的测控条在结构和功能上虽有差别，但归纳起来都包含以下一些控制段，诸如实地密度、网点增大、印刷相对反差、阶调再现、墨层厚度、套印精度、印刷灰平衡、网点滑移或变形等。

（2）测控条的测控原理

控制条的种类虽然很多，但原理基本相同，归纳起来主要有以下几点：

①网点面积增大和网点边缘的总长度成正比。

网目线数增加，网点边缘总长度随之增加。方形、圆形、链形、椭圆形网点虽略有区别，但规律相同。在正态压力下，网点是沿网点边缘向外增大的，因此网线越细，网点增大值越大，积分密度值越高，印刷难度就越大。就此而言，加网线数应符合产品的需要而合理设置，并非越细越好，如大幅面的海报，适合加粗网线印刷。布鲁纳尔测控条就是利用细网和粗网增溢不同来测控印刷的网点增大。

②利用几何图形的面积相等、阴阳相反来测控网点的转移变化。

网目调图像的复制是控制网点面积与空白面积的比例转移，利用已知阴阳面积相等的图形在实施过程中发出面积不等的信号，来控制调整晒版和印刷过程的偏差。比如布鲁纳尔测控条细网块中的等宽折线、阴阳网点结构、Ugra-PCW1982 测控条中的小网点控制段等就是起这个作用，如图 3-16 所示。

图 3-16　Ugra-PCW1982 晒版质量控制段

在晒版过程中，以阳图型 PS 版为例，若曝光过量，显影过度，就会出现线条变细，网点缩小；反之，就会出现线条变粗，网点增大，反映出阴阳面积不等的状态。正常的晒版应是等宽的阳线略细，等面积的网点略小。在晒版正确、印刷适性符合的前提下，当给墨量、印刷压力相对大时，会出现线条变粗、阳网点增大、阴网点缩小、图像色调深暗；反之，则会出现线条相对细、网点相对小、图像色调淡薄、最小网点丢失。

③辐射状图形变化时，圆心变化明显。

星标信号条中心为很小的白点，由36条黑白相等的辐射线组成。当辐射线增加一个单位，星标中心就增加11.5个单位，对顶连起来相当于23个单位，即相当于23倍。外圆以直径1cm计算，则圆周弧长相当于11.4线，而圆心处相当于500～1300线，有明显的放大作用。通过目测星标中心的白点和辐射线的变化，便可判断印刷过程中网点增大、网点变形、重影的状况。图3-17为GATF星标网点变形的状况。

图3-17　GATF星标网点变形情况

④利用等宽或不等宽的折线测控水平和垂直方位的变化。

在印刷过程中，当胶印机的传动、摆动、滚动出现不同步或振动时，可根据信号条上的状况进行判断和调整。

⑤利用等距同心圆测控任意方位的变化。

在符合条件与正态压力下，同心圆线条只有粗细变化，而无方位的变化。当印刷过程中发生方位移动时。线条就会沿移动方向变粗，甚至搭连，此时应该调整。

⑥提供测试单元图形。

图像变化是无穷的，理论上，所有图像都存在亮、中、暗调，但是绝大部分图像不明显，给测试带来困难，测控条则提供了这个功能。

（3）几种常见的测控条

印刷过程中常使用的测控条主要有以下几种：瑞士布鲁纳尔（Brunner）测控条、格雷达（GRETAG）测控条、德国印刷技术研究所（FOGRA）测控条、美国印刷技术基金会（GATF）彩色密集块测控条等。下面分别对这几种测控条加以详述。

①瑞士布鲁纳尔（Brunner）测控条。

布鲁纳尔测控条分三段和五段（在三段基础上增加了75%细网或75%的粗网区）两种。五段见图3-18，其中细网段见图3-19。

© 1973 Felix Brunner CH-6611 Corippo

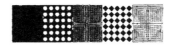

图3-18　布鲁纳尔测控条

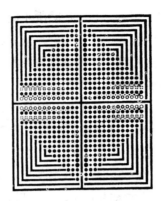

图 3-19　布鲁纳尔测控条细网区放大

第一段为实地墨块，用于检测实地密度值。

第二段为 10 线 / 厘米 75% 的粗网区，第三段为 60 线 / 厘米 75% 的细网区，它们的功能如下。

粗网和细网在网点总面积相等的情况下，线数比为 1：6，即细网区网点边长的总和是粗网区的 6 倍，因此在同样的条件下细网区网点增大量就大，可按下式求出网点增大值：

$$网点增大值（75\% 部分）= \frac{D_细 - D_粗}{D_实} \times 100\% \tag{3-7}$$

式中，$D_实$——实地密度值；

　　　$D_细$——75% 细网区密度值；

　　　$D_粗$——75% 粗网区密度值。

75% 粗网区还能用于测算相对反差值（K 值），计算如下：

$$K = \frac{D_实 - D_粗}{D_实} \tag{3-8}$$

K 值大说明实地密度与 75% 处的密度差别大，暗调拉得开，网点增大值小，所以控制 K 值实际上既控制了 75% 处的密度，又在一定程度上控制了网点增大值，K 值一般以大于 0.4 为好。

第四段为 10 线 / 厘米 50% 的粗网区，由方点组成。观察方点间的印版上的搭角情况可以判断晒版曝光量是过度还是不足；观察方点间的印刷品上的搭角情况可以判断墨量的大小，测出 50% 粗网区和第五段 50% 细网区的密度值，按下式可计算出中间调部位（50% 处）的网点增大值：

$$网点增大值（50\% 部分）= \frac{D_细 - D_粗}{D_实} \times 100\% \tag{3-9}$$

式中，$D_实$——实地密度值；

　　　$D_细$——50% 细网区密度值；

　　　$D_粗$——50% 粗网区密度值。

例如，在测控条上，测得品红墨的实地密度值为1.3，50%细网区的密度值为0.45，50%粗网区的密度值为0.32，则：

网点增大值（50%部分）=（0.45-0.32）÷1.3×100%=10%

按先进印刷水平，用涂料铜版纸印刷时，要求网点增大值不超过10%，用非涂料胶版纸印刷时，网点增大值不超过16%。

这种计算方法简便可行，但不太精确，因为计算时我们当作粗网没有增大，实际上粗网也有增大，因此实际的网点增大值比计算值略大些。

第五段细网区还有以下测控功能。

a. 四角部位的折线可以测试印刷或打样网点滑动。正常情况下横竖线是一致的，如果四色的细条变形，则证明出现滑动。横向滑动，竖线变粗；纵向滑动，横线变粗。

b. 每1/4的图像中，有4个50%的标准方形网点，用来控制晒版、打样、印刷的网点搭角。搭角大则图文深或网点增大值大；反之，即版晒浅了或网点增大值小。

c. 最里面各有12个级别从大到小不同的阴、阳网点，通过观察这两排阴阳点子可控制打样、晒版网点的变化规律。比如用PS版晒版时，能晒出10个阳点，则2%的点子齐全。打样或印刷时，墨量达到规定标准，观看小白孔有几个透孔，如果12个小白孔全糊死了，说明增大了20%；如果糊死10个，留有2个小白孔，说明增大了15%；留有4个小白孔，说明增大了10%……细网段局部放大图如图3-20所示。

d. 在细网区还排有阴阳十字标，其细度从3μm起依次为4μm、5.5μm、6.5μm、8μm、11μm、13μm、16μm，直至20μm，可根据这些十字标显示情况来决定印版的分辨率和给定的曝光量，如阳图PS版的分辨率可达6μm，晒版后应保留8μm以上的十字标，并以此确定晒版的最佳曝光量。

布鲁纳尔测控条在使用中不断地得到改进和完善，20世纪80年代，布鲁纳尔测控条又增加了"晒版度检测标"，它将细网点和细线条组合成测标，用以检测金属版的晒版度，在晒版时对高光细点再现的控制，采用"晒版度检测标"比采用连续调梯尺方便些。晒版度检测标如图3-21所示。

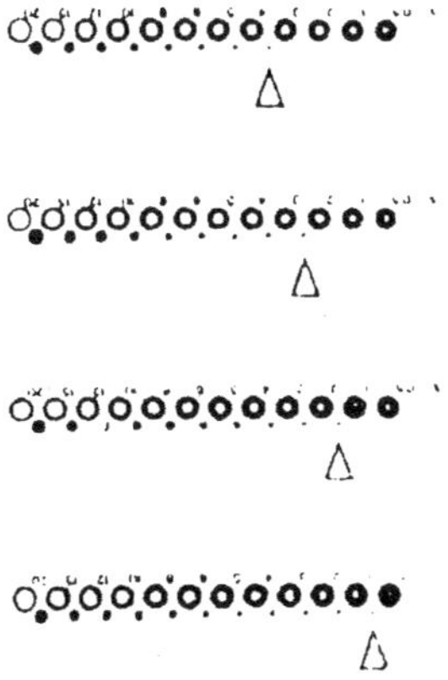

0.5%	1%
2%	3%
4%	5%

图3-20　细网段局部放大 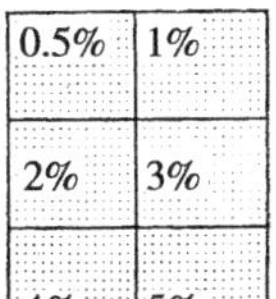　　　　　图3-21　晒版度检测标

在测标中配制了 0.5% ～ 5% 的六种细网点，用以正确控制晒版网点的精度，在细网的右侧配有纵横排列的细线条，线条宽度为 6 ～ 16μm。晒阳图 PS 版时，一般控制晒版度的标准是：8μm 的线条晒秃或绝网，从 11μm 线条开始保留，也就是说保留 2% 的网点，这种细线条测标对快速而有效地控制曝光量很有作用。

②德国印刷技术研究所（FOGRA PMS）测控条。

FOGRA PMS 色彩控制条是由德国印刷与复制技术协会设计的，一般以长 2 ～ 5m 成卷供应，用户可以根据需要按不同长度裁切，如图 3-22 所示。

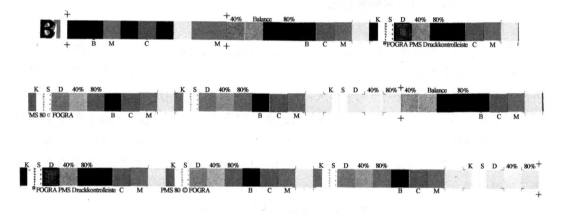

图 3-22　FOGRA PMS 测控条

FOGRA PMS 色彩控制条不仅能够检查暗调、中间调的网点增大，还能检查网点变形、油墨叠印情况。它由实地、网点块、叠印块及控制印版和胶片曝光用的微线条块组成，包括以下几个区段。

a. 实地区。

主要用于检测图像反差、网点变化、着墨量等。

b. 叠印区。

主要检测多色套印时，先印的油墨接受后印油墨的情况。

c. 印版曝光控制区。

用于检查胶片与印版密合接触情况，确定印版的曝光量。一般要求打样版保持 2% 网点的再现，印刷版保持 5% 网点的再现。曝光量的控制一般要比印版分辨力的对应曝光量高 3 ～ 4 级。

d. 重影与变形。

检测网点的变形有纵向、横向、双向变形的鉴别区，并可间接检测压力和橡皮布是否松弛，墨量、水量是否过大。

e. 网目调区。

检测中间调网点的增大情况。

f. 灰平衡区。

用于检测色彩还原情况，实现中性灰平衡是色彩忠实再现的关键。

测控条规格尺寸不等，其控制块的大小尺寸应为 6mm×6mm，不能小于 5mm×5mm。在长度方向上无规律地重复排列各种元素，它所包括的元素有实地块、实地叠印块，为了控制网点增大的网点块（网点百分比为 2%、3%、4%、5%、40% 和 80%）、网点变形块、灰平衡块和为了控制印版曝光的微线条控制块（6～30μm）。

实地块。在网点面积为 100% 的印刷测控条上，4 个实地面积彼此之间的间隔大约为 5cm。实地块控制整个印刷宽度上墨量的一致性。用网点面积为 80% 的测控条控制四色印刷时，四个原色的实地间隔 21cm 重复一次，而 80% 的网点面积的网目调块每隔 5cm 就重复一次。此外，还用 2 色、3 色叠印的色块来控制油墨的叠印。

实地叠印块。检查叠印的受墨能力和叠印效果。

灰平衡块。由 3 色印刷产生的色平衡块接近中性灰。在印刷过程中，颜色和阶调值的变化非常敏感，通过测控条色平衡变化，就可以发现色平衡的转移，甚至可以看到测控条上是否达到中性灰。大多数情况下，色平衡块的视觉印象接近中性灰，其阶调值应该大致对应相邻的 40% 和 80% 真实灰色块。重要的是，要求色平衡块的色彩感觉达到最佳匹配。

微线条控制块。由细微线条组成的控制块，排列有不同宽度的精细线条，可用于目测评价，线条宽度应达到分辨力极限以下，线条间隔的选择应形成一个等效的 5%～35% 和 / 或 65%～95% 范围内的网点覆盖率。线条宽度的计量单位为 μm，可直接读取。

③ GATF 信号条。

GATF 信号条可以不用密度计，凭肉眼就能对网点面积变化与密度进行检验，该信号条由网点增大部分、变形范围、星标三部分组成，使用原理与其他信号条相同，即利用细网点的网点增大比粗网点敏感来判断网点增大值。在该信号条上，可通过数字来检验印刷时网点增大和缩小。这种信号条有阴图型和阳图型两种。

GATF 信号条由网点组成的数码和网点组成的底色组成。数码是由每英寸 200 线的网屏拍摄制成的，共有 10 级，每一级的密度不同，以 0～9 的数码来表示。这些数码放在用每英寸 65 线的网屏所拍摄的均匀的底色里，无论是阴图型还是阳图型，信号条中数码 2 的密度与底色密度一样。这样，就可以用肉眼观察数字与底色的密度差别，来控制印刷的网点增大、网点变形和重影等。如图 3-23 所示，在信号条上，数码大表示网点增大量多，如数字 1～7，每级网点增大 3%～5%，数字 7～9，每级网点增大 5% 以上。

图 3-23　印刷正常时的信号条情况

在这种信号条上，还含有检验印刷变形的信号，它在数码信号的右边，由粗细、密度相等的横线、竖线组成，横线组成"SLUR"的文字，竖线组成底色，在印刷正常时，横线区竖线区达到同样的密度，"SLUR"这几个字就看不出来。

但是印刷发生变形时，信号条上竖线横线的密度就会不同，"SLUR"的字就会比底色深或比底色淡，如图 3-24 所示。

图 3-24　印刷发生变形时的信号条

这种信号条上的数码梯尺也可用来控制接触拷贝和晒版的网点再现。

晒版正常时，信号条上的数码 2 与底色一致，若阳图晒版后，在印版上数字向左移一级，则表示曝光过度或其他原因使网点缩小。

打样或印刷时网点有所增大，在使用这种信号条时，各工厂应根据本厂的条件确定打样或印刷时其信号条上底色与数码一致的级数，以此作为样张上或印刷品上网点再现的控制标准。这个标准因工厂而各有所异，但一般铜版纸在数码 4～7 之间，表面粗糙的纸以在数码 1～2 之间为正常印刷。

在打样或印刷过程中，若信号条上显现的数码比确定的数码大，则表明油墨量增多，或印刷压力过大等引起网点扩大；若数码变小，情况则正好相反。根据信号条上反映的情况，可采取相应的措施。

另外，大批量印刷过程中，印刷到了耐印界限，网点也会变小，这时，信号条就能告知更换印版时间。

这种信号条是根据控制网点再现和控制实地密度同等重要而研制的，由于借助于它，用肉眼就能很方便地判断网点增大，实地密度与网点密度的关系以及印刷条件的变化情况，因此，无论打样或印刷，用这种信号条控制都很有效。

（4）测控条的使用要求

①位置要求。

通常，可将测控条放置在印张的叼口或拖梢处，与胶印机滚筒轴向平行，便于测控图像着墨的均匀性。

②确定位置的原则。

a. 一般印张叼口处受到印刷故障等不利因素的影响最小，而印张拖梢部位最能反映印刷故障等不良因素的影响程度。因此，国外几乎都将测控条放置在印版的拖梢处。

b. 测控条应距纸边至少 2～3mm，以免纸毛、纸粉落在测控条上，从而降低测控效果。

2. 密度计

（1）印刷密度的定义

密度是物体吸收光线的特性量度，用透射率或反射率的倒数的十进对数表示。

①反射率。

光的反射现象可用反射率来度量。当一束光线射向一个不透明的物体时，将有部分光被物体表面吸收，另一部分光将为反射光线。反射光通量同入射光通量的比值与入射光通量大小无关。

若设入射光通量为 Φ_0，反射光通量为 Φ_f，入射光通量和反射光通量的比值是固定的，则比值为 F，称为反射率。

$$F=\Phi_f/\Phi_0 \tag{3-10}$$

入射光在不透明物体的表面上反射时有定向反射和漫反射等形式。若一束定向光线射向理想白色漫反射物体表面上，则所有入射光会在表面上方的半空间范围内形成均匀的反射，也就是说在各个角度的反射亮度都一样。

虽然没有完全白色无光的理想漫反射表面，但是用氧化镁或硫酸钡制作的标准白色定标板可近似作为无光白色表面。

②透射率。

光的透射现象可用透射率来度量。一束光线射向具有透过能力的物体时，将有部分光被吸收，另一部分光透射出来，如图 3-25 所示。其透射光通量和入射光通量的比值是一固定值。其比值称为透射率。在此将它记作 T。

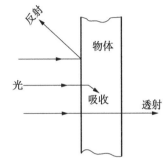

若设入射光通量为 Φ_0，透射光通量为 Φ_t，则透射率 T 用下式表达：

$$T=\Phi_t/\Phi_0 \tag{3-11}$$

图 3-25　光对物体折射后产生的光学特性

③透射密度。

透射密度可以反映具有一定透明特性的材料吸收光的性能，用透射率的倒数的对数来表示（如密度越大表明材料吸收的光越多）。

透射密度的定义是以 10 为底的透射系数 T 倒数的对数。它的实际含义是指透射光通量与入射光通量比值的倒数再取以 10 为底的对数。取对数的目的是模拟人眼对光亮敏感特性而进行的"对数压缩"。若密度为 1.0，表示透射光通量为入射光通量的 1/10；若密度为 4.0，则表示透射光通量为入射光通量的 1/10000。

设透射密度为 D_t，透射率为 T，则透射密度用公式表达如下：

$$D_t=\lg\frac{1}{T} \tag{3-12}$$

④反射密度。

反射密度定义了反射光和密度之间的关系。反射密度 D_f 与透射密度 D_t 类似，它等于反射率倒数的对数，即

$$D_f=\lg\frac{1}{F} \tag{3-13}$$

这个定义从数值上解释了密度，更重要的是以大致相当于人眼看物体的方法来描述密度。反射测定（镜面反射除外）主要是在漫射表面进行，因此这种测定比透射测定要复杂一些。

图 3-26 表示了各种表面对光线的反射和散射现象。

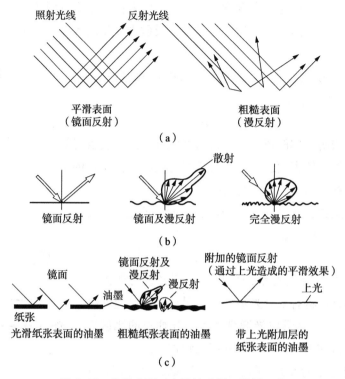

图 3-26　各种表面对光线的反射、散射示意

（2）密度计的测量原理

印刷行业是密度计使用品种最多、应用范围最广的行业。从原稿到印刷成品的各生产环节中几乎都会用到密度计。密度计的种类既有彩色的又有黑白的，既有透射的又有反射的，既有测量连续调密度的又有检测网点百分比的，品种很多。随着市场竞争的日益激烈，生产日益自动化、标准化，密度计会得到越来越多的应用。

密度计属于精密光学电子仪器，其主要作用是进行密度的测量和计算。要实现这一功能，密度计通常会由下面 3 个主要部分组成，如图 3-27 所示。

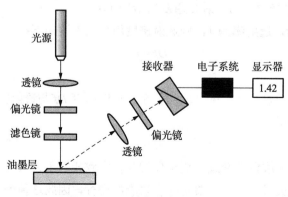

图 3-27　反射式密度计的示意

①照明系统。

照明系统由光源、照明光路和供给光源能源的电源构成。光源发出的光经过转换使其符合 ANSI/ISO 标准，提供具有一定颜色质量的光（比如要使红光、绿光、蓝光得到平衡），称为标准光源 A。也就是要求光源的相对光谱分布应当符合标准光源 A 的要求，即 2856K±100K。这种光源的颜色质量非常接近于从未加滤色片的钨丝灯上发出的光的质量。密度计的光源是由一个能够很好控制亮度或给它提供脉冲使其每次闪光的光的质量均匀一致的电路来供电的。不过，无论光和电源是什么，使用的光源和电源都要保证提供作为入射光部分的已知要求的照明。

②采集光和测量系统。

采集光和测量系统由光传感器、采集光的光路和只将可见光谱的那部分光线传送到光传感器而把其他部分光线过滤的分光滤色片所组成。通常利用对 380 ～ 720μm 范围内的光辐射具有足够灵敏度的光电传感元件做辐射接收器。密度计采用的光电传感元件主要有光电池、光电倍增管、半导体二极管等。光电二极管与光电倍增管相比体积大大缩小，电源电压也很低，所以光学系统可以设计得很小，成为目前最常用的传感器。这个采集光的系统还包括滤色片，使整个光谱感光度与有关的标准相匹配。为了对印刷中所使用的标准黄、品红、青油墨本身的特性和其印刷呈色进行评价，测量滤光片应是与青、品红、黄油墨相对应的补色滤光片，即红、绿、蓝紫滤光片。

③信号处理系统。

信号处理系统获得了代表入射光和接收到的光能量的电子信号，进行计算和显示。这个系统可能只是简单的比率检测器，连接到模拟式或数字式显示器的对数计算电路，也可能包括存储功能，处理诸如网点增益和反差等衍生出来的功能。

（3）密度测量在质量检测中的应用

①反射密度测量。

以下以 X-Rite 500 型密度计为例，说明一下使用反射密度计测量前要做的准备工作。

a. 确定测量孔径。

选择测量孔径的大小。小孔径测量精度高，但读数波动大；大孔径采样点多，提供的读数要一致。通常有 1.6mm、2mm、3.2mm，可以根据测量需要选择合适的孔径。

b. 确定是否带偏振光滤色片。

是否选用偏振光的滤色片是因为在实际生产中存在油墨密度的干退效应，刚印出的样张密度比干燥后样张密度值高，如果印刷过程测得的密度值后工序要使用，必须采用偏振滤色片测量，以提高干墨和湿墨密度值的匹配程度。

c. 确定响应方式。

密度测量的响应方式主要分为宽波带、窄波带响应。X-Rite 518 型密度计在应用选项中有 T、A、E、G、Ax、Tx、Ex、I、HIFI 9 种相应方式供选择，一般应用在以下领域。

T 型。是一个宽波带响应，被广泛应用于北美印刷工业。

E 型。欧洲通常使用 Wratten（雷登）47B 型滤波器，对于黄色会显示较高的密度读数。而北美则通常使用 Wratten（雷登）47。

G 型。X-Rite 印刷工艺宽波带响应，与 T 型类似，只是针对较浓的黄色油墨比较敏感。

A 型。ANSI A 型响应方式。

Ax 型、Tx 型和 Ex 型。响应与 X-Rite400 系列一起反应呈最佳匹配。

I 型。分光密度仪响应方式，计算机处理，专门为测量纸张上三色版油墨设计。测量非三色版油墨有可能产生轻微不一致。

HIFI。表示的是 HiFi ColorTM，是结合了 E 型滤波器和其他 HiFi ColorTM（红、绿、蓝和橘黄）的宽带滤波器。

具体选择哪一种没有固定的要求，但一定要与所参考的标准处在相同的响应状态下。如果参考标准是欧洲标准，那就应该采用 E 型。如果是美国标准，那就应该选用 T 型。这是两种主流响应方式，这两种方式测得的密度值差别如表 3-1 所列。

表 3-1 不同响应状态下测得的实地密度值

实地密度值	C	M	Y	K
T 状态	1.64	1.63	0.92	1.71
E 状态	1.64	1.63	1.2	1.71

可以看出，只有黄墨的密度值提高了很多，为 30% ~ 40%，如果细微考察黄墨的特性，采用 E 状态窄波段密度响应方式比较好。

d. 仪器定标。

仪器定标通常借助标准白板进行。在标准白板上测量时，就把该白板的低密度值归零。如果密度计在标准白板上定标后在纸张上调零，那么纸张的密度在样本的测量中就会被减去，显示值是减去纸张的密度值。密度计是否在纸张上调零，取决于测量密度数据的目的是什么。例如，如果密度测量的目的是评价油墨，则建议在纸张上调零，以排除纸张的影响因素。

e. 选择测量对象进行测量。

根据检测的目的进行有针对性测量，一般除了密度的测量以外，还有网点面积百分比、油墨叠印率、相对反差以及进行油墨呈色效果评价等。在测量数值之前，需要明白遵循的是哪种标准。国际上常分为三种标准，即 SNAP（Specification for Non-Heatset Advertising Printers，非热固式广告印刷规格）、GRACOL（General Requirements for Application in Commercial Offset Lithography，商业胶印的一般要求）、SWOP（Specification Web Offet Publication，卷筒纸出版胶印规格），而我国亦有 CY/T 5—1999《平版印刷品质量要求及检验方法》行业标准。

ⅰ. 印刷实地密度。

图像最深部位用 100% 的网点面积的密度表示，习惯上称为实地密度，是控制图像暗调的一个指标。实地密度是反映图像最暗处的指标，实际上影响着图像的整条复制曲线，实地密度的大小既影响着各原色以及由任意两个原色叠加得到的间色再现，也影响着三原色叠加的印刷灰色平衡，以至影响着四色印刷或更多的印刷整体效果，因此必须控制在一定范围内。在胶印车间，对每一个印色的实地块密度进行测量。印刷人员根据测量数值判断是否需要增大或减小墨量。CY/T 5—1999《平版印刷品质量要求及检验方法》行业标准中规定图像暗调部位的范围如表 3-2 所列。

表 3-2　印刷品密度范围

色别	精细印刷品实地密度	一般印刷品实地密度
黄（Y）	0.85～1.10	0.80～1.05
品红（M）	1.25～1.50	1.15～1.40
青（C）	1.30～1.55	1.25～1.50
黑（K）	1.40～1.70	1.20～1.50

国际上三种标准的典型数值如表 3-3 所列。

表 3-3　三种标准实地密度典型数值

	K	C	M	Y
GRACOL 商业印刷	1.70	1.40	1.50	1.05
SWOP 卷筒纸胶印	1.60	1.30	1.40	1.00
SNAP 非热固式广告印刷	1.05	0.90	0.85	0.85

实地密度值的大小受多种因素的影响，但主要受纸张性能的影响。精细印刷品与一般印刷品实地密度的差别主要是用纸的不同，其次是油墨的性能（底色浓度的大小）。印刷色序以及印刷时的水墨平衡也对实地密度产生影响。如果印刷适性确定或稳定下来，实地密度应该是个定值或波动范围很小。

实地密度要实，不能有砂眼、墨皮、墨疙瘩、水波纹等；要均匀，全版实地密度要接近一致，黑墨允许为 ±0.1，三原色墨的允差为 ±0.05；实地密度要有一定的光泽，在允许的时间内墨层必须结膜干燥，不影响后工序的加工。

在印刷样张的实际检测中，对于印张的正、反面及接版密度的检测，以测控条的实地部位的密度为参考，可以根据上面给出的数值，进行分析判断。

ⅱ. 网点面积百分比。

网点面积百分比反映了油墨的覆盖程度，而印刷中因为压力等因素的存在而使网点面积增大，对灰度以及各色彩的平衡都会产生一定的影响。

在印刷密度计量学中，网点面积与密度之间联系的经典公式是默里—戴维斯（Murray-Davies）公式：

$$网点面积 = \frac{1-10^{-D_t}}{1-10^{-D_s}} \times 100\% \qquad (3-14)$$

式中，D_t——网点密度减去纸张密度；

　　　D_s——实地密度。

由于存在光渗现象，因此需要对公式进行修正，修正后的公式就是尤尔—尼尔森公式：

$$网点面积 = \frac{1-10^{-D_t/n}}{1-10^{-D_s/n}} \times 100\% \qquad (3-15)$$

式中，n——由经验确定的修正数值，与加网线数、承印材料、油墨等有关。

网点增大值是指承印物上的网点面积与原版上相对应部分的网点面积之差。网点增大包括机械增大（网点的实际增大数值）和光学增大（由于光线在承印物内部和表面的折射表现出来的网点增大）。

平版印刷在常规条件下，网点面积适当增大是合理的、可能的，不增大或缩小则是不可能的，但增大必须控制在允许的范围内。在正态压力下网点面积应均匀向周围增大，各色版的网点面积增大应均衡，应稳定在印刷适性条件下。网点增大与网线粗细，即与网点边缘的总长度成正比，网线数越细，网点增大值越大。不同阶调的网点面积，因网点周长不同，其增大值也不同，中间调的网点值增大值最大，方形网点是 50% 处最大，圆形网点是 78% 处最大，椭圆形网点是 35% ~ 65% 处最大。因此，不同形状的网点在图像的还原中，各有优缺点，图 3-28 为不同形状的网点。

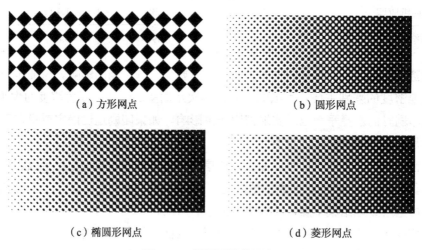

（a）方形网点　　　　　　　　　　　（b）圆形网点

（c）椭圆形网点　　　　　　　　　　（d）菱形网点

图 3-28　不同形状的网点

方形网点。

当选用正方形网点复制图像的时候，则在 50% 网点处墨色与白色刚好相间而成棋盘状，容易根据网点间距判别正方形网点的相对百分率，它对于原稿层次的传递较为敏感。正方形网点在 50% 网点百分率处才能真正显示出它的形状，当超过 50% 或小于 50% 的时候，由于网点形成过程中受到光学的影响，在其角点处会发生变形，结果是方中带圆甚至成为圆形。在印刷时，由于油墨受到压力作用和油墨黏度等因素的影响会引起网点面积的扩张。与其他形状的网点相比较，正方形的网点面积率是最高的。产生这一现象的原因是，正方形网点的面积率达到 50% 后，网点与网点的四角相连，印刷时连角部分容易出现油墨的堵塞和粘连，从而导致网点扩大。

圆形网点。

在同面积的网点中，圆形网点的周长是最短的。当采用圆形网点时，画面中的高光和中间调处网点均互不相连，仅在暗调处网点才能互相接触，因此画面中间调以下的网点增大值很小，可以较好地保留中间层次。

相对于其他形状的网点而言，圆形网点的扩张系数较小。在正常情况下，圆形网点在 70% 面积率处与四周相连。一旦圆形网点与圆形网点相连后，其扩张系数就会很高，从而导致印刷时因暗调区域网点油墨量过大而容易在周边堆积，最终使图像暗调部分失去应有的层次。

通过以上说明会发现，圆形网点因表现暗调层次的能力较差，在使用上受到一定的限制。在通常情况下，印刷厂往往避免使用圆形网点，特别是采用胶版纸印刷时。但是，如果要复制的原稿画面中亮调层次比较多，暗调部分较少时，采用圆形网点来表现高、中调区域层次还是相当有利的。

菱形网点。

通常，菱形网点的两根对角线是不相等的。因此，除高光区域的小网点呈局部独立状态、暗调处菱形网点的四个角均连接外，画面中大部分中间调层次的网点都是长轴互相连接，在短轴处不相连，形状像一根根链条，所以菱形网点又被称为链形网点。

当网点面积率大约为 25% 时发生链形网点长轴的交接（称为第一次交接）；接下来在 75% 时发生第二次交接。由于网点增大是不可避免的，因此菱形网点会在 25% 与 75% 处发生两次跳跃。但是由于菱形网点的交接仅是在两个顶点处发生，这样的阶调跳跃要比正方形网点四个角均相连接时的变化要缓和得多。因此，用菱形网点复制图像时印刷阶调曲线较为平缓，在 30% ～ 70% 的中间范围内表现得特别好，适合于复制主要景物为人物的原稿。

椭圆形网点。

这种网点与对角线不等的菱形网点相似，区别是四个角不是尖的，而是圆的，因此不会像对角线不等的菱形网点那样在 25% 网点面积率处交接。此外在 75% 网点面积率处也没有明显的阶调跳变现象。

不同的网点形状对印刷过程中产生的网点增大会有不同的影响。通过实验得到的结论是，最佳的网点形状应该是有规律的链条状结构，在高光和暗调部位为圆形网点，而在中间调部位为椭圆形网点。

图 3-29 分别是钻石加网、线形加网、十字加网的效果示意图。为了观察方便均采用 30 线 / 英寸制作（均采用 Photoshop 制作），实际的印刷效果要好得多，我们很容易在图中发现三幅图所表达的不同的效果。

图 3-29　钻石加网、线形加网、十字加网的效果示意

在四色印刷中，黄、品红、青三原色的网点增大关系受灰平衡的控制，保持正确的叠印色十分关键。例如，肤色、草绿色和天空湛蓝色等叠印色。若品红网点过度增大，会导致肤色偏红，而减少品红油墨的密度来补偿网点增大，则会导致画面上红色的图像信息无法正确再现。对于一些暗调为主的画面，网点增大将导致网点并级，最终削弱了画面的清晰度和分辨率。网点过度增大会导致亮调区域中柔和的色调无法复制出来。在 CY/T 5—1999《平版印刷品质量要求及检验方法》行业标准中规定：网点应该清晰，角度准确，不出重影。精细印刷品 50% 网点的增大值范围为 10%～20%；一般印刷品 50% 网点的增大值范围为 10%～25%。国际上三种标准的网点增大典型数值如表 3-4 所列。

表 3-4　网点增大典型数值

	K	C	M	Y
GRACOL 商业印刷	22%	20%	20%	18%
SWOP 卷筒纸胶印	26%	22%	22%	20%
SNAP 非热固式广告印刷	32%	30%	30%	28%

注意事项

①使用密度计进行测量之前必须将响应方式等参数设置好。

②在进行测量之前要将仪器进行校准。

③如果测量时油墨还没有干燥，需要加偏振滤色片，以利于与干密度进行比较。

④在测量时，需要将仪器放置在平台上进行操作，以减少误差。

3.3.2　检测接版密度

学习目标

学会使用密度计检验印刷品接版密度。

🗀 **操作步骤**

①根据标准进行抽样或随机抽样。

②将密度计校准并设置好相应的参数，如响应方式。

③使用反射密度计测量印刷签字样张及第一张版印刷出来的印刷品的正、反面测控条上的 C、M、Y、K 实地块的密度值，并记录。然后测量换版后印刷抽样的印刷品上相同部位的密度值，并记录。

④将每次换版后抽样样品的正、反面的密度值与印刷签字样的正、反面的相同部位的密度值进行对照，得出复制的印刷品的质量状况。

🗀 **相关知识**

由于检测接版密度的方法及相关原理与检测正、反面密度的内容基本相同，在此不再赘述，详见本章 3.1.1。

🗀 **注意事项**

①使用密度计进行测量之前必须将响应方式等参数设置好。

②在进行测量之前要将仪器进行校准。

③如果测量时油墨还没有干燥，需要加偏振滤色片，以利于与干密度进行比较。

④在测量时，需要将仪器放置在平台上进行操作，以减少误差。

🗁 3.3.3　使用放大镜检验网点情况

🗀 **学习目标**

了解网点变形的几种形态，能够使用放大镜检查网点边缘毛刺、增大及重影等问题。

🗀 **操作步骤**

①根据标准进行抽样或随机抽样。

②使用放大镜观察网点情况。

③分析得出印刷品的质量状况。

🗀 **相关知识**

放大镜是印刷中最常用的简便测量工具，主要是检测印刷品外观的清晰度。通过放大镜可以观察出网点在由底片到印版、由印版到印刷品的传递过程中，在形状和大小上所发生的变化。

网点变形是指印版上的网点在印刷传递过程中，其形状出现变异的情况，如网点纵向或横向出现扩大现象，包括边缘起毛、重影以及整个网点扩大等不良情况，使印刷颜色改变、图文层次变深，这就是印品网点变形的具体表现。

1. 边缘毛刺

网点边缘毛刺是指网点在印刷时发生变形，本该光洁的边缘有毛刺，使用放大镜观看结果如图 3-30 所示。

2. 增大

网点扩大变形一般表现为版面中的大部分网点或整个版面网点出现增大，尤其是圆形网点、方形网点的增大表现更为明显。使用放大镜观察结果如图 3-31 所示。

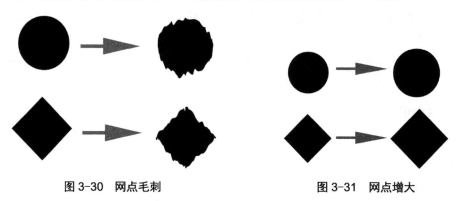

图 3-30　网点毛刺　　　　　　　　　图 3-31　网点增大

3. 重影

根据重影发生的方向不同有纵向重影、横向重影和 AB 重影，使用放大镜观察的结果如图 3-32 所示。

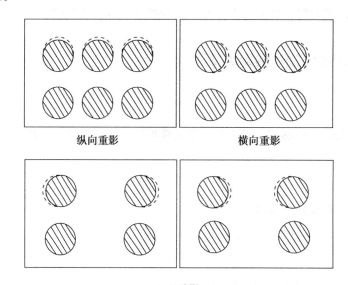

纵向重影　　　　　　　　横向重影

A、B重影

图 3-32　重影

🗂 **注意事项**

放大镜属光学设备，使用时轻拿轻放。

📂 3.3.4 使用色度计检验图文质量

🗂 学习目标

了解在色度测量中常用的标色系统及色度测量的原理，掌握色度测量在印刷品质量检测中的应用。

🗂 操作步骤

①根据标准进行抽样或随机抽样。

②将色度计校准并设置好相应的参数。

③使用色度计测量抽样的印刷品上色块或相应部位参数值，得到色差值。

④将数值与相应的标准进行比较，分析得出印刷品的质量状况。

🗂 相关知识

长期以来，我国的印刷企业习惯采用密度测量法，而在国外则推荐使用色度测量法。为了与国际接轨，近几年我国新颁布的国家标准中也相应采用了色度参数标准，比如GB/T 17934.2—1999 中给出了在生产过程控制中，印刷原色实地块的 CIELABL*a*b* 值和 △ E*，用色度值表示颜色的深浅，用色差表示颜色的误差。而色度测量本身也有如下优点。

①足以使被复制色与样本色达到客观的匹配，与照明条件的变化和人对色彩的主观感受无关。

②这些系统在工业上的任何配色工艺中都是适用的，没有任何限制。

③它们是印刷工人确保印刷质量的极好工具。

所以，色度测量技术也将成为一种主流的质量控制方法。

1. 常用标色系统

目前，比较著名的描述颜色的表示方法和系统大致分为两类：颜色的显色系统表示法和颜色的混色系统表示法。

颜色的显色系统表示法是在大量汇集各种色样的基础上，根据色彩的外貌，按直接颜色视觉的心理感受，将颜色有系统、有规律地进行归纳和排列，并给各种色样以相应的文字、数字标记以及固定空间位置。它是建立在真实样品基础上的色序系统，如孟塞尔表色系统、德国 DIN 表色系统、瑞典的自然颜色系统等均属此类。

颜色的混色系统表示法不需要汇集实际色彩样品，而是用三原色光（红、绿、蓝）混合，匹配出各种不同的色彩所归纳的系统。到目前为止，最重要的混色表色系统是用仪器测量色彩的 CIE 系统。CIE 是国际照明委员会的缩写，1976 年 CIE 推荐以及我国 2004 年颁布的 G B/T 19437—2004（ISO 13655：1996）中规定，可使用 CIELAB 和 CIELUV 两个均匀色空间来表示光源色或物体色及其色差计算。两个系统在视觉均匀性上很接近，实用中可以选取 CIELAB 或 CIELUV 来表示颜色或色差，这都是符合国际标准和国家标准的。

（1）CIE 1976L*a*b* 色度系统

CIE 1976L*a*b* 色空间是利用 L*、a* 及 b* 三个不同的坐标轴，替颜色在几何坐标图中指示位置及代号。它是基于一种颜色不能同时既是绿又是红，也不能同时既是蓝又是黄这种理论而建立的。当一种颜色用 CIEL*a*b* 表示时，L* 轴表示明度，黑在底端，白在顶端。+a* 表示红色，−a* 表示绿色；+b* 表示黄色，−b* 表示蓝色，如图 3-33 所示。任何颜色的色彩变化都可以用 a*、b* 数值来表示，任何颜色的层次变化可以用数值 L* 来表示，用 L*、a*、b* 三个数值可以描述自然界中的任何色彩。

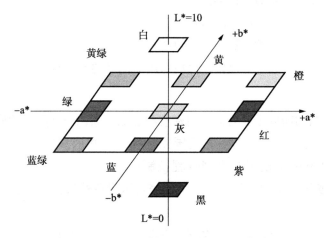

图 3-33　CIE 1976L*a*b* 均匀颜色模型

（2）CIE 1976L*u*v* 色度系统

CIE 1976L*u*v* 均匀颜色空间是由 CIE 1931 XYZ 颜色空间和 CIE 1964 匀色空间改进而产生的。主要是用数学方法对 Y 值作非线性变换，使其与代表视觉等间距的孟塞尔系统靠拢。然后，将变换后的 Y 值与 u、v 结合而扩展成三维均匀颜色空间。与 CIE 1976L*a*b* 相似，其色空间如图 3-34 所示。

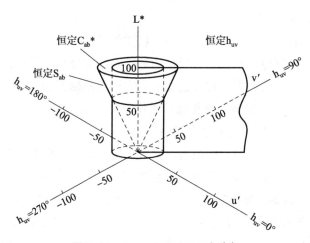

图 3-34　CIE 1976L*u*v* 色空间

（3）CIE 1976L*a*b* 与 CIE 1976L*u*v* 匀色空间的选择与使用

1976 年 CIE 推荐以及我国 1997 年修订的 GB/T 7921—97 国家标准中规定：可使用 CIE 1976L*a*b* 和 CIE 1976L*u*v* 两个匀色空间来表示光源色或物体色及其色差。但 CIE 与 GB/T 7921—97 均未对它们的适用领域加以规定，在实际使用时根据各学科和工业部门的经验、习惯、方便以及熟悉性来选择，用哪一种颜色空间更有利。鉴于染料、颜料以及油墨等颜色工业部门最先选用了 CIE 1976L*a*b* 匀色空间，赞成采用 CIE 1976L*a*b* 匀色空间作为印刷色彩的颜色匹配和评价的方法。

2. 色度测量仪器的原理

常用的色度测量仪器有两种，一种是三滤色片（光电）色度计，另一种是分光光度计。这两种仪器都能与人眼的光谱灵敏度密切相关，并提供 CIE 表色系统参数。而分光光度计不仅能得到光谱反射率曲线、CIE 色度、CIE Lab，还能得到密度、印刷反差及灰度值等常用控制参数。因此，应用更为广泛。

（1）三滤色片（光电）色度计

色度计也被称为色彩三刺激值测量仪，色度计是建立在色度学基础上，通过适合于人眼视觉感受的三种特殊光学滤色片（三刺激值滤色片）进行测量的，这些光学滤色片应与标准色彩匹配函数的光谱级数适配。

光源发出的光在被颜色样品作用后通过一组三刺激值滤色片，然后照射到光电接收器上直接反映出样品三刺激值的模拟量，是否能准确反映出颜色样品的实际三刺激值取决于仪器内的光源、滤色片组、光电接收器三者综合的模拟效应。

测量观察条件和 CIE 标准照明体均只能在仪器制造时就单一地固定下来，之后去模拟该测量条件下的三刺激值，因此是不能改变的，即仅在规定条件下（照明体、观察视场通常是 D50，2°视场），测量得到的色彩值才有效。色度计直接读取 XYZ，测量结果可用于以 XYZ 为基础的色度计算，如色差、白度等。光电色度计原理示意图如图 3-35 所示。

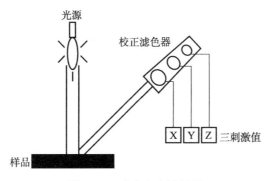

图 3-35　光电色度计原理

（2）分光光度计

①分光光度计测色原理。

分光光度计是通过样品反射（透射）的光能量与同样条件下标准反射（透射）的光能量进行比较得到样品在每个波长下的光谱反射率，然后利用 CIE 提供的标准观察者和标准光源进行计算，从而得到三刺激值 X、Y、Z，再由 X、Y、Z 按 CIE Yxy，CIE Lab 等公式计算色品坐标 x、y，CIE LAB 色度参数等。

$$X=K\int_{\lambda} S(\lambda)\rho(\lambda)x(\lambda)d\lambda \qquad (3-16)$$

$$Y=K\int_{\lambda} S(\lambda)\rho(\lambda)y(\lambda)d\lambda \qquad (3-17)$$

$$Z=K\int_{\lambda} S(\lambda)\rho(\lambda)z(\lambda)d\lambda \qquad (3-18)$$

式中，常数 K 叫作调整因数，它是将照明体（光源）的 Y 值调整为 100 时得出的，即：

$$K=\frac{100}{\sum_{\lambda} S(\lambda)y(\lambda)\Delta\lambda} \qquad (3-19)$$

$x(\lambda)$、$y(\lambda)$、$z(\lambda)$ 是 CIE1931 标准色度观察者光谱三刺激值。

②分光光度计基本结构。

分光光度计主要由光源照明系统、分光系统、接收放大系统、控制和数据处理系统、样品室五个部分组成。随着用途的不同，各部分的结构也不相同，这也将影响到仪器的光谱范围、灵敏度、分辨力和重复性。图 3-36 为分光光度计原理示意图。这里只对测色分光光度计特有的一些结构进行介绍。

a. 光源。

测色分光光度计的光源常用卤钨灯或氙灯，通常选用脉冲灯。由于样品被照明的时间极短，光源传给样品的热量可以忽略。不论用什么光源，光能输出必须稳定，才能保证测量结果的稳定性和重复性。此外颜色测量中，常涉及含有荧光物质的样品，因此，测色分光光度计的光源应准确地模拟 CIE 标准照明体的光谱分布。比如 R-Xite SP64 采用的是脉冲式充气钨丝灯，可模拟 C、D50、D65、D70、A 等标准照明体 / 光源。

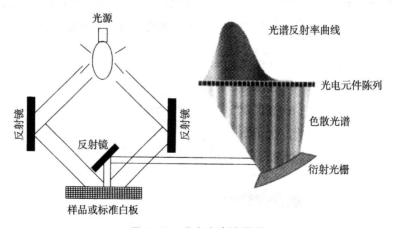

图 3-36　分光光度计原理

b. 分光系统。

测色分光光度计可用干涉滤色镜、棱镜、光栅进行分光。一般在精确颜色测量，如油墨配色，常采用棱镜、光栅；而在印刷过程控制中，常采用滤色镜分光。

c. 接收器。

测色分光光度计的接收器通常采用光电倍增管、硅光电二极管和二极管阵列。光电倍增管是传统使用的器件。它的灵敏度高，低光能条件下噪声低，但线性范围小、体积大、易碎、对磁场敏感。硅光电二极管具有价格低、体积小和极好的光谱稳定性等优点，适合于颜色测量。用二极管阵列，能在几毫秒甚至更短的时间内获得整个可见光谱的数据，适用于在线检测。

d. 样品室。

样品室的布置将决定样品、照明光束、接收光束之间的几何条件，测色仪器应满足CIE 推荐的条件。0°/45°和 45°/0°条件能很好地排除样品光泽的影响，测试结果与目视颜色评价有很好的相关性，常用于一般纸张印刷品表面的颜色测量，但是这种条件对仪器光束的偏振和样品表面构造的不规则性十分敏感。

此外，光源、样品和分光系统之间也有不同的几何关系，样品放在分光系统前，样品被复色光照明。样品放在分光系统后，样品被单色光照明。对于大多数样品，两种布置没有差别，但对于荧光样品和有"温色效应"的样品，必须用复色光照明，测试结果与目视评价才有相关性。

3. 色度测量在质量检测中的应用

（1）色差的计算及数值含义

色差就是指用数值的方式表示两种颜色给人色彩感觉上的差别，若两个彩色样品都按L*、a*、b* 标定颜色，则两者之间的总色差△E*ab 以及各单项色差可用下列公式计算。

总色差　　　　　　　$\Delta E^*ab = \Delta L^{*2} + \Delta a^{*2} + \Delta b^{*2}$

明度差　　　　　　　$\triangle L^* = L1^* - L2^*$

色度差　　　　　　　$\triangle a^* = a1^* - a2^*$

　　　　　　　　　　$\triangle b^* = b1^* - b2^*$

彩度差　　　　　　　$\triangle Cab^* = Cab1^* - Cab2^*$

色相角度　　　　　　$\triangle hab^* = \triangle hab1^* - \triangle hab2^*$

色相差　　　　　　　$\triangle Hab^* = \triangle Hab1^* - \triangle Hab2^*$

计算色差时，可以把其中一个作为标准色，则另一个为样品色。当计算结果出现正、负值时，则有下列含义（如 1 为样品色，2 为标准色）：

$\triangle L^* > 0$ 说明样品色比标准色浅，明度高；

$\triangle L^* < 0$ 说明样品色比标准色深，明度低；

$\triangle a^* > 0$ 说明样品色比标准色偏红；

$\triangle a^* < 0$ 说明样品色比标准色偏绿；

$\triangle b^* > 0$ 说明样品色比标准色偏黄；

$\triangle b^* < 0$ 说明样品色比标准色偏蓝；

$\triangle Cab^* > 0$ 说明样品色比标准色彩度高，含"白光"或"灰分"少；

$\triangle Cab^* < 0$ 说明样品色比标准色彩度低，含"白光"或"灰分"多；

△ Hab* ＞ 0 说明样品色位于标准色的逆时针方向上；

△ Hab* ＜ 0 说明样品色位于标准色的顺时针方向上。

（2）色度测量在包装印刷中的应用

①对原材料进行质量控制。

尤其是油墨和纸张的控制，原材料采购进来之后，在使用前要对其进行测试，看油墨和纸张的颜色是否符合相应的国家标准、行业标准或企业标准（国家标准 GB/T 17934.2—1999 对承印物的颜色、油墨颜色及印刷原色实地的色差值做了明确的规定）。这在有些印刷企业中，已经成为例行的日常工作。表 3-5 为 GB/T 17934.2—1999 中给出的胶印过程中打样与印刷用典型承印物的 CIELAB L*、a*、b* 值、光泽度、亮度及允差值。

表 3-5　典型纸张的 CIE LAB L*、a*、b* 值、光泽度、亮度及允差

纸型	L*	a*	b*	光泽度 /%	亮度 /%	克重（g/m²）
有光涂料纸，无机械木浆	93	0	−3	65	85	115
亚光涂料纸，无机械木浆	92	0	−3	38	83	115
光泽涂料卷筒纸	87	−1	−3	55	70	70
无涂料纸，白色	92	0	−3	6	85	115
无涂料纸，微黄色	88	0	6	6	85	115
允差	±3	±2	±2	±5	—	—
基准纸	95	0	5	70 ～ 80	80	150

表 3-6 为用上面 5 种承印物打样，样张上的青、品红、黄、黑四个实地色及双色叠印获得的红、绿、蓝实地的 CIE LAB 色度值 L*、a* 和 b*。

表 3-6　色序为青—品红—黄叠印的实地色 CIE LAB L*a*b* 值

纸张 颜色	1 型 L*　a*　b*	2 型 L*　a*　b*	3 型 L*　a*　b*	4 型 L*　a*　b*	5 型 L*　a*　b*
黑	18　0　−1	18　1　1	20　0　0	35　2　1	35　1　2
青	54　−37　−50	54　−33　−49	54　−37　−42	62　−23　−39	58　−25　−35
品红	47　75　−6	47　72　−3	45　71　−2	53　56　−2	53　55　1
黄	88　−6　95	88　−5　90	82　−6　86	86　−4　68	84　−2　70
红	48　65　45	47　63　42	46　61　42	51　53　22	50　50　26
绿	49　−65　30	47　−60　26	50　−62　29	52　−38　17	52　−38　17
蓝	26　22　−45	26　24　−43	26　20　−41	38　12　−28	38　14　−28

表 3-7 为印刷原色实地的色差值△ E*ab。

表 3-7　印刷原色实地的色差值

类型	黑	青	品红	黄
偏差	4	5	8	6
允差	2	2.5	4	3

色度测量还可分析打样用纸的颜色和印刷用纸的匹配情况。分析一套油墨再现的色域与其他各套油墨再现色域的不同。例如，分析预打样工艺中所用颜料的色度特性与传统印刷油墨的不同。

②专色油墨的调配。

包装印刷品很多使用专色油墨印刷，这样有利于防伪。当需要进行颜色匹配时，一般使用色度测量。配墨是保证油墨颜色一致性的前题，油墨调配的质量检测通常使用分光光度计在油墨厂完成。

③包装印刷中专色油墨色彩一致性的控制。

专色油墨主要用于包装装潢产品的印刷，如烟、酒及化妆品的包装印刷。包装产品大多数属于长版活，每隔一段时间就需要重新印刷，这就要求同批或不同批印刷的同一产品色彩要一致。如能使每一批食品外包装都能保持相同的颜色，则不会出现由于包装外观褪色而使顾客产生食品存放过时的感觉。在大型超市，商品包装颜色一致还能产生货架整体效应。

在彩色复制质量要求上，由国家质量监督检验检疫总局颁布的 GB 7705—2008（平印装潢印刷品）、GB 7706—2008（凸印装潢印刷品）和 GB 7707—2008（凹印装潢印刷品）的国家标准中，对彩色装潢印刷品的同批同色色差规定为：一般产品△ Eab* ≤ 6.00，同时还将这一质量标准作为企业晋升的一项条件。

从视觉感觉上看，当△ Eab* ≥ 1.5 时，人眼就能明显地分辨出两个样品的色差，表3-8 列出了不同的色差值时人眼对颜色差别的感觉程度。色度测量能够准确地表现色差，因此，当需要通过实地块或网目调叠印块颜色的变化来确定印刷效果时应采用色度测量。

表 3-8　不同的色差值时人眼对颜色差别的感觉程度

色差值	感觉色差程度
0.0 ～ 0.5	（微小色差）感觉极微
0.5 ～ 1.5	（小色差）感觉轻微
1.5 ～ 3	（较小色差）感觉明显
3 ～ 6	（较大色差）感觉很明显
6 以上	（大色差）感觉强烈

④在印前操作系统中的应用。

在开放的彩色桌面出版系统中存在着色彩管理问题，即所见不能所得，这是由于显示器和数码打样等设备所使用的色空间不同，导致打出的样张与屏幕显示的颜色不符。操作人员可以使用一个限定测量型的分光光度计或色度计对样品进行测量，这类仪器包括：Color Savvy 公司的 ColorMouseTool、GretagMacbeth 公司的 Spectrolino、X-Rite 公司的 DTP22 和 Colortron 等。

操作人员也可以将辐射测量型的分光光度计或色度计与校准屏幕的校准软件配合使用，达到对彩色屏幕进行特征化和校准的目的。这类仪器包括 X-Rite 公司的 DTP92 屏幕优化器、GretagMacbeth 公司的 Spectrolino 等。

对于打印机、数码打样机等彩色输出设备或工艺的色彩特征化文件的测量，可以使用 X-Rite 公司的 DTP41 或 GretagMacbeth 公司的 SpectroScan 这样的自动扫描分光光度计来进行测量，从而实现快速简便的操作。

⑤采用色度检测系统在胶印机上控制色彩复制。

在海德堡的 CPC 色彩控制系统中，把色度测量引进印刷过程，在印刷车间就可以直接确定色彩，对任何一张反射图像，如照相原稿、预打样样张、在胶印机上抽取的样张都可以进行测量（只要这些被测量的色度值是可以比较的），这样，就可以利用胶印机的输墨控制和调节系统进行快速调节，使印刷中的色彩波动保持在公差范围之内。

海德堡 CPC 系统的 4GS 或 6GS 型印刷控制条，是根据实地块和中性灰块自动进行色度控制，能提供各原色印刷油墨（实地、网目调、油墨叠印块）、专色油墨、承印材料（白纸）、三色灰平衡块等全部必要的图像样本信息，配上专门的印刷软件就会检测出可能产生的最轻微的色差，并马上为四色油墨和专色油墨计算出各自的校正值，各个胶印机组直接根据这些值对输墨进行控制。

🗐 **注意事项**

①使用色度计进行测量之前必须将参数设置好，如光源。

②测量前将仪器校准。

③在测量时，需要将仪器放置在平台上进行操作，以减少误差。

📂 3.3.5　检验套印准确

3.3.5.1　检验正、反面图像的套印精度

🗐 **学习目标**

了解相应标准中对图像套印的要求，能够检验正、反面图像的套准精度。

🗐 **操作步骤**

①根据标准进行抽样或随机抽样。

②使用刻度放大镜或目测观察图像的套准情况。

③分析得出印刷品的套准状况。

相关知识

套印是指两色以上的印刷时，各色版图文能达到和保持位置准确的套合。套印准确与否直接影响着图像的色调、层次、清晰度等综合效果，是多色印刷品的重要技术指标。在 CY/T 5—1999《平版印刷品质量要求及检验方法》行业标准中给出：多色版图像轮廓及位置应准确套合，精细印刷品的套印允许误差≤ 0.10mm；一般印刷品的套印允许误差≤ 0.20mm。这里给出的是合格品指标，是最低要求。企业可能有更严格的套印精度要求，使产品的质量更优。

套印不准大体上可以分为三类：印后图像位置等距离向同一方向偏离；印后图像位置不均匀地偏离；局部或某一角套印不准。造成套印不准的原因有很多，应具体问题具体分析。胶印机的精度，包括给纸、输纸与压印过程的精度，纸张的适性，环境温湿度，操作者的技能和责任心，单色还是双色机印刷，手工拼版还是自动拼版等，都会影响套印的准确程度。

注意事项

①现代印刷对套准要求极高，已经精确到 0.10mm，因此在进行观测时一定要细心。

②放大镜属于光学设备，使用时要小心操作，避免摔坏。

3.3.5.2　利用测控条检验套印精度

学习目标

掌握使用测控条检验套准精度的方法。

操作步骤

①根据标准进行抽样或随机抽样。

②使用刻度放大镜或目测观察图像的套准情况。

③分析得出印刷品的套准状况。

相关知识

美国罗彻斯特理工学院研制了 3 种套准检测标，分别命名为交通灯检测标、圆形套准检测环和视觉套准检测标。交通灯检测标如图 3-37 所示，它的图案是用一个背景色环绕着 3 个圆形色块，就像十字路口的红绿灯，通过它显示印张任意一个方向的套准误差。

如果发生套印不准的情况，控制条可以变为图 3-38 的状况。

注意事项

现代印刷品对套印精度的要求比较高，因此检验时要细致认真，小心使用观测设备。

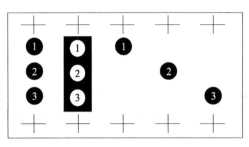

图 3-37　交通灯套准控制条

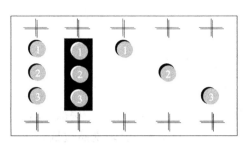

图 3-38　套印不准情况

本章复习题

1. 简述印刷测控条的测控原理。

2. 色度测量方法在包装印刷中的应用主要有哪几个方面？

3. 简述使用测控条的目的。

4. 什么是实地密度？在检测过程中，如何检测？

5. 简要说明密度计的检测原理。

6. 常用的网点形状有哪些？与印刷质量有何关系？

7. 常用的测控条有哪些？

8. 列表说明我国行业标准中，对印刷实地密度的规定。

9. 在色度测量中常用的标色系统有哪些？选择依据是什么？

10. 简述我国行业标准中对于套印精度的规定。

11. 网点变形情况有哪些？利用放大镜如何检测？

参 考 文 献

[1] 俞慧芳，张燕飞 . 平版胶印工艺 [M]. 北京：印刷工业出版社，2007.

[2] 张慧文，邵伟雄 . 平版印刷操作指导 [M]. 北京：印刷工业出版社，2008.

[3] 陈虹 . 平版印刷工 [M]. 北京：印刷工业出版社，2008.

[4] 谢普南 . 印刷科技实用手册 [M]. 北京：印刷工业出版社，2009.

[5] 修香成 . 印刷基础理论与操作实务 [M]. 北京：印刷工业出版社，2007.

[6] 吴自强，黄东伟 . 胶印实践 [M]. 西安：陕西科学技术出版社，1991.

[7] 严永发，袁朴，柳世祥 . 胶印机操作与维修 [M]. 北京：印刷工业出版社，2006.

[8] 周玉松 . 现代胶印机的使用与调节 [M]. 北京：中国轻工业出版社，2009.

[9] 袁顺发 . 胶印机结构与调节 [M]. 北京：印刷工业出版社，2008.

[10] 齐福斌 . 胶印机新技术与选购指南 [M]. 北京：印刷工业出版社，2007.

[11] （德）赫尔穆特·基普汉，印刷媒体技术手册 [M]. 谢普南，王强译 . 广州：世界图书出版公司，2004.

[12] 王芳 . 胶印机械基础 [M]. 北京：印刷工业出版社，2008.

[13] 张慧文 . 海德堡速霸 102、三菱钻石系列胶印机操作指导 [M]. 北京：印刷工业出版社，2008.